INSTRUCTION OF MILITARY PHYSICAL FITNESS

군체력관리론

서성혁 · 이상원 · 김재우 · 문준배 공저

형설출판사
www.hyungseul.co.kr

머리말 *preface*

군은 유사시 전쟁에 대비하고 전쟁을 억제하는 조직이다. 군 개인의 전투능력을 유지하고 평가하는 것은 국가방위의 중요한 요소 중의 하나이며 모든 군 조직의 주요 관심사이다. 특히 전투에서 개인 및 부대의 의무를 지속적이고 효율적으로 수행하는 것은 매우 중요하기 때문에 전쟁에 나가 싸우는 군인은 항시 강인한 육체와 불굴의 정신력을 갖추고 있어야만 한다. 이런 강한 육체와 정신의 근간이 되는 것이 바로 체력(physical fitness)이다.

우리 군은 급변하는 안보 환경과 날로 증가하는 북한의 위협 속에서도 굳건히 군사 대비태세를 유지하고 있고, '싸워서 이기는' 전투형 강군으로 거듭나기 위하여 역량을 집중하고 있다. 이러한 육군의 변화와 발전에는 장병들의 전투체력을 체계적으로 향상시키려는 노력이 포함되어 있다.

전투체력은 전장에서 전투요원들이 필수적으로 갖추어야 하는 가장 기초적인 요소이며 전투에서 승리를 보장하는 원동력 중의 하나이다. 그렇기 때문에 전투원 각자의 개별적인 체력 단련과 함께 지휘관 및 지휘자를 중심으로 지속적인 제대별 체력 단련을 실시한다면 인적 요소의 전투력 향상을 통한 전투형 강군의 초석을 다질 수 있을 것이다.

최근 전·후방 각급 부대에서는 전투체력의 중요성을 되새기며 체력 단련 시간을 증대하고 다양한 프로그램을 적용하면서 특급 전사들이 점차 늘어가고 있는데 이러한 현상은 매우 바람직하다고 할 수 있다.

그러나 개인의 경험과 과학적인 지식을 기반으로 부대의 특성에 맞는 체력 단련을 계획하고 실행하기에는 여전히 부족하다. 아직 일일 체력 단련 및 주간 체력 단련은 체계적이지 못하다. 잘 계획하지 않고 실행되는 체력 훈련 프로그램은 부대원의 사기를 저하시키거나 부상의 위험을 초래할 수 있기 때문에 주의하여야 한다.

따라서 지휘관은 부대원의 체력 향상을 위해 체력에 대한 이론을 이해하고 적절한 프로그램을 실행할 수 있어야 한다. 또한 체력 훈련의 가치를 강조하고 훈련 프로그램의 이점과 목적을 명확히 설명할 수 있어야 한다. 그리고 부대원의 부족한 체력요소를 파악하기 위해 지속적인 평가를 실시해야 하는데, 어떤 부분에서 결점이 식별되면 약점을 교정하기 위해 프로그램을 수정해야 한다.

만약 기준에 도달하지 못한 부대원이 있더라도 벌을 주어서는 안 된다. 특히 과도한 반복 및 추가적인 훈련 프로그램을 부여하는 처벌은 득보다 실이 많다. 지휘관은 자신을 필요로 하는 부대원에게 도움을 주기 위한 특별한 훈련을 계획해야 하며, 탁월한 리더십을 발휘하여 체력적으로 결함이 있는 부대원을 목표한 기준까지 도달시켜야 한다.

이 책은 일선에서 부대원을 지휘하는 간부와 앞으로 간부가 될 생도 및 후보생들에게 개인 및 부대원의 체력 관리 능력을 향상시키는 데 도움을 주고자 집필되었다. 다소 미진한 부분이 있지만 지속적으로 보안할 것을 약속한다.

저자 일동

차 례 *contents*

제1장

체력

1. 군체력관리의 중요성
2. 체력의 개념
3. 체력의 구성요소
4. 체력요인 간 상호 관련성
5. 체력요인 측정방법
6. 대상별 체력검사 종목

1 군체력관리의 중요성

군은 유사시 전쟁에 대비하여 전쟁을 억제하는 조직이다. 군 개인 및 부대의 전투능력을 유지하고 평가하는 것은 국가방위의 중요한 요소 중의 하나이며 모든 군 조직의 주요 관심사이다. 특히 전투에서 자신의 임무를 지속적이고 효율적으로 수행하는 것은 중요한 일이며, 전쟁에 나가 싸우는 군인에게 필요한 것은 강한 육체와 정신이다. 이런 강한 육체와 정신의 근간이 되는 것이 바로 체력(physical fitness)이다. 군인에게 있어서 체력수준은 전투 즉응력과 직접적인 관련이 있으며 과거 많은 전투에서 체력의 중요성을 강조해 왔다. 체력에 대한 지대한 관심은 규칙적인 체력 훈련 프로그램 참가의 효과에 대한 많은 연구를 수반했다. 결론은 그런 프로그램이 개인의 삶의 질을 향상시키고, 생산성을 개선하며, 긍정적인 신체적·정신적 변화를 가져온다는 것이다. 따라서 체력의 개념을 이해하고 군인에게 요구되는 체력이 무엇이지를 이해하는 것은 매우 중요하다.

유능한 리더십은 훌륭한 체력 훈련 프로그램의 성공에 중요하다. 지휘관은 부대원의 체력 향상을 위해 체력에 대한 이론을 이해하고 적절한 프로그램을 실행할 수 있어야 한다. 지휘관은 체력 훈련의 가치를 강조하고 훈련 프로그램의 이점과 목적을 명확히 설명할 수 있어야 한다. 잘 계획하지 않고 실행하는 체력 훈련 프로그램은 부대원의 사기를 저하시키기 때문에 프로그램은 잘 계획하여 체계화해야 한다. 또한 지휘관은 부대원의 부족한 체력요소를 파악하기 위해 지속적인 평가를 실시해야 한다. 결점이 식별되면 약점을 교정하기 위해 프로그램을 수정해야만 한다.

지휘관은 기준에 도달하지 못한 부대원에게 벌을 주어서는 안 된다. 특히 과도한 반복 또는 추가적인 훈련 프로그램을 부여하는 처벌은 득보다 실이 많다. 지휘관은 자신을 필요로 하는 부대원에게 도움을 주기 위한 특별 훈련을 계획해야 하며, 탁월한 리더십을 발휘하여 체력적으로 결함이 있는 부대원을 목표한 기준까지 도달시켜야 한다.

2 체력의 개념

체력(physical fitness)은 신체 재원(physical resource), 운동 능력(motor ability, motor capacity), 또는 운동수행력(motor performance) 등의 용어로도 불리며 시대적·문화적 배경에 따라 학자들 간에 다양하게 정의되고 있다.

Larson은 신체 재원이라는 용어를 사용하여 체력이란 신체적 자질에 의해 구성되며 동작에 대한 최소한의 비용으로 그 자질을 사용할 수 있는 능력이라고 정의했고, Karpovich는 근육의 힘이 요구되는 특수한 작업을 수행하는 데 필요한 적응력으로 정의했으며, Cureton은 병이 없고 치아가 좋으며 청력 및 시력 등이 정상적이며, 정상적인 정신 상태를 유지함과 동시에 신체를 조절할 수 있는 능력이 있어 오랫동안 작업을 해도 능률이 저하되지 않음을 뜻한다고 정의했다. Nixon & Ann은 지나친 피로 없이 매일의 생활과업을 수행하고 자신에게 부딪치는 비정상적인 상황에 만족스럽게 대처할 수 있는 유기체의 능력으로 정의했고, Clarke은 여가시간을 즐겁게 즐길 수 있는 충분한 에너지를 가졌고, 위험상황에 대처할 수 있으며 피로를 느끼지 않고 정서적으로 일상생활을 수행할 수 있는 능력으로 정의했다.

그러나 1970년대 중반을 기점으로 체력의 개념이 변화하였다. 1970년대 중반 이전의 체력에 대한 정의는 기술 또는 운동 관련 체력(skill or motor-related physical fitness)에 중점을 두고 있었지만, 중반 이후 1980년대에 들어서면서 운동부족으로 인한 고혈압, 심장병, 당뇨병, 동맥경화, 비만 등과 같은 건강상의 문제점들이 심각한 사회문제로 대두되어 일반 또는 건강 관련 체력(general or health-related physical fitness)에 관심이 집중되기 시작했다. 따라서 현재 체력의 개념은 1950년대 체력의 개념이 정의된 시기와 비교할 때 상당한 차이가 있다. 게다가 복지(wellness or well-being), 대사적 체력(metabolic fitness) 등 새로운 용어들이 생겨나 현장 연구자들에게 많은 혼란을 야기시켜 왔다.

미국 보건복지부는 체력에 대해 신체활동 수행과 관련되는 능력을 얻는 특성들의 조합으로 정의하고 있다. 이것은 현재 가장 일반적으로 사용되는 체력의 정의로 이 속에는 체력이 건강상 문제 발생위험이 낮고 다양한 신체활동에 참가할 수 있는 에너지를 가진 복지 상태를 포함하는 추가적인 내용이 포함되어 있다. 두 가지 모두 좋은 정의이지만, 대부분의 전문가들은 체력이 다차원적(multidimensional)이고 계층적(hierarchical)이라는데 동의한다. Bouchard 등은 형태학적 체력(morphological fitness), 골력(bone strength), 근 체력(muscular fitness), 유연성(flexibility), 운동 체력(motor fitness), 심혈관 체력(cardiovascular fitness), 그리고 대사 체력(metabolic fitness)을 포함한 포괄적인 체력모델을 제안했지만 최근 문헌에서 정의하고 있는 개념(미 대학 스포츠 의학회, 미 보건복지부)처럼 다차원적 계층적 모델에서 제시하는 체력별로 구분하여 정의하는 것이 바람직하다.

결론적으로 체력은 효율적이고 효과적으로 기능을 발휘할 수 있는 신체의 능력으로 종합적인 삶의 질에 기여하는 5가지 건강 관련 체력요소와 6가지 운동(기술) 관련 체력요소로 구성된 상태를 의미한다<표 1-1>.

군에서 사용되는 "전투체력"이라는 용어의 사전적 정의는 없다. 하지만 모든 사람들이 이해할 수 있듯이 "전투수행에 요구되는 체력", "전투에 필요한 체력" 정도로 정의할 수 있다. 3장에서 자세히 다루겠지만 전투에 필요한 체력은 모든 체력요소가 요구되는 종합적인 체력 능력이다.

〈표 1-1〉 일반적인 체력 및 체력 관련 용어

체력 (Physical Fitness)			기술 (Skills)
생리학적 (Physiological)	건강 관련 (Health-Related)	기술(운동)관련 (Skill-Related)	스포츠 (Sports)
대사적 (Metabolic)	체구성 (Body Composition)	민첩성 (Agility)	팀 (Team)
형태학적 (Morphological)	심혈관 체력 (Cardiovascular Fitness)	평형성 (Balance)	개인 (Individual)
골통합 (Bone Integrity)	유연성 (Flexibility)	협응력 (Coordination)	여가 (Lifetime)
기타	근지구력 (Muscular Endurance)	순발력(순발력) (Power)	기타
	근력 (Muscle Strength)	스피드 (Speed)	
		반응시간 (Reaction Time)	

3 체력의 구성요소

체력의 구성요소는 체력의 정의에 따라 다양해질 수 있기 때문에 체력의 정의에서와 같이 사회적, 시대적, 문화적 배경에 따라 학자들마다 상이하게 구분해 오고 있으며 체력검사에 따라 체력의 구성요인이나 각 요인의 측정 종목은 차이가 있다. 이는 측정 대상의 성별이나 연령은 물론 학자들의 체력에 대한 견해차에 의한 것으로 여겨진다.

체력 구성요인의 분류는 1900년대 초 요인분석 방법으로 활발히 시도되었으며 그 결과는 각 요인들이 상호 독립적이 아니라 서로 밀접한 관계를 가지고 있고, 단지 요인들 간의 특성만을 달리하고 있는 것으로 나타났다. Zuidema & Baumgartner는 남자 대학생을 대상으로 체력요인을 상체 근력과 지구력·몸통 근력과 지구력·하체 근력과 지구력·심폐 지구력으로 분류하였고, Clarke은 체력요인을 근력·근지구력·심폐 지구력·순발력·민첩성·스피드·유연성·평형성의 8개 요인으로 세분화 하였으며, Larson은 리듬과 스피드 개념을 추가하여 평형성·근력·리듬·민첩성·협응성·지구력·스피드 등 7개 요인으로 분류하였다. 이처럼 많은 학자들에 의해 체력 구성요소들이 어느 정도 구체화 되었지만 체력은 매우 다차원적이고, 개인의 능력과 다양한 기능적 능력에 의해 결정되기 때문에 측정 검사 종목 선정의 어려움이 있다. 또한 Marsh는 25개의 체력 변수를 이용해 요인분석을 한 결과 심혈관 지구력·폭발적인 근력·동적 근력·정적 근력·유연성·혈압·폐기능·신체넓이·피부 두겹 등 9개 요인으로 분류했으며, Mead & Legg는 21개의 중요한 건강 관련 체력 변수를 이용해 요인분석을 실시한 결과 근력 및 근지구력·체구성·심박수·혈압·유연성 등 5개 중요 체력요인으로 분류했다.

또 다른 체력 구성요소의 분류는 1970년대 중반 이후에는 체력을 건강과 운동이라는 양분된 개념으로 해석하는 경향에서 찾을 수 있다. Pate는 심폐 기능·체지방량·유연성·근력·근지구력으로 체력 요인을 구분하였다. ASCM(미 대학 스포츠 의학회)은 건강 관련 체력을 근력·근지구력·체구성·심폐 지구력·유연성 등 5개 요인으로 분류하고 있다. 그러나 체력은 매우 다차원적이고, 개인의 능력과 다양한 기능적 능력에 의해 결정된다고 널리 믿고 있기 때문에 어떤 기관도 이런 구성성분이 어떻게 유도되고 측정되었는지 설명하지 못한다. 하지만 최근 연구논문에서 건강 관련 체력을 심폐 지구력·근력·근지구력·체구성·유연성으로 분류하고 운동 관련 체력을 민첩성·평형성·협응력·순발력(파워)·스피드·반응시간으로 구분하는 분류법을 많이 사용하고 있다.

건강 관련 체력은 건강 및 운동저하로 인한 질병의 위험도 감소와 직접적인 관련이 있다. 적절한 건강 관련 체력을 유지하는 것은 질병예방 및 건강증진에 필수적이지만, 건강 이점을 성취하기 위해 반드시 높은 수준의 체력을 절대적으로 가질 필요는 없다. 운동 관련 체력은 스포츠나 특정 직업군에서 요구되는 동작기술과 관련있다. 군인의 전투임무 특성을 고려해 볼 때 기술(운동) 관련 체력이 중요하다고 할 수 있다.

〈표 1-2〉 체력의 구성요소

구 분		정 의
건강 관련 체력	심폐 지구력	운동 시 근육으로 영양소와 산소를 공급하는 심장, 혈관, 혈액, 호흡계의 능력과 공급된 연료를 사용하는 근육의 능력
	근력	무거운 중량을 들어 올리거나 외부적으로 힘을 낼 수 있는 근육의 능력
	근지구력	반복적으로 힘을 발휘할 수 있는 있는 근육의 능력
	유연성	관절의 가동범위로서 근육의 길이, 관절구조 등에 의해 영향을 받음
	체구성	근육, 지방, 뼈 등 신체를 구성하는 비율
기술(운동) 관련 체력	민첩성	신체를 정확하고 빠르게 다른 방향으로 전환할 수 있는 능력
	순발력(파워)	빠르게 에너지를 힘으로 전달하는 능력
	스피드	짧은 시간에 움직임을 수행할 수 있는 능력
	협응력	부드럽고 정확하게 움직임을 수행하기 위한 신체부위의 감각사용 능력
	반응시간	어떤 자극과 그 자극에 반응하기 시작하는 시간
	평형성	정적 또는 움직이는 동안 균형감을 유지하는 능력

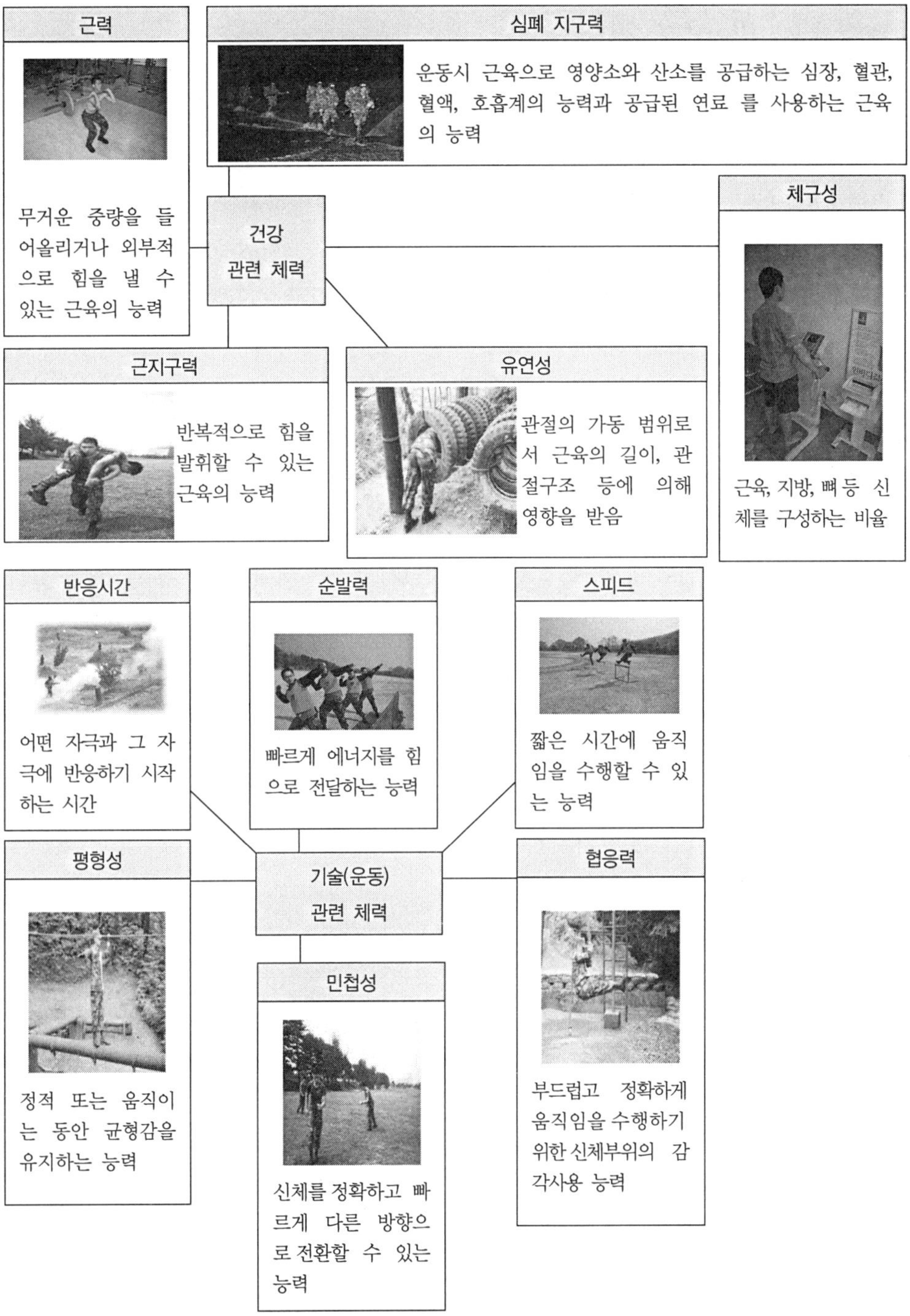

〈그림 1-1〉 체력의 구성요소 (Concepts of Physical Fitness)

4 체력요인 간 상호 관련성

각 체력의 구성요인들은 상호 독립적이 아니라 서로 밀접한 관계를 가지고 있고 단지 요인들 간의 특성만을 달리하고 있다. 체력의 구성요인은 다양하지만 대부분의 체력 구성요인은 힘, 속도, 시간의 세 가지 개념으로 설명이 가능하다. <그림 1-2>에서 보듯이 순발력은 힘과 속도의 요소가 중요하고, 힘의 지구력(근지구력)은 힘과 시간의 요소가 중요하며, 스피드 지구력(무산소 지구력)은 속도와 시간의 요소가 중요하다.

운동이나 훈련은 하나의 체력요인만을 요구하지 않으며 두 가지 이상의 체력요인이 결합된 복잡한 형태로 나타난다. <그림 1-3>에서 보듯이 순발력은 근력과 스피드 모두를 요구한다. 또한 근력은 근지구력과 최대 근력과 관련있고, 최대 근력은 순발력과, 순발력은 민첩성과 관련이 있다. 지구력은 근지구력·스피드 지구력·유무산소 지구력과 관련이 있으며, 스피드는 스피드 지구력·민첩성·최대 스피드와 관련이 있다. 민첩성은 협응력 및 순발력과 관련이 있고, 이런 순발력은 기동성과 관련이 있다.

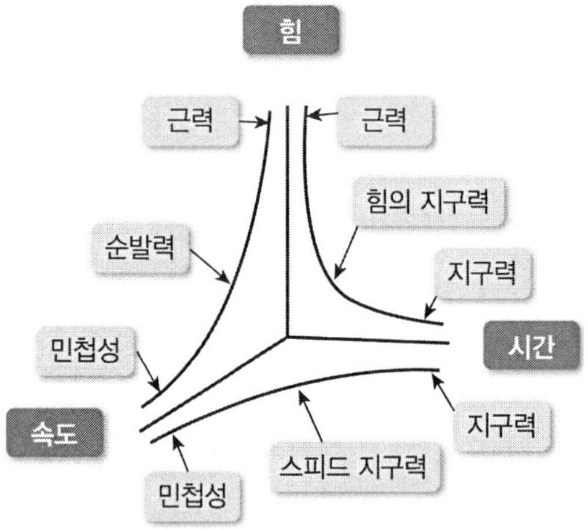

〈그림 1-2〉 힘, 속도, 시간 측면의 체력요인 분류

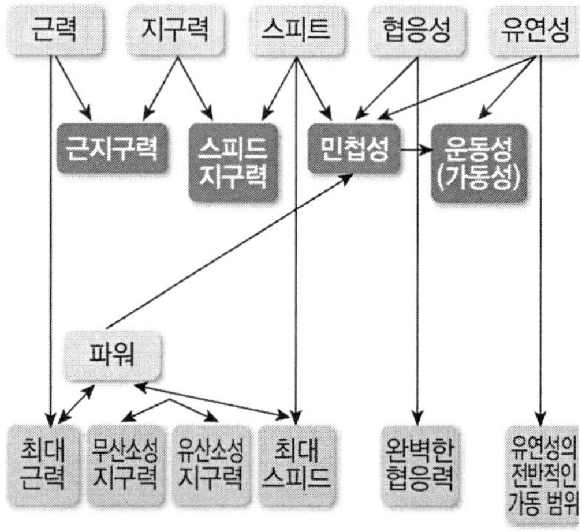

〈그림 1-3〉 체력 구성요소 간 상호 관련성

5 체력요인 측정방법

체력의 측정은 표준화된 측정도구를 사용하여 체력의 수준을 일정한 조건하에서 수량적으로 측정하는 것이다. 체력의 측정은 17세기 근력 측정을 위한 근력계의 발명으로 시작

〈표 1-3〉 체력요인별 측정방법

구 분	체력 요소	측 정 방 법
건강 관련 체력	심폐 지구력	비프(beep) 테스트, 걷기/달리기 테스트, 스텝 테스트
	체구성	수중체중 측정법, 전기저항법, 피부두겹 측정법
	근력	등속성 근력평가 시스템, 악력, 배근력, 각근력, 1-RM 테스트
	근지구력	팔굽혀 펴기(상체), 윗몸 일으키기(복부), 턱걸이, 오래 매달리기
	유연성	거리법(윗몸 앞으로 굽히기, 윗몸 뒤로 젖히기) 각도법(윗몸 앞으로 굽히기, 몸통 돌리기)
운동 관련 체력	순발력(파워)	제자리 높이뛰기, 제자리 멀리뛰기, 공 던지기, Wingate Test, Margaria-Kalamen Power Test
	민첩성	사이드 스텝, 왕복 달리기, 지그재그 런
	평형성	한발 서기, 막대 위 서기, 물구나무 서기
	스피드	50m 달리기, 100m 달리기
	협응력	파워 클린, 스네치, 클린 앤 저크, 푸시 저크
	반응시간	전신반응 테스트

하여 오늘날까지 많은 연구자들에 의해 체력요소별 다양한 측정방법이 개발되고 있다<표 1-3>.

1) 심폐 지구력

심폐 지구력(cardiorespiratory endurance)은 건강 관련 체력의 구성요소 중 가장 중요한 요소로써 심혈관 지구력(cardiovascular endurance), 유산소 지구력(aerobic endurance), 그리고 심폐 체력(cardiorespiratory fitness)이라는 용어로도 사용되며 신체활동을 지속하는 동안 산소 및 영양소를 공급하는 순환계(심장, 혈관, 혈액) 및 호흡계 능력과 근육이 연료를 사용하는 능력으로 정의하고 있다. 심폐 지구력을 측정하기 위한 방법은 측정형태에 따라 다양하다.

심폐 지구력 측정은 크게 실험실 측정과 필드 측정으로 구분된다. 실험실 측정은 트레드밀, 에르고미터, 그리고 벤치 스텝 등을 이용하여 최대부하검사(maximal exercise test) 방법으로 최대산소섭취량을 직접 측정하는 방법과 최대하부하검사(submaximal exercise test) 방법으로 측정된 심박수로부터 최대산소섭취량을 예측하는 방법이 사용된다. 일반적으로 건강한 사람을 대상으로 측정할 때 실험실 측정은 트레드밀을 이용한 Bruce 프로토콜을 많이 사용한다.

실험실 측정은 비용과 시간이 많이 소요되기 때문에 많은 인원을 동시에 측정할 수 있는

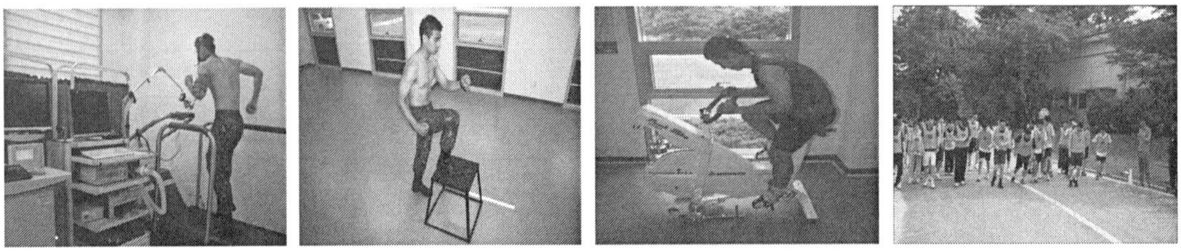

〈그림 1-4〉 심폐 지구력 측정방법

필드측정이 많이 사용된다. 필드측정은 스텝 테스트와 거리 달리기가 주로 사용된다. 스텝 테스트는 주로 일정시간 스텝 운동을 실시하여 회복 시 심박수를 이용하고, 거리 달리기 테스트는 일정 거리를 달린 시간이나 일정 시간에 달린 거리를 측정하여 심폐 지구력 수준을 평가한다. 가장 많이 사용되는 거리 달리기 테스트는 1600m~2400m이다. 거리 달리기 테스트는 더 건강한 사람이 주어진 시간에 더 많은 거리를 달리거나 주어진 거리를 더 적은 시간에 달릴 수 있다는 것을 가정한다. 그러나 요인분석 결과, 1마일(1,600m) 이상 달리기에서 속도 요인보다 지구력 요인이 더 배제된다고 보고되었다. 거리 달리기는 동기, 체지방, 달리기 효율, 그리고 젖산역치와 같은 다른 요인에 의해 영향을 받을 수 있다. 거리 달리기 테스트와 최대산소섭취량 간의 상관관계는 대상자, 표본크기, 그리고 측정절차에 따라 상관계수(r)가 0.27~0.90으로 많은 차이가 있다. 일반적으로 거리가 길수록 더 높은 상관관계가 있으며 최소 1마일(1600m) 이상의 거리나 9분 동안 측정하도록 권고하고 있다.

2) 근력 및 근지구력

근력 및 근지구력(muscle strength & muscular endurance)은 근 체력(muscular fitness)의 중요한 두 성분이다. 나이 증가에 따라 일일 생활을 수행하고 기능적 독립성을 유지하며 스트레스나 피로감 없이 여가시간에 활동적으로 참여하기 위해 최소한의 근 체력이 요구된다. 적절한 수준의 근 체력은 허리통증, 외과적 골절, 그리고 근골격계의 상해 위험을 낮춘다.

근력은 저항에 대해 한 번의 수축으로 최대 수축력을 발휘할 수 있는 근육군의 능력으로 정의된다. 그러나 하나의 근육 또는 근육군에 의해 생성되는 힘은 동작의 속도에 따라 많은 영향을 받으므로 관절 회전 속도가 증가할수록 근력은 감소한다. 그러므로 동적인 움직임에 대한 근력은 특정 속도에서 단일 수축으로 생성되는 최대 힘으로 정의되며, 근지구력은 장기간 동안 최대한 힘을 반복적으로 발휘하는 근육군의 능력으로 정의된다. 근력과 근지구력 모두 정적 근수축과 동적 근수축으로 평가될 수 있다. 저항의 변화가 없다면 그 근수축은 정적 또는 등척성 수축이며 관절 움직임의 변화가 없다. 반면 동적 수축은 관절의 움직임이 있으며 구심성, 원심성, 또는 등속성 수축 중의 하나이다. 근력과 근지구력은 동력계(dyna-

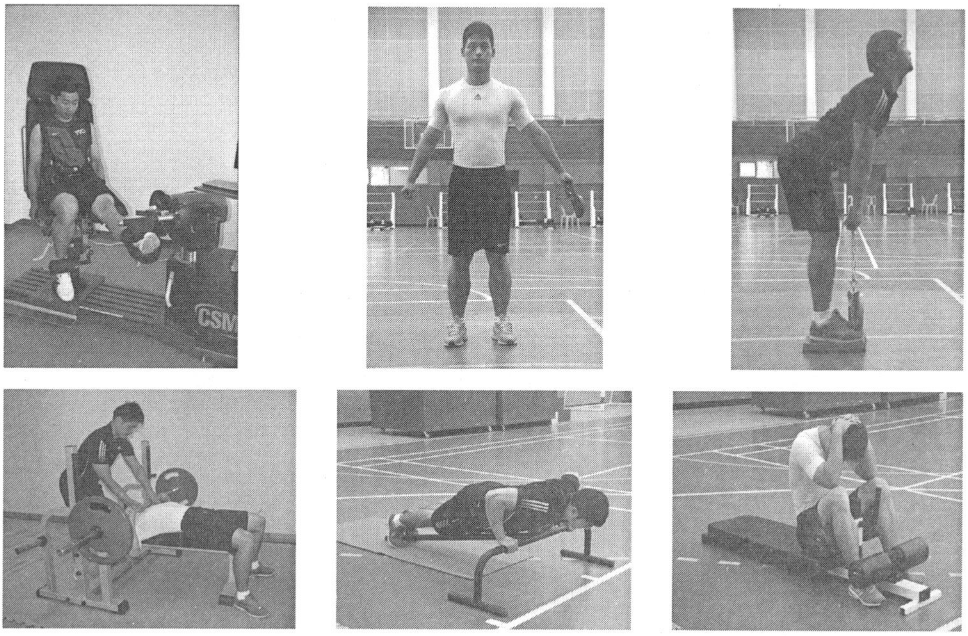

〈그림 1-5〉 근력 및 근지구력 측정방법

mometers), 케이블 장력계(cable tensiometers), 그리고 로드셀(load cells)과 같은 기계와 프리 웨이트 기구(덤벨과 바벨) 또는 자신의 신체를 이용하여 측정할 수 있다. 일반적으로 근력은 1-RM(Repetition Maximum)으로 측정하고, 근지구력은 자신의 신체를 이용한 팔굽혀펴기와 윗몸일으키기로 측정한다.

3) 체구성

체구성(body composition)은 몸을 구성하는 근육, 지방, 뼈, 그리고 다른 조직들의 상대적인 양으로 정의된다. 신체구성은 원소적, 화학적, 세포적, 그리고 조직기관의 정도를 평가하며 사람의 체구성은 30개 이상의 성분으로 측정된다. 비록 체지방이 평가의 초점이 되지만 체지방량 이외의 성분 또한 중요하다. 낮은 제지방은 기능적 장애를 일으켜 대사의 불균형을 초래하며 신체활동과 에너지 소비의 감소를 가져와 더 큰 지방을 축적하는 위험성을 초래한다. 낮은 골질량과 골밀도는 골다공증으로 인한 골절의 위험성을 예측하는 중요한 요소이다. 때문에 특정 질환과 노화에 따른 근 감소는 근력과 일상생활의 활동능력을 감소시킨다.

체구성을 측정하는 방법에는 실험실에서 측정할 수 있는 수중 체중 측정법(HW : hydrostatic weighing), 공기전위부피변동측정법(ADP; air displacement plethysmography), 이중에너지방사선흡수계측기법(DEXA; dual energy x-ray absorptiometry)이 있고 필드에서 측정할 수 있는

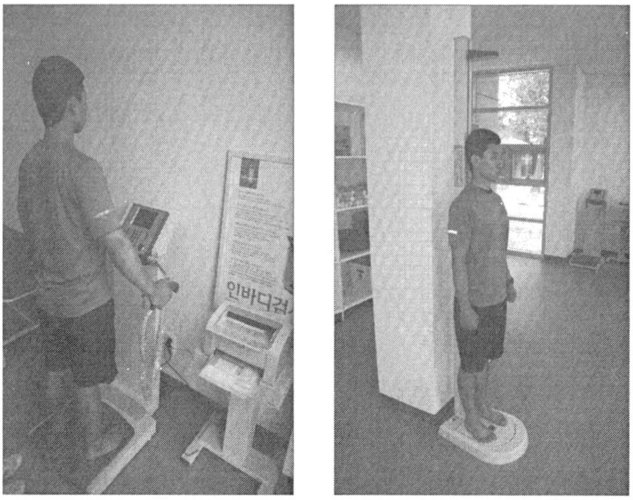

〈그림 1-6〉 체구성 측정방법

방법으로 피부 두겹법(SKF : skinfolds), 생체 전기 저항법(BIA; bioelectrical impedance analysis), 인체계측법(anthropometry)이 있다. 피부 두겹법은 피하지방 조직의 두께를 측정하여 신체밀도를 추정하는 방법으로 수중 체중법과 높은 상관을 보이며 타당도와 신뢰도가 높고 측정에 소요되는 시간이 짧아 널리 이용되고 있으나, 생체 전기 저항법은 필드에서 체구성을 평가하는 방법 중 빠르고 비침습적이며 상대적으로 저렴하고 객관성과 타당성이 높아 국내에서 많이 사용되고 있다. 낮은 수준의 전류가 신체를 통과하고 임피던스(Z), 또는 전류 흐름을 방해하는 저항이 생체 전기 저항 분석기에 의해 측정된다. 인체수분은 전도율이 높기 때문에 임피던스로부터 총체수분을 예측할 수 있다. 총체수분량이 클 때 저항 없이 신체를 통하는 전류 흐름은 더 쉬워진다. 전류 흐름에 대한 저항은 체지방량이 많은 사람에게서 더 크다. 그것은 상대적은 낮은 수분을 함유하고 있는 지방조직이 전도율이 낮기 때문이다. 제지방의 수분함량이 상대적으로 크기 때문에 총체수분량으로부터 예측 가능하다. 제지방량과 총체수분량이 많은 사람은 적은 사람보다 신체를 통한 전류의 저항이 적다.

4) 유연성

유연성(flexibility)은 어떤 관절의 가용한 가동범위(ROM : range of motion)로 정의되지만, 일부 학자들은 통증이나 불편함이 없는 관절 가동범위로 움직일 수 있는 관절의 능력으로 정의한다. 따라서 유연성은 각 관절에 따라 다르기 때문에 심폐 지구력과 같이 일반적인 측정치는 없다. 유연성은 건강 관련 체력의 중요한 구성요소이지만 종종 무시되기도 한다. 그러나 적절한 수준의 유연성은 기능적 독립성 유지와 일일 생활을 위한 활동을 위해 요구된다. 유

〈그림 1-7〉 유연성 측정방법

연성 부족이 근골격계 손상과 허리통증과 관련되어 있기 때문에 유연성 테스트는 건강 관련 체력과 가장 관련 있는 테스트로 포함되어 왔다. 연구자들은 유연성이 너무 약하거나 너무 높은 사람은 골격근 손상을 가진 다른 사람보다 더 위험하다고 제안하고 있지만, 정상보다 높은 유연성이 실제로 손상위험을 감소하는지에 대한 근거는 제한적이다.

정적 유연성은 총 관절가동범위에 대한 측정치이며 근 신장 단위(musculotendinous unit)의 신장성에 의해 영향을 받는다. 반면 동적 유연성은 관절 가동범위 전체를 스트레칭할 때 발생하는 저항 또는 회전력의 비율에 대한 측정치이다. 비록 동적 유연성이 정적 유연성의 변량 중 44~66%를 설명하지만, 정적 유연성과 동적 유연성 간의 관계를 확실히 정립하고 이 두 형태의 유연성이 어떻게 구별되는지를 결정하는 것이 필요하다.

필드 및 임상에서는 정적 유연성을 평가하는 것이 유용하다. 정적 유연성을 직접 평가하기 위해서는 극속계(goniometer), 굴곡계(flexometer), 경사계(inclinometer)를 사용하여 측정하고 간접적인 측정방법은 여러 형태의 프로토콜이 개발되어 있다. 일부 체력 전문가들은 앉아 윗몸 앞으로 굽히기가 허리와 햄스트링의 유연성 측정에 타당하다고 주장한다. 하지만 연구들은 앉아 윗몸 앞으로 굽히기가 햄스트링 유연성과 어느 정도 관련 있지만(r=0.39~0.89) 허리 유연성과는 낮은 관련성(r=0.10~0.59)이 있다고 보고했다. 그러나 앉아 윗몸 앞으로 굽히기 테스트는 필드에서 가장 보편적으로 사용되는 정적 유연성 측정방법이다.

5) 민첩성

현재까지 스포츠 과학계 내에서 민첩성(agility)의 정확한 정의에 대한 동의는 없다. 민첩성이라는 용어는 스포츠 각 영역에서 폭넓게 사용되고 있지만 일관성은 없다. 민첩성은 단순하게 방향을 빠르게 전환하는 능력, 빠르고 정확하게 전환하는 능력, 또는 사지의 빠른 동작 및 방향 전환 뿐만 아니라 전신의 방향 전환능력으로 정의해 왔다. 최근 Sheppard & Young(2006)은 민첩성을 어떤 반응에 대해 전신의 속도와 방향을 빠르게 전환하는 신체능력으로 정의하고 인지능력뿐만 아니라 근력, 순발력, 그리고 기술과 같은 신체능력과 관련이 있다고 주장했다. 대부분의 민첩성 테스트는 인지적 요소 또는 방향 및 속도의 변화를 주는 신체적 요소를 측정하는 것으로 국한되기 때문에 새로운 테스트는 인지적 요소와 체력적 요

〈그림 1-8〉 민첩성 측정방법

소가 결합된 테스트가 장려된다고 보고했다. 그러나 일반적으로 많이 사용되는 민첩성 테스트는 셔틀런이나 사이드 스텝 테스트이다.

6) 순발력

체력에서 활발한 활동은 근육이 수축함으로써 일어나고 근육의 순간적인 수축이 강하면 강할수록 행동하는 능력이 높다고 평가한다. 순발력(power)은 높이 뛰거나, 멀리 뛰거나, 재빠르게 동작하거나, 물체를 멀리 던지는 등의 운동에서 빠른 비율로 에너지를 힘으로 전환할 수 있는 능력으로 정의하며 파워라고도 한다. 순발력은 "힘×속도" 또는 "(힘×거리)/시간"으로 표현되듯이 근력과 스피드 두 요인이 함께 작용한다. 따라서 빠르게 근력의 힘을 발휘할 수 있는 능력이라고도 정의한다. 이런 이유로 순발력은 건강 관련 체력과 운동 관련 체력의 결합이라고 여겨져 왔다. 순발력 측정은 주로 점프 및 달리기 형태와 던지기 및 펀칭

〈그림 1-9〉 순발력 측정방법

형태의 테스트이며 모든 측정방법에 대해 타당도와 신뢰도 검증이 이루어지지 않았으나 일부 측정방법에 대해서는 선행연구가 이루어졌다.

7) 평형성

평형성(balance)은 움직이거나 정지된 자세로 균형을 유지할 수 있는 능력으로 정의된다. 평형성은 정적 평형성과 동적 평형성으로 구분되는데, 정적 평형성은 정지된 자세를 유지할 수 있는 능력이며 동적 평형성은 움직이고 있는 동안에 평형을 유지할 수 있는 능력이다. 스포츠에서 평형성은 균형, 감각력, 안정성, 공간 지각력 등에 중요한 역할을 한다. 필드에서 많이 사용하는 평형성 테스트는 한발서기, 막대 위 서기 등이 있다.

〈그림 1-10〉 평형성 측정방법(외발서기)

8) 스피드

짧은 시간 내에 또는 빠르게 움직임을 수행할 수 있는 능력으로 정의된다. 스피드(speed)는 근신경학적 측면에서 속근섬유의 운동단위가 많을수록 강하고 빠르게 근수축 명령을 전달하여 수축이 빠르게 일어난다. 측정방법은 50m 또는 100m의 짧은 거리를 전력질주하는 형태로 측정가능하다.

〈그림 1-11〉 스피드 측정방법(50m 달리기)

9) 협응력

협응력(coordination)은 부드럽고 정확하게 움직임을 수행하기 위해 신체의 감각을 사용할 수 있는 능력으로 정의된다. 예를 들어 야구에서 타자가 공을 치는 능력이나 축구에서 크로싱되어 올라오는 공을 받아 골로 연결하는 능력이다. 협응력은 스피드, 근력, 지구력, 유연성 등 여러 체력요인들이 복합적으로 작용하여 나타나며, 후천적 요소보다는 선천적인 요소에 의해 영향을 많이 받는다. 따라서 일반 체력요소와 다르게 스포츠 기술 또는 군 전투임무 형태와 연계된 동작을 반복 실시해야 효과를 높일 수 있다. 측정방법은 파워클린, 클린 앤 저크, 푸시 저크 등이 있다.

〈그림 1-12〉 협응력 측정방법

10) 반응시간

반응시간(reacction time)은 자극과 그 자극에 대한 반응을 시작하는 사이의 시간으로 정의된다. 예를 들어 단거리 달리기 시 출발, 적 포탄낙하 시 신속한 은폐 및 엄폐하는 능력이다. 측정방법은 특정 소리신호 또는 시각신호에 대해 신체가 신속하게 반응하는 시간을 측정하는 전신반응검사가 있다.

〈그림 1-13〉 반응시간 측정방법(전신반응)

6 대상별 체력검사 종목

현재 대부분의 기관에서 실시하는 체력검사는 <표 1-4>와 <표 1-5>에서 보듯이 체력요소를 3~4개로 묶어 실시하는 체력검사장(fitness test battery) 형태로 실시한다. 대상별, 검사장별로 종목의 차이는 있지만 대부분 건강 관련 체력을 평가하고 일부 검사장만 기술(운동) 관련 체력을 평가하고 있다. 일반인의 경우 심폐 지구력은 거리 달리기 형태로 진행되고 근지구력은 상체 및 복부, 체구성은 피부 두겹, 유연성은 윗몸 앞으로 굽히기를 주로 측정한다. 대부분의 군 또한 일반인과 유사한 체력요인과 종목으로 체력검사를 실시하고 있다.

〈표 1-4〉 일반인 체력검사장(fitness test battery) 현황

<table>
<tr><th colspan="3" rowspan="2">검사장</th><th colspan="5">체력 구성요인</th></tr>
<tr><th>심폐 지구력</th><th>체구성</th><th>근력 및
근지구력</th><th>유연성</th><th>운동 체력</th></tr>
<tr><td rowspan="3">성인</td><td colspan="2">YMCA Physical Fitness Test
(Golding et al., 1989)</td><td>3분
스텝 테스트</td><td>피부 두겹</td><td>벤치프레스
컬업(1분)</td><td>앉아굽히기</td><td></td></tr>
<tr><td colspan="2">국민체력실태조사
(체육과학연구원, 2009)</td><td>11.2km
달리기</td><td>피부 두겹
체질량 지수
(BMI)</td><td>팔굽혀펴기
윗몸일으키기</td><td>앉아굽히기</td><td>제자리멀리뛰기
50m 달리기</td></tr>
<tr><td colspan="2">Eurofit
(Oja & Tuxworth, 1995)</td><td>6분 걷기
(또는 2km 걷기)</td><td></td><td>악력</td><td>앉아굽히기
옆으로 굽히기</td><td>원판 빼내기</td></tr>
<tr><td rowspan="5">청소년</td><td colspan="2">AAHPERD Physical Fitness Test
(AAHPERD, 1976)</td><td>600야드
달리기</td><td></td><td>턱걸이(남)
매달리기(녀)</td><td></td><td>30피트 셔틀 런
50야드 달리기
제자리 멀리뛰기</td></tr>
<tr><td colspan="2">FITNESSGRAM
(CIAR, 2004)</td><td>페이서
(PACER)
1마일 달리기
1마일 걷기</td><td>피두 두겹
(2 sites)
체질량 지수</td><td>컬업, 팔굽혀펴기, 풀업
(박자에 맞춰),
몸통 들기</td><td>앉아굽히기
어깨 스트레칭</td><td></td></tr>
<tr><td rowspan="2">President's Challenge
(PCPFS, 1993)</td><td>Health Fitness Test</td><td>1마일 달리기
1/4마일 달리기
(6~7 yrs)
1/2마일 달리기
(8~9 yrs)</td><td>체질량 지수</td><td>부분 컬업(not anchored, fingers knee touch)
풀업
(박자에 맞춰)</td><td>V자 닿기
(또는 앉아굽히기)</td><td></td></tr>
<tr><td>Physical Fitness Test</td><td>1마일 달리기</td><td></td><td>컬업
(or Partial Curl-Up)
풀업
(or Push-Up, FAH)</td><td>V자 닿기
(또는 앉아굽히기)</td><td>30피트 셔틀 런</td></tr>
<tr><td colspan="2">PAPS
(오수학, 2007)</td><td>페이서
(5m & 20 m)
1, 1.2, 1.6km
달리기
스텝 테스트
(선택)</td><td>체질량 지수
체지방률(BIA)
허리-엉덩이
비율</td><td>팔굽혀펴기
악력
변형된 컬업</td><td>앉아굽히기
총체적 유연성</td><td>제자리멀리뛰기
50m 달리기</td></tr>
</table>

노인	Senior Fitness Test (Rikli & Jones, 2001)	6분 걷기 (또는 2분 스텝)	체질량 지수	30초 의자 앉았다 서기 암컬	의자 앉아굽히기 등 긁기	8피드 일어서 걷기
	AAHPERD Functional Fitness Test (Osness et al., 1990)	880야드 걷기	폰더럴 지수 (Ponderal Index)	암컬	앉아굽히기	31피트 민첩성 테스트 소다 팝 테스트
	국민체력실태조사 (체육과학연구원, 2009)	6분 걷기	체질량 지수 피부 두겹	악력 30초 의자 앉았다 서기 윗몸 일으키기	앉아굽히기 등긁기	한쪽 다리서서 균형잡기

〈표 1-5〉 군체력검사 현황

국 가	종 목				
	심폐 지구력	근력/근지구력	체구성	유연성	임무 관련 체력
한 국	• 3km 달리기	• 팔굽혀펴기(2분) • 윗몸일으키기(2분)			
미 육군	• 3.2km 달리기	• 팔굽혀펴기(2분) • 윗몸일으키기(2분)	• 남자 : 복부, 목 둘레 • 여자 : 허리, 힙, 목 둘레		
미 공군	• 2.4km 달리기	• 팔굽혀펴기(1분) • 크런치(1분)	• 복부 둘레		근력테스트 (SAT)
미 해군	• 2.4km 달리기 (450m swim)	• 팔굽혀펴기(2분) • 컬업(2분)	• 남자 : 복부, 목 둘레 • 여자 : 허리, 힙, 목 둘레	• 앉아 굽히기	수영
미 해병대	• 4.8km 달리기	• 턱걸이(남자)/매달리기(여자) • 크런치(2분)	• 남자 : 복부, 목 둘레 • 여자 : 허리, 힙, 목 둘레		전투체력 테스트 (CPT)
영국육군	• 2.4km 달리기	• 팔굽혀펴기(2분) • 윗몸일으키기(2분)	• 허리-힙 비율 • 체질량지수		
영국공군	• 20m 셔틀 런 (비프 테스트)	• 팔굽혀펴기(1분) • 윗몸일으키기(1분)			
캐나다	• 20m 셔틀 런 (비프 테스트)	• 팔굽혀펴기(2분) • 윗몸일으키기(2분) • 악력			임무 관련 테스트 (Common Tasks)

호 주	• 20m 셔틀 런 (비프 테스트)	• 팔굽혀펴기(2분) • 윗몸일으키기(2분)			
뉴질랜드	• 2.4km 달리기	• 팔굽혀펴기 • 컬업			
프랑스	• 20m 셔틀 런 (비프 테스트)	• 턱걸이 • 윗몸일으키기			

〈그림 1-8〉 팔굽혀 펴기(상단 좌), 윗몸 일으키기(상단 우), 3km 달리기(하단)

제2장

트레이닝 방법론

1. 트레이닝의 기초
2. 트레이닝과 인체의 생리학적 변화
3. 트레이닝과 에너지 체계
4. 트레이닝과 피로회복

1 트레이닝의 기초

1) 트레이닝의 의의

스포츠의 경기력 향상뿐만 아니라 신체를 움직이는 군 전투수행력을 향상시키기 위한 트레이닝 방법은 체육학계 및 군 교육 훈련 분야에서도 중요한 과제이다. 트레이닝 방법의 과학적 이론과 지식은 선수 및 전투원들을 지도하는 데 매우 중요하다. 과학적이고 체계적인 트레이닝을 통하여 개인이나 훈련 종목의 특성에 맞는 기초 체력과 훈련능력을 발달시키는 것은 체육학자와 일선 체육지도자뿐만 아니라 일반인들에게도 중요 관심사 중의 하나이며, 특히 유사시 전투임무를 수행하여야 하는 군인들에게는 강인한 체력 육성이 개인 및 부대훈련에 있어서 매우 중요한 요소로 강조되고 있다.

트레이닝은 훈련, 단련, 또는 연습 등과 유사한 용어로 사용되는데, 군의 경우에 교육영역에서는 훈련이라는 용어를 사용하고 체력영역에서는 단련이라는 용어를 사용하고 있다. 학자들마다 다양한 정의를 내리지만 트레이닝은 "의도적으로 계획된 운동자극을 통해 신체의 체력과 스포츠 기술을 향상시켜 운동능력을 높이는 모든 운동과정"으로 정의할 수 있다. 다시 말해 트레이닝의 대상은 체력, 훈련능력, 정신력 등 신체적 활동에 대한 모든 면을 포함한다고 할 수 있으며, 트레이닝의 생활화는 그 효과를 높이는 데 중요한 요소라 할 수 있다. 군에서 체력단련을 하는데 있어서 "의도적으로 계획된 운동자극"이 간과되고 있기에 군체력관리를 배우는데 꼭 기억해야할 문제이다.

2) 과보상(초과보상) 이론

과보상 이론(theory of supercompensation)이란 트레이닝으로 소비된 생화학 물질의 양과 트레이닝의 효과는 상호 비례하는 것으로 간주하고 정립된 이론이다. 오래 달리기와 같은 유산소 운동 후 사용된 글리코겐(체내에 널리 존재하는 다당류로 에너지 대사에 중요한 물질)은 휴식 시 산소 섭취로 피로물질이 제거되고 음식 섭취를 통해 사용 전보다 많은 글리코겐을 체내에 축적하여 휴식 전보다 유산소 능력 수준이 향상되는데, 트레이닝 전보다 트레이닝 후 글리코겐 증가에 소요된 시간을 초과보상 단계라고 한다.

모든 사람은 정상적인 일일 활동 시 특정 수준의 생리학적 기능을 가진다. 훈련 시 연속적인 자극은 추가적인 영양(음식)을 태워 정상적인 생리적 상태를 방해한다. 이런 연소결과로 피로가 느껴지고 혈액과 세포내에 높은 젖산 축적이 일어난다. 훈련의 마지막에 피로 수준은 일시적으로 신체의 기능적 능력을 감소시킨다. <그림 2-1>와 같이 항상성(homeostatsis)

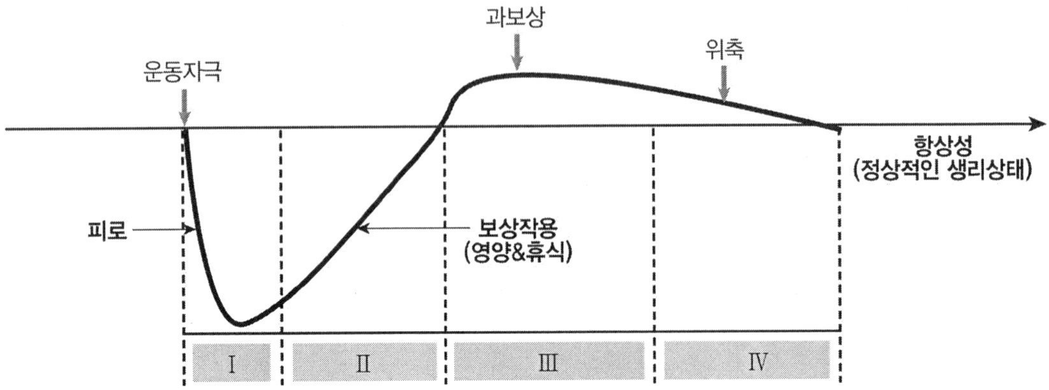

〈그림 2-1〉 1회 훈련에 대한 과보충 주기

곡선의 급격한 감소는 빠른 피로를 나타내고, 이것은 동시에 기능적 능력의 감소를 의미한다. 훈련 후 그리고 훈련 세션 사이에 신체는 보충(compensation) 단계에서 생화학적 에너지원을 보충한다. 정상적인 생리학적 행동을 위해서는 에너지 소비와 보충 간에 항상 균형이 있어야 한다. 보충 할 때에는 훈련에서 소비된 것을 보충하여 균형을 유지해야 한다. 그렇지 않으면 저장에너지지가 고갈되어 수행력 감퇴를 초래한다.

정상적인 생리적 상태로 돌아가는 것은 느리고 점진적이다. 이는 신체의 에너지 재생성 및 보충이 느린 과정임을 의미하며 많은 시간을 요구한다. 고강도 훈련 세션 사이의 시간이 길면 신체는 에너지원(특히 글리코겐)을 완전히 보충한다. 이것은 약간의 예비량을 획득함으로써 가능하며 이는 신체를 과보충(supercompensation) 상태로 반향시킨다. 매번 과보충이 발생하면 훈련 및 수행력에 대한 긍정적인 이점을 가진 새롭고 증가된 항상성 수준을 만들 수 있다. 훈련자극에 대한 신체의 적응과 근육에서의 글리코겐 저장량의 보충을 통한 수행력 증가를 위해 과보충을 고려해야 한다. 두 훈련 자극 사이의 시간이 길어지면 과보충은 미약해지고, 쇠퇴해지거나 수행력 향상이 적어진다.

과보충 주기는 다음과 같다. 훈련 후 신체는 피로를 겪는다(1단계). 휴식기간(2단계)에 생화학적 저장량이 보충될 뿐만 아니라 정상적인 수준을 초과한다. 더 높은 적응이 능률에 대한 기능적 증가를 배가시키는 시점인 반향 또는 과보충 단계(3단계)를 거쳐 신체는 완전히 보충된다. 만약 적절한 시간(과보충 단계)에 추가적인 자극을 주지 않으면 쇠퇴(4단계)하게 되고, 과보상 단계에서 획득된 이점을 상실하게 된다.

훈련에 의한 자극 후 회복기간은 과보충 단계를 포함하여 약 24시간이지만, 과보충은 훈련 형태와 강도에 따라 다르다. 예를 들어 유산소 지구력 훈련 후에는 약 6~8시간 후에 과보충이 일어나고, 강도 높은 활동 후에는 24시간 후에 일어난다. 그러나 수행력의 향상은 훈련빈도가 잦지 않아 과보상 단계를 보호할 수 있다면 더 자주 할 때 더 높다. 따라서 1회 훈련에 의한 보상효과는 운동부하(자극)와 운동 사이의 휴식 시간이 적절했는지에 따라 좌우

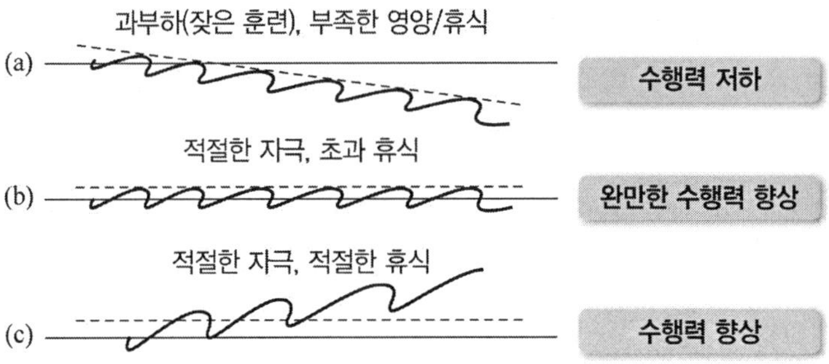

〈그림 2-2〉 운동 사이 휴식에 따른 훈련효과 (a). (b). (c)

되어 결국 중·단기 트레이닝 효과를 결정짓게 된다. <그림 2-2>의 (a)에서 보듯이 1회 트레이닝 시 최대 자극 후 운동 사이의 휴식 시간이 너무 짧거나 휴식 빈도가 적으면 피로가 누적되어 다음 훈련을 효과적으로 실시할 수 없게 되어 트레이닝의 보상효과가 떨어진다. 그리고 (c)에서 보듯이 휴식 시간이 너무 길면 자극과 반응이 약해 트레이닝의 효과를 기대하기 어렵다. 따라서 (c)처럼 운동사이의 휴식 시간과 빈도가 적절해야 개인의 체력 및 심리상태가 다음 운동을 위한 준비를 할 수 있고 운동 효과를 극대화 할 수 있다.

3) 과훈련(Overtraining)

트레이닝의 효과를 극대화하기 위해서는 개인의 운동능력과 체력 한계 내에서 적절한 부하로 트레이닝 하는 것이 필수적이다. 그러나 <그림 2-2>의 (a)에서 보듯이 개인의 능력을 극도로 초과하는 트레이닝(과도한 훈련량이나 훈련강도)으로 효과를 감소시키고 건강까지 해치는 경우가 있는데 이를 과훈련 또는 오버트레이닝(overtraining)이라 한다. 과훈련으로 나타나는 증상은 두통, 탈진, 불면증, 식욕부진 또는 소화장애 등이 있으며 이 같은 신체의 생리적 기능 저하는 체력이나 경기력을 감소시키고 트레이닝을 불가능하게 한다. 이를 벗어나

〈표 2-1〉 과훈련 증후군 증상

과훈련 증후군 증상			
수행력 문제	생리적 증상		심리적 증상
• 조기에 피곤함	• 계속되는 피곤함	• 계속되는 근육통증	• 짜증 또는 분노
• 쉽게 심박수가 증가함	• 식욕 감퇴	• 과도한 몸무게 손실	• 우울증
• 근력, 지구력, 스피드, 협응력 감소	• 과도한 체지방 손실	• 불규칙적인 생리	• 집중력의 저하
	• 안정 시 심박수 증가	• 만성적 근육통증	• 감정적 스트레스에 민감해짐
• 유산소 운동 능력 감소	• 불면증	• 잦은 감기와 감염	• 경쟁력의 저하
• 회복의 지연	• 과도한 훈련으로 인한 부상 증가		• 열정의 저하

기 위해서는 트레이닝을 일정기간 중지하고 완전휴식보다는 가벼운 신체활동으로 신체 상태를 일정수준으로 유지하다가 회복 후 정상적인 트레이닝에 복귀해야 한다. 앞의 <표 2-1>은 유산소 지구력 과훈련에 의한 일반적인 증상이다.

위에 나열된 일부 요소들은 측정하는 데 침습적인 방법이 필요하지만 몇 가지 지표들은 비침습적인 방법으로 점검할 수 있다. 수행능력에 대한 지표들(예 최대산소섭취량, 혈압 또는 안정 시 심박수의 변화, 근육통 증가)은 훈련 수행자로부터 객관적 및 주관적 정보를 모두에 대해 아주 세심하게 추적함으로서 측정될 수 있다. 훈련을 통한 각 개인의 향상 정도를 잘 알고 있는 것이 과다 트레이닝을 예방하는 데 필수적이다. 침습적인 방법을 필요로 하는 내용에 대해 어느 정도 명확한 대답을 원하는 사람들에게는 가까운 대학의 훈련생리학과가 좋은 정보원이 될 것이다. 과다 트레이닝을 방지하는 최선의 방법은 점진적으로 강도를 증가시키는 것이다. 그러나 궁극적으로는 휴식을 취하여야 한다. 휴식이 트레이닝보다 더 중요하지는 않더라도 같은 정도로는 중요하다는 것을 인식해야 한다. 휴식하지 않으면 적응은 일어날 수 없고 이러한 상황은 과훈련 증후군으로 이어질 수 있다.

4) 과도달(Overreaching)

위에 언급한 과훈련 증후군 증상은 일반적으로 과훈련 전단계인 과도달(overreaching) 또는 강화 과부하가 먼저 나타나면서 발생한다. 과도달은 수행력의 감소에 앞서 일어나는 정체 현상으로 설명될 수 있다. 적당한 회복 과정을 거치지 않으면서 개인의 적응능력을 초과할 정도의 과부하를 주는 단기간의 트레이닝을 의미하며, 수행력의 정체현상뿐만 아니라 안정 시 심박수 변화, 기분상태의 변화, 수면 장애, 식욕 감소 등을 포함하는 중요한 변인들의 변화를 감시해야 할 필요가 있다.

과도달은 과훈련의 초기 단계로써 혹독한 훈련 세션 사이에 부적절한 휴식과 회복을 취하면서 일어나는 극도의 근육 통증으로 나타난다. 과도달의 과정은 연속된 며칠간의 혹독한 훈련 후에 빠르게 일어난다. 과도달은 긍정적인 결과와 부정적인 결과를 동시에 가져온다. 주기화 훈련 프로그램의 일부로서 계획되었을 때는 참을성을 기르는 데 도움이 되기 때문에 고도로 훈련된 군인에게는 최고의 수행력을 위한 계획된 훈련 요소가 된다. 더 높은 체력은 인내력을 위해 적절한 휴식과 영양섭취를 필요로 하고 그와 함께 더 높은 강도의 훈련을 가능하게 한다. 근육 통증과 일반적인 피곤함은 연속된 강도가 있는 운동 후에 오는 일반적인 결과물이다. 그러나 이러한 결과들이 결코 완벽하게 해결되지 않거나 수행력이 계속해서 퇴보하면 이것은 과훈련의 첫 번째 증상이다. 지휘관과 군체력관리의 훈련 리더는 이러한 증상을 인식할 필요가 있고, 특히 신병교육대의 신병들에 대해 훈련과 회복을 조절할 필요가 있다. 많은 사례에서 수행력(근력과 스피드의 감소)의 감퇴를 경험한 군인들은 오히려 더 강한 훈련의 필요성을 느낀다. 그들의 믿음과는 대조적으로, 더 힘들게 할수록 수행력이 향상될 가능성은 줄어들고 부상의 위험은 높아진다<그림 2-3>. 회복, 휴식 그리고 적절한 영양 섭취가 혹독한 훈련보다 더 높은 수행력의 향상을 이끌어 낼 것이다. 운동의 양과 강도가 군인의 회복능력을 초과할 때 그들은 발전이 멈추고 오히려 근력과 지구력이 감소될지도 모른다. 과도한 훈련은 저항성 훈련과 달리기 활동 둘 다에서 발생하는 일반적인 문제이다. 근력과 지구력의 향상은 강한 훈련 후에 오는 휴식 기간 동안에 일어난다. 과보상이라 말하는 이 과정은 완벽하게 몸이 재건되는데 12~24시간이 걸린다. 충분한 휴식이 일어나지 않는다면 완벽한 회복도 일어날 수 없다. 한 번의 훈련으로서의 과도달은 적절하지 않고, 최초 군사훈련에 있는 군인들 특히 낮은 수준의 체력과 걷는 시간이 많고 작전 템포가 높은 군인에게는 권장되지 않는다. 합리적인 시간 이상으로 강한 훈련이 계속될 때 과도달은 과훈련 증상과 과사용에 의한 부상에 이르게 할 수 있다.

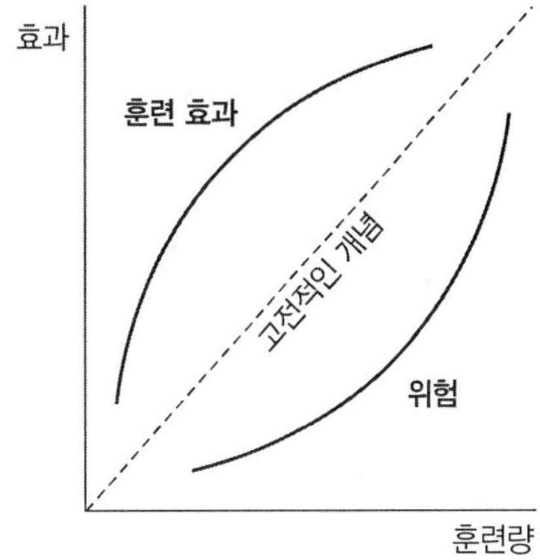

〈그림 2-3〉 훈련량과 훈련 효과의 관계

5) 과사용(Overuse)

적절한 휴식·회복 그리고 영양의 섭취가 없는 계속되는 과도달은 과훈련에 이르게 하고, 결국 과사용으로 인한 부상을 야기할 수 있다. 과훈련 증상의 영향은 몇 주 또는 몇 달 지

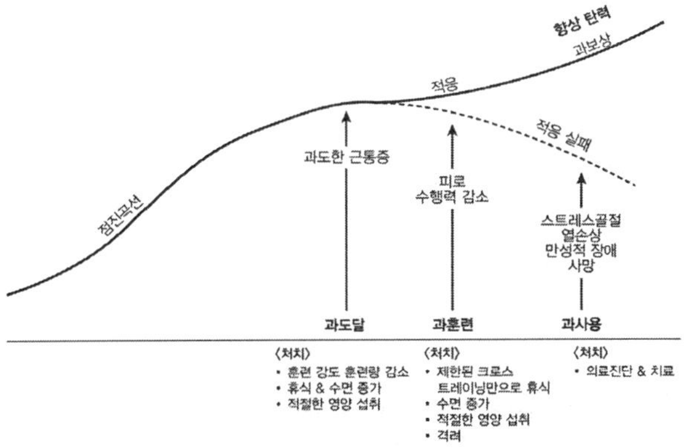

〈그림 2-4〉 과도달, 과훈련, 과사용에 대한 반응 및 적응

속될 수 있고, 군인의 수행력을 방해하며 복무기간을 끝내거나 제한을 줄 수 있는 일시적 또는 만성적 부상을 일으킬 수 있다.

구체적인 예는 횡문근 융해, 둥덩뼈(pubicramus) 피로 골절, 구획증후군 그리고 대퇴부(femoral neck) 피로골절이 포함된다. 지휘관과 군체력관리 훈련 리더는 반드시 <그림 2-4>의 과도달, 과훈련, 과사용에 의한 반응 및 적응에 대해 이해하고 증상을 인식하고 있어야 한다.

6) 트레이닝 부족(Undertraining)

트레이닝 효과를 높이기 위해서는 개인의 체력과 운동능력이 적절하게 고려된 적정부하로 트레이닝을 실시해야 한다. <그림 2-4>에서 보듯이 운동강도가 너무 강하면 부상의 위험이 높고, 너무 약하면 훈련의 효과가 적게 된다. 따라서 안전운동의 한계와 운동효과의 역치를 고려한 개인의 적정부하로 트레이닝을 실시할 경우 가장 효과가 높다<그림 2-5>.

예를 들어 매일 1시간씩 웨이트 트레이닝을 실시하는 사람이 수개월이 지나도 근육양이 증가하지 않는 경우, 대부분 개인의 최대능력보다 상당히 낮은 강도로 운동을 하기 때문이다. 벤치 프레스를 한 번 들 수 있는 무게가 100kg인데, 근력향상을 위해서는 85%의 강도, 즉 85kg으로 8~10회 훈련을 해야 하지만, 50kg으로 10회만 하고 끝내기 때문인 것이다.

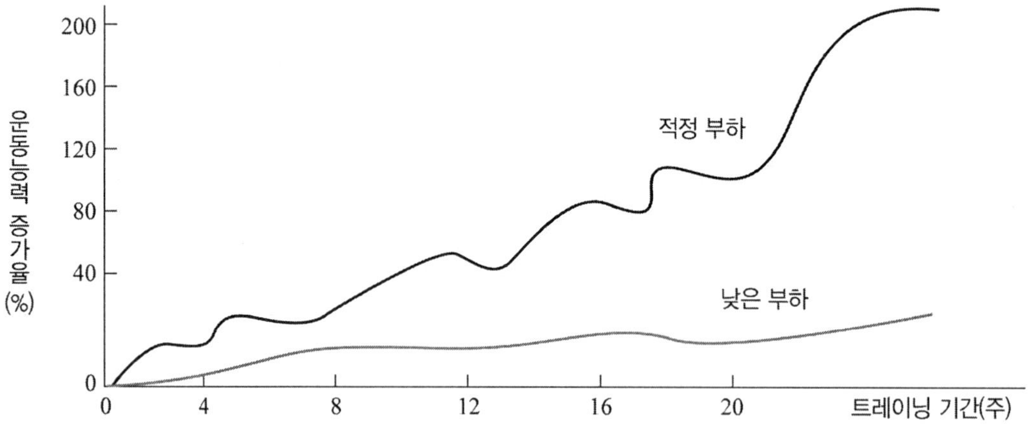

〈그림 2-5〉 트레이닝 부하에 따른 운동효과 증가율

7) 트레이닝 중단(Detraining) 및 재트레이닝(Retraining)

생리학적·심리학적 변화는 장기간의 훈련을 통해 이루어지지만, 성취된 수준을 유지하거나 더 많은 향상을 위해서는 더 높은 훈련자극이 필요하다. 자극이 중단되면 기능적, 심지어는 심적인 불안을 초해하게 되는데 이를 훈련상태 감소증후군 또는 트레이닝 중단(detraining)이라 한다.

상해 또는 질병으로 트레이닝을 중단하면 병적 고통에 따른 체력의 급격한 저하로 선수의 심리적 안정이 위협받는다. 또한 근력과 순발력, 근지구력, 유연성, 심폐 지구력의 손실이 가장 크며, 비교적 스피드와 민첩성의 손실은 적은 편이다. 이 같은 현상은 장기간의 휴식 등으로 활동을 완전히 중단했을 경우 더욱 뚜렷하게 나타난다.

신체가 트레이닝 중단에 대하여 반응하는 방법은 훈련에 대해 반응하는 방법과 유사하다. 일반 훈련을 중단하면 2주만 경과하여도 근육의 지구력이 감소한다. 한 연구에 따르면 훈련 중지 4주 후 젖산염 증가와 더불어 근육 글리코겐뿐만 아니라 근육의 호흡능력이 감소되었는데, 이것은 근육 신진대사의 명백한 변화를 증명하는 것이다. 심폐 지구력 훈련의 결과 발생하는 훈련성 서맥은 훈련 중지 시 빠르게 소실된다. 심폐 지구력 유지를 위한 훈련은 주당 최소 3회의 빈도가 요구되며 최소한 최대산소섭취량의 70% 강도로 훈련해야 한다.

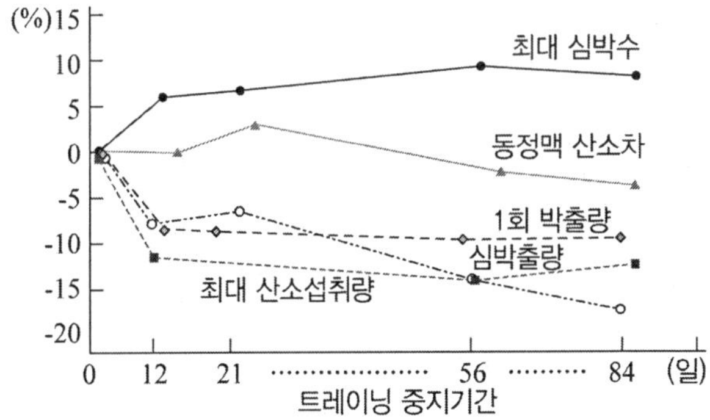

〈그림 2-6〉 트레이닝 중단에 따른 심혈관 요인의 변화

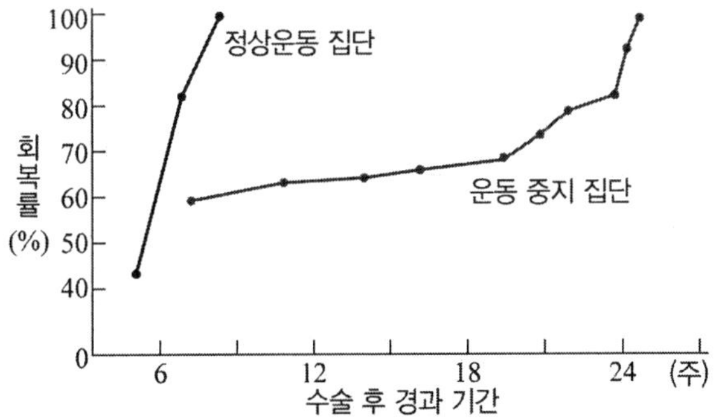

〈그림 2-7〉 재트레이닝에 따른 허벅지 앞쪽 근의 근력 회복률

부상 또는 질병 등으로 장기간 활동을 못하여 트레이닝이 중단되었다가 완쾌 후 트레이닝을 다시 실시하는 것을 재트레이닝(retraining)이라고 한다. 트레이닝 중단 후 체력이 전보다 많이 저하되었기 때문에 이전 상태의 체력을 회복하는 데에는 많은 시간이 필요하다.

8) 트레이닝 역치

신체의 세포나 근육은 일정 수준 이상의 자극을 받으면 반응하는데, 반응을 유발하는 데 필요한 최소한의 자극을 트레이닝 역치(training threshold)라고 한다. 트레이닝의 양과 강도를 점차 높이면서 훈련을 실시하면 자극에 대한 역치가 높아지고 이에 따라 체력이 향상된다. 따라서 동일한 강도의 자극이나 낮은 강도의 자극이 지속적으로 가해지면 적절한 반응이 일어나지 않아 트레이닝의 효과가 없다.

심폐 지구력 운동강도 지표는 최대산소섭취량, 최대심박수, 목표심박수, 운동자각도, 에너지소비량, 대사당량, 젖산역치 등 다양한 방법을 사용할 수 있다<표 2-2>. 일반적인 훈련효과의 역치를 위한 적정범위는 <표 2-2>와 같다.

근력의 운동강도 지표는 한번에 최대로 들 수 있는 힘 또는 무게인 1-RM이다. 이 최대근력의 몇 %로 운동하느냐에 따라 최대 근력, 근력 및 근비대, 근지구력 등의 목적이 달라진다<표 2-3>. 일반적인 근력운동의 목적에 따른 강도는 다음과 같다. 벤치프레스(가슴근육운동)의 1-RM이 50kg인 사람의 근력향상을 위한 강도는 1-RM의 80%로 40kg의 무게로 약 8회를 해야 한다. 그러므로 30kg으로 8회를 하면 효과적인 근력향상을 기대할 수 없다.

〈표 2-2〉 심폐 지구력 운동강도 지표

최대산소섭취량	최대심박수	목표심박수	젖산
55~70%	70~85%	low fit : 40~50% HRR high fit : 60~80% HRR	젖산 농도가 급격히 증가되는 시점

* HHR : 예비심박수(최대심박수-안정 시 심박수)

〈표 2-3〉 훈련 목적에 따른 근력운동 강도

<table>
<tr><th>반복횟수</th><th>% 1-RM</th><th>세트 간 휴식</th><th>훈련목적</th></tr>
<tr><td>1</td><td>100</td><td rowspan="4">> 5 min</td><td rowspan="6">최대 근력
(순발력 : 빠른 속도)</td></tr>
<tr><td>2</td><td>95</td></tr>
<tr><td>3</td><td>93</td></tr>
<tr><td>4</td><td>90</td></tr>
<tr><td>5</td><td>87</td><td rowspan="4">3∼5 min</td></tr>
<tr><td>6</td><td>85</td></tr>
<tr><td>7</td><td>83</td><td rowspan="7">근력/근비대</td></tr>
<tr><td>8</td><td>80</td></tr>
<tr><td>9</td><td>77</td><td rowspan="2">2∼3 min</td></tr>
<tr><td>10</td><td>75</td></tr>
<tr><td>12</td><td>70</td><td rowspan="2">1∼2 min</td></tr>
<tr><td>14</td><td>65</td></tr>
<tr><td>15</td><td>60</td><td rowspan="2">< 1 min</td></tr>
<tr><td>15∼20</td><td>< 60</td><td>근지구력</td></tr>
</table>

9) 트레이닝의 내용(처방)

트레이닝 처방은 트레이닝을 과학적이고 체계적으로 실시하여 체력을 극대화하기 위한 목적으로 대상자의 수준을 진단하고 진단결과를 기초로 트레이닝을 실시한 후 트레이닝의 효과를 판정하고 이러한 트레이닝 결과를 검토하여 미진했던 요인에 대해 재처방하는 일련의 과정이다. 이와 같은 효과를 극대화하기 위해서는 트레이닝 처방요소인 형태, 강도, 시간, 빈도, 기간을 고려해야 한다.

(1) 훈련의 형태

훈련의 형태를 결정하는 것은 우선 각 개인이 가지고 있는 현재 상태의 체력과 흥미에 따라 달라질 수 있다. 이것은 트레이닝을 하고자 하는 대상에게 어떠한 형태의 훈련이 좋은지, 즉 훈련 종목의 특성, 연령과 체력 등을 고려하여 가장 적합한 형태의 운동을 선택하는 것이다. 가령 심폐 지구력이 다른 선수에 비해 떨어진다고 판단되면 심폐 지구력을 향상시킬 수 있는 훈련을 선택해야 할 것이다. 심폐 지구력을 향상시킬 수 있는 훈련은 유산소성 훈련이므로 훈련 중 산소를 많이 섭취할 수 있는 종목으로 선정하여야 한다. 이러한 형태의 훈련으로는 걷기, 달리기, 수영, 자전거 등 전신을 이용하여 할 수 있는 종목들이 있다. 반면 자신이 다른 사람에 비해 근력이 떨어지는 경우 근력을 키울 수 있는 무산소성 훈련이 적합한데, 웨이트 트레이닝과 써킷 트레이닝을 통해 부족한 근력을 기를 수 있다. 다만 체력면에서 향상되면 흥미를 고려하여 구기훈련 종목을 병행 실시하는 것도 장기간 규칙적으로 훈련에 참여하게 할 수 있는 방법이 된다.

(2) 훈련의 강도

트레이닝을 실시하는 데 있어서 가장 중요하고도 어려운 문제가 바로 적절한 훈련의 강도를 설정하는 것이다. 트레이닝 과정에서 훈련 강도가 너무 약하면 훈련에 대한 효과가 없으며, 훈련 강도가 지나치게 높으면 오히려 훈련에 의한 상해를 불러일으킬 수 있다. 훈련 능력은 개인에 따라 차이가 나므로 적절하게 훈련 효과를 얻을 수 있는 상대적 훈련 강도를 선정하여 실시하는 것이 바람직하다.

훈련 강도를 선정하는 방법으로는 체력적 요인에 따라 달라지지만 근력이나 근지구력의 경우 최대 근력을 기준으로 삼고 그 반복횟수를 증감하기도 하고, 심폐 지구력의 경우 최대 산소섭취량을 기준으로 하는 것이 가장 널리 이용되고 있으며, 목표 심박수와 자각 훈련 강도(RPE : ratings of perceived exertion)를 이용하기도 한다. 미국 스포츠 의학회(ACSM)에서는 일반인에 대해 최대심박수의 70~85%, 최대산소섭취량의 55~70%를 훈련 강도로 추천한다. 아래와 같이 목표심박수를 결정하여 훈련 강도를 선정하게 된다.

목표심박수=(최대심박수−안정 시 심박수)×훈련 강도(%)+안정 시 심박수
* 최대심박수=220−나이

예를 들어, 40세의 남성이 안정 시 분당심박수가 72회라고 가정할 때 훈련 강도가 최대심박수의 60~80%로 결정되었다면 실제 훈련심박수의 범위는 최대심박수를 도출(220−40세=180회/분)하여 계산공식에 대입(60% 목표심박수=180×0.6+72=137회/분, 80% 목표심박수=180×0.8+72=158회/분)한다. 그 결과 목표심박수의 범위는 137회/분에서 158회/분 사이인 것으로 알 수 있다.

근력 운동의 강도는 위에 기술한 트레이닝의 역치를 참고한다.

(3) 훈련 시간

훈련 시간은 훈련 강도와 반비례하기 때문에 훈련 강도가 높으면 훈련 시간을 짧게 해야 하고 훈련 강도가 낮아지면 장시간 훈련을 지속할 수 있다. 가령 훈련 형태를 유산소성 훈련으로 결정했다면 훈련 시간은 길고 강도는 낮게 하는 것이 바람직하다. 일반적으로 준비

훈련과 정리 훈련을 포함해서 약 20~30분간 지속적으로 실시하는 것을 이상적으로 권장하고 있다. 다만 지속적으로 훈련을 수행할 수 없는 사람은 10분 간격의 간헐적 훈련을 하는 것도 고려할 수 있다. 훈련 시간의 증가는 부상이나 상해가 없고 지나친 피로증상이 없는 상태에서 개인의 적응 양상에 따라 고려해야 한다.

(4) 훈련 빈도

훈련 빈도란 일주일에 몇 회 정도 훈련을 실시할 것인가를 선택하는 것이다. 대개 훈련의 효과는 훈련 중지 후 48시간이면 저하되기 시작하므로 최소한 주당 3회 정도의 훈련을 실시해야 한다. 훈련 선수의 경우 거의 매일 훈련을 실시하고 있기 때문에 훈련 빈도의 선택에 앞서 훈련 강도와 시간으로 트레이닝의 양을 조절해야 할 것이다. 일반적으로 지구력 위주의 훈련 강도가 낮으면서 지속적인 훈련 형태의 경우에는 훈련 빈도를 주당 6회로 설정하여 매일 훈련 후 하루의 완전한 휴식을 취하는 형태이지만, 고강도의 훈련 형태를 수행할 때는 근육이 회복될 수 있는 시간적 여유가 주어져야 다음의 트레이닝을 효과적으로 수행할 수 있기 때문에 주당 3일 정도의 격일제로 훈련 빈도를 설정하는 것이 바람직하다. 또한 훈련을 2~3일 연속으로 실시한 후 2~3일 휴식을 취하는 것보다 격일제로 실시하는 것이 신체적 부담면에서나 훈련 효과 지속면에서도 바람직한 방법이다. 장병의 경우 체력이 향상되고 나면 훈련 빈도를 주당 4~5회 이상 매일 실시하는 것이 건강과 체력증진을 위해 더 많은 도움이 된다.

(5) 훈련 기간

트레이닝의 목표 달성을 위해서는 트레이닝 프로그램을 계획하여 실시하는 것이 보다 효율적인 트레이닝 관리가 될 것이다. 트레이닝 목표가 수 주일 내에 경기에 참가하기 위한 단기간의 트레이닝이 있는가 하면 한 시즌을 끝내고 다음 시즌을 준비해야 하는 대부분의 훈련 선수들은 연간계획을 수립하여 목표하고자 하는 대회나 시즌 전체를 위한 트레이닝 기간 또는 올림픽 경기대회나 아시아 경기대회 같은 세계적인 대회를 준비하는 데 4년간의 트레이닝 기간이 필요하다. 트레이닝 기간은 장기간에서부터 짧게는 계절별, 월별, 주간별로까지 세분화된다. 이러한 트레이닝 기간의 설정은 기간에 상관 없이 목표에 맞추어 조절이 가능하다.

10) 트레이닝의 주기화

트레이닝이 성공적으로 이뤄지기 위해서는 트레이닝의 대상인 부대원의 체력에 대한 정확한 진단과 처방, 훈련 프로그램, 환경, 트레이닝 기간 등이 합리적이고 체계적으로 구성되어야 한다. 트레이닝의 주기화(periodization of training)란 개인 또는 부대가 목표로 하는 가장 중요한 훈련(유격 등)에서 최고의 성적을 획득하기 위해 능력을 최상에 이를 수 있도록 훈련을 단계별로 실시하는 것을 말한다.

훈련 주기는 <표 2-4>와 <표 2-5>처럼 단주기(1주)와 장주기(2~6주)로 구분된다. 연간 계획과 더불어 1주 단위인 단주기(microcycle)는 가장 중요한 훈련 계획이다. 단주기는 연간 주요 목적(훈련 등)에 따라 연간 프로그램 내의 주단위 훈련 프로그램을 의미한다. 단주기 시 훈련 강도의 변화를 주기 위해 사용하는 기술은 과학적이다. 대부분의 경우 훈련 시 공급된 에너지 연료를 재저장하는 데 필요한 시간에 근거한다. 매주 강도를 잘 변화시킬수록

〈표 2-4〉 트레이닝 단주기 샘플

강 도	
90~100%	고강도
80~90%	중간강도
50~80%	저강도
0	안정
요일	

〈표 2-5〉 트레이닝 장주기 샘플

월	10월				11월				12월			
장주기	1				2				3			
단주기 수	4				5				3			
주	1	2	3	4	5	6	7	8	9	10	11	12
훈련형태	가벼운 유산소 훈련	무산소 훈련	무산소 훈련	근력, 순발력 훈련	근력, 순발력 훈련	유·무산소 훈련		가벼운 유산소 훈련	유·무산소 훈련		과보충	유격

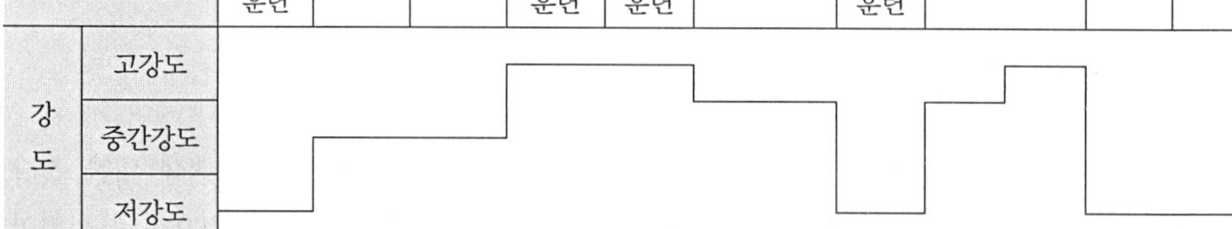

병사들은 더 쉽게 피로를 극복하고 오버트레이닝을 피할 수 있다. 동일하게 발달(developmental), 충격(shock), 재생성(regeneration) 단주기를 변경하는 것이 중요하다. 충격 단주기를 남용하지 말아야 하는데, 만일 남용하였을 경우 병사들의 피로수준은 높아진다. 훈련의 주요 범위가 전투상황에서 신체반응을 배가시키기 위해 자극에 대한 심신을 적응시키는 것임을 명심해야 한다.

훈련을 정량화하기 위해서 숫자로 된 강도 표시를 고려한다. 주마다 강도 변화를 주는 것은 과보충에 도달하는 날짜를 계획하는 데 도움을 줄 것이다. 에너지 시스템에서 배운 것, 특히 과보충을 이용하여 이상적인 훈련 효과를 증가시키기 위해 주의 깊게 조절해야 한다.

장주기(macrocycle)는 2~6주 이상의 단주기로 구성된다. 당면한 임무수행을 위한 프로그램 계획 시 단주기를 사용할 수 있지만, 장주기는 미리 몇 주간의 훈련 프로그램에 대한 계획을 반영하는 것이다.

11) 트레이닝의 원리

트레이닝은 부대원의 체력 및 전투임무 수행력 등을 향상시키기 위해 행해지는 복합적인 과정이기 때문에 트레이닝 과정과 내용은 계획적이고 체계적으로 편성되어야 효과를 극대화할 수 있다. 이를 효과적이고 과학적으로 실현하기 위한 기본 원리가 필요하다.

(1) 과부하의 원리

운동 능력은 신체의 적응력을 높임으로써 향상되며 신체의 적응력을 높이기 위한 트레이닝의 강도와 양은 자신의 능력보다 높은 수준(역치보다 높고 최대 강도보다 낮은 부하)으로 실시하는 원리이다.

(2) 점증적 부하의 원리

실시하는 트레이닝의 질과 양에 신체가 적응(adaptation)하게 되면 이러한 트레이닝을 오랫동안 계속한다고 해도 그 효과는 정체되는데, 트레이닝의 특정 수준에 적응하면 이보다 높은 수준의 부하를 주어 몸의 구조와 기능을 효율적으로 향상시킬 수 있다.

이때 주기를 가지고 단계적으로 서서히 부하를 증가시키는 것이 중요하며, 갑자기 많은 부하를 증가시키는 것은 바람직하지 않다.

부하를 증가시키는 방법은 앞에 설명한 트레이닝의 고려요소 중 강도, 시간, 빈도를 조합하거나 한 가지를 증가시키는 것이다.

(3) 특이성의 원리

축구, 야구, 배구, 농구, 마라톤, 100m 달리기 등 모든 스포츠 종목뿐만 아니라 유격 장애물 극복과 같은 군 전투임무에 따라 형태적으로 또는 기능적으로 특성을 갖고 있으며 이 같은 특성에 따라 트레이닝을 실시해야 효과를 높일 수 있다. 특이성의 원리는 트레이닝에서 실시하는 훈련 형태가 각 스포츠 경기 및 전투임무 수행에 필요한 동작과 유사하거나 일치될 때 트레이닝 효과가 높다는 원리이다. 예를 들어 무산소성 순발력이 필요한 100m 달리기 선수에게 중장거리 훈련을 시킨다든지, 수평 점프 능력이 발휘되는 멀리뛰기 선수에게 수직 점프를 강화시키는 훈련은 특이성의 원리에 어긋나는 것이다. 그러므로 산악행군 능력 향상을 위해서는 일반 연병장을 뛰는 것보다 무장 산악행군을 하는 것이 특이성의 원리에 맞는 것이다.

(4) 개별성의 원리

트레이닝을 하는 사람마다 목적과 상태가 달라 모두에게 동일한 것을 실시하게 하는 것은 훈련상해와 같은 바람직하지 않은 결과를 초래하기 쉽기 때문에 개인차를 고려하여 각자에게 적절한 트레이닝을 실시해야 한다. 이를 위해서는 개개인의 체력과 기능을 평가하여 그 수준에 맞도록 보강이 필요한 체력요인과 훈련기술을 선정하고 적절한 목표를 설정하여 달성하게 하는 것이 중요하다. 단체 뜀걸음의 경우 이 개별성의 원리를 고려하지 못한 것이다. 개인마다 체력의 수준차가 있는데 동일한 달리기 페이스로 달린다면 체력이 우수한 상위 그룹은 훈련 효과가 없고 체력이 낮은 하위 그룹은 과훈련이 되어 부상의 위험이 높아진다.

(5) 계속성의 원리

트레이닝을 하다가 중단하게 되면 유연성은 다른 체력요인에 비해 빠르게 저하되며, 심폐지구력도 점차 감소되고 근력과 순발력은 상대적으로 느리게 줄어든다. 이는 지속적으로 훈련을 하지 않으면 체력 수준이 저하되며, 그 기간이 길수록 모든 체력요인과 관계되어 원상태로의 회복도 점점 어려워지게 된다는 것을 의미한다. 체력유지를 위해서는 주 3회 이상의 트레이닝을 하는 것이 바람직하며, 이렇게 할 수 없다면 최소한 주 1회라도 중단하지 않고 계속 행하는 것이 필요하다.

12) 부대 트레이닝 계획

훈련을 계획하는 과정은 높은 훈련 수준과 수행력을 성취하는 데 도움을 주는 방법적이고 과학적인 절차이다. 잘 계획된 훈련 프로그램을 수행하는 데 있어서 가장 중요한 것은 지휘관의 관심이다. 잘 구조화된 계획은 지침, 방향, 범위를 제공한다. 훌륭한 계획은 여전히 "고통 없이 얻는 것이 없다"와 "강도 높게 훈련하라"고 주장하는 사람들의 잘못된 생각을 제거한다. 지적인 트레이닝으로 과장된 주장을 대체해야 하는데, 왜냐하면 계획은 훈련 프로그램을 구조화하는데 과학을 사용하는 예술적 분야이기 때문이다. 훈련에서 우연에 의해서는 어떤 것도 일어나지 않으며, 모든 것은 계획에 의해 일어난다.

지휘관은 효과적인 계획을 수립하기 위해 높은 수준의 전문기술 및 경험을 가져야 한다. 계획은 체육의 모든 영역을 동원한 방법론적 추론과 지식을 반영한다. 지휘관은 각개 병사의 잠재력 및 발달비율, 그리고 가용 장비 및 시설을 고려해야 한다. 훈련계획은 테스트(예 체력검정) 또는 특정 훈련에서의 수행력(예 유격 훈련)을 목적으로 구체화되어야 한다. 훈련계획은 단순하고, 암시적이며, 유연성을 가져야 한다. 그래서 병사들의 향상 정도와 방법론적 지식 습득에 따라 계획을 수정할 수 있어야 한다.

2 트레이닝과 인체의 생리학적 변화

1) 트레이닝과 골격근

(1) 골격근의 주요 구조

심장이 박동할 때, 먹은 음식이 소화기관을 통해 움직일 때, 신체를 움직일 때 모두 근육과 관련이 있다. 우리 인체의 근육은 평활근, 심장근, 골격근 3가지로 구성된다<그림 2-8>. 그 중 골격근은 뼈에 붙어 있는 근육이며 수축 시 골격을 끌어 당겨 운동을 한다. 눈을 깜박이는 사소한 움직임에서 42.195km의 장거리를 2시간 이상 달리는 마라톤에 이르기까지 인간의 모든 움직임은 골격근의 적절한 기능에 의해 이루어진다. 하나의 골격근은 많은 근섬유로 이루어져 있으며 하나의 근섬유는 약 1,000~2,000개의 근원섬유로 구성되어 있는데, 근수축은 근원섬유에서 이루어진다. 골격근은 인체 체중의 약 40~50%를 차지하며 근의 기본단위인 근섬유와 이를 결합하는 결합 조직으로 구성된다<그림 2-9>.

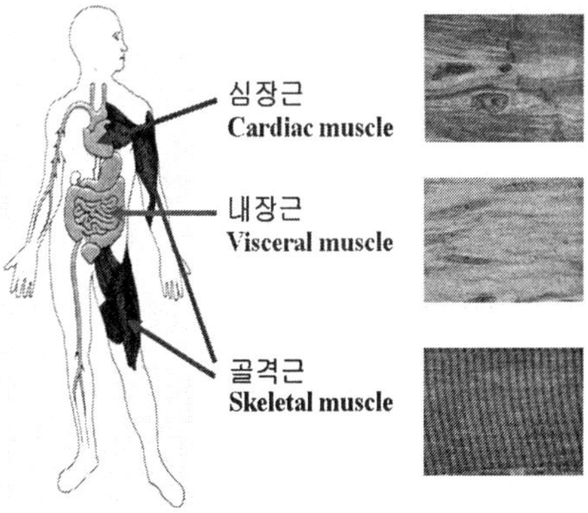

〈그림 2-8〉 근육의 종류

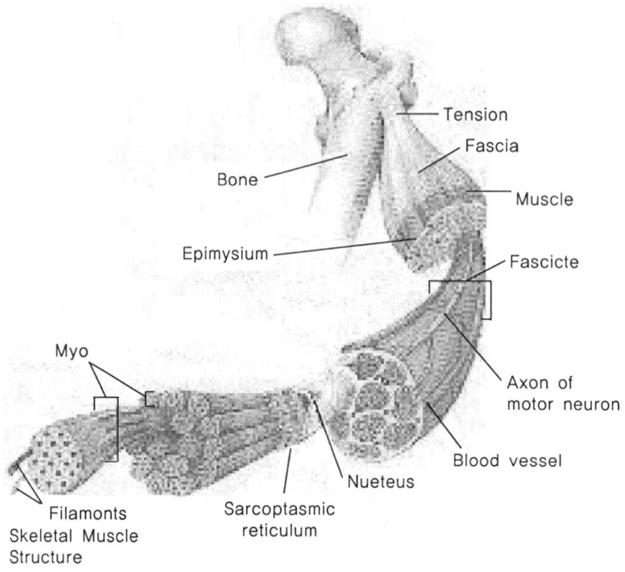

〈그림 2-9〉 골격근의 기본적인 구조

(2) 골격근의 주요 기능

① 근섬유의 종류와 특성

모든 근섬유는 똑같지 않다. 골격근은 주로 지근섬유(ST : slow-twitch fiber)와 속근섬유(FT : fast-twitch fiber)의 두 가지 형태를 가지고 있으며 전기 자극에 대해 얼마나 빠르게 수축반응을 하느냐에 따라 분류된다. 지근섬유는 마이오글로빈(myoglobin) 함량이 높아서 붉

〈표 2-6〉 근섬유의 종류와 특성

특성	ST	FTa	FTb
운동신경당 근섬유	10~180	300~800	300~800
운동신경 크기	작음	큼	큼
신경전도 속도	느림	빠름	빠름
수축속도(ms)	50	110	110
ATPase 활성화	느림	빠름	빠름
근형질세망	낮음	높음	높음
모세혈관 밀도	많음	중간	적음
운동단위 힘	낮음	높음	높음
유산소 능력	높음	중간	낮음
무산소 능력	낮음	높음	높음
평균 비율	50%	25%	25%

은색을 띠고 있어 적근섬유라고도 불리고, 속근섬유는 상대적으로 마이오글로빈의 함량이 적어 백근섬유라고 불린다. 속근섬유 중에는 지근섬유의 대사적 특성을 많이 가지고 있는 간근섬유가 있어 FTa와 FTb의 두 가지 형태로 분류된다. 속근섬유와 지근섬유의 특징은 아래와 같다.

속근섬유는 수축속도가 빠른 대신 지근섬유보다 쉽게 피로해지며, 지근섬유는 속근섬유보다 적은 힘을 발휘하지만 에너지 효율이 높아 동일한 에너지일 때 속근섬유보다 더 많은 힘을 낸다. 인체의 근육은 부위에 따라 근섬유의 구성비가 다르다. 골격근을 형성하고 있는 근섬유의 종류와 운동수행 능력과의 관계는 성별이나 연령에 따른 차이는 없지만 스포츠 종목에 따라 다르게 나타난다. 단거리 선수와 같은 순발력 운동 선수들의 속근섬유의 비율은 중장거리 선수들보다 높으며, 지구력을 필요로 하는 장거리 선수는 직근섬유 비율이 높다. 스포츠 종목별 지근섬유와 속근섬유의 비율 차이는 다음과 같다. 지속적인 트레이닝으로 속근섬유가 지근섬유로 변화되었다는 보고는 있지만 운동 능력에 영향을 미칠 정도는 아니다. 두 섬유의 비율은 사람마다 다르며, 지근섬유는 트레이닝으로 약간 증가될 수 있지만 속근섬유는 선천적으로 고정되어 있다. 세계적인 마라톤 선수의 비복근에 있는 지근섬유는 93%~99%를 나타내고 단거리 선수는 단지 25% 수준에 불과하다.

〈표 2-7〉 스포츠 종목별 지근섬유와 속근섬유의 비율

					단면적(μm²)	
운동선수	성별	근육	%type Ⅰ	%type Ⅱ	%type Ⅰ	%type Ⅱ
단거리 달리기	남자	비복근	24	76	5,878	6,034
	여자	비복근	27	73	3,752	3,930
장거리 달리기	남자	비복근	79	21	8,342	6,485
	여자	비복근	69	31	4,441	4,128
사이클	남자	외측광근	57	43	6,333	6,116
	여자	외측광근	51	49	5,487	5,216
수영	남자	후삼각근	67	33	-	-
역도	남자	비복근	44	56	5,060	8,910
	남자	삼각근	53	47	5,010	8,450
3종 경기	남자	후삼각근	60	40	-	-
	남자	외측광근	63	37	-	-
	남자	비복근	59	41	-	-
카누	남자	후삼각근	71	29	4,920	7,040
투포환	남자	비복근	38	62	6,367	6,441
일반인	남자	외측광근	47	53	4,722	4,709
	여자	비복근	52	48	3,501	3,141

② 근수축의 종류와 특성

ⓐ 근육의 협응 : 인체 내의 골격근은 600여 개 이상 존재하며 크기, 모양, 용도가 다양하다. 인체의 관절 움직임은 움직임을 위한 일차적인 근육인 주동근과 주동근의 작용에 반대로 작용하는 길항근, 그리고 주동근을 도와주는 협응근이 함께 작용한다. 그림에서 보듯이 암컬 동작 시 주동근인 상완근과 상완이두근이 짧아지고 길항근인 삼두근이 이완하게 되며, 협응근인 완요골근이 상완근과 이두근의 작용에 도움을 준다. 레그 익스텐션 동작 시 주동근인 대퇴사두근(앞쪽)이 힘차게 수축할 때, 대퇴이두근(뒤쪽)은 이완된다.

ⓑ 근육의 수축 : 근육의 수축은 근육길이의 변화유무에 따라 정적(static) 수축과 동적(dynamic) 수축으로 구분한다. 정적 수축은 골격근의 길이가 변하지 않으면서 근력이 발휘되는 근수축으로 등척성(isometric) 수축이라고도 불리며 팔씨름이나 무거운 물건을 들고 이동하는 것 등에서 일어난다. 동적 수축은 관절의 변화가 일어나고 근육의 길이가 변하면서 근력이 발휘되는 근수축으로 등장성(isotonic) 수축이라고도 불리며 암컬과 같은 일반적인 웨이트 동작 시 일어난다. 이는 근육의 길이가 짧아지면서 근력이 발휘되는 단축성(concentric) 또는 구심성 수축과 근육의 길이가 길어지면서 근력이 발휘되는 신장성(eccentric) 또는 원심성 수축으로 구분된다. 또한 동적 수축의 일종인 등속성(isokinetic) 수축은 관절 가동범위 전반에 걸쳐 동일한 속도(부하)로 근력이 발휘된다. 등장성 근수축은 관절 각도에 따라 발휘되는 장력과 속도가 일정하지 않지만 등속성 수축은 특별히 고안된 장비(cybex, biodex)를 이용하여 움직임의 빠르기가 일정하게 유지되기 때문에 관절 가동범위 전체에 걸쳐 근력을 발휘할 수 있다. 일반적으로 달리기, 점프와 같은 여러 신체활동에서 부드럽고 협응된 동작이 이루어지는 동안에는 이 세 가지 형태의 수축이 모두 일어날 수 있다.

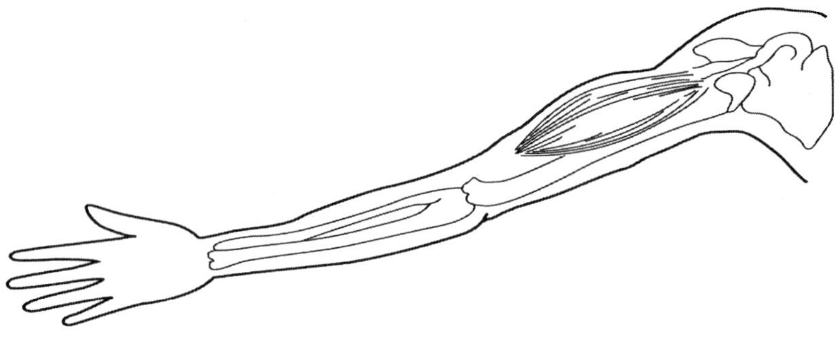

〈그림 2-10〉 팔꿈치 관절 움직임 시 주동근, 길항근, 협응근의 작용

2) 트레이닝과 호흡계

(1) 호흡계의 주요 구조

호흡계는 순환계와 결합하여 조직에 산소를 운반하고 조직으로부터 배출되는 탄산가스를 제거한다. 호흡은 외호흡(폐호흡)과 내호흡(세포호흡)으로 구분한다. 외호흡은 대기와 폐 내 모세혈관의 가스교환으로 이뤄지고, 내호흡은 영양소로부터 에너지를 생성 시 필요한 산소를 사용하고 이산화탄소를 생산하는 미토콘드리아 내에서 이뤄진다. 호흡계는 코, 비강, 인두, 후두, 기관지들로 구성된 기도와 폐로 구성되며 이들은 공기를 정화시키고 정화된 공기를 폐로 운반하는 통로의 역할을 수행한다.

외호흡:
- 대기와 폐포 사이의 가스교환
- ⇩
- 폐포와 혈액 사이의 가스교환

⇩

내호흡:
- 혈액에 의한 가스 운반
- ⇩
- 혈액과 조직세포 사이의 가스교환
- ⇩
- 조직세포의 O_2 이용과 CO_2의 생성

〈그림 2-11〉 외호흡과 내호흡

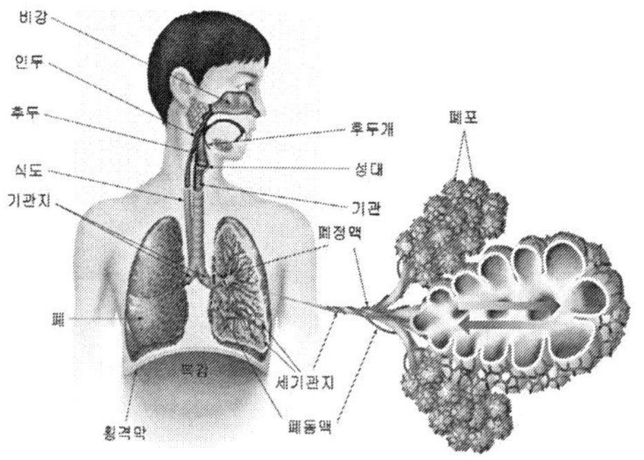

〈그림 2-12〉 호흡계의 주요 구조

(2) 호흡계의 주요 기능

① 폐 환기

보통 호흡동작을 나타내는 것으로 폐 속으로 공기를 빨아들이고 다시 폐에서 공기를 밖으로 내보내는 과정을 말한다. <그림 2-12>와 같이 공기는 주로 코를 통해 들어간다. 하지만 공기의 수요가 증가되면 입을 통해서도 들어온다. 코를 통해 들어오는 공기는 콧속의 불규칙한 표면을 따라 들어 가면서 체온으로 데워지고 습도 포화상태가 된다. 또한 불순한 입자는 비강내의 점액에 달라붙게 된다. 코와 입을 통해 들어온 공기는 인두, 후두, 기관, 기관지, 세기관지를 거쳐 가장 작은 호흡 단위인 폐포에 도달해 가스교환된다.

ⓐ 흡식(들숨) : 흡식은 폐의 압력이 대기의 압력을 초과했을 때 모든 흡기 근육이 동원되어 가슴의 용적을 증가시키면서 외부의 공기가 폐의 내부로 흡입되는 능동적인 과정이다. 흡식은 횡격막과 외늑간근이 관여하고 늑골과 흉골은 외늑간근에 의해 움직인다. 늑골은 마치 양동이의 손잡이 같이 위로 올려지고 밖으로 들어진다. 흉골은

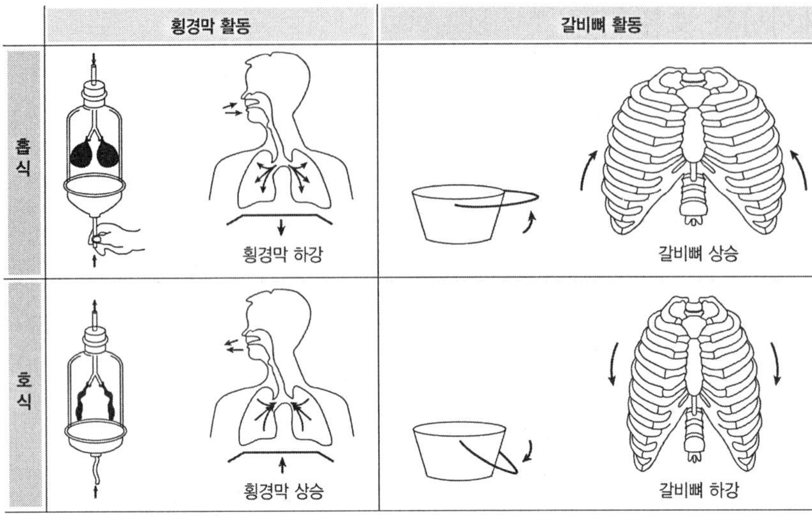

〈그림 2-13〉 흡식과 호식과정

마치 펌프의 손잡이처럼 앞쪽 위로 들어올려지고 동시에 횡경막이 복부쪽으로 내려와 폐가 확장된다. 폐가 확장되면 폐 속 공간이 넓어지고 내부압력이 낮아져 외부의 공기가 폐 속으로 들어가게 된다<그림 2-13>.

ⓑ 호식(날숨) : 호식은 흡식과 달리 호기 근육의 작용이 특별히 필요하지 않기 때문에 정상적이고 안정적인 상태에서는 수동적으로 일어난다. 이는 흡식에 작용하는 근육들의 이완과 폐 조직의 탄성복원력에 의해서 흉곽의 용적이 작아져서 원래의 크기로 되돌아가기 때문이다. 이렇게 되면 폐 속의 압력이 증가하여 공기를 밖으로 밀어내게 된다<그림 2-13>.

노력성 호식 동작은 내늑간근이 수축하여 늑골을 끌어내리는 능동적인 과정이다. 이 동작은 활배근과 요부 방형근에 의해 도움을 받는다. 복부근의 수축은 복부내압을 증가시켜 복부내장을 위로 밀어 올리게 되어 횡격막을 밀어올림으로써 본래의 아치 형태로 되돌아가는 것을 촉진한다.

② 폐 확산 : 폐에서의 가스교환

폐에서의 가스교환을 폐 확산이라 한다. 폐포와 모세혈관 사이의 가스교환은 폐포 속 또는 혈액 내에 있는 혼합된 가스 중 각각의 가스분압의 차에 의해 이루어지는 확산이다. 분압이 높은 가스분자는 낮은 가스분자보다 높은 운동성을 갖기 때문에 분압이 높은 곳에서 낮은 곳으로 확산된다. 대기중 공기의 총 압력은 각 가스분압의 합과 같다(Dalton's law). 우리가 호흡하는 공기는 79.04%의 질소, 20.93%의 산소, 그리고 0.03%의 탄산가스로 구성되어 있고, 표준기압인 해수면의 대기압은 약 760mmHg가 된다. 대기압이 760mmHg이면 각 가스의 분압은 다음과 같다.

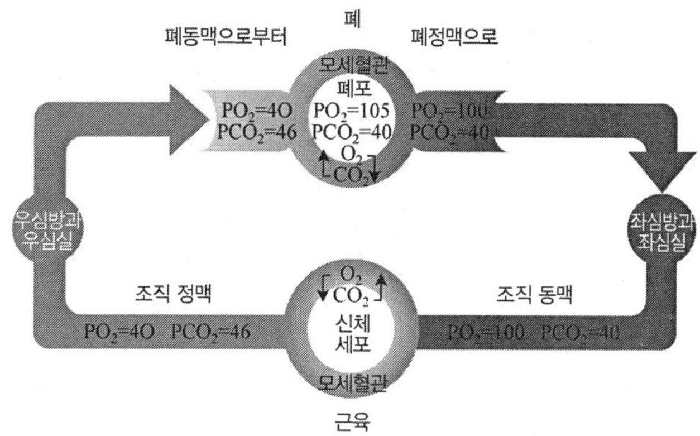

〈그림 2-14〉 폐에서의 가스교환

* 질소 분압 : 0.7904 × 760 = 600mmHg
* 산소 분압 : 0.2093 × 760 = 159mmHg
* 이산화탄소 분압 : 0.0003 × 760 = 0.3mmHg

반면, 폐동맥으로부터 들어오는 폐 모세혈관의 산소분압은 105mmHg이고 이산화탄소분압은 40mmHg이다. 따라서 산소는 들어가고 이산화탄소는 나오게 되는 것이다.

③ 산소와 이탄화탄소 운반

환기를 통해 폐 속으로 공기가 들어오고 확산을 통해 가스교환이 이루어지면, 산소는 혈액 속에서 주로 헤모글로빈(Hb)과 결합하여 운반된다. 반면 조직에 필요한 산소를 공급하고 조직에서 생긴 탄산가스는 혈액 내에서 중탄산염이온으로 운반된다.

④ 근육에서의 가스교환

근육에서의 가스교환은 조직과 모세혈관 사이에서 이루어지는 가스운반의 최종 단계이다. 이 과정은 동맥-정맥 산소차에 의해 이루어진다. 안정 시 동맥혈의 산소농도는 혈액 100ml 당 20ml이지만 모세혈관을 지나 정맥혈 내로 들어갈 때는 15~16ml로 떨어진다. 이처럼 동맥혈과 정맥혈의 산소농도 차이를 동맥-정맥 산소차라고 하고 안정 시 약 4~5ml가 된다. 그러나 강한 운동 시에는 증가하여 약 15~16ml가 된다.

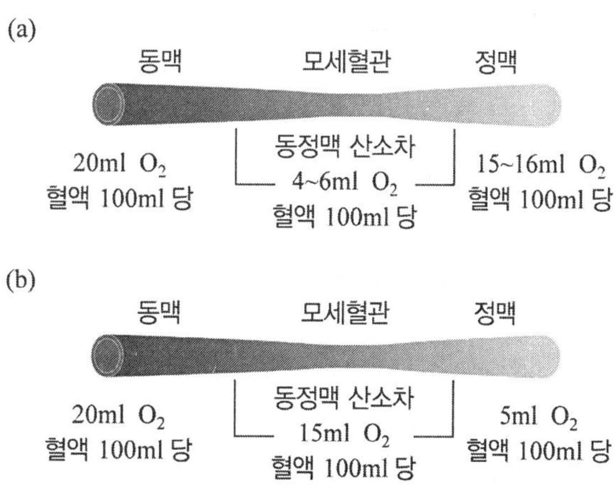

〈그림 2-15〉 근육에서의 가스교환

3) 트레이닝과 순환계

(1) 순환계의 주요 구조

순환계는 심장(펌프), 혈관(채널조직), 혈액(매질)의 3가지 요소로 체내의 모든 조직에 혈액을 순환시키는 시스템이다. 심장은 심근의 펌프 작용으로 혈액을 순환시키는 데 필요한 압력을 만들고, 혈액은 동맥을 통해 심장으로부터 신체 각 기관과 조직에 이동되며 정맥을 통해 심장으로 되돌아온다. 순환계는 산소와 영양소를 신체의 모든 세포에 운반하고 세포에 남아있는 탄산가스 및 대사 노폐물을 제거시킨다. 또한 호르몬을 분비선에서 목표 수용체로 운반하고 체온을 유지시키며 혈액의 완충작용으로 체내 pH농도를 조절한다. 또한 탈수현상을 방지하기 위해 적절한 체액을 유지시키고 세균 침입에 의한 감염을 방지하는 기능이 있다.

심장은 2개의 심방과 2개의 심실로 이루어져 있으며 심방은 혈액을 받아들이고 심실은 혈액을 내보내는 기능을 수행한다<그림 2-16>. 정맥혈관을 통해 심장으로 들어오는 혈액은 우심방에서 우심실을 거쳐 폐 순환으로 가며 폐에서 걸러진 깨끗한 혈액이고 이러한 동맥혈은 좌심방에서 좌심실을 거쳐 전신 순환계로 이동한다<그림 2-17>.

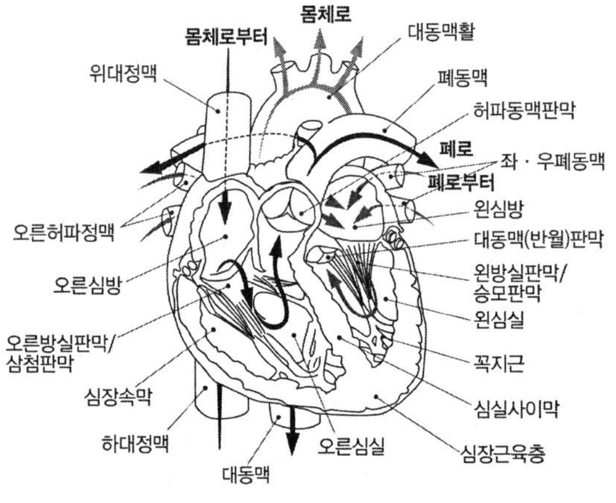

〈그림 2-16〉 심장의 구조

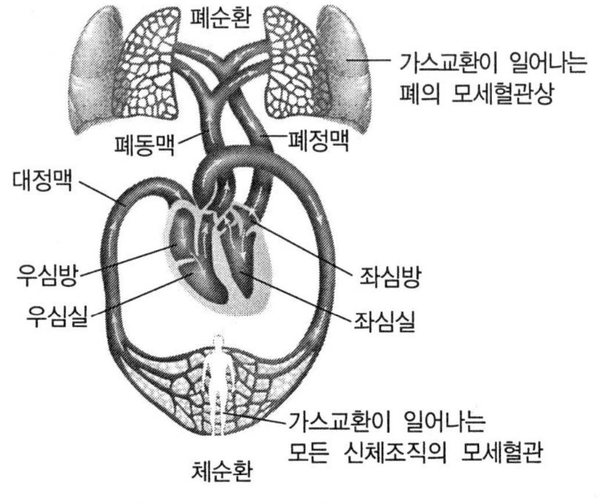

〈그림 2-17〉 심혈관계 구조

(2) 순환계의 주요 기능

① 심박수(HR : Heart Rate)

심주기는 연속적인 두 개의 심장박동 사이에서 일어나는 모든 과정을 말한다. 그것은 심방과 심실의 이완과 수축을 포함한다. 심장이 확장할 때 심방과 심실은 혈액으로 채워지고 수축할 때 혈액을 밖으로 밀어내게 되는데, 확장기가 수축기보다 더 길다. 심박수(HR : Heart Rate)는 분당 심장이 수축하는 횟수를 의미한다. 요골동맥 또는 경동맥에서 간단히 측정할 수 있으며 보통 안정 시 심박수는 보통 60～80박/분 (훈련자 40～60박/분)이고 운동중에는 운동강도에 따라 증가(산소섭취량과 비례)한다. 최대강도 운동 시 심박수를 최대심박수라고 하고 일반적으로 220에서 나이를 뺀 값으로 계산한다.

② 1회 박출량(SV : Stroke Volume)

수축기 동안 일정량의 혈액이 좌심실로부터 박출되는데 이 혈액량을 1회 박출량이라고 한다. 즉 심실이 한 번 수축할 때 펌프되는 혈액량을 말한다. 수축직전과 확장말기에 심실은 혈액으로 최대 충만되는데 이 혈액량을 확장말기 용량이라고 하고, 심실의 수축이 끝나고 심실내에 남아 있는 혈액량을 수축말기 용량이라고 한다. 1회 박출량은 확장말기 용량과 수축말기 용량의 차이가 된다. 일반인은 안정 시 60～80ml이고 최대운동 시 100～120ml이지만, 훈련자는 안정 시 80～110ml이고 최대운동 시 160～200ml가 된다. 또한 최대산소섭취량의 40～60%에서 증가하고 60% 이상 시 평원상태를 유지한다.

③ 심박출량(Cardiac Output)

심박출량은 1분 동안에 좌심실이 박출해낸 혈액의 총량을 말하며 심박수에 1회 박출량을 곱하여 산출한다. 일반인의 안정 시 1회 박출량이 60～80ml이고 안정 시 심박수가 80박/분이기 때문에 심박출량은 4.8～6.4l/분이 된다. 평균 성인의 경우 체내 5l 정도의 혈액을 갖고 있기 때문에 체내의 모든 혈액이 매 1분마다 심장으로부터 박출된다.

4) 심폐 지구력(유산소) 트레이닝에 의한 생리학적 변화

훈련 프로그램을 시작하면 인체는 몇 가지 두드러진 반응을 보인다. 일정기간 훈련이 진행되면 적응을 하게 되는데 여기에서는 훈련을 지속적으로 실시하면 나타나는 심장혈관계, 대사, 골격근계, 호흡계의 생리학적 적응에 대한 내용들을 다룬다.

(1) 심장혈관계 변화

심장혈관계는 심장과 혈관계의 두 가지 요소로 구성되며 각각의 구성요소가 유산소 훈련에 의해 어떻게 영향을 받는지를 이해하는 것이 중요하다. 장기적인 트레이닝에 의한 심근의 비대는 저항성 트레이닝을 통해 골격근에서 나타나는 반응과 비슷하다. 심장의 좌심실벽의 두께와 용적이 전체적으로 약 40% 증가하고, 이것이 1회 박출량과 그에 따른 심박출량이 유산소 지구성 훈련을 한 사람에게서 더 높게 나타나는 주된 이유이다.

지구력 트레이닝은 휴식 시, 최대하 운동, 운동 후 회복기간 동안에 심박수에 큰 영향을 미치고 최대심박수에 대한 효과는 아직 명확하지 않다. 지구력 트레이닝을 오래하면 안정

〈표 2-7〉 심폐 지구력 트레이닝에 의한 생리학적 변화

일반인				세계적인 선수
		트레이닝 전	트레이닝 후	
심장혈관계	안정 시 HR(회/분)	71	59	36
	HRmax(회/분)	185	183	174
	안정 시 SV(ml)	65	80	125
	SVmax(ml)	120	140	200
	안정 시 Q(l/min)	4.6	4.7	4.5
	Qmax(l/min)	22.6	25.6	34.8
	심장용적(ml)	750	820	1,200
	혈액량(l)	4.7	5.1	6.0
	안정 시 수축기 혈압(SBP)(mmHg)	135	130	120
	SBPmax(mmHg)	210	205	210
	안정 시 확장기 혈압(DBP)(mmHg)	78	76	65
	DBPmax(mmHg)	82	80	65
호흡계	안정 시 VE($lmin^4$)	7	6	6
	VEmax(l/min^4)	110	135	195
	안정 시 TV(ml)	0.5	0.5	0.5
	TVmax(ml)	2.75	3.0	3.5
	VC(l)	5.8	6.0	602
	RV(l)	1.4	1.2	1.2
대사계	안정 시 a-vO_2diff(ml/100ml)	6.0	6.0	6.0
	a-vO_2 diffmax(ml/100ml)	14.5	15.0	16.0
	안정 시 VO_2($ml/kg^4/min^4$)	3.5	3.5	3.5
	VO_2 max($ml/kg^4/min^4$)	40.5	49.8	76.7
	안정 시 젖산농도($mmol \cdot l^4$)	1.0	1.0	1.0
	최대젖산농도($mmol \cdot l^4$)	7.5	8.5	9.0
체구성	체중(kg)	79	77	68
	지방 무게(kg)	12.6	9.6	5.1
	제지방 무게(kg)	66.4	67.4	62.9
	체지방율(%)	16.0	12.5	7.5

주 HR : heart rate, SV : stroke volume, Q : cardiac output, BP : blood pressure, VE : ventilatory volume, TV : tidal volume, VC : vital capacity, a-vO_2 diff : arterial venous oxygen difference, VO_2 : oxygen consumption

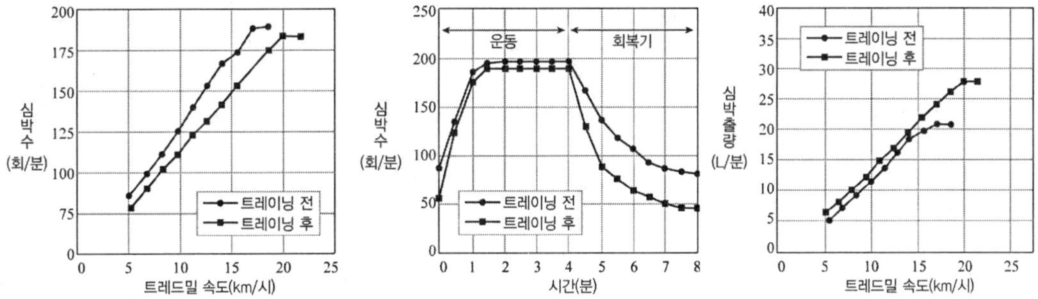

(a) (b) (c)

〈그림 2-18〉 트레이닝에 의한 (a) 최대하 운동 시 심박수, (b) 심박수 회복, (c) 심박출량 비교

시 심박수는 현저하게 감소된다. 고도로 단련된 지구력 선수의 경우 안정 시 심박수가 40회/분(일반인 60~80회/분)보다 낮은 경우가 상당히 많다. 최대하 운동 중에는 지구력 트레이닝을 많이 받은 사람일수록 같은 강도의 운동 시에 심박수가 더 낮다<그림 2-18 (a)>. 트레드밀에서 특정 속도로 걷거나 달리기 트레이닝 후에 심박수는 전보다 더 떨어지고 중등도의 지구력 트레이닝을 6개월 이상 실시한 후에는 심박수가 10~30회/분 정도 떨어지는 것이 일반적이다. 또한 운동 후 심박수 회복시간이 빨라진다<그림 2-18 (b)>. 지구성 트레이닝은 심박출량을 증가시킨다. 심박출량은 심박수와 1회 박출량의 곱으로 계산된다. 앞에 설명했듯이 트레이닝에 의해 심박수는 감소하고 1회 박출량은 증가하는 관계에 있다. 이런 상호 간 변화의 크기가 비슷하기 때문에, 안정 시와 상대적 동일 강도에서의 최대하 운동 중에는 심박출량의 변화는 없다. 그러나 최대 운동 강도에서는 심박출량이 크게 증가되고<그림 2-18 (c)> 이는 최대산소섭취량에 영향을 주는데 이것은 1회 박출량의 증가에 의해 이뤄진다.

지구성 트레이닝은 혈류, 혈압, 혈액량 등 혈관계에도 영향을 미친다. 지구력 트레이닝을 하면 근육에 혈류량이 증가되고 이것은 모세혈관의 증가, 모세혈관 동원 증가, 효율적인 혈류 배분, 혈액량의 증가에 의해 이루어진다. 고혈압 경계선에 있거나 가벼운 고혈압인 경우 안정 시 혈압은 감소되지만 건강한 사람이나 정상 혈압인 경우는 변화가 없다. 그러나 정상인의 경우 최대하 운동 시 혈압은 감소되고, 최대 운동 시에는 혈압이 증가되고 이완기 혈압은 감소된다. 또한 트레이닝은 혈액량을 증가시키는데 초기 증가는 혈장량의 증가에 의해 이루어진다.

(2) 호흡기계 변화

심장혈관 시스템이 아무리 효율적으로 조직에 적정량의 혈액을 보낼 수 있다고 하더라도 호흡 시스템이 산소 수요를 충족시키기 위한 충분한 산소를 받아들이지 않는다면 지구력은 떨어진다. 호흡기계는 심장혈관계에서 일어나는 변화와 달리 지구력 트레이닝을 통해 폐의 구조와 기능에 영향을 별로 미치지 않지만 폐 환기량, 폐 확산, 동맥-정맥 산소 차이에 영향을 미친다. 트레이닝 후 안정 시 폐 환기량에는 변화는 없지만 최대산소섭취량의 증가를 보조하기 위해 트레이닝 후에 1회 호흡량과 호흡수가 증가하며 최대 운동 시에 폐 환기량이 증가한다. 그리고 폐포 내에서 이루어지는 가스교환인 폐 확산 또한 안정 시 동일 강도의 최대하 운동 시에는 변화가 없지만 최대 운동 강도에서 폐 확산 능력이 증가하고 이는 환기량의 증가와 폐의 환류량의 증가 때문이다. 트레이닝 이후 동맥혈의 산소농도는 거의 변화가 없지만 동·정맥 산소차가 증가되는데, 이는 조직에 의한 산소의 추출이 증가된 것을 의미하며 활동조직에 보다 더 효과적인 혈류 분포가 이루어지기 때문이다. 결론적으로 호흡계는 모든 시스템이 최대로 부하를 받고 있는 최대 운동 중에 뚜렷하게 나타난다.

(3) 골격계 변화

지구력 트레이닝 동안에 반복적인 근섬유 사용은 근섬유 형태, 모세혈관 공급, 마이오글로빈 함유량, 미토콘드리아, 산화적 요소 등 근섬유의 구조와 기능에 변화를 가져온다. 지구성 트레이닝은 속근섬유보다 지근섬유를 더 많이 동원하기 때문에 지근섬유의 크기가 증가하는 경향이 있다. 또한 속근섬유 b가 a섬유로 전환되는 것을 제외하고 지근섬유의 비율이 약간 증가한다. 그리고 각 섬유에 공급하는 모세혈관의 숫자가 증가되어 근육 전체의 혈액 공급을 증가시켜 혈액과 근섬유 사이의 가스, 노폐물, 영양소 교환을 촉진한다. 산소가 근섬유 내로 들어가면 산소는 헤모글로빈과 비슷한 마이오글로빈과 결합하게 되는데 트레이닝 후 산소를 저장하는 근육의 마이오글로빈 함유량이 약 75~80% 증가되어 근육의 유산소 대사 능력을 향상시킨다. 유산소 에너지 생산이 미토콘드리아 내에서 일어나기 때문에 트레이닝으로 인한 미토콘드리아의 숫자와 크기 증가 또한 유산소 대사 능력을 향상시킨다. 게다가 미토콘드리아 내에서 유산소 대사를 조절하는 산화 효소의 활성이 트레이닝 후 증가되는데 이런 변화는 산소 운반계와 결합되면서 산화적 대사 능력을 향상시키고 지구력을 증가시킨다.

지구력 트레이닝의 긍정적인 적응 중 하나는 신체 구성 변화이다. 장시간 트레이닝을 할 때 가장 큰 확실한 변화는 지방량의 감소이다. 12주 동안의 유산소 훈련은 지방량을 감소시킬 수 있다. 하지만 그러한 변화가 일어나기 위해서 높은 강도의 훈련이 필요하지는 않다. 여러 번 짧은 시간 동안 수행하는 훈련 또한 체중을 감소시키고 심폐기능을 변화시킬 수 있는데, 이것은 좌업 생활자인 비만여성이 장시간(30분) 훈련을 수행했을 때와 비슷한 효과를 가져올 수 있다.

(4) 대사계 변화

앞에서 지구성 트레이닝에 따른 심장혈관계, 호흡계, 근골격계의 변화에 대해 논의했다. 대사

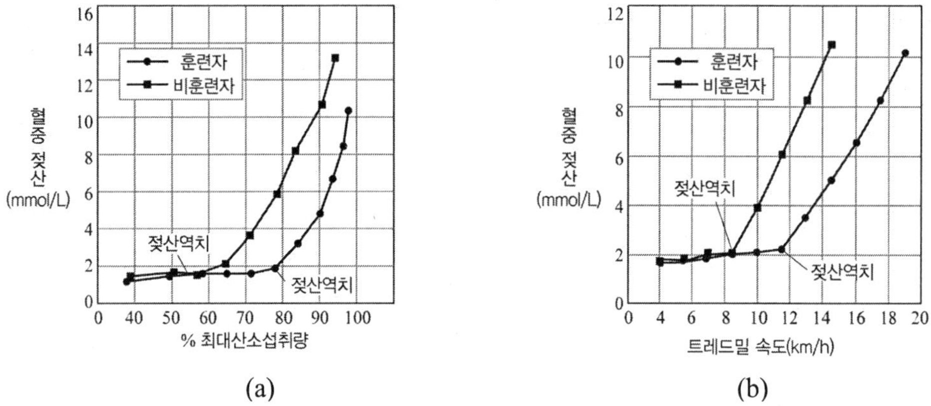

〈그림 2-19〉 트레이닝에 의한 혈중 젖산농도 변화

계는 이런 세 가지 시스템의 통합된 반응인 대사계에 대해 논의하며 가장 중요한 생리학적 변수인 젖산역치, 호흡교환율, 산소 소비량에 대해 트레이닝 후의 변화를 알아본다. 젖산역치는 지구성 운동수행력과 밀접한 관련이 있어 젖산역치가 높을수록 지구성 운동수행력이 높다. 또한 젖산역치는 지구력 트레이닝 후 증가되는데 이는 혈액의 젖산 농도가 크게 증가하지 않으면서 더 높은 운동 강도에서 운동수행을 할 수 있다는 것을 의미한다<그림 2-19>. 호흡교환율 또는 호흡교환비는 대사 중에 산소 소비량에 대한 이산화탄소의 배출량의 비를 의미하며 에너지원으로 사용된 물질의 형태를 반영한다. 지구성 트레이닝 후 호흡교환율은 최대하 운동 시 감소되는데 이것은 더 많은 유리지방산이 에너지 기질로 사용되는 것을 의미한다. 그러나 안정 시 산소 소비량은 변화가 없거나 최대하 운동 시 약간 감소하거나 변화가 없다. 심폐지구력을 나타내는 가장 이상적인 지표인 최대산소섭취량은 트레이닝 후 증가되지만 그 증가 정도는 개인차가 크다.

5) 무산소 트레이닝에 의한 생리학적 변화

짧은 거리 달리기나 수영 같이 최대 노력 또는 힘의 발휘를 요구하는 활동의 경우 대부분 에너지 요구는 ATP-PCr 시스템과 근육 글리코겐(해당과정)의 무산소적 분해로 충당한다. 무산소 트레이닝은 스프린트 트레이닝과 저항(근력) 트레이닝이 포함되지만, 여기서는 스프린트 트레이닝에 초점을 맞춘다. 유산소 트레이닝이 유산소 에너지 시스템에서의 변화를 가져오듯이 무산소 트레이닝은 ATP-PCr과 무산소 해당 시스템의 변화를 가져온다. 스프린트 형태의 무산소 트레이닝에 따른 경기력 향상은 무산소 에너지 시스템의 기능향상보다는 근력 증가로부터 더 많이 초래된다. 무산소 트레이닝은 ATP-PCr과 해당과정 효소를 증가시키지만 산화 효소에는 영향을 미치지 않는다. 즉 트레이닝에 의해 나타나는 생리적 변화는 실시한 트레이닝의 형태에 따라 다르다.

6) 근력(저항) 트레이닝에 의한 생리학적 변화

근력 트레이닝 프로그램을 시작하면 인체는 몇 가지 두드러진 반응을 보인다. 일정기간 훈련이 진행되면 우리의 몸은 적응을 하게 된다. 여기에서는 훈련을 지속적으로 실시하면 나타나는 장기적 적응의 생리학적 적응을 신경계, 근육 및 결체 조직, 골격계, 대사계, 내분비계, 심혈관계 및 신체 구성의 변화들과 같은 일반적인 적응 현상으로 나누어 설명한다. 장기적 적응이란 계속적인 훈련 트레이닝의 결과로서 인체의 구조와 기능에 나타나는 장기적인 변화를 의미한다. 저

〈표 2-8〉 근력 트레이닝에 의한 생리학적 변화(요약)

변인		적응내용
신경계	운동단위 동원도	증가
	운동단위 연소율	증가
	최대 수의적 근수축	증가
	신경억제	감소
근골격계	근육크기(근비대)	증가
	인대 및 건	증가
	지근섬유 단면적	증가
	속근섬유 단면적	증가(속근>지근)
	속근섬유a 비율	증가
	속근섬유b 비율	감소(속근b → 속근a)
	지근섬유 비율	변화없음
	골밀도	증가
대사	인원질 효소농도	증가
	해당과정 효소농도	증가
	ATP 농도	증가
	CP 농도	증가
	운동 중 젖산증가	감소
호르몬계	수용기 민감도	증가
	테스토스테론, 성장호르몬	증가
심혈관계	최대산소섭취량	변화없음
	미토콘드리아	감소
	마이오글로빈 함량	증가
	근육의 모세혈관	증가
신체구성	체지방률(%fat)	감소
	제지방량	증가
	기초대사량	증가

항훈련과 관련하여 장기간의 저항훈련의 결과로써 나타나는 일반적인 적응은 근력과 근육의 양이 증가하는 것이다. 근력의 증가는 근육량(Muscle Mass)의 변화뿐만 아니라, 신경학적 기능의 변화에 의하여 영향을 받는다. 또한 근 효소 내의 변화와 기질 농도가 근지구력에 영향을 준다.

(1) 신경계의 변화

근력 트레이닝 프로그램의 수행 초기 단계에는 일반적으로 근력의 증가가 빠르게 나타나며, 이런 근력 크기의 증가는 근육 크기에 변화에 의한 근력 증가보다 더 크다. 이와 같은 초기의 근력 증가는 신경적 요인에서 종종 기인하며, 그 이후의 근력은 주로 근비대에 의해 발생한다<그림 2-20>. 근력증가를 유도하는 신경기전은 동시적으로 작용하는 더 많은 운동단위의 동원과 골기 건 기관으로부터의 자가억제 감소, 자극 빈도 증가 때문이다.

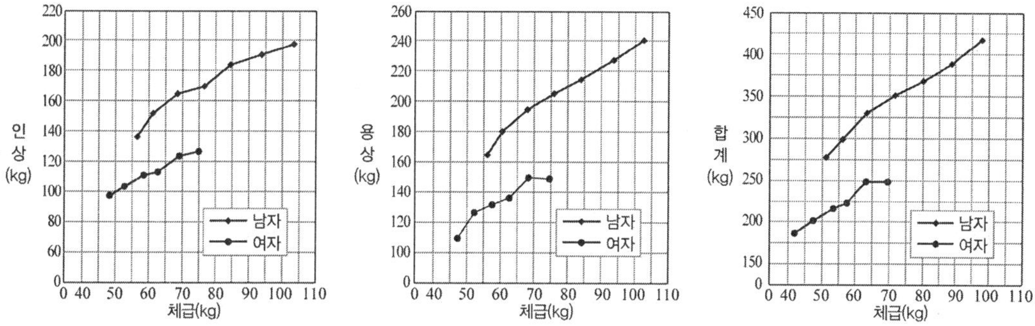

(a) (b) (c)

〈그림 2-20〉 근력 향상에 대한 신경(a)과 근육 크기(b)의 기여도

(2) 근골격계의 변화

근력 트레이닝은 근육, 건 및 인대의 적응을 가져온다. 골격근에서 가장 분명한 적응은 근비대(hypertrophy)인데, 그것은 근육 크기(횡단면적)의 증가를 말한다. 일시적인 근비대는 한 번의 운동 후 즉시 느낄 수 있는 부풀어 오름인 부종의 결과이며 일시적인 현상이다. 지속적인 근비대는 반복적인 근력 트레이닝의 결과이며 근육에서의 실질적인 구조적 변화를 반영하는 것이다. 비록 대부분의 근비대는 아마도 개별 근섬유 크기의 증가에 의한 결과이지만, 일부 증거는 근섬유 숫자의 증가 또한 관련이 있음을 암시하고 있다. 근력 트레이닝은 지근섬유와 속근섬유의 횡단 면적을 증가시킨다. 그러나 속근섬유는 지근섬유보다 근비대의 정도가 더 나타나지만, 훈련 중지(detraining)에 따른 근위축도 더 심하게 일어난다. 횡단면적의 증가는 특정 근섬유에서 근원섬유(myofibrils)의 크기와 수의 증가에서 기인된다고 보고되고 있다. 그러나 근섬유 수의 증가가 인간에게서 나타났다고 주장하는 명백한 증거는 없고,

동물 대상의 연구에서는 근증식의 증거는 있다. 근섬유 유형의 관점에서 볼 때, 저항 훈련은 속근섬유의 하위 유형인 속근섬유 b에서 속근섬유 a로 변화하도록 유도한다. 그러나 저항훈련이 지근섬유를 속근섬유로 변환시키거나 그 반대로 속근섬유를 지근섬유로 변환시킬 수 있다고 제시하는 증거는 현재까지 거의 없는 실정이다.

장기간의 트레이닝은 골밀도를 증가시킨다. 뼈 구조는 매우 '생동적이며 역동적인' 조직이다. 움직임과 방어의 역할 이외에 뼈는 주요 무기질, 특히 칼슘 창고로서의 역할을 한다. 골다공증(osteoporosis)은 뼈의 장기간에 걸친 탈무기질화의 결과이다. 최근 저항 훈련이 골세포가 골 형성을 촉진하는 활동을 시작하도록 신속하게 자극한다. 그러므로 저항 훈련이 뼈의 형성에 미치는 영향, 특히 골다공증의 관점에서 검토하는 것이 논리적인 것으로 보인다. 근육량과 근력에 대한 저항 훈련의 명백한 효과 외에도 저항 훈련은 골다공증, 골절 및 노년기에 겪는 낙상의 위험을 감소시킬 수 있다.

근력 트레이닝은 지방량의 변화와는 별개로 제지방량을 증가시켜 체지방률을 감소시킨다. 몇몇 관련 연구에 의하면, 성인 남성과 여성 및 노인 집단에서 제지방량을 증가시키고 체지방률을 감소시킨다고 한다. 근력 트레이닝은 체지방량, 특히 근육량을 증가시켜 기초대사량과 1일 총에너지 소비량을 증가시킬 수 있다. 이것은 지방조직과는 달리 근조직이 높은 대사율을 가지고 있기 때문에 일어난다. 즉 근육의 안정 시 에너지 요구량이 높기 때문이고, 보다 많은 근육량을 가진 사람들은 안정 시 1일 동안에 보다 많은 열량을 소비하게 된다.

(3) 대사의 변화

장기간의 근력 트레이닝은 골격근의 대사에 영향을 주는 다양한 세포 수준의 변화를 초래한다. 근력 트레이닝은 앞에 언급한 무산소성 트레이닝처럼 주로 무산소성 대사를 자극하며, 그로 인하여 효소나 기질의 적응이 무산소성 대사를 증가시킨다. 무산소성 대사는 전형적으로 인원질(phosphagen) 체계와 해당과정(glycolysis)의 두 가지 요소를 가지는데 이 과정에 관여하는 기질과 효소의 농도가 증가한다.

(4) 호르몬의 변화

근력 트레이닝이 트레이닝 동안은 물론 트레이닝 직후에 호르몬 농도의 변화를 가져올 수 있는 반면에, 안정 시 호르몬 농도에 대한 트레이닝의 장기적 효과는 명확하지 않다. 장기간의 트레이닝이 안정 시 성장호르몬(GH) 농도에 영향을 미치는 것 같지는 않다. 그러나 근력 트레이닝에 대한 반응에 있어서 성장호르몬(GH)의 급성 증가에 대한 누적 효과는 장기적인 근비대에 중요한 영향을 미칠 수 있을 것이다. 또한 장기적인 근력 트레이닝은 호르몬에 대한 내분비 반응과 조직의 민감성 크게 영향을 끼칠 수 있다. 장기간의 트레이닝은 목표 조직에 대한 호르몬 수용기의 양을 증가시킴으로써 민감도에 영향을 끼칠 수 있다. 호르몬 수용기의 상향 조정을 통하여 특정 농도에서의 호르몬 효과가 증대된다.

(5) 심혈관계의 변화

근력 트레이닝은 달리기나 자전거 타기와 같은 심폐 지구력 훈련이 심혈관계에 주는 것과는 매우 다른 자극을 가함으로써 심혈관계에 미치는 영향도 상당히 다르다. 비록 근력 트레이닝 프로그램이 다른 심혈관계 트레이닝(예 달리기, 자전거 타기)의 유형에서 전형적으로 볼 수 있는 정도로 최대산소소비량을 향상시키지는 않지만, 심폐 지구력 향상과 달리기의 효율성을 개선시키는 반면, 최대산소소비량의 향상에 부정적인 영향을 미치지는 않는다. 앞에서 언급했듯이 근력 트레이닝은 근수축을 위한 ATP를 생산하기 위해서 무산소성 대사에 의존한다. 따라서 근력 트레이닝이 산화성 효소의 활성화와 모세혈관의 밀도로 평가되는 골격근 세포의 유산소성 기능을 개선시키지 않는 것은 놀랄 만한 일이 아니다. 그러나 근육의 크기가 증가되었음에도 불구하고 모세혈관 공급을 유지하기 위하여 모세혈관화 현상을 증가하도록 유도한다. 마이오글로빈(myoglobin)과 미토콘드리아 밀도는 근력 트레이닝과 함께 감소되는 경향을 보인다.

골격근 세포의 유산소성 능력 개선이 미흡함에도 불구하고, 근력 트레이닝은 정상적인 근육의 크기를 증가(즉 근비대)시키면서도 근지구력을 저하시키지 않는다는 사실에 주목할 필요가 있다. 반대로 근력 트레이닝으로 인한 근육의 크기와 근력의 증가는 국소 근지구력의 증가를 가져온다. 즉 근비대는 그에 상응하여 근력과 대사에 관여하는 효소의 양 및 기질을 증가시켜서 보다 더 장시간 동안 많은 일을 할 수 있게 한다.

3 트레이닝과 에너지 체계

인체 에너지의 약 60~70%는 열로 발산되고 나머지는 기계적인 일이나 세포 활동에 사용된다. 인체는 음식(탄수화물, 지방, 단백질)으로부터 에너지를 얻고 음식으로부터 얻은 에너지는 고에너지 화합물인 ATP로 사용되며, 탄수화물과 단백질 1g은 각각 약 4.1kcal의 에너지를 제공하고 지방은 9kcal를 제공한다<표 2-9>. 에너지는 훈련 시 신체적으로 일을 수행하는 데 필요한 전제조건이다. 인간은 근육세포에서 영양소를 고에너지 화합물인 ATP(adenosine triphosphate)로 전환하여 에너지로 사용한다. 이름에서 보듯이 ATP는 아데노신 1분자와 인산기 3분자로 구성되어 있다.

근수축 시 요구되는 에너지는 고에너지인 ATP가 ADP+P(adenosine diphosphate+phosphate)로 전환됨으로써 방출된다. 하나의 인산기 결합이 분해되면서 에너지가 방출된다. 근육세포에 저장된 ATP양이 제한되기 때문에, 인체는 지속적인 신체활동을 하기 위해 지속적으로 ATP를 보충해야 한다. 인체는 신체활동 형태에 따라 다르지만 ATP-PC 시스템, 젖산 시스템, 산소 시스템의 세 가지 에너지 시스템으로 ATP를 공급한다. ATP-PC 시스템과 젖산 시스템을 무산소 시스템(anaerobic system), 산소 시스템을 유산소 시스템(aerobic system)으로도 분류한다.

〈표 2-9〉 인체의 에너지 저장량

	g	kcal
탄수화물		
간 글리코겐	110	451
근육 글리코겐	500	2,050
체액 속의 글루코스	15	62
전체	625	2,563
지방		
피하지방	7,800	73,320
근육 속의 지방	161	1,513
전체	7,961	74,833

* 참고 : 체중이 65kg이며 체지방률이 12%인 사람을 대상으로 추산한 값이다.

〈표 2-10〉 에너지 공급 체계

<table>
<tr><th rowspan="2">에너지 시스템</th><th colspan="3">무산소 시스템</th><th colspan="3" rowspan="2">유산소 시스템</th></tr>
<tr><th>ATP-PC</th><th colspan="2">젖산</th></tr>
<tr><td>주 에너지원</td><td colspan="3">산소없이 생성한 ATP</td><td colspan="3">산소공급으로 생성한 ATP</td></tr>
<tr><td>연료</td><td>근육에 저장된 ATP/PC</td><td colspan="2">근육과 간에 저장된 글리코겐</td><td colspan="2">글리코겐 / 지방</td><td>단백질</td></tr>
<tr><td>시간</td><td colspan="6">0초 10초 40초 70초 2분 6분 25분 1시간 2시간 3시간</td></tr>
<tr><td>활동</td><td>100m 달리기
던지기
점프
웨이트
스키 점프
다이빙</td><td>200~400m 달리기
500m
스피드
스케이팅
싸이클 50m
수영</td><td>100m 수영
800m 트렉
1km
스피드
스케이팅
싸이클 1km</td><td>중거리 트렉, 수영, 스피드 스케이팅
복싱
레슬링
무도
피겨</td><td colspan="2">장거리 트렉, 수영, 스피드 스케이팅
크로스 컨츄리
철인 3종</td></tr>
</table>

1) ATP－PC 체계

근육은 매우 적은 양의 ATP를 저장하고 있기 때문에, 고강도의 활동이 시작되면 빠르게 고갈된다. 근육세포에 저장된 PC(phosphocreatine)는 phosphate(P)와 creatine(C)으로 분해된다. 이때 방출된 에너지는 ADP+P가 ATP로 재합성될 때 사용되고 이때 생긴 에너지로 한 번 더 ADP+P로 전환할 수 있어서 근수축 시 요구되는 에너지를 만들 수 있다. PC가 C+P로 전환될 때 에너지를 방출하지 않기 때문에 근수축 시 직접적으로 사용할 수 없다. 신체는 ADP+P를 ATP로 재합성하기 위해 이 에너지를 사용해야 한다. 근육은 매우 적은 양의 PC를 저장하고 있기 때문에, ATP－PC 시스템은 단지 8~10초간 에너지를 공급할 수 있다. 따라서 100m 달리기, 웨이트 리프팅, 점핑, 던지기 등과 같은 극도로 빠르고 폭발적인 활동에서의 주요 에너지원이 된다. 회복(재저장)을 통해 신체는 훈련 전 상태로 회복되고 에너지 저장량을 보충한다. 생화학적 방법을 통해 신체는 생리학적 균형(항상성)으로 돌아가려고 노력한다. phosphagen 회복은 빠르게 일어나 차츰 30초에 70%, 3~5분 후에 완전히 회복된다(Fox, Bowes, & Foss, 1989).

2) 젖산 체계

약 40초 정도 수행하는 고강도 활동(200미터, 400미터 스프린팅, 스피드 스케이팅 등) 시 처음 8~10초간 ATP－PC 시스템이 동원된 후 젖산 시스템이 동원된다. 젖산 시스템은 근육 및 간에 저장된 글리코겐(glycogen)을 분해하여 ADP+P를 ATP로 재합성하기 위한 에너지를 방출한다. 글리코겐 분해 시 산소가 없기 때문에 젖산이라는 부산물이 형성된다. 장기간의 고강도 활동을 지속할 때 많은 양의 젖산이 근육에 축적되면 피로를 야기시키고 결국 신체활동을 멈추게 한다. 훈련 형태와 식이에 따라 다르지만 완전한 글리코겐 재저장(회복)을 위해서는 긴 시간(심지어 하루)이 필요하다. 중간 강도의 활동(전형적인 근력훈련 또는 인터벌 훈련; 40초 훈련, 3분 휴식) 시, 회복은 2시간 후 40%, 5시간 후 55%, 24시간 후 완전 회복된다. 전형적인 고강도 지구력 활동을 지속하면 글리코겐 재저장은 더 길어져 10시간 후 60%, 28시간 후 완전 회복된다(Fox et al., 1989). 간의 글리코겐은 훈련 후 상당히 감소한다. 정상식이 또는 탄수화물이 풍부한 식이를 하면 12~24시간에 간 글리코겐을 보충할 수 있다. 훈련 시 혈액에 젖산 축적으로 피로가 생기기 때문에 훈련 후 균형된 안정상태로 돌아가기 전에 젖산을 제거해야 한다. 10분 후 25%, 25분 후 50%, 1시간 15분 후 95%가 제거된다. 조깅과 같은 가벼운 유산소 훈련(15~20분) 실시하면 젖산을 제거하여 정상적인 생리학적 상태로 빨리 회복하는 데 도움이 된다.

3) 산소 체계

유산소 시스템은 ADP+P를 ATP로 재합성하기 위한 에너지를 생성하기 위해 60~80초가 요구된다. 심박수와 호흡비율이 충분히 증가하여 산소요구량을 근육세포로 전달해야 하고, 이는 산소로 글리코겐을 분해하게 한다. 글리코겐은 젖산과 유산소 시스템 모두에서 ATP를 재합성하는 데 사용되는 에너지원이다. 그러나 유산소 시스템은 젖산이 거의 생성되지 않는 상태에서 산소를 이용해 글리코겐을 분해하기 때문에 훈련을 지속할 수 있다. 유산소 시스템은 2분에서 2~3시간 지속되는 활동 시 사용되는 주요 에너지 공급체계이다. 2~3시간을 초과하는 활동은 글리코겐 공급이 고갈되기 때문에 ATP를 보충하기 위해 지방 및 단백질 분해를 초래한다. 이 경우 글리코겐, 지방, 단백질 분해는 부산물로 이산화탄소와 수분을 생성하고 호흡과 땀을 통해 체외로 제거된다.

4 트레이닝과 피로회복

대부분의 선수 또는 군인들은 많은 훈련에 참가한다. 그런 환경에서 평상시 생리학적, 심리학적 수준 이상으로 활동하게 되어 전반적인 스트레스를 받게 된다. 트레이닝으로 나타나는 피로의 주요 원인은 체내 에너지원 또는 산소 소모와 대사산물의 축정으로 근 기능이 저하되고 체내 물리적 또는 화학적 항상성(homeostasis)의 상실에서 비롯된다. 피로는 과도한 트레이닝이나 스포츠 활동으로 야기되는 장애로부터 신체를 보호하려는 인간의 본능적인 자기방어 조절기능이므로 피로를 빠르게 회복하는 것은 운동능력과 건강 보호를 위해 중요하다.

1) 피로의 원인

(1) 에너지원 소모

운동 강도가 낮은 유산소 운동에 의한 피로는 근육과 간의 글리코겐 부족, 혈액 내 당분 소진, 체온 상승 등이 주요 요인이다. 장거리 달리기의 경우 주 에너지원인 탄수화물 대사과정에서 발생하는 유해성 산소와 칼슘의 과다 분비 때문에 근 세포가 손상되어 피로가 발생한다. 높은 강도의 무산소 운동은 근육 내의 인원질을 일차적으로 사용하고 이차적으로 글리코겐을 사용한다. 짧은 시간에 높은 강도로 운동했을 때 소비되는 글리코겐은 2시간 정도의 회복으로 재합성되고 추가 섭취 없이 운동 후 5시간 내외에 대부분 회복되며 24시간 후에는 완전 회복된다.

(2) 젖산 축적

운동 강도가 높아지면 무산소 대사로 전환되면서 근육 내 젖산 농도가 증가되어 더 이상 운동을 지속할 수 없는 상태에 이른다. 젖산은 운동 수행 능력을 저하시키고 포도당의 재합성 능력을 감소시켜 유산소 대사과정의 전자전달체계의 활동을 억제한다. 또한 글리코겐 분해속도를 조절하는 인산과당 분해 효소의 활동을 저해하여 신경계의 전달체계를 혼란시킨다. 따라서 근력 운동 후에 느끼는 피로는 근육이 오랜 시간 강한 수축을 지속한 결과 근육의 젖산 축적과 글리코겐 및 ATP 고갈로 발생되는 현상이다.

(3) 항상성의 혼란

과도한 훈련으로 땀을 많이 흘리면 많은 양의 수분이 손실되어 탈수현상이 나타나 인체의 항상성이 깨진다. 인체 수분은 체중의 0.8~1%만 부족해도 근력과 근지구력이 떨어지며 체액량 감소에 의한 혈장량과 혈액을 포함해 산소섭취량도 감소하여 피로를 초래한다.

(4) 신경조절 기능 저하

과도한 훈련으로 피로가 축적되면 운동 단위의 동원 능력이 떨어지거나 운동 단위를 활성화시키는 신경자극의 빈도가 역치 범위를 벗어나 근수축이 정상적으로 이루어지지 않는다. 신경세포의 피로가 완전 회복되는 시간은 근세포가 회복되는 시간의 7배가 소요되기 때문에 힘든 경기나 트레이닝 후에는 충분한 휴식과 에너지원 보충이 필요하다.

2) 피로회복 방법

피로를 극복하기 위해 훈련과 휴식 시간 간의 적절한 균형을 유지해야 한다. 군인은 훈련 후 피로해지고, 피로가 클수록 후유증이 더 커져 회복율이 낮고 임무 수행력이 저조해진다. 강한 감정적 피로는 정상적인 생리적 피로를 더 가속화하여 회복에 더 많은 시간을 걸리게 한다. 지휘관은 훈련의 한계를 극복하고 수행력을 향상시킬 수 있는 방법을 지속적으로 찾아야 하는데 가장 효과적인 방법은 회복기술이다. 회복은 훈련에서 중요한 요소이기 때문에 지휘관은 회복에 대해 이해하고 적극적으로 회복향상을 위해 노력해야 한다. 회복기술은 습관적이어야 하며 훈련요구에 대한 생리적 적응과 조화를 이루어야 한다.

회복은 나이, 성별, 환경적 요인, 근섬유 형태, 훈련 형태, 급성 외상에 따라 상이하다. 25세 이상은 더 많은 회복시간이 필요하고, 여성은 호르몬(테스토스테론)의 차이로 인해 회복율이 더 낮다. 고지대(가수분압이 낮음) 및 저온(호르몬, 젖산 발생 증가)에서는 회복이 느리며, 속근섬유가 지근섬유보다 더 빨리 피로해진다. 지구력 훈련이 스프린팅 훈련보다 더 낮은 회복을 보이며, 급성 외상시에는 코티졸 및 암모니아 증가로 회복시간이 지연된다.

회복 방법에는 자연적 방법, 마사지, 열치료, 냉치료 등이 있다. 자연적 방법 중 가벼운 유산소 훈련 또는 스트레칭과 같은 활동적 휴식을 통해 젖산과 같은 부산물을 빠르게 제거할 수 있고, 9~10시간의 수면을 통한 수동적 휴식으로 80~90% 회복할 수 있다. 물리적 치료 방법인 마사지는 신체의 연조직을 만지는 것으로 부산물에 의한 독성을 제거하고 근조직의 손상으로 인한 잔기 부종을 제거하는 데 도움이 되며, 열치료는 순환계의 영양분을 피부 및 조직으로 전달하고 인체 내의 열을 피부로 유도하여 손실시킨다. 또한 냉치료는 무통효과, 혈류량 증가, 산소 수준 증가, 대사 증가, 근경력을 감소시켜 회복을 빠르게 한다.

에너지를 소비한 훈련으로부터 회복 시 회복시간을 예측할 수 있다면, 다음 훈련을 계획하는 데 도움이 된다. 일반적인 훈련 상황하에서 연료 재저장과 대사부산물 제거는 훈련 시 사용된 에너지 시스템에 따라 시간의 차이가 있다.

지휘관들은 효과적인 훈련을 위해 많은 것을 착안하지만, 대부분 회복 방법과 기술은 훈련만큼 중요하게 생각하지 않는다. 그러나 훈련 후 더 빠른 회복을 위해서는 더 많은 것을 해야 하는데, 훈련의 피로를 회복하기 위해 많은 방법이 사용될 수 있다. 이런 기술을 더 많이 이해하고 사용한다면 피로를 통제하고 오버 트레이닝을 예방할 수 있다. 많은 사람들이 수행력에 대한 오버 트레이닝의 영향에 대해 관심을 가진다. 오버 트레이닝 징후가 나타나면 치료기술에 대해 최대의 관심을 가지게 되는데 오히려 예방이 더 중요하다. 오버 트레이닝을 예방하기 위한 최대의 노력은 훈련에서 사용된 에너지를 재저장하는 데 걸리는 시간인 과보충과 훈련을 모니터하는 방법이다.

〈표 2-11〉 완전히 지친 훈련 후 회복시간 권고

회복과정		최소	최대
ATP-PC		2분	3~5분
근글리코겐 재저장	중간정도 활동 후	2시간 후 40%, 5시간 후 55%, 23시간 후 100%	
	장기간, 연속적 활동 후	10시간 후 60%, 48시간 후 100%	
	근육 및 혈액의 젖산 제거	10분 후 25% 제거, 20~25분 후 50% 제거, 1시간~1시간 15분 후 95% 제거	

제3장

군체력관리 체계

1. 전투임무와 체력
2. 군체력관리 체계

1 전투임무와 체력

1) 군 공통임무 분석

지휘관들은 군인의 효율성은 신체적 상태에 크게 달려 있다는 것을 항상 인식하고 있다. 모든 범위의 작전은 장병의 근력, 정력(힘), 민첩성, 탄력성, 그리고 협응력에 최고의 가치(중요성)를 둔다. 승리뿐 아니라 장병의 생존성이 결국 이러한 가치에 달려있다. 전투 군장을 메고 비포장 산악을 통과하는 장거리 행군 후 도착한 전투지역에서 효과적으로 전투를 하는 것, 빠르게 움직이는 탱크와 전투차량을 험난한 지형에서 운전하는 것, 기습하는 것, 먼 거리를 달리고 포복하는 것, 화구나 진지에 점프해서 들어가거나 나오는 것, 장애물을 극복하는 것, 무거운 물건을 들거나 나르는 것, 취침이나 휴식 없이 연속적인 전투를 수행하는 것 등 이 모든 전장 활동들은 뛰어난 신체적 체력을 요구한다.

현재 대부분의 군은 체력을 건강 관련 체력 위주로 평가하고 있으며 직업 및 임무 관련 체력은 각 군 또는 부대 특성에 맞게 유연하게 적용하고 있다. 유사시 전투임무를 수행할 수 있는 체력, 즉 전투체력은 중요하다. 두 체력 모두 군인에게 요구되기 때문에 두 가지를 충족시키는 체력검정을 개발하려고 많은 노력을 해왔다. 또한 군 공통임무 분석을 통해 건강 관련 체력 기준을 설정하려는 노력과 공통임무 분석을 통한 별도의 임무 관련 체력기준을 설정하려는 노력이 캐나다, 네덜란드, 영국, 미군에서 진행되어 왔으며 세부적인 내용은 다음과 같다.

〈표 3-1〉 외국군의 군 공통임무 분석 사례

국가	군 공통임무		
	물건조작	행군	참호파기
캐나다 육군	탄박스 들기(lifting), 캔 들어 운반(carrying)	무장부하 행군	참호파기
캐나다 해군/공군	모래주머니 운반, 캔 들어 운반		참호파기
네덜란드	들기, 운반	무장부하 행군	
영국 해군	환자호송, 드럼통 운반, 소화기 운반		
영국 공군	탄박스 들기, 모래주머니 운반		
영국 육군	탄박스 들기, 캔 운반, 탄박스 반복들기 및 운반	도로 행군	참호파기
미 육군	들기 및 운반, 들기 및 내리기, 필기 및 당기기	걷기, 행군, 달리기	참호파기

(1) 캐나다

캐나다 군(Canadian Forces)의 임무는 캐나다 자국의 관심 및 가치를 방어하고 국제적 평화와 안보에 기여하는 것이다. 캐나다 군은 자국의 역할과 목적을 성취하는 데 있어서 체력의 중요성을 오랫동안 인식해왔다. 1983년 퀸스대학의 Ergonomics Research Group(ERG)은 모든 군(육군, 해군, 공군)에 대해 최소체력수준(MPFS : minimum physical fitness standards)의 개발을 캐나다 군으로부터 청부받았다. 1985년 캐나다 군인이 어떠한 응급상황에서 수행해야 할 군 공통임무로써 참호파기(entrenchment digging), 육지대피(land evacuation), 낮은/높은 포복(low/high crawl), 모래주머니 운반(sandbag carry), 그리고 해상대피(sea evacuation)를 식별하였다.

이런 5개의 군 공통임무는 군 요구에 대한 관련성 및 적용 가능성이 식별되어, 1996년 퀸스대학의 ERG는 캐나다 군인을 위한 최소체력수준의 개발 및 타당도 분석을 청부받았다. 1988년 최소체력수준에 사용된 최초 5개 공통 군 임무는 사실 1990년대 후반과 2000년 기간에 수행된 공통 군 임무를 대표했다. 검토 과정에서 들기(Lifting)가 군 공통임무의 대표적인 임무로 밝혀져, 결과적으로 6개의 군 공통임무가 식별되었다. 캐나다 군의 최소체력수준은 군 공통임무의 체력요구를 충족하기 위해 군인에게 요구되는 최소한의 체력수준을 나타낸다고 인식되었지만, 육군은 더 높은 체력수준을 요구했다. 캐나다 육군의 체력기준을 개발하기 위한 연구에서 대표적인 공통임무의 시리즈가 선택되었고 캐나다 육군을 대표하는 육군전문가에 의해 비준되었다. 대표적인 임무는 환자후송(casualty evacuation), 탄박스 들기(ammunition box lift), 최대 노력으로 참호파기(maximal effort digging), 그리고 13km 군장행군(13km weight-loaded march)이었다.

(2) 네덜란드

근대 네덜란드 군(Dutch Army)은 신체적 요구상황과 환경변화에 대비하기 위해 신체적으로 더 건강해야만 했다. 네덜란드 군은 과거 수행된 6개 작전 임무를 기초로 소규모 부대에 의해 수행된 임무 목록과 기술 개발 연구가 수행되었으며 관측(observation post), 검문(checkpoints), 그리고 순찰(patrols) 임무가 소규모 부대에서 가장 빈번하게 수행되었다. 중요한 것은 이 연구가 평화지원 작전을 다뤘기 때문에 다른 군 작전에서 수행되는 임무는 신체적으로 요구되는 다른 임무에 포함될 수 있다는 것이다.

Koerhuis 등은 다른 임무 시 수행되는 가장 많은 신체요구임무를 네덜란드 전투병인 공수여단(airmobile brigade), 특공대(commandos), 기갑보병(armoured infantry), 그리고 해병대(marines) 등에 대해 각기 다른 5가지 형태로 분석하였다. 이 연구의 결과는 공격과 방어 작전 시 가장 체력을 요구하는 임무가 많았고, 무장행군(loaded walking)이 전투병에 의해 수행된 가장 높은 신체적 요구임무 중 하나라고 결론내렸다. 추가적으로 화기조작(fire and manoeuvre) 활동, 무릎 기기 및 서기(kneeling and standing up), 참호파기(digging), 중량들기(lifting), 그리고 중량운반(carrying)이 전투병에 의해 수행되는 신체적 요구임무로 식별되었다.

(3) 영국

영국 해군(UK Royal Navy)은 군인을 위한 임무 관련 테스트 및 기준 개발 연구에서, 전통적인 체력 테스트 표준이 검토되었고 중요한 직업에 대한 많은 임무 분석이 수행되었다. 일반적인 임무는 선상소방(shipboard fire-fighting), 환자후송(casualty carrying), 그리고 영국해군함의 승강구나 안전문 도피(escaping)로 식별되었고, 선상냉각(boundary cooling), 드럼운반(drum carry), 소화기 운반(extinguisher carry), 호스 달리기(hose run), 사다리 오르기(ladder climb)가 선상 소방임무로 식별되어 영국해군에 의해 보증받았다.

영국 공군(UK Royal Air Force)의 연구는 14개의 핵심 작전임무를 식별하였다. 영국 공군의 14개 중 핵심 작전임무 3개는 참호파기(digging)와 삽질(shovelling)을 포함했다. 그러나 포함된 다른 핵심 작전임무는 중량들기(lifting), 중량 들어 운반하기(lifting and carrying) 임무를 포함했다. 모든 영국 공군 병력이 작전 시 요구되는 핵심 작전임무 수행에 상응하는 최소체력수준을 충족하기 위해서, 작전 체력평가를 개발하기 위한 프로젝트가 수행되었다. 4개의 대표적인 군 임무인 탄박스 한번 들기(single lift of ammunition box), 모래주머니 운반(sandbag carry), 화기조작(fire and manoeuvre), 그리고 참호파기(digging)가 14개의 핵심 작전임무 수행에서 가장 많은 신체적 요구를 대변하는 것으로 분석되었다.

영국 육군(UK Army)은 군인의 수행력에서 중요하고 대부분의 군 직업에서 공통적인 4가지 대표 군 임무를 식별하였다. 이런 4개의 대표적인 군 임무는 탄박스 한 번 들기(single lift of ammunition box), 2~20kg의 물통 연속 운반(continuous carry of 2~20kg water jug), 탄박스 10m 반복 운반(10m carry of ammunition box), 그리고 12.8km 행군(road march of 12.8km)이였다.

(4) 미국

미 육군(U.S. Army)은 군에 입대하는 신병들의 신체능력기준을 설정할 목적으로 표준 수행임무를 개발하는 연구를 진행했다. 미 육군의 군 직업 특성(MOSs : military occupational specialties)의 신체 수행기준을 개발하기 위해 모든 육군의 군 직업 특성(MOSs)에 대한 신체요구 임무가 식별되어 들어 운반하기(lifting and carrying), 들어 내리기(lifting and lowering), 오르기(climbing), 참호파기(digging), 걷기·행군·달리기(walking, marching, and running), 밀고 당기기(pushing and pulling) 등 6개 범주로 개발되었다. 들어 나르기(lifting and carrying)는 172개의 다른 MOSs에서 수행된 232개의 임무를 대변하는 가장 공통적인 신체요구임무였다. 다음 신체요구임무는 들어 내리기(lifting and lowering)로 75개 MOSs에서 92개 임무를 나타냈다. 참호파기(digging)는 18개의 MOSs에서 18개 임무를 대변했고, 걷기·행군·달리기(walking, marching and running)는 18개 MOSs에서 22개 임무를 대변했으며, 장거리 부하 행군은 특히 보병에서 중요한 신체임무로 식별되었으나 이것은 완전히 이행되지 않았다. 미 공군은 직업임무요구에 근거한 직업선택 및 할당을 위해 소위 Strength Aptitude Test(SAT)라 불리는 체력 테스트 및 기준을 가지고 있다. 이것은 군 입대과정에서 실시하는 점진적 동적 들기 테스트이다. 공군의 모든 직업은 SAT의 통과기준에 따라 할당되며 직업임무는 구체적으로 측정되었다. SAT는 성공적이고 설득력 있지만 공군 직업 특성이 주로 들기(lifting)이기 때문에 다른 군에 적용하기에는 제한이 된다.

최근 미 육군 신체적응력 훈련 교범(TC 3-33.20, 2010)에서는 전투임무 및 기술에 요구되는 신체수행과 그와 관련된 체력요인을 <표 3-2>와 같이 분석하고 있다.

〈표 3-2〉 전투원 임무 및 전투기술, 수행을 위한 신체적 요구

사 격	신체적 요구
수류탄 사용하기	무게지고 달리기, 점프, 뛰어오르기, 높은/낮은 포복, 오르기, 밀어내기, 당기기, 웅크리고 앉기(스쿼트), 허리를 낮추고 무릎을 구부린 상태에서 한쪽 발을 내밀기(런지), 구르기, 멈추기, 출발하기, 방향전환, 엎드리기/일어나기, 던지기
이 동	**신체적 요구**
개인 움직임	무게지고 행군/달리기, 점프, 뛰어오르기, 높은/낮은 포복, 오르기, 밀어내기, 당기기, 웅크리고 앉기(스쿼트), 허리를 낮추고 무릎을 구부린 상태에서 한쪽 발을 내밀기(런지), 구르기, 멈추기, 출발하기, 방향전환, 엎드리기/일어나기
위치 이동	무게지고 행군/달리기, 점프, 뛰어오르기, 높은/낮은 포복, 오르기, 밀어내기, 당기기, 웅크리고 앉기(스쿼트), 허리를 낮추고 무릎을 구부린 상태에서 한쪽 발을 내밀기(런지), 구르기, 멈추기, 출발하기, 방향전환, 엎드리기/일어나기
사격하 이동	무게지고 빠르게 달리기, 점프, 뛰어오르기, 높은/낮은 포복, 밀어내기, 당기기, 웅크리고 앉기(스쿼트), 구르기, 멈추기, 출발하기, 방향전환, 엎드리기/일어나기
생 존	**신체적 요구**
전투기술 (백병전)	적과 접촉(조우) 시 반응하기 : 밀어내기, 당기기, 달리기, 구르기, 던지기, 착지, 능숙하게 몸무게 다루기, 웅크리고 앉기(스쿼트), 허리를 낮추고 무릎을 구부린 상태에서 한쪽 발을 내밀기(런지), 회전하기, 구부리기, 막기, 때리기, 차기, 멈추기, 출발하기, 방향전환, 엎드리기/일어나기

적 응	신체적 요구
위협 평가 및 반응	적과 접촉(조우) 시 반응하기 : 밀어내기, 당기기, 달리기, 구르기, 던지기, 착지, 능숙하게 몸무게 다루기, 웅크리고 앉기(스쿼트), 허리를 낮추고 무릎을 구부린 상태에서 한쪽 발을 내밀기(런지), 회전하기, 구부리기, 막기, 때리기, 차기, 멈추기, 출발하기, 방향전환, 그리고 엎드리기/일어나기. 무게지고 달리기, 점프, 뛰어오르기, 높은/낮은 포복, 오르기, 밀어내기, 당기기, 웅크리고 앉기(스쿼트), 허리를 낮추고 무릎을 구부린 상태에서 한쪽 발을 내밀기(런지), 구르기, 멈추기, 출발하기, 방향전환, 엎드리기/일어나기, 던지기
전투훈련	**신체적 요구**
접촉 시 반응	무게지고 빠르게 달리기, 점프, 뛰어오르기, 높은/낮은 포복, 밀어내기, 당기기, 웅크리고 앉기(스쿼트), 구르기, 멈추기, 출발하기, 방향전환, 엎드리기/일어나기
사상자 후송	웅크리고 앉기(스쿼트), 허리를 낮추고 무릎을 구부린 상태에서 한쪽 발을 내밀기(런지), 몸통 구부리기/펴기/회전하기

(5) 한국 육군

한국 육군에 대한 체력을 요구하는 전투임무를 공식적으로 분석한 연구는 없으며 개인 연구로 실시하였다. 연구결과 육군에서 체력을 요구하는 군 공통임무를 병공통과목에서 행군, 무거운 중량 들기 및 운반, 환자 후송, 장애물 극복, 약진, 참호되기 등으로 식별하였다.

2) 전투임무와 체력요인과의 관련성

신체적 능력이 임무수행상에서 가지는 상대적 중요성은 임무특성, 임무를 수행하는 개인, 그리고 환경 등에 따라 다르나 체력을 요구하는 공통임무인 들기, 운반, 행군, 장애물 극복과의 관계를 보고한 연구는 매우 많다. 연구된 대부분의 표준임무는 유사하여 발표된 자료를 모아 잠재적인 체력 테스트에 대한 배터리를 구성할 수 있으나 선행연구에서 임무 프로토콜, 대상자, 테스트 배터리의 구성, 성별 고려와 같은 많은 차이가 있을 수 있기 때문에 직접적인 적용에는 문제가 있다. 전투임무와 체력요인과의 관련성 연구에 대한 요약은 <표 3-3>과 같다.

〈표 3-3〉 전투임무와 체력요인과의 관련성에 대한 연구 요약

전투임무	관련 체력요인	관련 근거
무거운 물건들기	인체계측, 제지방, 근력, 근지구력, 순발력	Beckett & Hodgdon(1987), Ayoub et al(1982), Dueker et al(1994), Nottrodt & Celentano(1987), Pytel & Kamon(1981), Sharp et al(1980), Teves et al(1985), Aghazadeh & Ayoub(1985), Williams & Rayson(2006a), Rayson et al(2000), Mello et al(1995)
무거운 물건 운반하기	인체계측, 체지방, 제지방, 근력, 근지구력, 심폐 지구력	Bechett & Hodgdon(1987), Myers et al(1984), Rice & Sharp(1994) Stevenson et al(1985, 1988, 1992, 1994), Knapik et al(1999) Kraemer et al(1998)
행군	인체계측, 체지방, 제지방, 근력, 근지구력, 심폐 지구력	Dziados et al(1987), Frykman & Harman(1995), Knapik et al(1990) Mello et al(1988), Rayson et al(1993, 2000), Knapik et al(1990) Williams & Rayson(2006b), Pandorf et al(2002)
장애물 극복	심폐 지구력, 순발력, 근력, 근지구력	Bishop et al(1999), Jette et al(1989), Harman et al(2008)

(1) 미 육군

최근 미 육군의 근력(절대근력 및 근지구력), 지구력(유산소, 무산소 지구력), 기동성(민첩성, 균형성, 협응력, 유연성, 자세, 안정성, 스피드, 순발력) 등 3개 요소와 전투원 임무 및 전투기술의 관련성을 보면 근력, 근지구력, 무산소 지구력, 민첩성, 균형성, 협응력, 유연성 등 대부분의 체력요소가 관련이 있다.

〈표 3-4〉 미군의 전투원 임무 및 전투기술과 체력요인의 관계

군체력관리 구성 요소	전투원 임무						전투기술	
	수류탄 사용	개인 움직임	위치 이동	사격하 이동	전투행동 (백병전)	위협평가 및 반응	접촉 시 반응	사상자 후송
힘(근력)								
근력	◎	◎	◎	◎	◎	◎	◎	◎
근지구력	◎	◎	◎	◎	◎	◎		◎
지구력								
무산소성 지구력	◎	◎	◎	◎	◎	◎	◎	◎
유산소성 지구력		◎	◎			◎		◎

	기동성							
민첩성	◎	◎	◎	◎	◎	◎	◎	◎
균형성	◎	◎	◎	◎	◎	◎	◎	◎
협응력	◎	◎	◎	◎	◎	◎	◎	◎
유연성	◎	◎	◎	◎	◎	◎	◎	◎
자세	◎	◎	◎	◎	◎	◎	◎	◎
안정성	◎	◎	◎	◎	◎	◎	◎	◎
스피드	◎	◎	◎	◎	◎	◎	◎	◎
순발력	◎	◎	◎	◎	◎	◎	◎	◎

(2) 한국 육군

한국 육군을 대상으로 전투임무와 체력요인의 관련성을 상관분석, 회귀분석, 정준상관분석을 통해 분석한 연구(김재우, 2010)에서 육군 공통임무는 운반능력, 장애물 극복능력, 적재능력, 그리고 행군능력 등 4개 요인으로 분석하였다. 운반능력은 근력, 순발력, 그리고 민첩성이, 장애물 극복능력은 체지방량, 순발력, 상체 근지구력, 그리고 심폐 지구력이 관련있었으며 적재능력은 상체 근력 및 근지구력과 관련있었다. 또한 행군능력은 심폐 지구력과 관련이 높았고 심폐 지구력, 순발력, 민첩성, 근력, 근지구력, 그리고 체지방이 종합적인 군관련 신체수행력에 중요한 요인이었다. 따라서 저자는 임무 관련 체력에 목적이 있다면 현재 평가하고 있는 심폐 지구력과 근지구력에 추가하여 순발력, 민첩성, 그리고 근력과 관련된 체력요인을 추가하여 평가해야 한다고 제안하였다.

〈표 3-5〉 육군의 군 관련 신체수행력과 체력요인의 관계

방법		심폐	근력				근지구력		민첩성	순발력	평형성	유연성	체구성	
		지구력	전완	상체	어깨	하체	복부	상체					체지방	제지방
전문가		1	5				2		3	4	7	6	8	
단순 상관	운반		○	○	○	○			○	○				○
	장애물	○	○	○	○	○	○	○	○	○			○	
	적재			○		○		○				○		
	행군	○							○				○	
	종합	○	○	○	○	○		○	○	○	○		○	○
다중 상관	운반				○	○			○	○				
	장애물	○						○		○			○	
	적재							○						○
	행군	○		○										
	종합	○				○			○	○			○	

정준상관	함수1 (운반, 장애물, 행군)				○	○			○	○			○	
	함수2 (운반)			○		○							○	○
	함수3 (행군)	○												
	함수4													

3) 군체력요인

앞에서 살펴본 전투임무와 체력요인 간의 관련성을 종합해 볼 때, 군 전투임무의 특성이 다양하기 때문에 특정 체력요인만으로 국한하기는 어렵다. 따라서 군인은 건강 관련 체력요인뿐만 아니라 운동 관련 체력요인을 모두 갖춰야 한다. 따라서 힘(근력, 근지구력), 지구력(유산소지구력, 무산소지구력), 기동력(순발력, 민첩성, 스피드), 조정력(협응력, 평형성, 유연성, 반응시간) 등 4개 범주의 10가지 체력요인이 모두 요구된다.

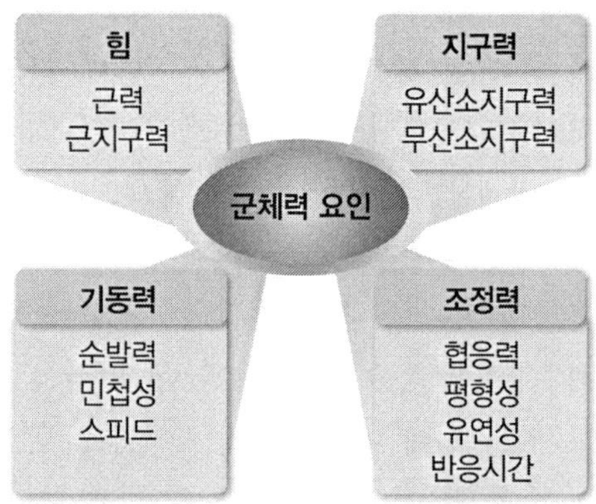

〈그림 3-1〉 군인에게 필요한 체력요인

(1) 힘

근력은 저항을 극복하는 능력이다. 근력은 두 가지 하부요소 사이의 연속체이다. 절대근력은 어떤 근육이나 근육그룹이 최대저항에 대해 한번에 발휘할 수 있는 힘과 능력이고, 근지구력은 어떤 근육이나 근육그룹이 일정기간에 걸쳐 수축을 정지한 상태로 유지하거나 또는 고정된 것을 잡거나 반복할 수 있는 힘과 능력이다. 무게를 지고 행군하고, 건물 또는 참호에 들어가 자유로이 움직이고, 무거운 무게를 반복적으로 들고, 장비를 들어 올리고, 부상당한 군인을 사상자 집합 지점으로 옮기고, 무게를 지고 혹독하고 연속된 작전에 견디기 위한 대부분의 모든 것들에서 군인들에게 근력은 필요하다. 최적의 근력 훈련 프로그램은 수행력, 외적인 모습, 그리고 부상의 통제를 향상시킨다. 육군의 근력 훈련에 대한 접근은 전투임무 수행 지향적이다. 전투임무상 저항에 대하여 기능적 움직임을 행하는 데 요구되는 근력을 획득하는 것이 목적이다. 전투임무는 자신의 체중을 조작하는 것과 체중 이외에 추가된 부하를 조작하는 것으로써 두 요소는 육군의 근력 훈련과 몸 관리에 있어서 기초이다. 근력 훈련은 외적인 저항에 대하여 힘을 쓸 때와 자신의 몸무게를 다루기 위해서 필요한 필수 움직임 기술을 발달시킨다.

(2) 지구력

지구력은 어떤 활동을 지속할 수 있는 능력이다. 지구력의 요소는 근력과 같이 짧은 지속시간 동안 높은 강도의 활동을 유지할 수 있는 무산소(anaerobic) 능력과 오랜 지속시간 동안 낮은 강도의 활동을 유지할 수 있는 유산소(aerobic) 능력 사이의 연속체이다. 적절하게 계획되고 시행되는 지구력 훈련 프로그램은 유산소성과 무산소성 훈련이 균형을 이루고 있다. 거의 모든 부대의 필수 전투임무 분석은 무산소성 지구력에 대한 중대한 필요성을 보여준다. 무산소성 훈련은 유산소 능력의 향상을 아우르는 가치를 가지고 있다. 그러나 유산소성 훈련만으로는 무산소성 능력 향상에 거의 효과가 없다. 생존성과 효과성을 높이기 위해서 군인은 반드시 높은 강도의 활동을 짧은 시간 동안 능률적으로 수행해야 한다. 오로지 오래달리기에 근거한 지구력 훈련 프로그램은 유산소성 지구력 향상의 가능성은 있지만 모든 영역에서 수행되는 작전에 필요한 무산소성 지구력 유형에 대하여 준비하지 못한다.

(3) 기동성

기동성은 근력과 지구력을 기초로 민첩성, 순발력, 스피드의 기능적 응용이다. 이것은 움직임 숙련도이다. 기동성 있는 근력은 군인에게 부상당한 군인을 쭈그리고 앉았다 들어 올릴 수 있게 한다. 충분한 기동성 없이 강한 군인은 같은 사상자를 옮기는 기법을 수행하는 데 어려움이 있을 수도 있다. 기동성 없는 지구력은 아마도 장거리 달리기 선수에게는 의미가 있겠지만, 개인 움직임 기법을 수행하는 군인에게는 최대의 수행을 위해서 두 가지 요소 모두 필수적이다. 민첩성은 멈추고, 출발하고, 방향을 전환하고, 효율적으로 몸 위치를 변화시키는 능력이다. 스피드는 움직임의 속도이다. 많은 군인들의 과업에서 스피드를 요구한다. 순발력은 근력과 스피드의 산물이다. 던지기, 점프하기, 때리기 그리고 어떤 시작점으로부터의 폭발적인 움직임을 내기 위해서는 속도와 근력이 둘 다 필요하다. 순발력은 몸통에서 발생되는데, 순발력을 증가시키기 위해서는 몸통의 근력, 안정성, 그리고 기동성을 발달시키는 것이 중요하다. 군인은 전술적인 운동선수와 같이 순발력 수행자이다.

(4) 조정력

올바른 자세와 정확한 움직임은 부상을 방지하면서 신체적 준비를 향상시킨다. 균형성은 평형을 유지하는 능력으로 움직임의 필수 요소이다. 중력과 힘(momentum)과 같은 외적인 힘은 어떤 주어진 시간에 몸에 작용한다. 이러한 힘을 느끼고 적절하게 반응하는 것은 질적인 움직임을 가능하게 한다. 협응력은 다양한 과업을 수행하는 능력이다. 군 차량을 운전하면서 다양한 기계들과 무기들을 조작하는 것은 협응력을 요구한다. 팔과 다리 그리고 몸통 움직임의 협응은 올라가기와 개인 움직임 기법에서 필수이다. 유연성은 어떤 관절과 그것을 둘러싸고 있는 근육들의 움직임 범위이다. 유연성은 안전하게 질적인 움직임을 수행하는 데 필수이다. 규칙적으로, 점진적으로, 그리고 정확한 유연체조의 수행과 근력운동은 유연성을 촉진시킨다. 또한 천천히 시간을 소비하며 회복 훈련 동안 정적인 스트레칭을 하는 것은 유연성 향상에 많은 도움이 될 것이다. 자세는 몸이 주재하는 어떤 위치이다. 자세는 몸의 움직임에 따라 중력과 외부 하중의 힘에 적응하기 위해서 계속 변화한다. 좋은 자세는 군사적 과업에 대한 견딤과 몸의 기능 발휘에 중요하다. 일어서기, 앉기, 들어 올리기, 행군, 그리고 달리기를 하는 동안 적절한 몸의 자세는 움직임의 질과 수행에 필수이다. 반응 시간, 즉 순발력은 은폐(엄폐) 등에 포괄적인데 적 매복 시 신속하게 응시하는 전장 상황에서 필수적이다.

2 군체력관리 체계

1) 개념

군체력관리 체계는 전투임무에 요구되는 체력을 향상시키기 위해 부대원 전체에 일괄적으로 적용하는 것이 아니라 개인 및 부대임무 특성을 고려하여 단계별로 기본원칙을 준수하며 체계적으로 실시하여 항시 전투를 수행할 수 있는 수준을 유지하는 것이다<그림 3-2>.

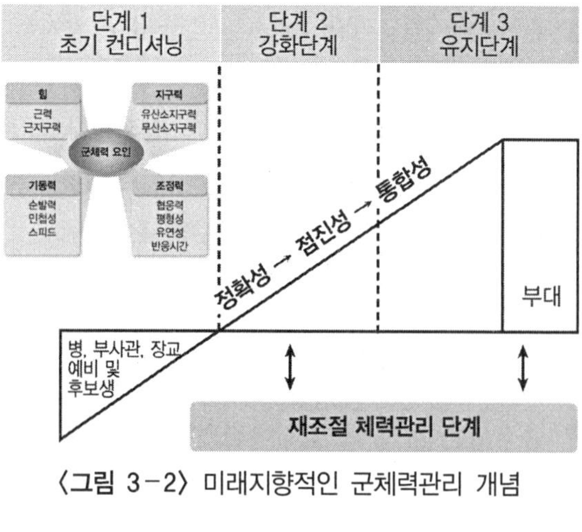

〈그림 3-2〉 미래지향적인 군체력관리 개념

2) 단계

다양한 제대 훈련을 수행하기 전에 지휘관은 훈련할 적절한 과업을 결정하기 위해 부대의 수준을 평가하는데, 군체력관리를 실행하는 데 있어서도 마찬가지이다. 신체적 준비 수준을 평가한 것을 기초로 군체력관리를 계획하여야 한다. 군체력관리 단계는 초기 조절 단계, 강화 단계, 그리고 유지 단계의 3가지 단계로 이루어 진다. 이들 3가지 단계는 평상시 전투즉응력 향상과 자기개발을 위해 수행에 초점을 맞추고 있다. 재조절 단계는 부상 또는 체력검정 불합격 등 특수한 인원들에 대해 강화 단계 및 유지 단계에 들어가기 위해 진행하는 단계이다. 부대는 부대원의 체력수준이 모두 다르기 때문에 일반적으로 초기 조절 단계, 강화 단계, 유지 단계 그리고 재조절 단계를 동시에 진행해야 한다.

(1) 초기 조절 단계

초기 조절 단계는 군입대를 고려하고 있는 사람들 또는 체력이 저조한 부대원들에게 안전하게 체력 훈련 시작을 보장해주고 장교 및 부사관, 병들의 기초군사훈련(양성기관)에서 기초체력을 향상시키는 단계이다. 이 단계의 훈련은 입대 또는 임관 전에 행해진다. 개인의 신체적 체력 능력에 맞도록 고안된 신체적 훈련 프로그램의 운동과 활동은 전투임무 수행을 위한 기초체력을 향상시킨다.

(2) 강화 단계

강화 단계의 목적은 기초체력과 필수 움직임 기술을 발달시키는 것으로써 군체력관리의 핵심적인 단계이다. 정확한 기준에 의해 수행한 다양한 훈련 활동은 뼈, 근육, 그리고 연결조직을 점진적으로 강화를 보장한다. 강화 단계에서 군인들은 점진적으로 자신의 몸무게를 다루는 데 숙련된다. 강화 단계 활동들은 점프, 착지, 오르기, 런지, 웅크리기, 손을 뻗기, 들어 올리기와 같은 필수 군인 과업과 관련된 기술을 발달시킨다. 이 단계에서 활동들은 점점 많은 것을 요구하게 되고 훈련강도는 점진적으로 증가된다. 강화 단계는 기초 군사훈련, 부대 훈련, 그리고 초급 간부 양성 과정에서 실시할 수 있다. 강화 단계는 유지 단계로 이동하는 것을 준비하게 한다.

(3) 유지 단계

유지 단계의 목적은 직책과 필수임무 수행에서 요구되는 높은 신체적 준비를 지속적으로 발달시키고 유지하는 데 있다. 강화 단계를 통해 즉각적인 전투임무 수행이 가능한 수준의 체력이 만들어지면 현 상태를 유지하는 단계를 가진다. 이 단계에서는 전투임무와 유사한 형태의 훈련을 통해 현 수준을 유지한다. 부대원 중 전투임무 수행을 위한 체력을 모두 갖춘 사람이 있다면 이 인원은 유지 단계의 프로그램을 진행해야 한다. 체력수준이 높은 사람을 낮은 수준의 사람과 같은 그룹에 편성하여 낮은 그룹의 강도로 훈련을 한다면 효과가 없을 것이고, 높은 그룹의 강도로 훈련을 한다면 낮은 수준의 사람은 부상위험이 높을 것이다.

(4) 재조절 단계

재조절 단계의 목적은 강화 단계 또는 유지 단계에 안전하게 다시 들어갈 수 있는 신체적 체력수준을 회복하여 이전의 컨디셔닝 수준을 점진적으로 달성하는 데 있다. 군인은 부상이나 병에서 회복하고 재활 후에 재조절 단계에 참여하고, 이후 다시 강화 단계 또는 유지 단계에 들어가게 된다. 장기간의 부대훈련 및 야외훈련, 부상 또는 병에서의 회복과 같은 요소가 강화 단계 또는 유지 단계에서 재조절 단계로 이동시킬 수 있다. 부대훈련에 다시 투입되기 위한 이동기준이 충족될 때 투입된다. 그러나 부대의 부상 및 환자를 위한 프로그램은 거의 제공하지 않고 있는 것이 현실이다.

3) 원칙

군체력관리 훈련의 실행은 정확성, 점진성, 그리고 통합성의 원칙을 따른다. 이러한 원칙들은 최상의 컨디셔닝과 부상의 통제를 위한 가이드 라인이다.

(1) 정확성

정확성은 군체력관리 훈련 활동들에 대한 최선의 기준을 엄격하게 준수하는 것이다. 정확성은 움직임 또는 자세에서 들어 올리는 무게, 반복횟수, 달리기 속도만큼이나 중요하다는 전제에 기초한다. 단지 신체적 기술이나 능력의 향상뿐 아니라 잘못된 동작을 바로잡아 부상의 가능성을 줄여주기 때문에 중요하다.

예를 들어 컨디셔닝 훈련, 오르기 훈련, 써킷 근력 훈련 또는 머신을 이용한 근력 훈련을 수행하든지 안하든지 근력과 기동성을 개발하기 위한 저항성 훈련에서 필수적이다. 너무 낮은 안정성, 많은 무게, 움직임의 범위 초과, 부적절한 속도와 호흡 기법은 잘못된 운동 습관을 낳고 부상위험을 초래한다. 올바른 달리기 자세 또는 속도를 유지하지 못하면 속도를 낮추고 정확한 자세를 연습해야 한다. 전형적으로 군인들은 스피드 달리기, 인터벌(30:60초, 60:120초) 또는 300야드 왕복달리기를 너무 빠르게 수행한다. 이렇게 실시했을 경우에는 자세를 망가뜨리고 특정 반복횟수를 위한 속도 유지 능력에 영향을 미친다. 군인은 정확성을 유지하기 위해 속도에 주의를 기울일 수 있도록 교육해야 한다.

(2) 점진성

점진성은 군체력관리 훈련의 강도, 지속 시간, 운동량, 그리고 난이도를 계획적으로 증가시키는 것이다. 적절한 군체력관리 훈련의 점진적 증진은 훈련 스트레스에 몸이 적응하는 데 긍정적인 영향을 준다. 너무 빠른 강도, 지속시간, 운동량, 또는 난이도의 증가에 의한 점진성의 원칙을 준수하지 않을 때 군인들은 훈련의 요구에 적응할 수 없다. 그렇게 되면 군인은 회복할 수 없고, 이는 과훈련 또는 부상의 가능성으로 이어진다. 적절한 증진은 신체가 훈련 스트레스에 긍정적으로 적응할 수 있도록 한다.

① 강도(저항 또는 페이스) ② 운동 양(세트 또는 반복 수) ③ 지속 시간(시간)

예를 들어 유지 단계에서 오르기 훈련과 스피드 달리기 훈련 동안 체력단련 유니폼 착용에서 육군 전투복, 전투화, 전투 헬멧 그리고 개선된 야전전술 조끼 착용으로 점진적으로 적용한다. 근력에서 점진성은 근력훈련 장비를 사용할 때 각각의 운동에 대한 다음의 하나 또는 이상의 것을 증진함으로써 달성된다.

① 저항(무게) ② 세트 수 ③ 반복횟수

(3) 통합성

통합성은 군체력관리 훈련 활동 간의 균형 있고 적절한 회복을 보장하기 위해서 다양한 훈련 활동들을 이용하는 것이다. 대부분의 전투임무는 근력, 지구력, 기동성을 동시에 요구하기 때문에 군체력관리 훈련 활동은 통합된 방식으로 세 가지 요소들이 모두 단련되도록 고안되어져야 한다. 통합성의 원칙은 전투임무와 관련된 체력요인(근력, 지구력, 기동성, 조정력)이 군체력관리 훈련에 통합될 때 분명하게 드러난다. 예를 들어 컨디셔닝 훈련과 근력 훈련 중 본인체중 이용 훈련은 장애물 극복에 필요한 근력, 기동성, 신체적 기술을 발달시킨다.

군체력관리 훈련 프로그램에서 균형성을 달성하고 군체력관리 훈련 활동들 사이의 적절한 회복을 고양시키기 위한 다양한 훈련 활동들을 이용하는 이유는 통합성의 원칙 때문이다. 대부분의 전투임무는 근력, 지구력, 기동성의 혼합을 요구하기 때문에 군체력관리 훈련 활동 계획은 통합된 방식으로 그들의 신체적 활동에서 점진적으로 발전하도록 고안되어야 한다. 예를 들어 자신감을 요구하는 장애물 코스가 그날의 주요 신체적 훈련이고 군체력관리 훈련이 그 훈련 날의 끝에 행해지지 않는다면 리더는 군체력관리 훈련을 위한 근력운동을 계획해서는 안된다. 만약 충돌을 해결할 수 없다면 군체력관리 훈련은 신체적 요구가 있는 훈련을 수행하기 전(아침)보다 수행한 후(오후)에 행해져야 한다.

4) 훈련 프로그램 구성

군체력관리 훈련 프로그램 구성은 준비, 본훈련, 회복의 요소로 이루어진다. 각 요소는 효과적으로 군체력관리 요소에 초첨을 맞춘 행동 중심의 군체력관리 훈련 프로그램을 수행하는 데 필요한 운동을 포함한다.

(1) 준비 훈련

준비 훈련은 군인들이 더 강도 높은 군체력관리 훈련을 알맞게 준비하기 위한 신체 전체 관절에 대한 운동으로 구성된 정적 및 동적 스트레칭이다. 모든 군체력관리 훈련 활동 전에는 준비 훈련을 실시한다.

(2) 본 훈련

본 훈련은 근력, 지구력 그리고 기동성의 영역에서 근력, 근지구력, 유산소지구력, 무산소지구력, 민첩성, 순발력, 스피드에 대한 7가지 체력요인을 향상시키기 위한 훈련으로 구성한다. 그것들은 대부분의 훈련 시간(30~60분)을 차지하고 매주 근력, 지구력, 민첩성, 순발력, 스피드 훈련을 포함한다. 아래 나열된 가이드라인을 준수한다.

① 근력과 기동성 훈련 중 민첩성과 스피드 훈련은 격일 실시한다.
② 지구력과 기동성 훈련 중 스피드 훈련은 격일 실시한다.
③ 주당 1회 스피드 달리기를 실시한다(주의 중간에 실시하는 것이 좋다).
④ 전형적인 5일 훈련 주는 두 번 또는 세 번 지구력과 기동성 날과 교체하는 근력과 기동성 날을 포함한다.
⑤ 육군체력검정 전에 준비 훈련을 실시한다. 만약 필요하다면 군인은 컨디셔닝 훈련 1에서 무릎 꿇고 팔굽혀펴기를 실시해도 좋다. 육군체력검정이 종료된 후에 회복 훈련을 실시한다.
⑥ 육군체력검정을 계획하고 군인들에게 사전 공지한다. 육군체력검정은 주말에 회복을 갖도록 월요일에 계획해야 한다. 육군체력검정이 월요일에 실시되지 않으면 그 전날에는 군체력관리 훈련을 실시하지 않는다.

(3) 회복 훈련

회복 훈련은 달리기 활동 후에 걷기 그리고 모든 군체력관리 훈련 프로그램의 마지막에 포함된다. 운동하기 이전의 상태로 회복하기 위해서 점진적으로 회복하고 안전하게 활동을 줄여간다. 다음 운동이 수행되기 전까지 회복 훈련의 요소는 이행된다. 적절한 영양 섭취와 알맞은 수면을 통해 수분과 에너지 밸런스를 회복하는 것은 몸이 재충전하고 휴식할 수 있도록 해준다. 이것은 훈련 스트레스에 긍정적으로 적응하는 결과를 가져오고 군인의 회복력을 향상시키며 근력, 지구력, 기동성을 향상시키며 부상을 통제하면서 최적화 시킨다.

5) 안전

안전은 군체력관리 훈련을 계획하고 평가할 때 주요한 고려사항이다. 지휘관은 그들의 부하를 부상이나 사고의 위험에 놓이지 않도록 보장하기 위해 모든 군체력관리 훈련 활동에 통합적 위험 관리 과정을 사용해야 한다.

① 환경적 상황
② 응급처리 과정
③ 시설
④ 연령에 의한 차이
⑤ 성별
⑥ 부대 각 장병들의 컨디셔닝 수준

6) 특수집단에 대한 고려사항

(1) 부상 인원

부상 인원을 위한 재조절 프로그램의 목적은 치료 중에 있는 군인들이 다시 강화 단계 또는 유지 단계에 참여할 수 있는 신체적 체력 수준으로 회복하는 것이다. 지휘관은 부상, 질병 또는 수술과 같은 치료경력 때문에 군체력관리 훈련 시 재조절 프로그램을 통해 특별한 도움을 주어야 한다.

(2) 체력검정 불합격 인원

대부분의 부대는 부상, 질병, 배치 그리고 신입 군인 때문에 군체력관리 수준이 다양하게 존재한다. 이 다양성은 육군체력검정과 부대 군체력관리 기준 실패 인원수에 영향을 줄지도 모른다. 그러나 규정된 시간 외에 실시하는 견실한 군체력관리 훈련 프로그램은 군인에게 육군과 부대 체력 기준을 달성하는 데 도움을 준다. 매일 한 번의 높은 질적 훈련은 과도한 사용에 의한 부상으로 이끌 수 있는 추가적인 높은 훈련양보다 효과적인 접근이다. 추가적인 강화 훈련이 지휘관에 의해 적절하게 결정됐다면 약점은 보충하고 강점은 유지하는 데 중점을 두어야 한다. 추가적인 훈련을 잘 못하는 인원에게 벌주기 위해 사용해서는 안 된다.

(3) 체중관리 인원

과체중 군인들이 군체력관리 훈련을 어떤 특별한 그룹과 함께 수행할 필요는 없다. 대신 그들은 부대 군체력관리 훈련에 참여하고 꾸준히 그들의 부대와 함께 훈련을 계속해야 한다. 그러나 그들은 보완적인 군체력관리 훈련에 더해 운동과 식이요법 교육이 요구된다. 부대 군체력관리 훈련을 수행하는 과체중 군인에게 중점을 둔 추가 군체력관리 훈련은 칼로리를 소비하고, 제지방 근육량을 높이고, 최선의 지방 손실을 촉진하는 낮은 강도의 활동들과 저항성 훈련이다. 걷거나 기계(자전거, 스텝퍼 그리고 노 젓기 각각 15분)를 이용한 운동을 포함하여 20분에서 60분의 운동을 목표로 한다. 리더는 추가적인 저항성 훈련 활동과 기동성 훈련을 부대 군체력관리 훈련 동안 동시에 수행해야 한다. 이런 추가적인 훈련 세션들은 전신 근력 강화에 중점을 두어야 한다.

부대 군체력관리 훈련을 수행하지 못하는 과체중 군인들은 부대에서 계획된 활동들과 더 많은 유산소 운동이 포함된 보강 훈련을 따라야 한다. 과체중 군인들을 위한 저항성 훈련은 초기에는 컨디셔닝과 오르기 훈련과 같은 보통 군체력관리 훈련 활동들 범위에서 제한되어야 한다. 근력 훈련은 근육의 성장과 지방의 손실에 도움을 줄 수 있다. 더욱 많은 제지방양이 있을수록 더욱 많은 칼로리가 그것을 유지하기 위해 사용된다. 제지방량이 근력 훈련을 통해 늘어나게 되면 몸무게 손실은 일어나지 않을 수 있다. 이러한 경우 군인은 낮은 몸무게가 아니라 체지방율을 근거로 판단해야 한다.

제4장

심폐 지구력

1. 개요
2. 심폐 지구력 프로그램 작성
3. 심폐 지구력 훈련 프로그램 실시

1 개요

심폐 지구력은 어떤 운동 및 신체활동을 지속할 수 있는 능력으로, 순환계와 호흡계가 함께 효과적으로 그 운동 및 신체활동에 동원되는 근육에 산소를 공급하는 능력을 말하며 유산소 운동 능력, 유산소 체력 또는 유산소 지구력으로도 불린다. 하지만 군에서 요구하는 체력요인 중 심폐 지구력은 근력과 같이 짧은 지속시간 동안 높은 강도의 활동을 유지할 수 있는 무산소 운동 능력 그리고 오랜 지속시간 동안 낮은 강도의 활동을 유지할 수 있는 유산소 운동 능력 사이의 연속체로 정의할 수 있다. 거의 모든 부대의 핵심임무 수행에 필요한 필수과업 목록 또는 규정된 임무 수행을 위한 필수과업 목록을 분석해 보면 무산소성 운동 능력이 포함된 심폐 지구력과 가장 관련이 있다. 무산소성 능력 향상을 위한 훈련은 유산소 능력의 향상을 아우르는 가치를 가지고 있다. 그러나 유산소성 훈련만으로는 무산소성 운동 능력 향상에 효과가 없다. 생존성과 효과성을 높이기 위해서 군인은 반드시 높은 강도의 활동을 짧은 시간 동안 능률적으로 수행해야 한다. 오로지 오래 달리기에 근거한 지구력 훈련 프로그램은 유산소성 운동 능력 향상의 가능성은 있지만 모든 영역에서 수행되는 작전에 필요한 무산소성 운동 능력이 요구되는 군 임무 유형에 대하여 준비하지 못한다. 따라서 본 장에서 '심폐 지구력'은 유산소성 운동 능력과 무산소성 운동 능력의 불규칙적인 연속체로 정의하고, 군에서 요구하는 심폐 지구력을 향상시키고 유지하기 위한 프로그램을 적절하게 계획하고 진행하기 위한 과학적이고 체계적인 틀을 제공할 것이다.

2 심폐 지구력 프로그램 작성

1) 개요

안전하고 효과적으로 심폐 지구력 훈련 목표를 달성하기 위해서 장병 개인의 특성을 고려하여 훈련 프로그램의 형태, 빈도, 강도, 시간, 점진성을 계획하여야 한다. 일선에서 많은 지휘관들은 개인의 경험에 근거한 훈련 프로그램을 적용하는 경우가 빈번한데, 이것은 개인의 특성을 간과하여 비효율적이거나 오히려 해로운 훈련 프로그램을 계획하고 운용할 가능성이 높다.

또한 프로그램의 목표가 부대 핵심 또는 규정된 임무를 수행하기 위해 요구되는 심폐 지구력 수준을 명확히 파악하여 목표를 결정하고, 이를 안전하고 효과적으로 달성할 수 있도록 계획해야 한다. 대부분의 부대에서 계획하고 시행하는 심폐 지구력 훈련 프로그램은 유산소성과 무산소성 운동 능력을 모두 요구하는 신체활동으로 구성되어 있어야 하며, 다른 군체력 요인들과 균형 있게 구성되어야 할 것이다.

2) 심폐 지구력 프로그램 계획 시 고려사항

(1) 훈련 형태

장병들에 의해 수행되는 활동 형태는 달리기, 등산, 수영, 행군 등과 같은 신체활동을 포함한다. 특이성의 원리를 고려하여 훈련 목표를 명확히 하고 가장 유사한 행동 유형의 훈련을 계획하는 것이 가장 효과적이다. 처음에는 훈련 강도가 일정하고 기술적 의존도가 낮은 형태로 시작하여, 훈련 강도가 높고 매우 기술적 의존도가 높은 형태의 도전적인 훈련 형태가 되도록 계획한다. 달리기, 행군, 등산과 같은 훈련 형태를 우선 고려하고 제한 시 축구, 농구 등 부대에서 사용 가능한 구기운동을 실시한다.

(2) 훈련 빈도

훈련 빈도는 일일 또는 주당 수행하는 훈련 횟수를 의미한다. 이는 강도, 시간, 개인의 훈련 상태에 따라 달라진다. 훈련 강도가 높고 훈련 시간이 길면 충분한 회복을 위해 훈련 빈도를 감소시킨다. 또한 훈련이 덜 된 사람은 훈련이 많이 된 사람에 비해 훈련 초기에 더 많은 회복시간을 필요로 하기 때문에 훈련 빈도에 영향을 미친다. 너무 잦은 훈련 빈도는 부상위험 또는 과훈련의 위험을 증가시키고, 너무 적은 훈련 빈도는 심폐 지구력을 향상시키지 못한다. 많은 연구들은 심폐 지구력 향상을 위해 주 2회 이상의 훈련을 실시할 것을 제안한다. 일반적으로 훈련 목적, 건강과 체력의 상태, 선호도, 시간적 여유를 고려하여 심폐 지구력과 근력 및 근지구력 운동을 격일로 구성하여 주 2회~4회 실시하도록 계획한다.

(3) 훈련 강도

심폐 지구력의 향상은 훈련의 지속 시간과 빈도보다 강도에 더욱 크게 영향을 받는다. 일반적으로 훈련에 대한 신체의 적응은 훈련강도 및 기간의 통합이 중요하다. 훈련 강도가 높아지면 훈련 효과(유산소 운동과 무산소 운동 능력 향상)가 빨리 나타나지만, 부상 또는 운동 중단 현상이 발생할 가능성 또한 높아진다. 하지만 너무 낮은 강도는 신체에 적절한 자극을 주지 못하며, 유산소 운동 능력의 향상을 일부 가져올 수 있겠지만 무산소 운동 능력 향상의 효과는 미미할 것이다. 훈련 강도를 조절하는 가장 정확한 방법은 산소섭취량을 모니터하거나, 젖산 역치의 관계를 결정하는 혈중 젖산농도를 주기적으로 측정하는 것이다. 그러나 이는 대부분 고가의 장비를 갖춰야 하기 때문에 현실적으로 어려움이 많다. 때문에 일선 부대 또는 야외에서는 심박수, 훈련자각도 등을 이용할 수 있다.

① 심박수

심박수는 필드에서 훈련 강도를 설정하는 데 자주 사용되는 방법이다. 그 이유는 최대심박수와 안정 시 심박수 간의 차이인 예비심박수가 최대산소섭취량의 50~90% 사이의 강도에서 심박수와 산소섭취량이 매우 밀접한 관련성이 있기 때문이다. 이 방법을 이용하여 강도를 조절하는 가장 정확한 방법은 최대산소섭취량의 특정 %와 관련된 심박수를 찾거나, 젖산 역치에 해당하는 심박수를 찾는 것이다. 그러나 이와 같은 방법은 고가의 실험장비가 필요하기 때문에 나이로 예측한 최대심박수를 사용한다. 예비심박수를 이용한 운동강도 산출 공식과 예는 <표 4-1>를 참조한다.

〈표 4-1〉 예비심박수를 이용한 운동강도 산출 공식과 예

변인	방법(공식)	비고
최대심박수	220-나이	과도한 비만인 사람 : 200-(0.5×연령)
예비심박수	최대심박수-안정 시 심박수	안정 시 : 아침 기상 직후 심박수
목표심박수	예비심박수×훈련강도+안정 시 심박수	체력 약함 : 예비심박수의 40~50% 체력 강함 : 예비심박수의 60~80% 체력 매우 강함 : 예비심박수의 80~90%

예) 안정 시 심박수가 분당 60회인 나이 30인 사람이 60~70% 강도로 훈련할 경우

최대심박수=220-30=190회/분

예비심박수=190회/분-60회/분=130회/분

목표심박수=(130×0.6+60)~(130×0.7+60)=138~151

* 훈련 시 심박수를 모니터 할 때 10초 단위로 계산하기 위해 6으로 나누면 23~25, 따라서 10초간 23~25회 심박수로 유산소 훈련을 실시한다.

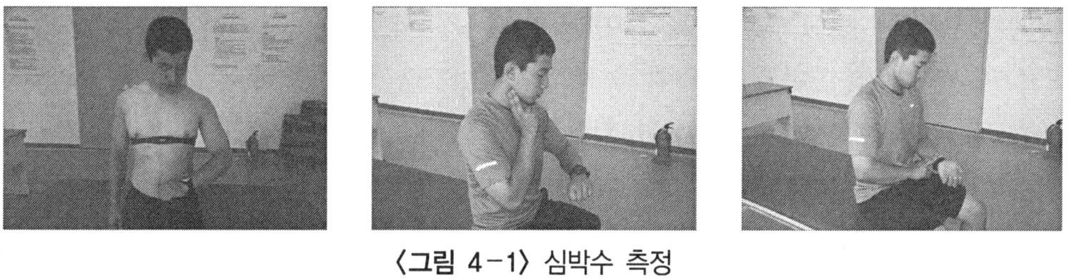

〈그림 4-1〉 심박수 측정

② 운동자각도

운동자각도는 운동에 대한 노력, 호흡, 감정적인 개인의 주관적인 반응을 의미한다. 운동자각도는 6~20 척도와 0~10 척도가 있지만, 일반적으로 15점 척도인 보그 척도(Borg scale)가 사용된다<표 4-2>. 보그 척도는 심박수와 관련이 있는데, 자각도에 10을 곱한 값이 대략적인 심박수를 나타낸다.

〈표 4-2〉 운동자각도(Borg, 1998)

15-point Borg scale		Category-ratio scale	
6	전혀 힘들지 않다.	0	느낌 없음
7		0.3	
	극도록 가벼움	0.5	극도록 약함
8		1	아주 약함
9	매우 가벼움	1.5	
10		2	약함
11	가벼움	2.5	
12		3	보통
13	약간 힘듦	4	
14		5	강함
15	힘듦	6	
16		7	매우 강함
17	매우 힘듦	8	
18		9	극도로 강함
19	극도로 힘듦	10	
20	최대한의 노력임	11	
			최대한의 노력임

(4) 훈련 시간

훈련 시간은 1회 훈련 시 요구되는 시간을 말한다. 이는 훈련 강도와 관련이 있으며 훈련 시간이 길면 강도는 낮아진다. 예를 들어 최대 젖산 이상의 강도인 최대산소섭취량의 80% 수준으로 훈련하면 젖산이 근육 내에 축적되어 피로감을 느껴 훈련 시간이 20~30분 정도 된다. 반대로 70% 수준으로 훈련하면 피로감을 느끼는 시간이 1시간 정도 걸리므로 훈련 시간은 1시간 정도가 된다. 일반적으로 연속 또는 비연속적(간헐적으로 운동)으로 20~60분 훈련을 계획하고, 준비 운동(워밍업), 심폐 지구력이 요구되는 활동, 회복 운동(쿨다운)으로 구성된 훈련 프로그램은 통상 60~90분을 넘기지 않도록 한다.

(5) 점진성

통상 운동 강도의 증가는 대상의 나이, 건강 및 체력상태에 달려있다. 심폐 지구력 훈련을 통한 생리적 변화의 효과는 6~8주째에 일어난다. 가용시간이 충분하고 안전이 중요한 사항으로 고려될 경우 첫 4주는 3%, 두 번째 4주는 2%, 세 번째 4주는 1%로 훈련 강도를 증진시킨다. 훈련 강도, 빈도, 시간 등을 주당 최대 10% 이내로 제한한다.

훈련 강도를 증가시킬 때 부상의 방지를 위해 훈련 지속 시간, 훈련 반복 횟수, 훈련이 몸에 주는 과부하 순으로 우선 고려한다. 하지만 일선 부대의 경우 빈도는 부대의 특성에 따라 제한될 수 있다.

일단 유산소 훈련 프로그램을 시작하면 유산소 체력수준을 유지하거나 향상시키기 위해 프로그램을 지속해야 한다. 훈련 강도가 유지되거나 빈도가 주 2회 미만으로 감소할 때, 5주까지는 유산소 체력이 감소하지 않는 것으로 보인다. 대부분의 사람들은 심폐 지구력을 현상유지보다는 증가하려고 노력한다. 이는 훈련 프로그램에 대해 규칙적으로 증가시키는 것을 의미한다.

목표한 심폐 지구력 수준에 도달하게 되면 훈련 빈도나 시간의 증가에 영향을 받지 않는 지점에 도달하게 되므로 훈련의 점진성은 강도를 높임으로써 이루어져야 한다. 일반적으로 매주 회복 또는 활동적인 휴식을 최소 1일 포함할 것을 권고한다. <표 4−3>, <표 4−4>는 점진성에 대한 적절한 예이다.

〈표 4-3〉 점진성의 예

주차	운동 강도 향상 예 1	주차	운동 강도 향상 예 2
1주차	주 4회, 목표심박수 70~85%, 1회 40분	1주차	주 3회, 목표심박수 60~70%, 1회 30분
2주차	주 5회, 목표심박수 70~85%, 1회 45분	2주차	주 4회, 목표심박수 60~70%, 1회 30분
3주차	주 3회, 목표심박수 70~85%, 1회 40분	3주차	주 3회, 목표심박수 70~75%, 1회 30분
	주 1회, 목표심박수 60~75%, 50분		
4주차	주 4회, 목표심박수 70~85%, 1회 45분	4주차	주 3회, 목표심박수 65~75%, 1회 35분
	주 1회, 목표심박수 60~75%, 50분		
5주차	주 4회, 목표심박수 70~85%, 1회 45분	5주차	주 3회, 목표심박수 70~75%, 1회 30분
	주 1회, 목표심박수 60~75%, 55분		

〈표 4-4〉 심폐 지구력 훈련 프로그램 점진성의 예

체력 단련 프로그램 단계별 강도	
체력 단련 초기	준비 운동, 예비심박수의 40~60%의 유산소 운동, 낮은 강도의 근력 운동, 정리 운동(준비 운동과 정리 운동에서 스트레칭 강조)을 실시한다. 최소 주당 3~4일의 중간 강도의 유산소 운동, 최소 15분~20분에서 30분 이상으로 증진, 예비심박수의 60% 강도로 30분 가능 시 체력 향상 단계로 이동한다.
체력 향상 단계	향상 단계는 통상 4~8개월 소요된다. 이 시기에는 대상의 상태에 따라 운동 강도, 지속시간, 빈도 등을 급격하게 증가시킨다. 운동 강도가 증가되기 전에 운동 지속시간 또는 빈도를 먼저 증가시킨다. 운동 지속시간은 주당 20% 이하로 증가시키고 빈도는 주당 3회에서 4회 또는 5회로 증가시킨다. 지속 시간과 빈도가 목표에 도달 했을 때 매 6세션마다 예비심박수의 5% 이하의 강도를 증가시킨다.
체력 유지 단계	향상 단계에서의 목표했던 칼로리 소비량이나 심폐 지구력 체력수준을 유지하기 위해 향상 단계에서 최종 강도를 유지한 상태에서 주당 2~3회 심폐 지구력 운동을 하고 그 외 활동(근력 및 근지구력 훈련)을 주당 2~3회 실시한다.

(6) 통합성

심폐 지구력 훈련을 계획할 때 30 : 60초·60:120초 인터벌 달리기, 300m 왕복 달리기, 페이스 달리기, 언덕 달리기, 야지 달리기, 그리고 부대 대형 달리기 등과 같은 활동을 다양하게 편성하여 유산소성 운동 능력과 무산소성 능력을 동시에 향상시킬 수 있도록 계획하고, 다른 체력요인과 균형성 있게 통합적으로 훈련을 계획한다.

(7) 프로그램 구성 및 순서

일반적으로 준비 운동(5~10분), 심폐 지구력 훈련(30~60분), 정리 운동(5분) 순으로 구성한다. 훈련 목적, 현재 신체 기능, 건강상태 등을 고려하여 초기에는 훈련에 대한 신체적응, 중간에는 건강 및 체력향상, 마지막에는 건강 및 체력유지 순으로 프로그램을 계획한다. 그리고 부대의 상황에 따라 유동적이지만 통상 1개월간 신체 적응, 5개월간 건강 및 체력 향상, 이후에는 건강 및 체력 유지 순으로 계획한다.

프로그램 구성은 무산소 운동 능력과 유산소 운동 능력을 연속적으로 요구하는 행동 형태의 훈련방법들이 되어야 한다. 준비 운동은 강도 높은 심폐 지구력 향상을 위한 신체활동을 적절하게 준비하기 위한 역동적인 활동들(가볍게 조깅, 역동적 스트레칭)로 구성하고 심폐 지구력 향상을 위한 본 운동은 해당 주의 훈련 목적, 지휘관의 의도, 부대의 가용시간을 고려하여 구성한다. 매주 최소한 한 번의 빨리 달리기와 오래 달리기를 포함하여 계획한다.

〈표 4-5〉 심폐 지구력 구성 시 권고사항

• 근력·근지구력 운동과 심폐 지구력을 격일로 계획한다. • 부대의 체력요인별 수준에 따라 근력 및 근지구력 또는 심폐 지구력 훈련을 주당 2~3일 계획한다. • 같은 날 또는 연속된 날에 행군과 같이 극도로 체력적인 소모를 요구하는 훈련과 심폐 지구력 훈련 계획은 지양한다. • 주당 1회 강도 높은 무산소 운동 능력을 요구하는 훈련(빠르게 달리기)을 포함하여 계획한다. (주 중간에 실시하는 것이 부상 방지와 운동 효과 측면에서 바람직하다.) • 개인 및 부대원의 심폐 지구력이 우수할 경우 주당 2회 포함하여 계획하는 것이 좋다. • 육군체력검정은 1일 훈련한 것으로 간주하여, 심폐 지구력 훈련을 연속해서 계획하는 것은 지양한다.

<표 4-5>은 심폐 지구력 훈련 프로그램 구성 시 권고 사항이다. 모든 심폐 지구력 훈련 프로그램에 정리 운동을 계획한다. 운동하기 이전의 상태로 회복하기 위해서는 점진적으로 회복하고 활동을 안전하게 줄여간다. 정리 운동은 조깅, 걷기 순으로 심박수를 줄이고 유연성과 빠른 회복을 위한 정적인 스트레칭 위주로 계획한다.

(8) 적절한 휴식 및 영양섭취

훈련 계획 시 또 하나의 고려사항은 개인 및 부대원의 적절한 휴식 및 영양섭취이다. 적절한 영양섭취와 알맞은 수면을 통해 적절한 수분과 에너지 밸런스를 회복하는 것은 몸을 재충전하고 휴식할 수 있도록 해준다. 이것은 훈련 스트레스에 긍정적인 적응을 통해 부대원의 회복력을 향상시키고 부상을 예방하면서 훈련 효과를 극대화시킨다.

(9) 개인 및 부대원의 체력 수준

군에서의 체력관리는 군 부대의 특성상 개개인의 특성을 고려하여 개별적으로 관리하기가 제한된다. 따라서 가급적 개인별 훈련을 처방하는 것이 가장 이상적이다. 제한될 경우에는 부대원의 심폐 지구력의 평균 수준을 고려하여 단체 심폐 지구력 훈련을 계획하고, 부대 훈련 목표를 달성하지 못한 개인에 대해서는 개인별로 집중 관리한다.

3 심폐 지구력 훈련 프로그램 실시

1) 개요

잘 계획된 심폐 지구력 훈련 프로그램에는 모든 군 임무 수행에서 요구하는 유산소 운동 능력과 무산소 운동 능력을 향상시키는 빠르게 달리기와 오래 달리기 훈련을 균형 있게 포함해야 한다.

심폐 지구력의 훈련 방법에는 연속적인 훈련과 비연속적인 훈련이 있다. 연속적인 훈련 방법에는 걷기, 달리기, 자전거 타기, 에어로빅 댄스, 벤치 스텝 에어로빅, 계단 오르기 머신 또는 스텝 머신, 스트라이더, 에어로빅 라이딩, 수중 운동 등이 있다. 비연속적인 훈련 방법에는 인터벌 트레이닝, 서킷 트레이닝, 그리고 크로스 트레이닝이 있다. 인터벌 트레이닝은 고강도(예비 심박수의 90~100%)와 저강도 운동을 1:1~1:3 비율로 3~5분간 유지될 수 있도록 실시하는 방법으로 심혈관계 향상에 효과적이다. 일반적으로 심혈관계 운동 능력 향상을 위해 인터벌 트레이닝을 많이 사용하고 있다. 서킷 트레이닝은 일반적으로 심폐 지구력 향상보다는 유지를 위한 프로그램에 사용한다. 크로스 트레이닝은 훈련 목적에 따라 여러 가지 운동 유형을 혼합하여 수행하는 방법이다. 예를 들어 30분 야외 달리기 대신 10분 트레드밀 달리기, 10분 고정식 자전거 타기, 10분 조정 운동을 하는 것이다. 크로스 트레이닝은 훈련의 특수성을 극복하기 위한 목적에서 사용한다.

2) 훈련 방법 및 실시 요령

심폐 지구력 훈련 방법은 매우 다양하다. 다음에 제시될 심폐 지구력 훈련 방법들은 특별한 장비가 요구되지 않아 야전에서 활용 가능하고, 동시에 다수의 인원이 훈련할 수 있는 방법들이다. 심폐 지구력 훈련 방법은 크게 목표한 강도로 장거리 달리기, 고강도 훈련과 휴식을 반복하는 페이스·템포 달리기, 고강도 훈련과 저강도 훈련을 번갈아 하는 인터벌 트레이닝, 근력 및 근지구력 운동과 달리기 운동을 혼합한 서킷 트레이닝, 여러 가지 훈련 방법을 혼합하여 트레이닝 특수성의 한계를 극복하기 위한 크로스 트레이닝 등으로 구분할 수 있다. 하지만 서킷 트레이닝은 심폐 지구력과 근력 및 근지구력을 동시에 향상시킬 수 있는 장점이 있는 반면, 심폐 지구력 향상에는 다른 훈련 방법에 비해 상대적으로 효과가 미미하기 때문에 심폐 지구력 향상 훈련 방법으로는 적절하지 않다. <표 4-6>은 심폐 지구력 훈련 형태를 보여주고, <표 4-7>은 강도를 예를 들어 보여준다.

〈표 4-6〉 심폐 지구력 훈련 방법

훈련 방법	훈련 형태	내용
목표한 강도로 장거리 달리기	부대 건제 단위 달리기	부대 건제 단위로 제대를 편성하여 정해진 거리를 달리는 방법으로, 심폐 지구력 향상의 효과는 미미하여 적절하지 않다. 하지만 부대의 단합과 사기를 향상하는 효과를 기대하고 부대 지휘자(관)가 선호하는 훈련 방법이다.
	페이스 달리기	단체 심폐 지구력 훈련 방법의 단점을 보완하는 방법으로, 비슷한 수준의 달리기 능력을 보유한 인원을 그룹으로 지정하여 각 그룹별 정해진 페이스를 유지하며 10~30분을 달리는 훈련 방법이다. 유산소성 운동 능력 향상에 효과적이다. 가장 최근 3km 기록을 기준으로 1분 단위로 그룹을 편성한다.
	일반 또는 급속 행군	전투 시 가장 요구되는 신체적 능력과 유사한 훈련 방법으로 전술훈련 및 전투를 대비한 최고의 훈련 방법이다. 속도와 전투장비의 하중 조절을 통하여 훈련의 강도를 조절할 수 있다.
페이스·템포 달리기	300m 왕복 달리기	무산소성 운동 능력을 향상하는 데 효과적인 훈련 방법으로, 전력질주와 멈춤 등의 급격한 속도 변화와 방향 전환으로 무산소성 지구력, 스피드, 민첩성을 향상한다.
	오르막 또는 내리막 달리기	경사가 있는 약 40~60m 거리의 도로 및 야전도로를 15~20초간 전력 질주하여 오르거나 내리달리고, 1분~1분 30초간 걸어 최초 위치로 돌아오는 것을 반복한다. 무산소성 다리 근력 및 파워, 스피드를 향상시키는 최적의 훈련 방법 중 하나이다. 반드시 부상 방지를 위해 하중을 부여하지 않고 실시한다.
인터벌 트레이닝	30:60초 인터벌 달리기	30초 또는 60초간 고강도 달리기, 60초 또는 120초간 저강도 달리기를 반복하여 피로도에 대한 다리 근육의 저항성을 높이고, 무산소성·유산소성 운동 능력을 동시에 향상시켜 전투 임무를 지속적으로 수행할 수 있는 능력을 발달시킨다.
	60:120초 인터벌 달리기	
	파트렉 달리기	고강도 달리기와 저강도 달리기를 시간에 대한 제한 없이 반복하는 훈련 방법으로 개인이 자각하는 훈련 강도에 따라 속도를 조절한다. 지루하지 않고 과도한 부담을 주지 않지만, 인터벌 트레이닝의 효과를 다소 낮은 수준에서 달성할 수 있다.
크로스 트레이닝	산악 및 야지 달리기	60m 왕복 달리기, 언덕 또는 내리막 달리기, 파트렉 달리기, 급속 행군 등의 훈련 방법의 혼합된 형태로 유산소성 및 무산소성 운동 능력의 동시 발달을 야기한다. 경사 변화가 심하고 나무가 우거진 산악은 약 1.5km, 경사 변화가 완만한 야지는 약 3km 거리를 20~30분의 시간 내에 완주한다.
	심폐 지구력 훈련 프로그램	약 60분간 진행되는 심폐 지구력 훈련 프로그램은 다양한 훈련 방법을 포함하고 있기 때문에 크로스 트레이닝으로 분류할 수 있다.

〈표 4-7〉 심폐 지구력 훈련 형태의 단계별 강도의 예

심폐 지구력 훈련 프로그램 구성 시 추천 달리기 활동 및 강도			
달리기 활동 구분	초기 적응 단계	체력 향상 단계	체력 유지 단계
부대 건제 달리기	주 1회	미실시	미실시
페이스 달리기	10~20분	20~30분	10~30분
일반 또는 급속 행군	2~15km	2~15km	10~30km
300m 왕복 달리기	1~2회 반복	1~2회 반복(하중)	1~2회 반복(하중)
언덕 및 내리막 달리기	미실시	6~8회 반복	6~10회 반복
30:60초 인터벌 달리기	2~6회 반복	6~10회 반복(하중)	6~10회 반복(하중)
60:120초 인터벌	2~6회 반복	6~10회 반복(하중)	6~10회 반복(하중)
파트렉 달리기	10~20분	20~30분	20~30분
산악 및 야지 달리기	미실시	15~20분	20~30분

* (하중)은 하중을 지고 달리거나 하중 없이 달리는 것을 선택할 수 있다는 의미이다.

(1) 부대 건제 달리기

큰 부대가 발을 맞추고 적절한 거리를 유지하고 적절한 자세로 달리는 것은 지휘자(관)가 바라는 부대 정신, 팀 조직력과 사기와 같은 무형의 이점을 제공한다. 분대, 소대, 중대, 대대가 지휘자(관)가 지정한 제대 단위로 건제를 유지한 상태로 달리는 것으로 특정 거리를 부대원 전원이 완주할 수 있도록 페이스를 유지하는 것이 중요하다.

달리기 거리와 시간은 부대원의 사기와 단합의 목적에 맞도록 설정한다. 출발 후 1/4 또는 3분은 천천히 강도를 증가시키고, 종료전 1/4 또는 3분은 천천히 강도를 줄인다. 부대원의 단합과 사기를 높이는 것이 주된 목적이므로 각 제대 단위 장이 함께 달리며 완주를 독려한다. 군가를 부르는 것 또한 단합과 사기 증진에 효과적이지만, 체력향상 효과는 달리기 강도에 적합한 특정 인원에게만 일어난다.

(2) 페이스 달리기

각 체력수준별 그룹은 그 그룹과 그룹에 속한 개인에게 훈련 효과를 야기할 수 있을 만큼 충분히 계획된 운동 강도로 달린다. 지휘관은 달려야 하는 거리가 아닌 특정한 시간동안 달려야 하는 거리를 계획한다.

이 훈련 방법은 부상을 통제하면서 각 그룹에게 효과적인 훈련 강도로 훈련할 수 있도록 한다. 체력 수준을 구분하기 위해 가장 최근의 3km 달리기 측정 시간에 근거하여 1분 간격으로 편성된 그룹에 부대원을 편성한다.

〈표 4-8〉 그룹별 페이스 조절 샘플

<table>
<tr><th>구 분</th><th>3km 기록</th><th>비고</th></tr>
<tr><td>A 그룹</td><td>12분 미만</td><td rowspan="5"><table>
<tr><th>3000m 목표 시간</th><th>500m당 페이스</th></tr>
<tr><td>10:00</td><td>1:40</td></tr>
<tr><td>11:00</td><td>1:50</td></tr>
<tr><td>12:00</td><td>2:00</td></tr>
<tr><td>13:00</td><td>2:10</td></tr>
<tr><td>14:00</td><td>2:20</td></tr>
<tr><td>15:00</td><td>2:30</td></tr>
<tr><td>16:00</td><td>2:40</td></tr>
<tr><td>17:00</td><td>2:50</td></tr>
<tr><td>18:00</td><td>3:00</td></tr>
</table></td></tr>
<tr><td>B 그룹</td><td>13분 미만</td></tr>
<tr><td>C 그룹</td><td>14분 미만</td></tr>
<tr><td>D 그룹</td><td>15분 미만</td></tr>
<tr><td>E 그룹</td><td>15분 이상</td></tr>
</table>

위의 <표 4-8>을 참고하여 단위 거리당 시간을 페이스 조절 도구로 사용하여 각 그룹별로 수준에 적합한 페이스를 지정한다. 일반 도로에서는 500m마다, 400m 운동장에서는 100m마다 콘을 설치하여 페이스를 유지하기 쉽게 한다. 훈련 시간은 달린 거리가 아닌 시간에 의해서 결정한다. 훈련에 대한 효과는 개인별로 상이하기 때문에 실시간으로 현재 페이스를 잘 유지하게 되면 상위 그룹으로 이동시키고, 페이스를 유지하면서 지정된 시간에 달리지 못하면 하위 그룹으로 이동한다. 체력 향상 단계에서는 20~30분을 달리고, 유지 단계에서는 10~30분을 달린다. 되도록 30분을 초과하지 않도록 한다.

(3) 일반 및 급속행군

일반 및 급속행군은 훈련 목적을 고려하여 지형, 복장, 거리, 시간, 속도 등을 조절함으로써 강도를 달리할 수 있다. 하지만 무리한 중량을 지고 행군하는 것은 충분한 적응 및 훈련이 되어 있을 때 실시하는 것이 좋다. 기타 자세한 사항은 행군전술 교리 및 제14장 특별임무 훈련 프로그램을 참조한다.

(4) 300m 왕복 달리기

무산소성 운동 능력을 향상시키는 데 효과적인 훈련 방법으로 전력질주와 멈춤 등의 급격한 속도 변화와 방향 전환을 통해 무산소성 지구력, 스피드, 민첩성을 향상한다. 대형은 가용한 운동장의 넓이와 부대원의 수를 고려하여 6~15열 종대로 정렬하고, 열 간격은 3m 이상을 유지하여 훈련 간 충돌을 방지한다.

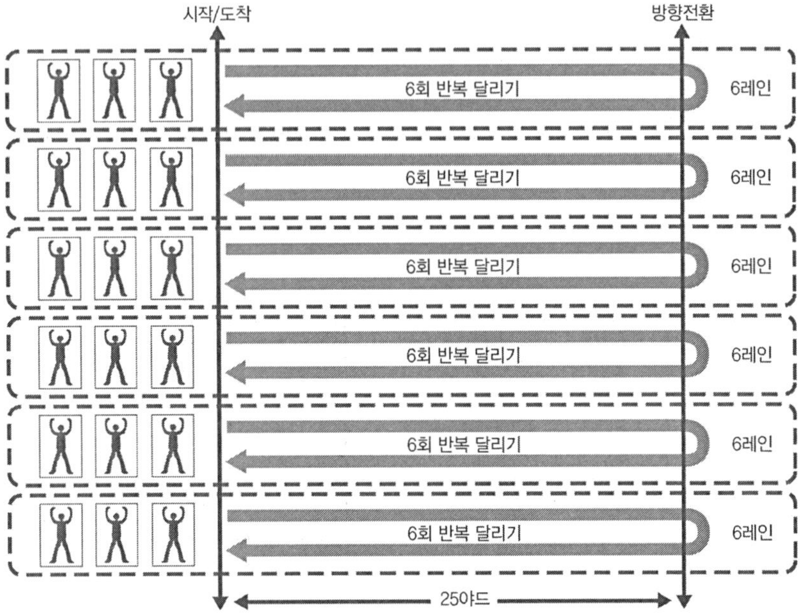

〈그림 4-2〉 300m 왕복 달리기

준비 구령에 각 열의 1오는 출발선으로 이동하여 준비 자세를 취한다. 출발 구령 또는 호각소리와 함께 25m 떨어진 선까지 전력질주한다. 반드시 왼손을 도착지점의 선에 닿게 하거나 넘게 하고, 다시 출발선으로 전력질주하여 오른손이 출발선에 닿게 한다. 이것이 1회 반복이다. 왼손과 오른손이 번갈아 도착지점의 선과 출발지점의 선에 닿게 하는 수행을 6회 반복 실시한다. 옆에서 달리기를 하는 인원과 충돌하지 않도록 지속적으로 주위를 살피도록 주의를 준다. 마지막(여섯 번째) 반복에서 출발선을 전력 질주하여 지나간다. 이후 2오를 출발시키고, 1오는 마지막 오에 위치하여 가볍게 스트레칭하며 대기한다. 통상 훈련 목적을 고려하여 하중이 있거나 없이 2~3회 실시한다.

(5) 오르막 및 내리막 달리기

내리막 달리기는 빠른 다리 회전과 신경계의 한계 초월을 통해 스피드를 향상시키고, 오르막 달리기는 다리의 근력, 순발력 그리고 무산소성 지구력을 향상시키는 데 효과적이다. 반복횟수와 지속 시간은 그 실시하는 지형의 경사도에 따라 변화한다. 오르막 및 내리막 달리기는 부상 방지를 위해 하중을 지고 훈련할 것을 지양한다. 오르막 달리기는 40~60m의 짧고 가파른 언덕을 15~20초 내에 폭발적으로 전력질주하고 60~90초 동안 돌아서 걸어 내려오기를 6~10회 반복한다. 오르막 달리기에서 허리의 굽힘 없이 약간 몸을 앞으로 기울인다. 가파른 언덕에서는 완전한 보폭이 유지되도록 평소보다 더 높게 무릎을 들어 올린다. 내리막 달리기는 길고 완만한 경사가 언덕 달리기를 통해서 스피드를 향상시키는 데 이상적이다. 내리막 달리기는 15~20초 동안 거의 최대 속도로 내리막을 전력질주하고, 60~90초 동안 걸어서 올라오는 것을 6~10회 반복한다. 오르막 및 내리막 달리기를 수행하는 동안 정확한 자세를 유지하는 것이 중요한데 내리막 달리기에서 특히 중요하다. 콘, 호각, 스톱워치 등의 장비와 안전을 위해 주변의 차량 및 인원을 통제하는 것이 바람직하다.

(6) 30:60초 및 60초:120초 인터벌 달리기

고강도 인터벌(달리기)과 저강도 휴식(회복)의 비율을 1:2로 고수하여 30:60초 또는 60:120초 인터벌 달리기를 수행한다. 고강도 인터벌 달리기는 30초(60초)동안 전력질주한 후, 60초(120초) 동안 천천히 조깅한다. 이것이 인터벌 달리기 1회 반복이다. 페이스 달리기 그룹과 같이 비슷한 수준의 인원들을 하나의 그룹으로 편성하여 실시한다. 저마다 달리기 속도가 다르므로 대형을 유지하기보다는 그룹을 형성하도록 통제하고, 고강도 달리기는 개인별로 전력으로 수행하되 저강도 달리기 인터벌은 천천히 조깅하며 그룹을 형성하도록 한다. 지휘관(자)은 중앙에 위치하여 초시계와 호각을 사용하여 고강도 달리기와 저강도 달리기의 시작과 끝을 통제한다.

인터벌 달리기 수행을 위한 이상적인 훈련 지역은 400m 육상 트랙이다. 도로는 돌아올 때 부딪히지 않도록 충분히 넓어야 한다. 직선도로에서 30:60초 인터벌 달리기를 위한 권장 거리는 최소 100m에서 최대 200m이다.

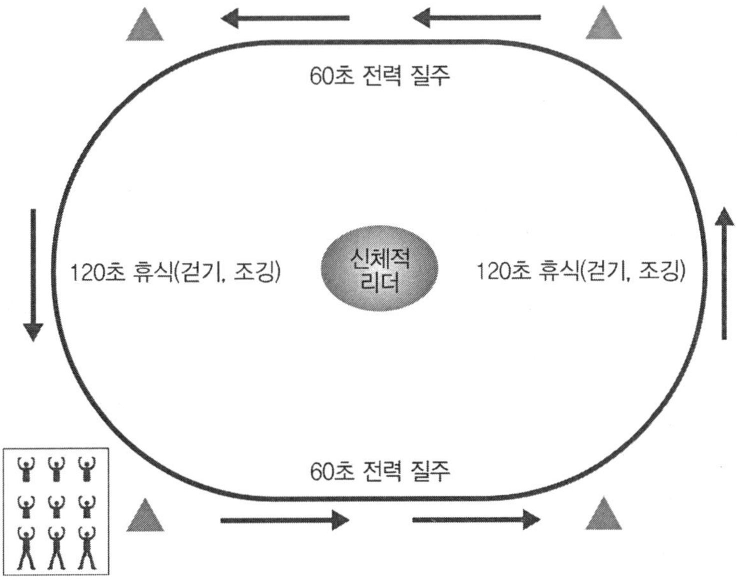

〈그림 4-3〉 인터벌 달리기(60:120)

(7) 파트렉 달리기

〈그림 4-4〉 파트렉 달리기

30:60초 또는 60:120초 인터벌 달리기와 동일한 개념으로 고강도 달리기와 저강도 달리기를 반복하는 훈련 방법으로, 시간에 대한 제한 없이 개인이 자각하는 훈련 강도에 따라 속도와 인터벌을 조절한다. 개인이 정해진 인터벌에 의해 통제받는 것이 아니기 때문에 지루하지 않고 과도한 부담을 주지 않지만, 동시에 개인의 의지에 따라서 훈련 강도가 심폐 지구력 향상에 도움이 안 되는 수준으로 낮게 수행될 수 있으므로 강력한 동기부여가 필요하다. 다른 체력 훈련, 체력 수준, 훈련 목적과 부대 여건을 고려하여 시간 또는 거리를 지정할 수 있다. 가급적 30분을 초과하지 않도록 한다.

(8) 산악 및 야지 달리기

경사 변화가 심하고 나무가 우거진 산악은 약 1.5km, 경사 변화가 완만한 야지는 약 3km 거리를 20~30분 동안 달리는 훈련이다. 야지에는 다양한 지형과 장애물이 있어 이를 극복하며 달리는 훈련은 급격한 속도 및 방향 전환, 무게중심 조절, 전신 협응 능력 등 유산소성 운동 능력과 무산소성 운동 능력을 복합적·연속적으로 요구한다. 또한 실제 전쟁상황과 가장 유사한 환경에서 훈련이 이루어지기 때문에 군에서 요구되는 심폐 지구력을 향상할 수 있는 가장 효과적인 방법 중 하나이다. 운동 강도는 실시되는 지형, 환경, 그리고 착용 복장과 장비에 의해서 조절할 수 있다.

(9) 심폐 지구력 훈련 장비 이용 훈련

부대에 가용한 장비가 충분하거나, 야외에서 실시하는 심폐 지구력 향상 훈련이 제한되는 인원이 있을 경우 효과적으로 사용될 수 있다. 지구력 훈련 장비의 사용은 여러 가지 이점이 있다. 주변 환경의 제약이 있거나 재활 또는 특정한 신체 부위를 단련할 필요성이 있는 경우 효과적으로 사용된다. 또한 정확한 운동 강도, 지속시간, 칼로리 소비량, 거리, 경사도, 심박수 등의 정보가 제공되어 정확한 운동 처방 및 실시가 가능하다. 일반적으로 자주 사용하는 심폐 지구력 훈련 장비는 허리나 무릎 또는 발목 등 주요 부상 관절에 몸무게 부하를 주거나 또는 몸무게 부하를 주지 않는 활동을 선택할 수 있다. 몸무게 부하를 주는 활동은 트레드밀 위에서 걷거나 뛰는 것과 계단 오르기 머신 등이 있고, 몸무게 부하를 주지 않는 활동과 몸무게

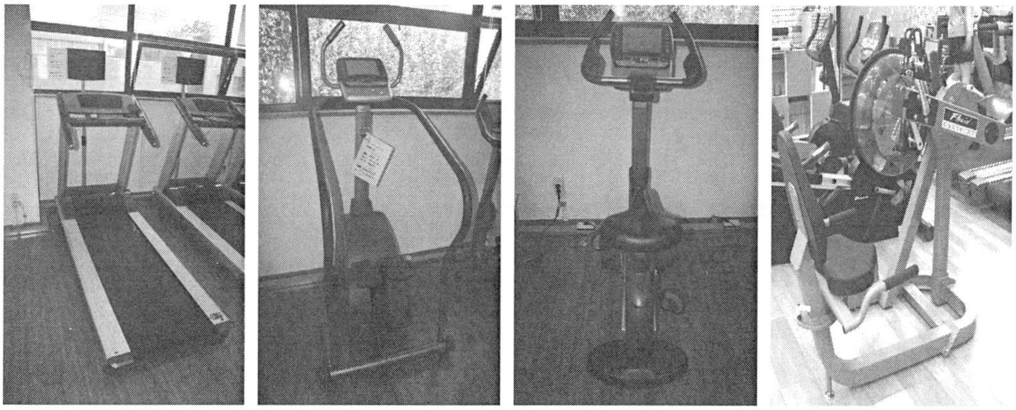

〈그림 4-5〉 심폐 지구력 훈련 장비의 종류

부하를 부분적으로 주는 활동은 자전거를 타기(앉아서, 누워서), Elliptical Trainers, 노 젓기 머신, 오르기 머신, 그리고 크로스 컨츄리 스키 머신이 있다. 제한되거나 몸무게 부하를 주지 않는 지구력 운동 장비 사용은 체지방을 줄이기 위해 많은 칼로리를 소비하기 원하는 과체중 군인에게 바람직하다. <그림 4-5>는 심폐 지구력 훈련 장비의 예이다. 훈련 목표와 피훈련자의 상태에 따라 다르겠지만 보통 장비를 이용한 심폐 지구력 훈련 빈도는 주당 3~5회이며, 지속시간은 20분 또는 그 이상으로 머신의 종류와 운동 강도(경사도, 속도, 저항)에 따라 다양하다. 대부분의 높거나 중간 정도의 훈련 세션은 20~30분 지속한다. 체중 관리를 위한 운동은 60분까지 지속할 수 있다. 훈련 강도는 실시간으로 훈련 장비에 의해 제공되는 심박수, 속도, 와트, 칼로리 또는 저항 등의 정보를 통해 통제할 수 있다.

3) 프로그램 실시간 고려사항

(1) 솔선수범 및 전문성

지휘자(관)는 모든 유형의 달리기 활동을 시범 보일 수 있어야 하고 지휘할 수 있어야 한다. 또한 반드시 오래 달리기와 빠르게 달리기 훈련의 대형, 구령, 속도 그리고 체력수준에 따라 그룹을 편성 및 배치하는 것에 숙달되어 있어야 한다. 집단 훈련을 수행할 때, 비슷한 심폐 지구력 수준으로 그룹화하는 것이 훈련효과가 크다. 부대원을 수준별 그룹에 배치하는 최적의 방법은 그들의 가장 최근에 측정된 3km 달리기 기록시간을 이용하는 것이다. 각 그룹 간의 최적의 시간과 범위는 1분이 적절하다. 오래 달리기를 수행할 때, 지휘자(관)는 대형의 왼쪽 뒤 1/3 지점에 위치하여 모든 부대원이 시야에 들어와서 통제가 유지될 수 있도록 한다. 빠르게 달리기는 트랙과 지정된 달리기 지형에서 개인적으로 또는 심폐 지구력 수준 그룹별로 집단적으로 수행한다. 이때, 호각과 초시계를 사용하여 달리기를 실시하는 지형의 중앙에서 달리기와 휴식시간을 통제한다. 긍정적인 동기 유발을 제공하고 달리기 자세를 교정하기 위해 같이 달리는 것이 바람직하다. 훈련 시 처벌을 목적으로 과도한 강도의 훈련 및 얼차려는 지양하도록 한다. 이런 행위는 훈련 동기를 저하시키고 과도한 스트레스로 회복을 방해하며 부상을 야기하거나 생명을 위협할 수 있는 상황을 조성할 수도 있다.

(2) 계획된 훈련 강도 및 정확한 자세 준수

근력 및 근지구력 향상 훈련뿐 아니라 심폐 지구력 훈련에서도 정확한 자세는 필수적이다. 정확성은 안정적인 몸의 자세, 적절한 움직임의 범위, 적절한 속도와 호흡에 달려있다. 너무 낮은 안정성, 움직임의 범위 초과, 부적절한 속도와 호흡 기법은 잘못된 운동 습관을 가지게 한다. 또한 과도한 훈련 시간은 부상을 유발할 수 있다. 올바른 달리기 자세나 속도를 유지하지 못한다면 속도를 낮추고 정확한 자세를 유지하도록 연습해야 한다. 예로 스피드 달리기, 인터벌 트레이닝 또는 300야드 왕복 달리기를 너무 빠르게 수행하는 경향이 있는데 이것은 자세를 망가트리고 특정 반복횟수를 위한 속도 유지 능력에 영향을 미친다. 지휘자(관)는 정확성을 유지하기 위하여 부대원의 속도에 주의를 기울이도록 교육받아야 한다. 최적의 신체 역학적 달리기 자세는 부상 발생의 가능성은 낮추고 더욱 효율적으로 달릴 수 있도록 도와준다. 모든 달리기 활동을 하는 동안 적절한 달리기 자세를 만들고 유지하도록 노력해야 한다. 달리기 자세는 개인의 신체적 특성에 따라 다르다. 개인 간의 해부학적 차이가 존재하기 때문에 다양한 신체 역학적 차이를 야기한다. 이런 개인 차이 때문에 하나의 표준화된 자세를 따르도록 강요하는 것은 장점보다 단점이 더 많다. 달리기 자세의 정밀검사 없이 달리기 효율을 향상시킬 수 있는 기본적인 지침이 있다. 일반적으로 모든 종류의 달리기에 대한 자세와 기법은 상당히 일정한데, <표 4-9>는 오래 달리기 달리기의 권장 자세이다.

〈표 4-9〉 달리기 자세에 대한 일반적 지침

구분	정확한 자세에 대한 일반적 지침
팔과 어깨	팔을 흔드는 동안 팔꿈치는 약 90~100도 구부린 상태를 유지한다. 손목은 곧은 상태를 유지하고 손은 살짝 말아 쥔다. 힘을 빼고 팔을 흔들고, 손은 몸의 중심선을 지나지 않도록 앞뒤로 흔든다. 어깨는 중립적인 자세를 취하여, 앞으로 둥글게 하거나 또는 뒤로 젖히지 않는다. 어깨를 앞으로 둥글게 하는 것은 걷거나 달리기를 할 때 가장 일반적인 잘못된 자세이다. 보통 가슴과 어깨 근육이 긴장되어 나타나는 현상이다. 또 하나의 대표적인 사례는 피로하거나 노력을 배가해서 어깨가 올라가는 현상이다. 이러한 자세는 에너지를 낭비할 뿐 아니라 호흡에도 부정적인 영향을 준다.

발과 다리	장거리 달리기에서 더 많은 파워는 무릎 이하에서 발생된다. 무릎을 높이 들어 엉덩이와 허벅지의 큰 근육이 동원되면 에너지를 낭비하게 된다. 뒤쪽 발의 발목을 강하게 미는 것을 연습한다. 이것은 자연스럽게 보폭을 넓히는 데 도움이 된다. 앞의 발을 앞으로 내딛어 보폭을 넓히는 것은 단거리를 빠르게 달리는 데 효과적이지만 장거리 달리기에서는 오히려 역효과를 가져올 수 있다. 피로와 어떤 근육의 불균형으로 다리와 발을 바깥으로 회전하게 되는데, 이것은 달리기의 효율성을 떨어뜨리고 부상을 일으킬 수 있으므로 발은 달리는 동안 정면을 향하여 앞뒤로 움직인다.
머리	머리는 높이를 유지하며 턱은 전방을 향하게 하고 아래로 내리거나 또는 위로 올리지 않는다. 머리를 앞으로 내미는 것은 등 윗부분 근육을 지나치게 긴장하게 한다.
몸통과 골반	몸통은 지지 기반이 되는 골반 바로 위에 남아 있어야 한다. 피로로 인한 일반적인 문제는 몸통이 다리 또는 골반의 앞뒤로 기울어지는 것이다. 이것은 허리 또는 복부 근육이 몸통이 더 앞 또는 뒤로 기울어지는 것을 견디기 위해 많은 에너지를 소비하게 한다.
호흡	호흡은 자연스럽게 리듬에 맞추거나 달리기 보폭에 조화시킨다.

(3) 속도조절과 구령 지시

명확하고 정확한 구령으로 달리기 활동 전반에 대한 속도조절과 진행이 통제되어야 한다. 이 모든 것은 지휘관(자)의 책임이다. 고강도의 달리기 훈련이 수행되기 전에 약 3분 또는 400m 조깅을 포함한 준비운동을 통해 다음 훈련을 위해 신체를 준비시키고 회복 시간을 부여한다. 다수의 인원이 30:60초·60:120초 인터벌 달리기와 언덕 달리기를 수행할 때, 지휘자(관)는 트랙 또는 달리기 지역의 중앙에 위치하여 훈련과 회복 시간을 조절한다. 통상 어떤 달리기 활동의 시작은 한 번 짧게 호각을 불어 신호하고, 종료 시 짧게 두 번 불어서 통제한다. 전체적인 훈련이 종료되었을 때는 길게 3번 불어 신호한다. 부대원의 사기와 신체적 상태에 따라서 훈련 속도 또는 템포를 유동성 있게 조절하는 능력이 지휘자(관)에게 반드시 필요하다.

(4) 훈련 지역 및 안전 장비

달리기는 훈련 목적과 방법에 따라 비포장 및 포장 도로, 연병장, 언덕, 넓은 야지 또는 기동로 등 다양한 지형에서 수행할 수 있다. 사용되는 장비는 훈련 형태에 따라 안전을 고려하여 야광 조끼 및 밴드, 안전 콘, 스톱워치, 호각 등이 사용될 수 있다.

(5) 훈련 대형

통상 달리기에 사용되는 대형은 분대, 소대, 중대 그리고 대대 종대이다. 야지 달리기 또는 스피드 달리기와 같은 다른 유형의 달리기는 훈련 지형과 가용한 시간을 고려하여 하나 또는 그 이상의 종대에서 수행하되, 수준별로 그룹화하는 것이 중요하다.

(6) 훈련 복장

달리기 신체활동 유형과 훈련 목적에 적합한 유니폼을 지정한다. 개인 및 부대 체육복(운동화 포함), 육군 전투복(전투화 포함), 생존 및 전투하중 등이 선택 가능하다. 훈련의 목적에 따라 또는 훈련 강도 조절의 목적에 따라 상하의 체육복, 상의 체육복과 하의 전투복, 단독군장, 완전군장 등의 장비 및 복장을 착용할 수 있다.

제5장

근력 및 근지구력

1. 개요
2. 전통적인 웨이트 훈련
3. 웨이트 서킷 훈련
4. 캐틀벨 서킷 훈련
5. 체중 이용 훈련

1 개요

근력은 저항을 극복하는 능력이다. 근력은 절대 근력과 근지구력의 두 가지 하부요소 사이의 연속체이다. 절대 근력은 어떤 근육이나 근육군이 최대저항에 대해 한 번에 발휘할 수 있는 힘 또는 능력이고, 근지구력은 어떤 근육이나 근육군이 일정기간에 걸쳐 수축을 정지한 상태로 유지하거나 고정된 것을 잡거나 반복할 수 있는 힘 또는 능력이다. 무게를 지고 행군하고, 건물 또는 참호에 들어가 자유로이 움직이고, 무거운 무게를 반복적으로 들고, 장비를 들어올리고, 부상당한 군인을 사상자 집합지점으로 옮기고, 무게를 지고 연속된 작전에 견디기 위한 대부분의 전투행동에서 군인들은 근력이 필요하다. 최적의 근력 훈련 프로그램은 전투임무 수행력, 외적인 모습, 그리고 부상에 효과적이다. 자신의 체중을 조작하는 근력과 체중 이외의 부하를 조작하는 근력은 군 근력 훈련의 기초가 된다. 근력 훈련에는 다양한 방법들이 있지만 여기서는 전통적인 웨이트 훈련(프리웨이트 기구 이용), 서킷 웨이트 훈련, 캐틀벨을 이용한 훈련, 본인 체중을 이용한 훈련을 다룬다.

2 전통적인 웨이트 훈련

안전하고 효과적인 근력 트레이닝을 위해서는 심폐 지구력 훈련보다는 여러 복잡한 변인들을 고려해야 한다.

1) 근력 훈련 기법

(1) 안정적인 자세

대부분의 근력 훈련이 바벨 또는 덤벨을 지면에서 들어 올리거나 기계 위 또는 안에 위치하여 밀거나 당기는 동작이기 때문에 안정적인 자세를 잡는 것이 중요하다. 안정적인 자세는 신체배열을 적절하게 유지하고 근육 및 관절에 주는 스트레스를 적절하게 분산시켜 준다.

서서 하는 훈련은 보통 양발을 어깨너비보다 약간 넓게 벌리고 뒤꿈치와 앞꿈치가 지면에 접촉한 상태에서 실시한다. 기계 위 또는 안에서 안정적인 자세를 잡기 위해서는 의자, 벨트 등을 조정해야 하며 벤치 위에서 눕거나 앉아서 하는 훈련은 특별한 자세가 필요하다. 즉 머리·어깨·등·엉덩이·발 등 다섯 곳의 포인트에 신체가 접촉해야 하며 동작 시작에서부터 마지막까지 다섯 곳의 포인트를 유지하는 것은 최대 안정성 및 척추 지지에 도움을 준다.

예를 들어 지면에서 바를 들어 올릴 때는 다리 근육이 주로 쓰이는데, 바를 신체에 가까이 붙이고 허리와 등을 평평하게 펴는 것이 허리 부상을 방지할 수 있다.

(2) 관절 가동범위 및 스피드

근력 훈련에서 중요한 것은 사용하는 관절 가동범위 전체로 훈련하는 것이다. 가끔 불가능한 경우도 있지만(런지할 때 무릎 관절), 느리게 수행하면 완전한 관절 가동범위를 사용할 가능성이 증가된다. 그러나 파워 클린, 푸시저크, 스내치와 같은 파워 훈련 시에는 자세조절을 위하여 빠르게 가속해야 한다.

(3) 호흡

한 번의 반복에서 신장성 단계에서 단축성 단계로 전환되는 바로 그 지점을 sticking point라고 한다. 지휘자는 1회 반복 시 힘이 덜 들 때 숨을 들이마시고 sticking point를 지나 내뱉으라고 교육해야 하지만 숨을 참아야 할 상황이 있다. 상급 수준의 사람이 높은 부하로 하는 구조적 훈련(structural exercise : 척추기중에 부담을 주는 훈련)을 수행할 때, 발살바 메뉴버(valsava maneuver)는 척추배열 및 지지를 유지하는 데 도움을 준다. 신체의 어느 근육을 수축시키더라도 복직근을 포함한 복부 근육들은 어느 정도 수축하기 때문에 횡격막이 밀려 올라가면서 흉곽의 부피가 줄어들게 된다. 이때 숨을 참아 성문(聲門)이 막힌 상태에서 힘을 쓰게 되는 것을 발살바 메뉴버라고 하는데, 그러면 공기가 폐 속에 갇히게 되고 흉곽 속의 압력이 정상보다 많이 올라가게 된다. 혈압 상승과 더불어 그 속으로 지나는 정맥이 과도하게 수축되어 심장의 우심방으로 혈액이 충분히 돌아갈 수 없게 된다. 그러므로 뇌를 포함한 온몸에 충분한 혈액을 공급할 수가 없다. 이러한 경우 초·중급자들은 커다란 상해와 위험을 겪을 수 있기 때문에 주의해야 한다. 훈련된 사람도 숨을 참는 시간은 1~2초 이내어야 하며, 발살바 메뉴버가 척추기둥을 지지해 주는 중요한 역할을 하지만 숨을 참는 것을 오래하지 않도록 권고해야 한다.

(4) 웨이트 벨트

웨이트 벨트를 사용하면 부상 위험을 감소시킬 수 있다. 사용 여부는 훈련 형태 및 들어올리는 부하에 따라 다르다. 허리에 자극을 주는 훈련 및 최대하 또는 최대 부하를 사용하는 세트 훈련 시에 착용할 것을 권고하지만, 복부근력 발달에 지장을 초래할 수 있다는 단점도 있다.

(5) 프리웨이트 훈련 보조

보조자(spotter)는 부상을 예방하기 위해 훈련을 보조하는 사람을 말한다. 보조자의 역할은 파트너에게 동기를 부여하고 마지막에 더 반복할 수 있도록 도움을 주는 것이지만 가장 중요한 책임은 안전이다. 프리웨이트 훈련은 머리 위, 어깨 앞(쇄골), 얼굴 위 등에서 이루어지기 때문에 보조자의 역할이 중요하다. 바벨훈련 보조보다 덤벨훈련 보조에서 더 많은 기술이 필요하며, 순발력훈련은 보조가 필요 없다. 어깨 앞뒤에 바가 있어 머리 위에서 행해지는 훈련 보조는 적정 높이의 파워랙이 있는 안쪽에서 실시하고 주변정리가 되어 있어야 한다. 무거운 무게로 높은 곳에서 진행되기 때문에 보조자도 충분히 강하고 커야 한다. 얼굴 위에서의 바벨훈련 보조 시 얼터네이티드 그립으로 파트너보다 좁게 잡고, 덤벨훈련에서는 가능한 덤벨 가까이에 위치하여 보조하고, 일부 훈련에서는 덤벨을 잡고 보조한다. 일부는 훈련하는 사람의 상완 또는 팔꿈치에 손을 대어 덤벨동작을 보조하지만 이 기술은 부상의 위험이 따른다. 이는 만약 팔꿈치가 무너져 덤벨이 얼굴이나 가슴으로 떨어질 때 멈출 위치에 있지 못하게 되기 때문에 손목 근처의 전완쪽에서 보조하는 것이 더 안전한 기술이 된다. 덤벨 풀 오버, 오버헤드 덤벨 트라이셉스 익스텐션과 같은 훈련은 덤벨 자체에 손을 대고 보조하는 것이 중요하다. 훈련선수와 보조자는 대화의 책임이 있다. 한 세트 시작 전 선수는 보조자에게 처음 바를 어떻게 잡을 것인지, 몇 회 반복할 것인지, 언제 바를 내려놓을 것인지를 말해야 한다.

2) 웨이트 운동 종목

전통적인 웨이트 훈련 종목은 크게 신체의 주요 근육군인 어깨, 가슴, 이두, 삼두, 전완, 등(상부, 하부), 복부, 엉덩이 및 허벅지, 종아리, 그리고 전신을 발달시키는 종목으로 구성되며 덤벨이나 바벨과 같은 프리웨이트 기구를 이용하는 종목과 머신을 이용하는 종목으로 구분된다.

〈표 5-1〉 부위별 운동 종목

복부(Abdomen)	엉덩이 & 허벅지(Hip & Thigh)
벤트-니 싯업(Bent-Knee Sit-Up)	인클라인 레그 프레스(Incline Leg Press)(머신)
복부 크런치(Abdominal Crunch)	백 스쿼트(Back Squat)
레그 레이즈(Leg Raise)	프런트 스쿼트(Front Squat)
등(Back)	스텝-업(Step-Up)
벤트-오버 로우(Bent-Over Row)	포워드 스텝 런지(Forward Step Lunge)
랫 풀다운(Lat Pulldown)(머신)	굿 모닝(Good Morning)
시티드 로우(Seated Row)(머신)	레그 익스텐션(Leg Extension)(머신)

턱걸이(Chinning)	레그 컬(Leg Curl)(머신)
상완 이두(Biceps)	
바벨 바이셉스 컬(Barbell Biceps Curl)	
덤벨 바이셉스 컬(Dumbbell Biceps Curl)	**어깨(Shoulders)**
해머 컬(Hammer Curl)	숄더 프레스(Shoulder Press)
상완 삼두(Triceps)	업라이트 로우(Upright Row)
라잉 바벨 트라이셉스 익스텐션(Lying Barbell Triceps Extension)	레터럴 레이즈(Lateral Raise)
트라이셉스 푸시다운(Triceps Pushdown(머신)	**종아리(Calves)**
트라이셉스 딥스(Triceps Dips)	스탠딩 카프 레이즈(Standing Calf Raise)
가슴(Chest)	시티드 카프 레이즈(Seated Calf Raise)
플랫 덤벨/바벨 벤치프레스(Barbell/Dumbbell Bench Press)	**전신(Power Exercises)**
인클라인 벤치 프레스(Incline Bench Press)	파워 클린(Power Clean)
체스트 프레스(Chest Press)(머신)	데드리프트(Deadlift)
덤벨 플라이(Dumbbell Fly)	

복 부	벤트-니 싯업(Bent-Knee Sit-Up)
동작 요령	훈련되는 주요 근육
1. 매트에 누워 발목이 엉덩이 가까이 오도록 무릎을 구부리며, 팔은 가슴이나 복부 앞에서 팔짱을 끼어 교차한다. 2. 목을 구부려 턱을 가슴쪽으로 당기고, 발, 엉덩이, 허리를 바닥에 평평하게 밀착시킨 후, 등상부가 바닥에서 떨어질 때까지 몸통을 대퇴쪽으로 이동시킨다. 3. 몸통, 목 순서로 내리고 등을 펴 시작 지점으로 돌아온다. * 주의사항 – 올라올 때 발을 매트에서 떨어뜨리는 것 – 내려갈 때 엉덩이를 바닥에서 들어올리는 것	복직근(배곧은근) 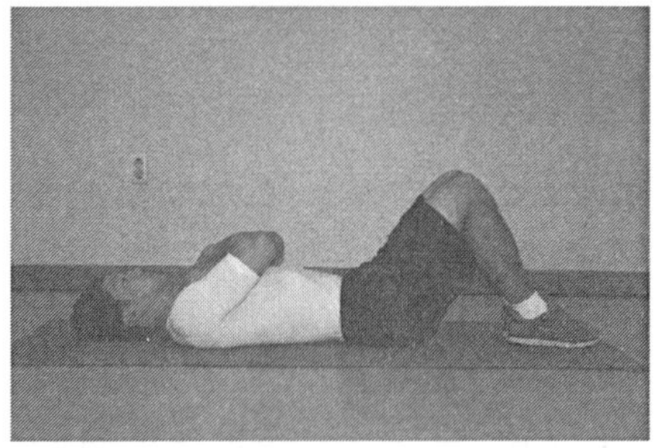 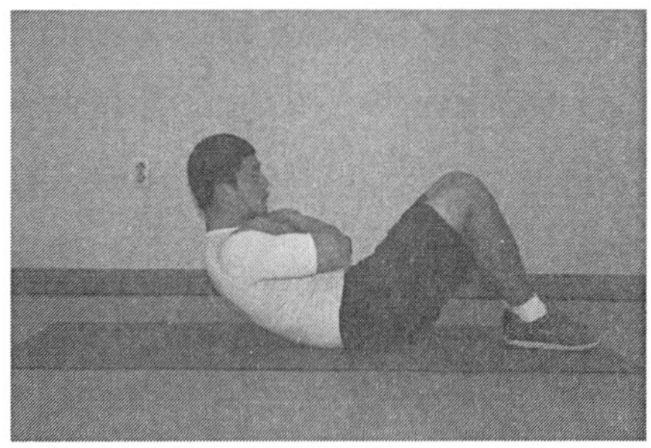

복 부	복부 크런치(Abdominal Crunch)
동작 요령	훈련되는 주요 근육
1. 매트에 누워 무릎을 구부려 발뒤꿈치를 벤치 위에 올리고, 팔은 가슴이나 복부 앞에서 팔짱을 끼어 교차한다. 2. 목을 구부려 턱을 가슴쪽으로 당기고, 발, 엉덩이, 허리를 바닥에 평평하게 밀착시킨 후, 등의 상부가 바닥에서 떨어질 때까지 몸통을 대퇴쪽으로 이동시킨다. 3. 몸통, 목 순서로 내리고 등을 펴 시작 지점으로 돌아온다. * 주의사항 – 올라올 때 발을 벤치에서 떨어뜨리는 것 – 내려갈 때 엉덩이를 바닥에서 들어올리는 것	복직근(배곧은근) 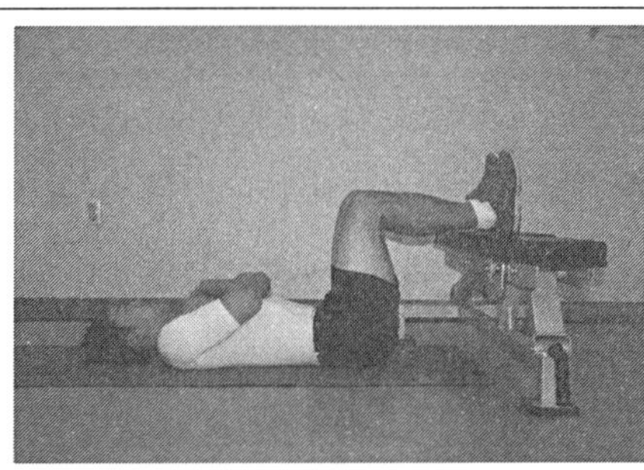 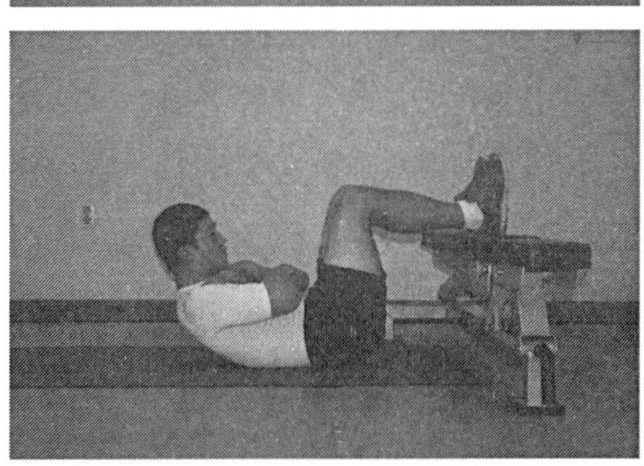

등	벤트-오버 로우(Bent-Over Row)
동작 요령	**훈련되는 주요 근육**
1. 무릎을 약간 굽힌 상태로 어깨보다 넓게 바를 잡고 대퇴 앞까지 당겨, 몸통이 지면보다 약간 위로 수평이 되게 한다. 2. 이때 어깨와 가슴을 펴고 등을 평평한 자세를 취하며, 시선은 발보다 약간 앞을 응시한다. 3. 자세를 유지하며 바가 흉골 또는 상복부에 닿을 때까지 당기는데, 바가 가장 높은 지점에서 팔꿈치는 몸통보다 높아야 한다. * 주의사항 – 움직이는 동안 등의 상부를 둥글게 하는 것	광배근(넓은등근), 능형근(마름근), 후면 삼각근(후면 어깨 세모근), 승모근(등 세모근)  

등	랫 풀다운(Lat Pulldown)(머신)
동작 요령	**훈련되는 주요 근육**
1. 대퇴를 패드 아래에 위치하고 발은 바닥에 평평하게 밀착시키며 바를 바라보고 몸통을 약간 뒤로 젖힌다. 2. 가슴 위로 바를 내려 당겨 쇄골 또는 가슴 상부에 닿도록 한다. 이때 바를 당길 때 팔꿈치도 내려오고 등과 가슴을 펴서 젖힌다. 3. 팔꿈치를 천천히 펴면서 시작 자세로 돌아간다. 이때 팔, 다리, 몸통은 동일한 자세를 유지한다. * 주의사항 – 바를 내릴 때 보조적으로 복부근육을 사용하여 몸통을 구부리는 것 – 시작 자세로 돌아갈 때 팔꿈치를 완전히 펴지 않는 것	대원근(넓은등근), 능형근(마름근)  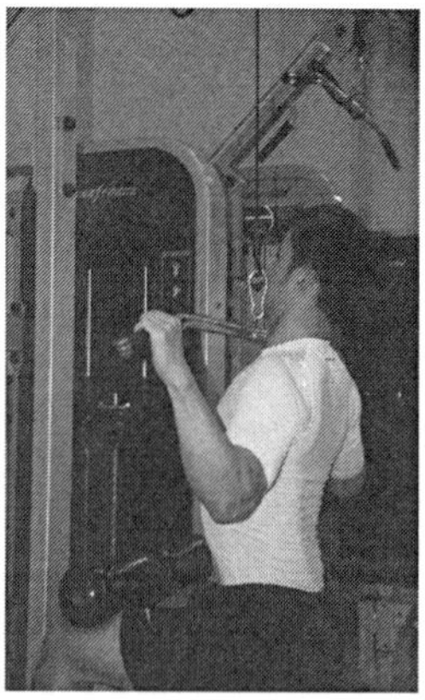

<table>
<tr><th>등</th><th colspan="2">시티드 로우(Seated Row)(머신)</th></tr>
<tr><th colspan="2">동작 요령</th><th>훈련되는 주요 근육</th></tr>
<tr><td colspan="2" rowspan="2">1. 발을 머신의 발판에 위치시키고, 무릎은 구부리고 엉덩이는 앞으로 내밀며 손잡이를 잡는다.
2. 손잡이를 당겨 몸통은 바닥에 수직으로 곧게 펴고, 팔이 바닥과 수평이 된 상태에서 팔꿈치를 완전히 편다.
3. 무릎은 약간 구부리고 등은 곧게 편 자세를 유지하며 바를 가슴이나 상복부까지 당긴다.
4. 팔꿈치를 천천히 펴며 시작 자세로 돌아가고, 이때 무릎과 등의 자세를 유지한다.

* 주의사항
– 바를 당길 때 상체를 갑자기 뒤로 젖히거나 등을 뒤로 기대는 것 또는 손잡이를 몸통으로 말아 당기는 것
– 시작 자세로 돌아갈 때 몸통을 구부리는 것</td><td>광배근(넓은등근), 능형근(마름근), 후면 삼각근(후면 어깨 세모근), 승모근(등 세모근)</td></tr>
<tr><td>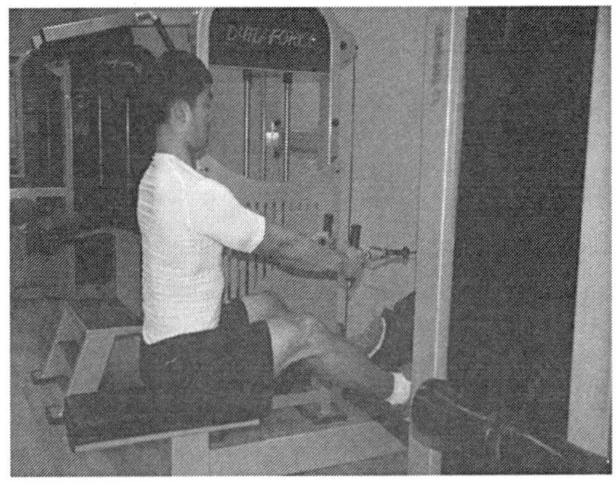
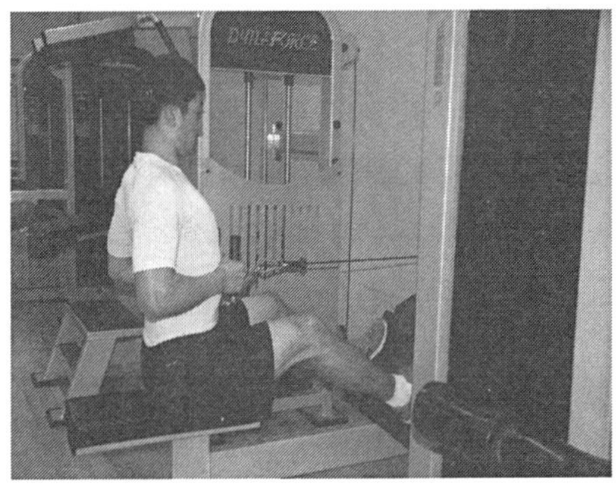</td></tr>
</table>

<table>
<tr><th>등</th><th colspan="2">턱걸이(Chinning)</th></tr>
<tr><th colspan="2">동작 요령</th><th>훈련되는 주요 근육</th></tr>
<tr><td colspan="2" rowspan="2">1. 철봉에 매달려 팔꿈치를 펴서 늘어뜨리고 양발은 교차한다.
2. 바를 당겨 쇄골 또는 가슴 상부가 바에 닿도록 한다. 이때 바를 당길 때 등과 가슴을 펴서 젖힌다.
3. 팔꿈치를 천천히 펴면서 시작 자세로 돌아가고, 이때 팔, 다리, 몸통은 동일한 자세를 유지한다.

* 주의사항
– 바를 당길 때 반동을 주는 것
– 시작 자세로 돌아갈 때 팔꿈치를 완전히 펴지 않는 것</td><td>광배근(넓은등근), 능형근(마름근), 후면 삼각근(후면 어깨 세모근), 승모근(등 세모근)</td></tr>
<tr><td> </td></tr>
</table>

<table>
<tr><td>상완이두</td><td colspan="1">바벨 바이셉스 컬(Barbell Biceps Curl)</td></tr>
<tr><td>동작 요령</td><td>훈련되는 주요 근육</td></tr>
<tr><td rowspan="2">1. 발을 어깨너비로 벌리고 팔꿈치를 완전히 편 상태로 바를 대퇴 앞에 위치시킨다.
2. 팔꿈치를 구부리며 어깨를 향해 원을 그리듯이 바를 어깨에서 10~15cm 정도 닿을 때까지 올린다. 이때 몸통은 곧게 펴고 상완은 고정하며 무릎을 약간 구부린다.
3. 팔꿈치를 펴며 천천히 시작 자세로 내린다.

* 주의사항
– 바를 당길 때 어깨를 움츠리는 것
– 몸통을 펴는 것, 무릎을 펴는 것
– 바를 흔들어 올리는 것
– 발끝을 들어 바를 올리는 것</td><td>상완근(위팔근), 상완이두근(위팔 두갈래근)</td></tr>
<tr><td> </td></tr>
</table>

<table>
<tr><td>상완이두</td><td>덤벨 바이셉스 컬(Barbell Biceps Curl)</td></tr>
<tr><td>동작 요령</td><td>훈련되는 주요 근육</td></tr>
<tr><td rowspan="2">1. 발을 어깨너비로 벌리고 팔꿈치를 완전히 펴 손바닥이 엉덩이를 보도록 덤벨을 잡고 대퇴 옆에 위치시킨다.
2. 팔꿈치를 구부리며 어깨를 향해 원을 그리듯이 덤벨을 어깨에서 10~15cm 정도 닿을 때까지 올린다. 이때 몸통은 곧게 펴고 상완은 고정하며 무릎을 약간 구부린다.
3. 팔꿈치를 펴며 천천히 시작 자세로 내리면서 반대손의 덤벨을 들어 올린다.

* 주의사항
– 덤벨을 당길 때 어깨를 움츠리는 것
– 몸통을 펴는 것, 무릎을 펴는 것
– 바를 흔들어 올리는 것
– 발끝을 들어 바를 올리는 것</td><td>상완근(위팔근), 상완이두근(위팔 두갈래근)</td></tr>
<tr><td> </td></tr>
</table>

상완이두	햄머 컬(Hammer Curl)
동작 요령	**훈련되는 주요 근육**
1. 발을 어깨너비로 벌리고 팔꿈치를 완전히 펴 손바닥이 엉덩이를 보도록 덤벨을 잡고 대퇴 옆에 위치시킨다. 2. 팔목을 외전하며 팔꿈치를 구부리고 어깨를 향해 원을 그리듯이 덤벨을 어깨에서 10~15cm 정도 닿을 때까지 올린다. 이때 몸통은 곧게 펴고 상완은 고정하며 무릎을 약간 구부린다. 3. 팔꿈치를 펴고 팔목을 내전하며 천천히 시작 자세로 내리면서 반대 손의 덤벨을 들어 올린다. * 주의사항 – 덤벨을 당길 때 어깨를 움츠리는 것 – 몸통을 펴는 것, 무릎을 펴는 것 – 바를 흔들어 올리는 것 – 발끝을 들어 바를 올리는 것	상완근(위팔근), 이두근(위팔 두갈래근), 상완요골근(위팔 노근)  

상완삼두	라잉 바벨 트라이셉스 익스텐션(Lying Barbell Triceps Extension)
동작 요령	**훈련되는 주요 근육**
1. 신체 5부위(머리 뒷부분, 등상부 및 어깨, 허리 및 엉덩이, 오른발, 왼발)를 접촉시키고 벤치에 눕는다. 2. 보조자의 도움을 받아 30cm 정도의 그립으로 바를 잡아 팔을 펴 가슴 위에 위치시킨다. 3. 팔꿈치를 서서히 구부리며 이마 또는 머리끝으로 바를 내린다. 이때 보조하는 바가 내려갈 때 손으로 보조한다. 4. 팔꿈치가 완전히 펴질 때까지 바를 밀어 올리며 신체 5부위의 접촉자세를 유지한다. * 주의사항 – 밀어 올릴 때 팔꿈치를 바깥으로 벌리는 것 – 상완이 수직으로 고정되지 않고 앞뒤로 움직이는 것 – 밀어 올릴 때 등을 과신전하거나 엉덩이를 벤치에서 때는 것	상완삼두근(위팔 세갈래근) 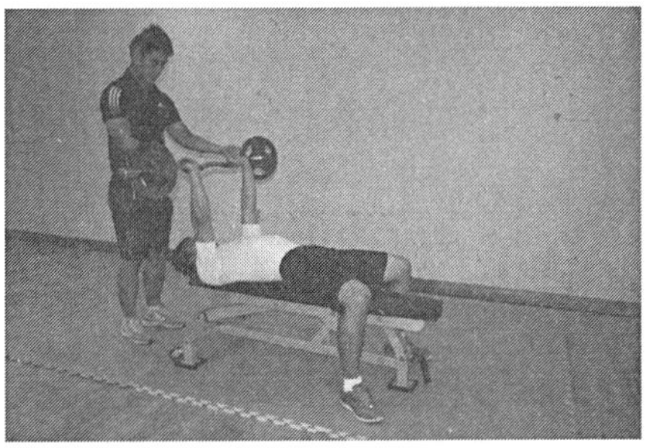 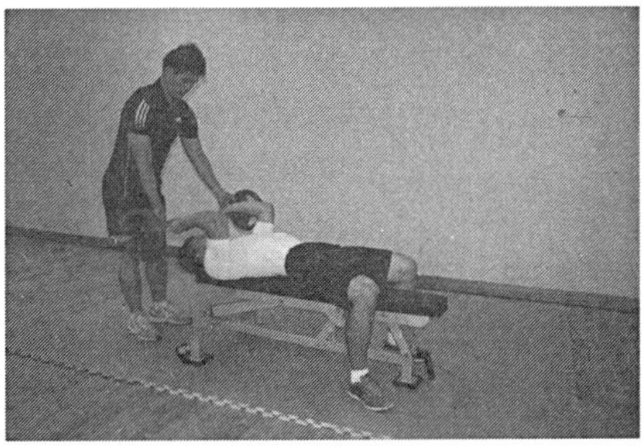

상완삼두	트라이셉스 푸시다운(Triceps Pushdown)(머신)
동작 요령	**훈련되는 주요 근육**
1. 허리를 곧게 펴고 무릎을 약간 구부린 상태로 바를 잡아당겨(15~30cm) 몸통 옆에 상완을 붙인다. 2. 팔꿈치가 완전히 펴질 때까지 바를 아래로 밀어 내리며, 이때 몸통과 상완은 고정한다. 3. 팔꿈치를 서서히 구부리며 시작 자세로 돌아가고 몸통, 상완, 무릎은 동일한 자세를 유지한다. * 주의사항 – 팔꿈치를 몸통에서 떨어뜨려 앞, 뒤로 움직이는 것 – 내릴 때 몸통을 굽히거나 팔꿈치를 과도하게 펴는 것 – 동작 시 머리를 옆으로 돌리는 것	상완삼두근(위팔 세갈래근)  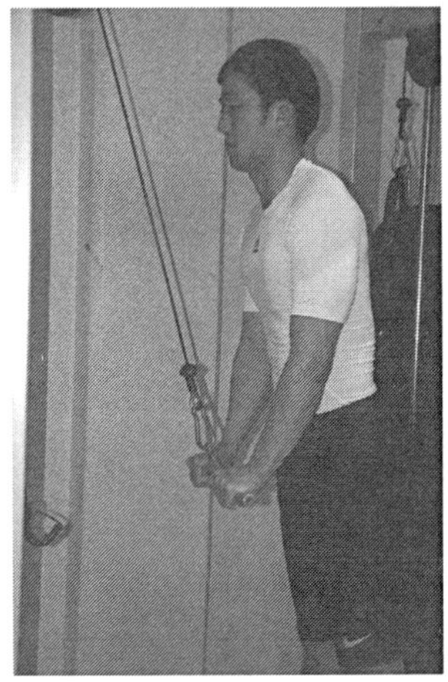

상완삼두	딥스(Dips)
동작 요령	**훈련되는 주요 근육**
1. 두 발을 벤치 위에 올리고 두 손은 다른 벤치 위에 놓고 체중을 지지한다. 2. 엉덩이를 지면으로 내려가도록 팔꿈치를 최대한 굽히며, 이때 팔꿈치는 뒤쪽 방향 수직으로 굽혀지도록 한다. 3. 팔꿈치가 완전히 펴질 때까지 몸을 위로 올린다. * 주의사항 – 팔꿈치를 몸통에서 떨어뜨려 바깥으로 움직이는 것 – 올라올 때 몸을 비트는 것	상완삼두근(위팔 세갈래근)  

<table>
<tr><th>가슴</th><th colspan="2">플랫 바벨/덤벨 벤치프레스(Flat Barbell/Dumbbell Bench Press)</th></tr>
<tr><th colspan="2">동작 요령</th><th>훈련되는 주요 근육</th></tr>
<tr><td colspan="2" rowspan="2">1. 신체 5부위(머리 뒷부분, 등상부 및 어깨, 허리 및 엉덩이, 오른발, 왼발)를 접촉시키고 바벨/덤벨이 가슴 위로 위치하도록 벤치에 눕는다.
2. 바벨/덤벨을 들어 바벨/덤벨이 젖꼭지 선에 닿을 때까지 내리며, 이때 팔꿈치를 옆으로 벌리며 몸통 아래로 내린다. 팔목은 곧게 펴서 팔꿈치 위에 수직으로 위치시키고 전완은 바닥과 수직을 유지한다.
3. 팔꿈치가 완전히 펴질 때까지 약간 뒤쪽, 위로 밀어 올리고 팔목은 곧게 펴고 팔꿈치 위에 수직으로 위치시킨다.
* 보조자는 동작 시 바벨은 얼터네이티드 그립으로, 덤벨은 손목 가깝게 유지한다.

* 주의사항
– 몸의 반동을 이용하여 가슴에서 바를 위로 튕겨 올리는 것
– 벤치에서 엉덩이를 들어올리는 것
– 운동하는 동안 머리를 벤치에서 들어올리는 것</td><td>대흉근(큰가슴근), 전면 삼각근(전면 어깨 세모근), 상완삼두근(위팔 세갈래근)</td></tr>
<tr><td>
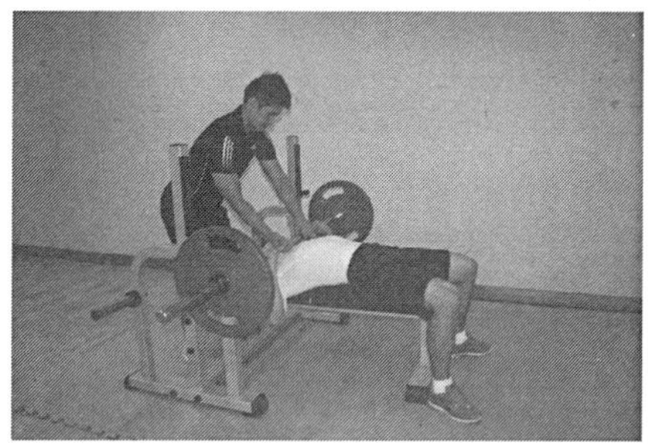</td></tr>
</table>

가슴	인클라인 덤벨/바벨 벤치프레스(Incline Barbell/Dumbbell Bench Press)
동작 요령	**훈련되는 주요 근육**
1. 신체 5부위(머리 뒷부분, 등상부 및 어깨, 허리 및 엉덩이, 오른발, 왼발)를 접촉시키고 바벨/덤벨이 가슴 위로 위치하도록 벤치에 눕는다. 2. 바벨/덤벨을 들어 바벨/덤벨이 젖꼭지 선에 닿을 때까지 내리며, 이때 팔꿈치를 옆으로 벌리며 몸통 아래로 내린다. 팔목은 곧게 펴서 팔꿈치 위에 수직으로 위치시키고 전완은 바닥과 수직을 유지한다. 3. 팔꿈치가 완전히 펴질 때까지 약간 뒤쪽, 위로 밀어 올리고 팔목은 곧게 펴고 팔꿈치 위에 수직으로 위치시킨다. * 보조자는 동작 시 바벨은 얼터네이티드 그립으로, 덤벨은 손목 가깝게 유지한다. * 주의사항 – 몸의 반동을 이용하여 가슴에서 바를 위로 튕겨 올리는 것 – 벤치에서 엉덩이를 들어올리는 것 – 운동하는 동안 머리를 벤치에서 들어올리는 것	대흉근(큰가슴근), 전면 삼각근(전면 어깨세모근), 상완삼두근(위팔 세갈래근), 전거근(앞 톱니근)  

가슴	체스트 프레스(Chest Press)(머신)
동작 요령	**훈련되는 주요 근육**
1. 신체 5부위(머리 뒷부분, 등상부 및 어깨, 허리 및 엉덩이, 오른발, 왼발)를 접촉시키고 바가 가슴 위로 오도록 벤치에 기댄다. 2. 팔꿈치가 완전히 펴질 때까지 바를 민다. 3. 바를 뒤로 움직여 시작 자세로 돌아온다. * 주의사항 – 의자를 너무 낮거나 높게 조절하는 것 – 앞으로 밀 때 등을 활처럼 구부리는 것 – 앞으로 밀 때 팔꿈치를 옆으로 과도하게 펴는 것 – 내릴 때 움직임의 범위를 짧게 하는 것	대흉근(큰가슴근), 전면 삼각근(어깨세모근), 상완삼두근(위팔 세갈래근)  

가슴	덤벨 플라이(Dumbbell Fly)
동작 요령	**훈련되는 주요 근육**
1. 신체 5부위(머리 뒷부분, 등상부 및 어깨, 허리 및 엉덩이, 오른발, 왼발)를 접촉시키고 손바닥이 마주보도록 덤벨을 잡고 팔을 펴 벤치에 눕는다. 2. 양 팔꿈치를 동일하게 활처럼 구부려 덤벨을 어깨 또는 가슴높이까지 내린다. 이때 손목은 곧게 펴고 팔꿈치는 약간 구부린 자세를 유지한다. 3. 큰 통나무를 껴안는 것처럼 팔꿈치를 구부려 시작 자세로 올린다. 이때 덤벨을 팔꿈치, 어깨와 일직선이 되도록 유지한다. * 주의사항 – 동작 시 팔꿈치를 구부리고 펴는 것 – 벤치에서 엉덩이를 들어올리는 것 – 동작 시 머리를 벤치에서 들어올리는 것 – 덤벨을 가슴 아래로 내리는 것	대흉근(큰가슴근) 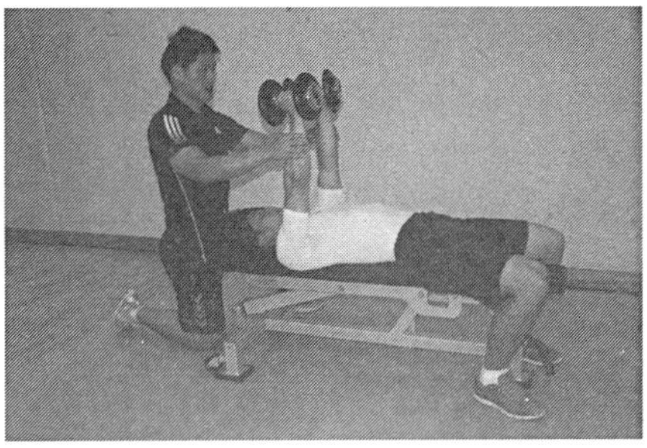 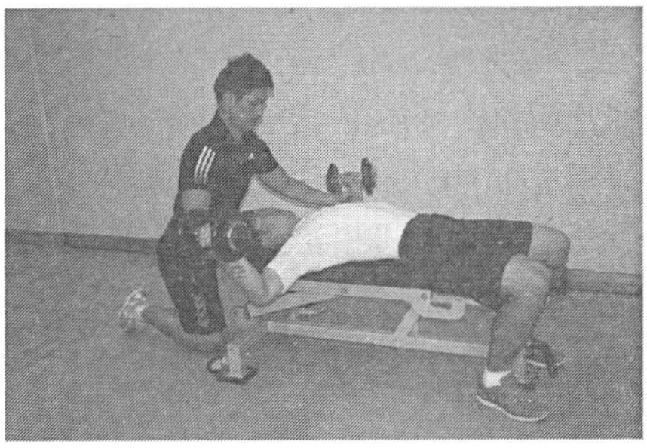

엉덩이 & 허벅지	인클라인 레그 프레스(Incline Leg Press)(머신)
동작 요령	**훈련되는 주요 근육**
1. 머리, 등, 엉덩이를 패드에 밀착시키고 앉는다. 2. 발가락을 바깥으로 약간 벌리고 엉덩이 너비로 다리를 벌려 발판 중간에 발을 위치시키고, 대퇴와 하지는 서로 직각을 유지한다. 3. 발판을 앞으로 밀기 위해 엉덩이와 무릎을 펴며 상체는 동일한 자세를 유지한다. 4. 엉덩이와 무릎을 천천히 구부려 시작 위치로 돌아온다. * 주의사항 – 동작 시 뒤꿈치를 발판에서 떼거나 엉덩이를 의자에서 들어올리거나 손잡이를 잡지 않는 것 – 동작 시 무릎을 안으로 모으거나 바깥으로 벌리는 것 – 앞으로 밀 때 마지막에 과도하게 펴는 것	대퇴사두근(넙다리 네갈래근), 대둔근(큰 볼기근)  

<table>
<tr><th>엉덩이 & 허벅지</th><th colspan="2">백 스쿼트(Back Squat)</th></tr>
<tr><th colspan="2">동작 요령</th><th>훈련되는 주요 근육</th></tr>
<tr><td colspan="2" rowspan="2">1. 바 아래로 들어가 발을 서로 평행하게 어깨너비로 벌리고 선다.
2. 바를 높게 얹은 자세로 잡고, 가슴은 위로 펴고, 견갑골은 서로 당겨 모으며, 머리를 약간 위로 들어 바를 후면 삼각근 위에 위치시킨다.
3. 몸통과 바닥이 이루는 각도를 일정하게 유지하면서 엉덩이와 무릎을 서서히 굽히는데, 이때 등은 곧게, 팔꿈치는 높게, 가슴은 위로 편 자세를 유지하고 무릎은 발과 수직선을 유지한다.
4. 엉덩이와 무릎을 구부리는 각도는 아래 한 가지 상황이 발생할 때까지 실시한다.
– 허벅지가 바닥과 수평이 될 때
– 몸통이 둥글게 되거나 앞으로 굽을 때
– 뒤꿈치가 바닥에서 떨어질 때
5. 몸통과 바닥이 이루는 각도를 일정하게 유지하며 엉덩이, 무릎을 동일한 비율로 편다.

* 주의사항
– 동작 시 보조자 2명 없이 하는 것
– 올라올 때 뒤꿈치를 바닥에서 들어올리는 것, 몸통을 앞으로 구부리는 것, 윗등을 둥글게 굽히는 것
– 동작 시 무릎을 안으로 모으거나 바깥으로 벌리는 것
– 팔에 힘을 빼거나 팔꿈치가 전방 아래로 떨어지는 것</td><td>대퇴사두근(넙다리 네갈래근), 대둔근(큰 볼기근), 중둔근(중간 볼기근)</td></tr>
<tr><td>

</td></tr>
</table>

엉덩이 & 허벅지	프론트 스쿼트(Front Squat)
동작 요령	훈련되는 주요 근육
1. 바 아래로 들어가 발을 서로 평행하게 어깨너비로 벌리고 선다. 2. 바를 높게 얹은 자세로 잡고, 가슴은 위로 펴고, 견갑골은 서로 당겨 모으며, 머리를 약간 위로 들어 바를 쇄골 위에 위치시킨다. 3. 몸통과 바닥이 이루는 각도를 일정하게 유지하면서 엉덩이와 무릎을 서서히 굽히는데, 이때 등은 곧게, 팔꿈치는 높게, 가슴은 위로 편 자세를 유지하고 무릎은 발과 수직선을 유지한다. 4. 엉덩이와 무릎을 구부리는 각도는 아래 한 가지 상황이 발생할 때까지 실시한다. – 허벅지가 바닥과 수평이 될 때 – 몸통이 둥글게 되거나 앞으로 굽을 때 – 뒤꿈치가 바닥에서 떨어질 때 5. 몸통과 바닥이 이루는 각도를 일정하게 유지하며 엉덩이, 무릎을 동일한 비율로 편다. * 주의사항 – 동작 시 보조자 2명 없이 하는 것 – 올라올 때 뒤꿈치를 바닥에서 들어올리는 것, 몸통을 앞으로 구부리는 것, 윗등을 둥글게 굽히는 것 – 동작 시 무릎을 안으로 모으거나 바깥으로 벌리는 것 – 팔에 힘을 빼거나 팔꿈치가 뒤쪽 아래로 떨어지는 것	대퇴사두근(넙다리 네갈래근),대둔근(큰 볼기근), 중둔근(중간 볼기근)   

엉덩이 & 허벅지	스텝 업(Step Up)
동작 요령	훈련되는 주요 근육
1. 백 스쿼트 자세로 박스 앞에 선다. 2. 몸을 가능한 곧게 유지한 상태에서 한쪽 발을 박스 위로 올리고 반대 발을 옆에 놓는다. 3. 내려올 때는 역순으로 내려온다. * 주의사항 – 동작 시 보조자 없이 하는 것 – 올라올 때 몸통을 앞으로 구부리는 것, 윗등을 둥글게 굽히는 것 – 동작 시 무릎을 안으로 모으거나 바깥으로 벌리는 것 – 팔에 힘을 빼거나 팔꿈치가 앞쪽 아래로 떨어지는 것	대퇴사두근(넙다리 네갈래근), 대둔근(큰 볼기근), 중둔근(중간 볼기근)  

엉덩이 & 허벅지	데드리프트(Deadlift)
동작 요령	훈련되는 주요 근육
1. 무릎을 약간 굽힌 상태로 어깨보다 넓게 바를 잡고 발목 앞까지 당겨, 몸통이 지면보다 약간 위로 수평이 되게 한다. 2. 이때, 어깨와 가슴을 펴고 등이 평평한 자세를 취하며, 시선은 발보다 약간 앞을 응시한다. 3. 자세를 유지하며 엉덩이와 허벅지를 동일한 비율로 편다. 4. 자세를 유지하며 바를 수직으로 내려 시작 위치로 돌아간다. * 주의사항 –움직이는 동안 등의 상하부를 둥글게 하는 것	전신 근육    

엉덩이 & 허벅지	포워드 스텝 런지(Forward Step Lunge)
동작 요령	훈련되는 주요 근육
1. 백 스쿼트 자세로 선다. 2. 몸을 가능한 곧게 유지한 상태에서 한쪽 발을 앞으로 내딛고 다시 시작 위치로 돌아온다. 3. 반대발을 내딛고 다시 시작 위치로 돌아온다. * 주의사항 – 동작 시 보조자 없이 하는 것 – 발을 내딛을 때 몸통을 앞으로 구부리는 것, 윗등을 둥글게 굽히는 것 – 발을 너무 가까이 내딛어 앞무릎이 앞발을 지나서 굽혀지는 것 – 팔에 힘을 빼거나 팔꿈치가 앞쪽 아래로 떨어지는 것	대퇴사두근(넙다리 네갈래근), 대둔근(큰 볼기근)    

엉덩이 & 허벅지	굿 모닝(Good Morning)
동작 요령	훈련되는 주요 근육
1. 백 스쿼트 자세로 선다. 2. 몸을 가능한 곧게 유지한 상태에서 상체를 앞으로 숙인다. 이때 시선을 가능한 한 멀리 본다. 3. 몸을 가능한 곧게 유지한 상태에서 허리를 펴 시작 위치로 돌아온다. * 주의사항 – 동작 시 보조자 1명 없이 하는 것 – 올라올 때 몸통을 앞으로 구부리는 것, 윗등을 둥글게 굽히는 것 – 팔에 힘을 빼거나 팔꿈치가 앞쪽 아래로 떨어지는 것	대퇴이두근(넙다리 두갈래근), 대둔근(큰 볼기근), 반건양근(반힘줄근), 반건양근(반막근), 척추 기립근(척추세움근) 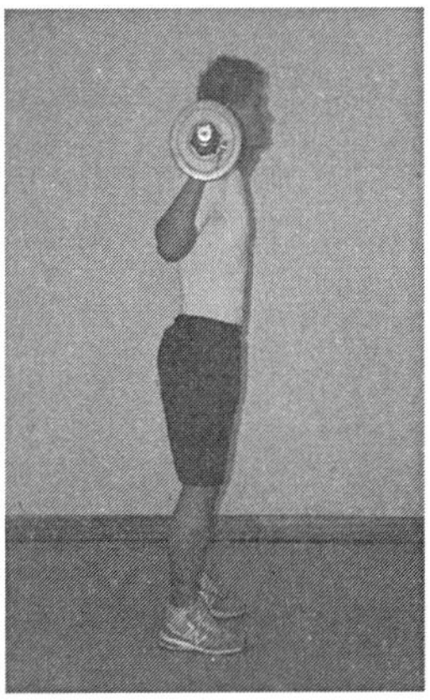 

엉덩이 & 허벅지	레그 익스텐션(Leg Extension)
동작 요령	**훈련되는 주요 근육**
1. 대퇴와 등은 패드의 중앙에 오게 앉아서 기계의 축과 일직선이 되도록 무릎을 위치시킨다. 2. 발목 패드에 발을 넣고 대퇴, 하지, 발이 평행이 되도록 하고 손잡이를 잡는다. 3. 대퇴, 하지, 발이 서로 평행하도록 하고 무릎이 완전히 일직선이 될 때까지 편다. 4. 대퇴, 하지, 발이 서로 평행하도록 하고 서서히 무릎을 굽혀 시작 자세로 돌아온다. * 주의사항 – 다리를 펼 때 엉덩이를 들어 올리는 것 – 다리를 펼 때 다리를 흔들어 움직이거나 몸통을 갑자기 뒤로 움직이는 것 – 다리를 펴는 마지막에 강한 힘으로 무릎을 과도하게 펴는 것	대퇴사두근(넙다리 네갈래근)  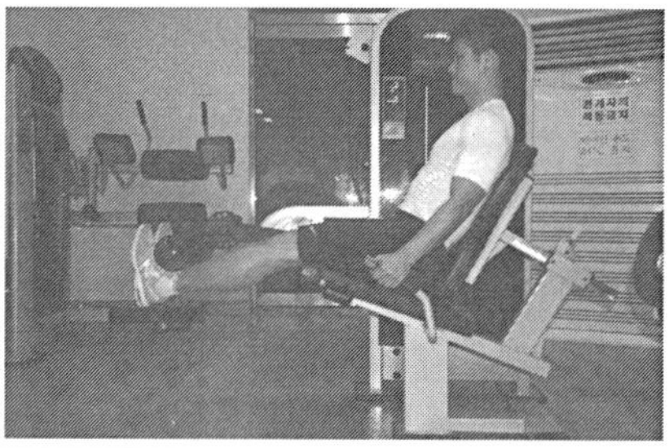

엉덩이 & 허벅지	레그 컬(Leg Curl)(머신)
동작 요령	**훈련되는 주요 근육**
1. 골반과 몸통이 패드의 중앙에 오게 앉아 무릎은 기계의 축과 일직선상에 놓는다. 2. 발목 패드에 발을 넣고 신발의 바로 위 발목의 뒤쪽에 닿도록 하며, 무릎이 대퇴 패드의 아래쪽 끝에 위치시킨다. 3. 대퇴, 하지, 발이 서로 평행하도록 하고 발목 패드가 거의 엉덩이에 닿을 때까지 무릎을 구부린다. 4. 대퇴, 하지, 발이 서로 평행하도록 하고 서서히 무릎을 펴 시작 자세로 돌아온다. * 주의사항 – 다리를 구부릴 때 엉덩이를 들어 올리는 것 – 구부릴 때 다리를 흔들어 움직이는 것 – 다리를 펴는 마지막에 무릎을 과도하게 펴는 것	대퇴이두근(넙다리 두갈래근), 반건양근(반힘줄근), 반건양근(반각근), 비복근(장판지근) 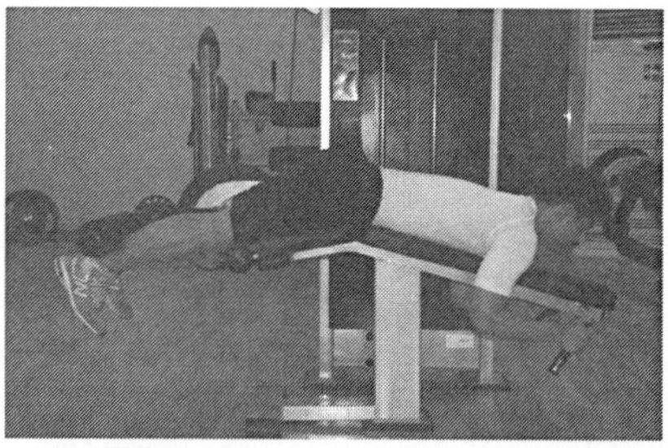 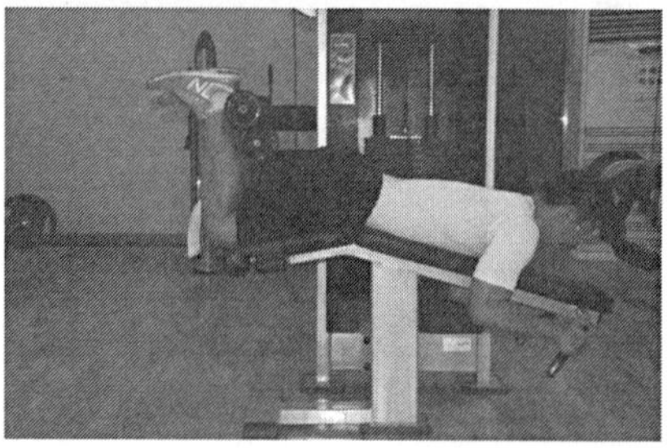

<table>
<tr><td>어깨</td><td>업라이트 로우(Upright Row)</td></tr>
<tr><td>동작 요령</td><td>훈련되는 주요 근육</td></tr>
<tr><td rowspan="2">1. 바벨을 허벅지 앞에 잡고 팔을 완전히 편 후 다리를 어깨너비만큼 벌리고 선다.
2. 팔꿈치 각도가 20~30도를 이룰 때까지 바를 들어 올린다. 이때 등은 곧게 편다.
3. 등을 곧게 펴고 팔을 완전히 펴 시작 위치로 돌아간다.

* 주의사항
– 바가 위로 올라가는 것을 돕기 위해 무릎의 반동을 사용하는 것
– 위로 올릴 때 등을 과도하게 뒤로 펴는 것</td><td>승모근(등세모근), 삼각근(어깨세모근)</td></tr>
<tr><td> </td></tr>
</table>

<table>
<tr><td>어깨</td><td>숄더 프레스(Shoulder Press)</td></tr>
<tr><td>동작 요령</td><td>훈련되는 주요 근육</td></tr>
<tr><td rowspan="2">1. 허벅지의 위치가 바닥과 평행하게 벤치에 앉아(신체5부위 접촉) 보조자의 도움을 받아 팔꿈치가 완전히 펴질 때까지 바를 머리 위로 올린다.
2. 팔꿈치를 천천히 굽혀 바가 쇄골과 전면 삼각근에 닿도록 내리고, 이때 바가 얼굴을 지나갈 수 있게 목을 약간 뒤로 젖힌다.
3. 팔꿈치가 완전히 펴질 때까지 바로 위쪽으로 밀어 올리고, 바가 얼굴을 지나 위로 올라갈 수 있도록 목을 약간 편다.
4. 올리고 내릴 때 손목은 곧게 펴고 팔꿈치 위에 수직으로 유지한다.

* 주의사항
– 동작 시 보조자 1명 없이 하는 것
– 바가 위로 올라가는 것을 돕기 위해 다리를 밀거나 의자에서 일어나는 것
– 위로 올릴 때 등을 과도하게 뒤로 펴는 것</td><td>삼각근(어깨세모근), 상완삼두근(위팔 세갈래근)</td></tr>
<tr><td> </td></tr>
</table>

어깨	레터럴 레이즈(Lateral Raise)
동작 요령	**훈련되는 주요 근육**
1. 덤벨 두 개를 손바닥이 마주보도록 잡고 발은 어깨너비로 벌리고 무릎은 약간 구부리며 몸통은 곧게, 어깨는 뒤로, 그리고 눈은 전방을 주시한다. 2. 덤벨을 바깥쪽 위로 올리고, 이때 팔꿈치와 상완을 전완과 덤벨보다 약간 높게 앞쪽으로 들어 올리고, 팔이 거의 바닥과 평행이 될 정도로 들어 올린다. 3. 덤벨을 천천히 아래로 내려 시작 위치로 돌아온다. * 주의사항 – 동작 시 팔꿈치가 펴지거나 굽는 것 – 어깨를 움츠리는 것, 몸통을 뒤쪽으로 굽히는 것, 무릎을 펴는 것 – 몸통을 앞으로 굽히거나 팔을 내릴 때 체중을 발끝으로 이동시키는 것	삼각근(어깨세모근), 승모근(등세모근)  

종아리	스탠딩 카프 레이즈(Standing Calf Raise)
동작 요령	**훈련되는 주요 근육**
1. 발 앞꿈치를 디딤대 끝에 위치시킨다. 2. 바벨을 스쿼트 자세로 잡는다. 3. 무릎을 완전히 펴고 발뒤꿈치가 편안하고 스트레칭된 자세로 디딤대보다 아래로 떨어뜨린다. 4. 발목을 완전히 펴서 뒤꿈치가 최대로 위로 올라오도록 든다. 이때 몸통은 곧게, 다리와 발은 나란히, 무릎은 편 자세를 유지한다. 5. 발뒤꿈치를 시작 위치로 서서히 내린다. * 주의사항 – 발바닥이 안쪽으로 또는 바깥쪽으로 보이게 발목을 돌리는 것 – 내리는 동작에서 무릎을 굽히고 올리는 동작에 무릎을 펴는 것 – 반동을 주기 위해 무게를 튕기는 것	비복근(장판지근), 가자미근 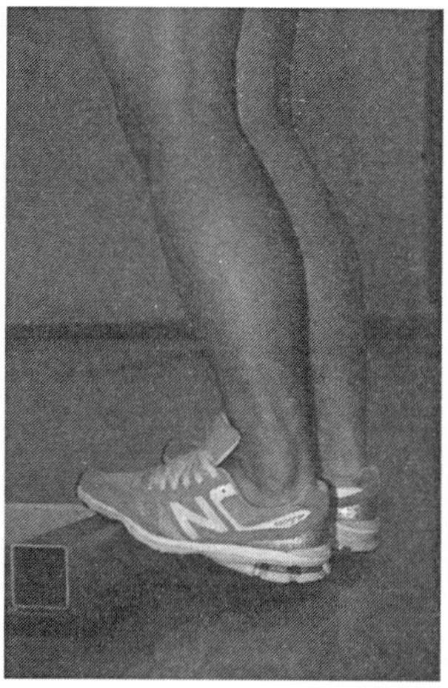 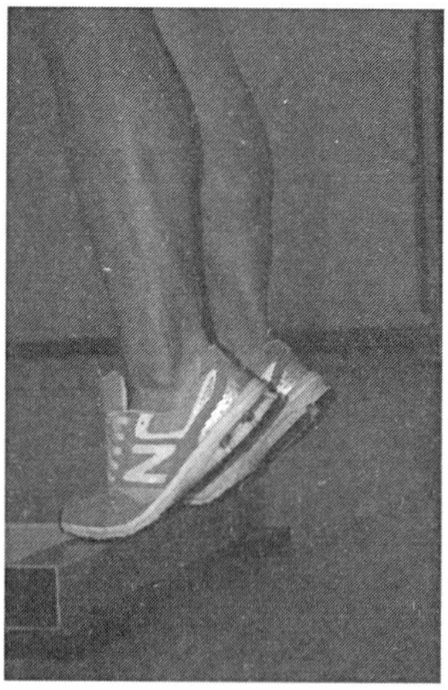

종아리	시티드 카프 레이즈(Seated Calf Raise)
동작 요령	**훈련되는 주요 근육**
1. 대퇴를 바닥과 평행하게 벤치에 앉는다. 2. 무릎 위에 덤벨이나 바벨을 올리고 발뒤꿈치가 편안하고 스트레칭된 자세로 디딤대보다 아래로 떨어뜨린다. 3. 바벨을 스쿼트 자세로 잡는다. 4. 무릎을 완전히 펴고 발뒤꿈치가 편안하고 스트레칭된 자세로 디딤대보다 아래로 떨어뜨린다. 5. 발목을 완전히 펴서 뒤꿈치가 최대로 위로 올라오도록 든다. 이때 몸통은 곧게, 다리와 발은 나란히 유지한다. 6. 발뒤꿈치를 시작 위치로 서서히 내린다. * 주의사항 – 발바닥이 안쪽으로 또는 바깥쪽으로 보이게 발목을 돌리는 것 – 반동을 주기 위해 무게를 튕기는 것	비복근(장판지근), 가자미근 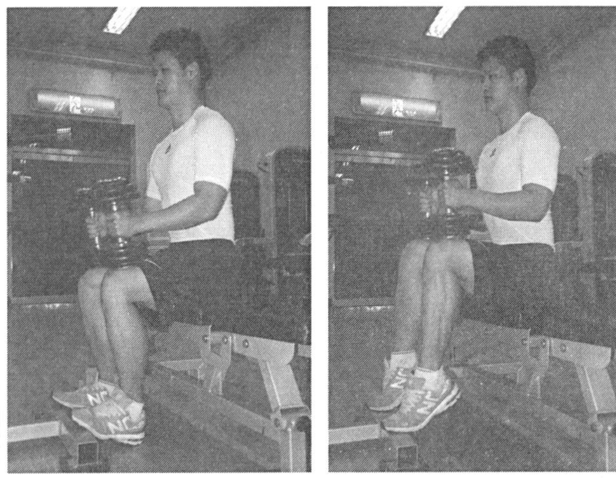

전신	파워 클린(Power Clean)
동작 요령	훈련되는 주요 근육

1. 이 운동은 첫 번째 당기기, 올리기, 두 번째 당기기, 앉기의 4단계로 구성된다.
2. 발끝을 양간 바깥으로 향하게 하고 어깨 너비로 벌리고 선다.
3. 엉덩이를 어깨보다 낮게 웅크리고 앉아 바를 잡는다.
4. 팔꿈치는 펴고 손은 어깨 너비 이상으로 벌려 무릎 바깥으로 바를 잡는다.
5. 발을 바닥에 밀착시키고 바를 발의 앞꿈치 위 그리고 정강이에서 3cm 앞에 위치시킨다.
6. 엉덩이와 무릎을 펴면서 바를 바닥에서 힘차게 들어올린다. 이때 몸통과 바닥이 이루는 각도는 일정하게 유지하고 엉덩이가 어깨보다 먼저 올라가지 않도록 한다.
7. 하체가 완전히 펴지고 바가 거의 최대 높이에 다다른 후에 바 아래로 몸을 당기고 팔은 위로 올려 바의 아래에 위치시킨다.
8. 팔이 바 아래에 위치할 때 팔꿈치를 들어 상완이 바닥과 평행하게 하고 바를 쇄골과 전면 삼각근에 올려놓는다.
9. 통제된 상태로 내리기 위해서 팔 근육의 긴장을 서서히 줄이면서 바를 허벅지로 내린다.
10. 동시에 허벅지에서 바의 충격을 완화하기 위해 엉덩이와 무릎을 굽히다.
11. 바가 바닥에 닿을 때까지 팔꿈치를 완전히 펴서 웅크려 앉는다.

* 주의사항

- 첫 번째 당기기에서 엉덩이를 어깨보다 먼저 올리는 것
- 첫 번째 당기기에서 등 상부를 둥글게 굽히는 것
- 무릎을 엉덩이보다 빨리 펴거나 엉덩이를 완전히 펴기 전에 펴는 것
- 바를 몸에서 너무 멀리 위로 들어올리는 것

전신 근육

3) 일반적인 훈련 원칙

(1) 특수성

특수한 변화나 결과를 초래하기 위해서는 특수성의 원칙을 준수하여 부대원을 훈련 시켜야 한다. 예를 들어 부대원의 엉덩이나 대퇴의 근육을 강화시키기 원한다면 엉덩이와 대퇴의 근육을 동원하는 스쿼트 같은 운동을 해야지 상체 가슴근육을 자극하는 벤치프레스 운동을 해서는 안 된다는 것이다. 또한 임무특성의 움직임 패턴과 유사한 종목을 선택하는 것이다. 예를 들어 유격장애물 중 외줄타기와 같이 잡아 당기는 상체 근력 및 근지구력을 위해서는 랫풀다운과 같은 유사한 형태의 종목을 선택하는 것이 바람직하다는 것이다.

(2) 과부하

특수성을 잘 반영하였다 해도 개인이 숙달되어 있는 것보다 큰 자극과 강도로 운동하지 않는다면 제한된 결과만 초래할 수 있다. 가장 일반적인 과부하 방법은 무게의 양이다. 상체 가슴근육을 향상시키는 벤치프레스의 최대근력이 50kg인 사람의 경우 근력향상을 위한 부하는 1-RM의 80%, 즉 40kg 무게로 약 8회 정도 운동 시 과부하가 일어난다. 그러므로 30kg으로 8회를 한다면 가슴근육에 자극을 주지 못하게 된다.

(3) 점진성

부대원이 받은 훈련 자극은 시간이 지남에 따라 적응을 하게 된다. 따라서 적응된 자극보다 높은 훈련 자극을 주어야 한다. 앞의 예에서 40kg으로 8회를 실시하면 시간이 지남에 따라 10회 이상 하게 되고 이미 40kg에 적응하였기 때문에 무게를 점진적으로 증가시켜야 한다.

4) 훈련 프로그램 구성

(1) 주요 훈련 목표 설정

근력 훈련의 주요 목표는 파워, 근력 및 근대비, 근지구력 등 세 가지이다. 그 차이는 훈련 부하 및 속도의 차이이다. 일반적으로 근력을 목적으로 훈련을 실시하면 근지구력과 근비대는 어느 정도 향상되기 때문에 근력에 목표를 두고 실시하는 것이 바람직하고, 속도를 중요시하는 형태의 훈련 목적이라면 파워에 목표를 둔다.

(2) 운동 종목 선택

① 고려 요소

운동 종목 선택은 부대원이 근력 훈련 중에 수행할 운동을 고르는 것을 의미한다. 근력훈련을 위한 운동 종목 선택 시 임무특성을 고려한 특수성의 원리, 가능한 운동 시간, 장비 가용 여부, 정확하게 실시할 수 있는 개인의 수행능력(경험) 등을 고려해야 한다.

훈련 기술 경험은 훈련종목 선택 시 중요하다. 적정 기술이 있는지 궁금하다면 해당 인원에게 훈련에 대해 설명하도록 요구하고, 만약 정확한 기술을 모른다면 자세한 설명을 한다. 종종 기술이 없는 사람은 낮은 근육 균형과 협응력으로 인해 대근육 훈련보다 소근육 훈련이 더 쉽기 때문에 소근육 훈련만 실시하는 경우도 있다. 더불어 훈련 장비 가용성과 훈련시간 가용성을 고려해야 한다. 훈련 시간이 제한된다면 더 효율적인 훈련을 선택하는 것이 중요한데, 프리웨이트 런지 대신에 레그 프레스 머신을 선택하여 플레이트를 바꿔 끼우는 시간을 절약할 수 있다. 비록 레그 프레스 머신이 스포츠 및 전투행동 특성에 다소 맞지 않을 수 있지만 절약한 시간을 이용하여 다른 훈련 또는 더 많은 세트를 할 수 있게 한다.

② 운동 유형 : 대근육과 소근육

대근육 훈련(핵심 운동)과 소근육 훈련(보조 운동)을 고려해야 한다. 훈련은 사용되는 근육면적의 크기와 스포츠 동작 및 전투임무에 기여하는 수준에 따라 핵심 또는 보조 훈련으로 분류한다. 핵심 훈련은 두 곳 이상의 주요 관절을 사용하여(다관절 훈련) 하나 이상의 대근육(가슴, 어깨, 등, 엉덩이, 허벅지)을 동원하는 훈련으로 스포츠 및 전투임무 수행에 중요한 훈련이다. 보조 훈련은 단지 하나의 관절을 사용하여(단일관절 훈련) 더 작은 근육 면적이 동원(상완, 복부, 종아리, 목, 전완, 허리, 하체 앞쪽)되는 훈련으로 스포츠 및 전투임무 수행에서는 덜 중요하다. 보조 훈련은 일반적으로 손상예방 및 재활 목적을 위해 사용하며 부상에 걸리기 쉬운 근육 또는 부상 후 재조절 훈련을 요구하는 근육들은 보조 훈련에 의해 조절될 수 있다. 그러나 대근육 및 소근육 모두를 발달시키는 것이 바람직하다.

③ 초보자를 위한 운동 선택

근력 훈련 시 초보자는 일반적으로 훈련되는 각 근육군(가슴, 어깨, 등, 엉덩이 및 허벅지, 이두, 삼두, 복근, 종아리)별로 1~2가지 운동을 포함하도록 종목을 선택하는 것이 좋다.

(3) 훈련 빈도

훈련 빈도는 일주일에 실시하는 훈련 횟수를 말한다. 근체력이 평균 이하인 사람은 주 1회 운동만으로도 향상되지만, 건강한 사람의 경우 주 2~3회 비연속적으로 훈련할 것을 권고한다. 상급 수준의 사람(선수)은 주 4~6회로 하되 분할 훈련법(부위별 다른 날 훈련하는 것)을 권고한다. 과훈련으로부터 부상을 예방하고 근 회복을 위해 24~48시간의 휴식을 보장해야 한다. 훈련 빈도 결정 시 대상자의 훈련 상태, 부대 훈련 계획, 훈련 부하, 훈련 형태, 동시에 이루어지는 훈련 또는 활동을 고려해야 한다.

① 훈련 상태

일반적인 훈련 빈도의 지침은 같은 근육군에 자극을 주기 위한 횟수 사이에 3일 이상이 아닌 최소 1~2일 휴식 및 회복시간을 주는 훈련 빈도를 계획하는 것이다. 초보자가 주 2회 신체 전체의 저항훈련 프로그램을 수행하기를 원한다면 빈도는 고르게 분배해야 한다(예 월·목, 또는 화·금). 비록 잘 훈련된 사람에게 있어서 짧은 시간 동안 주 1회 훈련은 근력을 유지할 수 있지만, 초보자의 경우 월요일과 수요일에만 훈련한다면 다음 주 월요일은 훈련 상태의 감소를 초래할 수 있다. 매우 훈련된 중상급자는 <표 5-2>처럼 분할 훈련법(예 요일별 다른 근육군 훈련)으로 훈련을 증대할 수 있으며, 매일 훈련하는 것은 회복 지침을 위배하는 것처럼 보이지만 신체부위(예 상체 또는 하체) 또는 특정 근육 부위(예 가슴, 어깨, 삼두)를 그룹지어 훈련하는 것은 유사한 훈련 빈도 사이에 적절한 회복 기회를 제공한다. 예를 들어 일반적인 하체-상체 방법은 주 4회 훈련을 포함(예 월·목 하체, 화·금 상체)하고 있다.

② 훈련 부하 및 훈련 형태

최대 또는 최대하 부하로 훈련하는 사람은 다음 훈련 전까지 더 많은 회복시간이 필요하다. 더 자주 훈련할 수 있는 능력은 가벼운 훈련 날과 고강도 훈련 날을 번갈아 함으로써 향상된다. 고강도 훈련 시 상체 근육이 하체 근육보다 더 빨리 회복되는데, 이것은 다관절 훈련에 비해 단일관절 훈련의 회복이 더 빠른 것과 동일한 원리이며 파워 리프터들이 단지 주 1회 고강도 데드리프트 또는 스쿼트 훈련을 하는 이유가 바로 여기에 있다.

〈표 5-2〉 분할훈련법 예

훈련일수	신체부위/근육군	일	월	화	수	목	금	토	빈도
1 2	하체 상체	휴식	하체	상체	휴식	하체	상체	휴식	4회
1 2 3	가슴, 어깨, 삼두 하체 등, 승모, 이두	휴식	가슴, 어깨, 삼두	하체	등, 승모, 이두	휴식	가슴, 어깨, 삼두	하체	5회
1 2 3	가슴, 등 하체 어깨, 팔	가슴, 등	하체	어깨, 팔	휴식	가슴, 등	하체	어깨, 팔	6회

③ 부대 훈련 계획 등 다른 훈련

훈련 빈도는 신체적 스트레스의 총량에 의해 영향을 받기 때문에 모든 훈련 형태에 대한 영향을 고려해야 한다. 만약 유산소 혹은 무산소 훈련, 기동성 훈련(민첩성, 순발력, 스피드) 또는 이런 요소를 결합한 훈련을 이미 했다면 저항 훈련 빈도를 줄여야 하며 많은 체력을 요구하는 부대 훈련이 있다면 이들의 빈도 역시 고려해야 한다.

(4) 훈련 순서

① 파워 훈련, 대근육 훈련, 소근육 훈련 순

스내치(snatch), 파워 클린(power clean), 푸시 프레스(push press) 또는 푸시 저크(push jerk)와 같은 파워(전신) 훈련은 훈련 초기에 실시하고 비파워 훈련, 소근육 훈련 순으로 실시한다.

파워 훈련은 높은 기술 및 집중을 요하고 피로에 가장 영향을 받기 때문에 피로한 사람은 잘못된 기술을 사용하는 경향이 있고 결국 부상 위험이 높아진다. 또한 폭발적인 움직임은 많은 에너지 소비를 초래하기 때문에 대사적으로 좋은 상태인 훈련 초기에 먼저 실시하는 것이 바람직하다. 만약 파워 훈련을 선택하지 않았다면 훈련 순서는 대근육 훈련 후 소근육 훈련 순으로 실시한다. 소근육 훈련 후 대근육 훈련을 하는 방법은 초보자 수준에서는 지양해야 한다.

② 상체 훈련과 하체 훈련 교대

훈련 사이에 더 완전한 회복을 제공하는 한 가지 방법은 상체 훈련과 하체 훈련을 번갈아 하는 것이다. 이 배열은 여러 가지 상체 및 하체 훈련을 완전히 수행하는 것이 많이 힘든지를 알아보기 위한 방법으로 초보자에게 도움이 된다.

또한 훈련 시간이 제한된다면, 이 방법은 훈련 간 휴식 시간을 최소화하고 운동종목 사이의 휴식 시간을 최대화할 수 있다. 훈련이 최소 휴식 시간(20~30초)으로 수행되면 이 방법은 서킷 트레이닝이 된다.

③ 밀기 운동과 당기기 운동 교대

훈련 간 회복 및 근육 동원을 향상시키는 또 다른 방법은 미는 운동과 당기는 운동을 번갈아 하는 것이다. 이런 밀고 당기는 운동 배열은 같은 근육군이 사용되지 않도록 해야 근피로가 감소된다.

반대로 여러 가지 당기는 훈련 배열(바벨 바이셉스 컬, 시티드 로우, 햄머 컬 등)은 이두근이 피로에 의해 덜 반응하기 때문에 반복횟수가 감소한다. 밀고 당기는 훈련 배열은 서킷 트레이닝에서도 사용 가능하며 저항 훈련 프로그램으로 복귀하거나 시작하는 사람에게 이상적인 배열이다.

④ 슈퍼 세트 및 컴파운드 세트

훈련을 배열하는 다른 방법은 짝지은 훈련을 휴식 없이 한 세트 실시하는 것이다. 슈퍼 세트(Super set)는 반대되는 두 근육 또는 근육부위에 자극을 주는 운동을 연속적으로 실시하는 것으로, 바벨 바이셉스 컬을 10회 실시한 후 바로 이어서 트라이셉스 푸시다운을 10회 실시하는 것이다. 컴파운드 세트(Compound set)는 같은 근육에 자극을 주는 다른 두 가지 훈련을 연속적으로 실시하는 것으로 바벨 바이셉스 컬 훈련 후 바로 이어서 햄머 컬을 실시하는 것이다. 두 방법 모두 시간 측면에서 효율적이고 더 많은 노력을 요구하기 때문에 훈련되지 않은 초보자에게는 부적합하다.

(5) 훈련 부하 및 반복횟수

부하(load)는 훈련에 할당된 무게로 표현되며 저항 훈련에서 가장 중요한 요소이다. 일반적으로 1회 반복할 수 있는 최대능력(1-RM)에 기초하여 부하를 할당하는 방법, 체중의 백분율에 기초하여 부하를 할당하는 방법, 그리고 훈련 목적에 근거하여 부하 및 반복횟수를 할당하는 방법이 있지만 전에서 쉽게 적용할 수 있는 것은 훈련 목적에 근거한 방법이다 <표 5-3>.

직접 1회 반복 최대능력(1-RM)을 측정하거나 10RM 테스트를 통해 1-RM %와 반복횟수 간의 관계로 계산된 테이블을 이용하여 트레이닝 목표에 따른 부하와 반복횟수를 계산한다. 예를 들어 1-RM의 67~85%로 6~12회 반복하는 것이 근육 크기를 증가시킬 수 있다. 만약 벤치프레스의 1-RM(실제 측정 또는 예측)이 100kg이고 실제 훈련 시 8회 반복으로 훈련을 한다면 최대근력의 80%, 즉 80kg(100×0.8=80kg)이 된다.

훈련 목표와 각각의 운동에 대한 목표 반복횟수가 정해지면 체중의 백분율을 이용한 검사 도중 개인이 도달한 반복횟수와 목표 반복횟수를 비교해서 할당한다. 비록 체중 비율을 이용한 부하 결정표의 계수들이 12~15회 반복횟수에 맞춰 고안되었지만, 개인은 12회보다 적거나 15회보다 많이 실시하는 경우가 있다. 이때 목표 반복횟수를 고려하여 시도부하를 조정한 후 실시한다. 예를 들어 1-RM의 67~85%로 6~12회 반복하는 것이 근육 크기를 증가시킬 수 있다. 만약 70kg인 사람이 계수를 적용하여 시도부하를 42kg(70×0.6=42)로 하여 달성횟수가 15회였고, 실제 훈련 시 8회 반복으로 훈련을 한다면 시도부하를 조정하여 증가시켜야 한다.

최대 반복횟수 검사의 이점은 별도의 계산 없이 부과할 훈련 부하를 알 수 있다는 점이다. 즉 개인이 실제 운동 시 수행할 반복횟수와 시도 세트에서 실시하는 반복횟수가 동일하기 때문에 최대 반복검사에서의 부하가 바로 훈련에서 부과되는 부하가 된다.

〈표 5-3〉 훈련 목적에 근거한 부하 및 반복횟수 할당

훈련 목적		부하(%1-RM)	목적 반복횟수
[a]근력		≧85	≦6
[b]파워	단일 노력 종목	80~90	1~2
	다중 노력종목	75~85	3~6
근비대		67~85	6~12
근지구력		≦67	≧12

a : 단지 대근육 훈련 종목에만 적용하고, 소근육 훈련 종목은 8-RM보다 무겁지 않도록 제한

b : 이 표에서 파워에 대한 부하 및 반복횟수 할당은 %1-RM-repetition 관계와 일치하지 않지만, 평균적으로 80%1-RM은 2~5 반복횟수에 해당함

① 훈련 부하의 다양성

근력 및 파워 훈련은 신체에 높은 생리학적 스트레스를 준다. 중급자 및 상급자는 높은 부하에 익숙해지고 높은 RM 세트를 수행하는 경험과 동기를 가지고 있다. 이런 높은 훈련 상태에도 불구하고 훈련요구 정도는 과훈련된 상태를 고려하여 실시해야 한다.

예를 들어 근력훈련을 주 3회 실시할 경우, 동일한 높은 부하-낮은 훈련량(특히 순발력 및 다른 대근육 훈련)을 단지 1~2일의 휴식만으로 수행하기는 어렵다.

한 가지 전략은 파워 및 다른 핵심 훈련의 부하를 변경하여 각 주 월요일만 높은 강도로 훈련하는 것이다. 'heavy day' 부하는 목적 반복횟수를 성공적으로 들어 올릴 수 있는 가장 높은 저항인 완전한 최대반복으로 계획된다.

다른 훈련일의 부하는 'heavy day' 이후 회복을 제공하도록 충분한 훈련빈도 및 훈련량을 유지하면서 감소시킨다.

예를 들어 월요일과 금요일은 'light day', 수요일은 'heavy day'로 다양성을 주는 것이다. 여기서 주의할 사항은 비록 목표 반복횟수 이상의 반복횟수를 할 수 있더라도 더해서는 안 된다.

② 훈련 부하의 증가

훈련 부하 증가에 사용되는 보수적인 방법은 '2-for-2 rules'이다. 마지막 세트에서 할당된 반복횟수를 넘어 2회 이상 더 수행이 가능하면 다음 훈련 시 중량을 추가하는 것이다. 예를 들어 벤치프레스의 목표 반복횟수 10회로 3세트를 할당하여 모든 세트에서 10회를 성공적으로 수행하고 몇 주동안 진행한 후 3번째 세트에서 12회를 성공적으로 수행하면 부하를 증가시킨다. 얼마만큼 증가시켜야 하는지는 정하기 어렵지만, 대상자의 상태 및 신체 위치에 근거한 일반적인 권고사항은 <표 5-4>와 같다.

〈표 5-4〉 신체부위별 부하 증가의 예

대상자 상태	신체부위 훈련	부하 증가
작고, 약하고, 덜 훈련된 사람	상체	1~2 kg
	하체	2~4 kg
크고, 강하고, 더 훈련된 사람	상체	2~4+kg
	하체	4~7+kg

(6) 훈련량 : 반복횟수와 세트

① 다중 세트 vs 단일 세트

일부는 근력 및 근비대를 최대화하기 위해 8~12회 1세트를 지지한다. 게다가 다른 사람들은 1회 훈련 시 1세트만의 훈련으로 최대근력이 증가한다고 보고한다. 단일 세트 훈련은 비훈련자에게 적합하며 또한 수개월 훈련 중 첫 달 훈련 시 적합하지만, 많은 연구들은 중간자 및 상급자 등 훈련된 사람에게서 추가적인 근력 획득을 위해 더 많은 훈련량이 필요하다고 주장한다. 게다가 근골격계는 한 세트의 자극에 적응하지만 결국 지속적인 근력 획득을 위해서는 추가적인 세트가 요구되며, 실패 없이 10회 3세트 수행하는 것은 8~12회 1세트 하는 것보다 근력향상에 더 도움이 된다. 그러므로 저항훈련 프로그램 초기에 여러 세트를 수행하는 사람은 단일세트를 하는 것보다 더 빠른 근력향상을 보인다.

② 훈련 상태

훈련 상태는 할 수 있는 훈련량에 영향을 준다. 초보자는 1~2세트로 수행하고 더 훈련되면 세트를 추가하는 것이 적절하다. 프로그램에 적응하면 주어진 훈련 목표와 관련된 지침에 맞도록 점진적으로 세트를 추가하는 것이 바람직하다.

③ 저항 훈련의 주 목적

훈련량은 개인의 저항 훈련 목적과 직접적으로 관련이 있다. 근력, 순발력, 근비대, 근지구력 훈련 프로그램과 일반적으로 관련된 반복횟수 및 세트의 지침은 <표 5-5>와 같다.

〈표 5-5〉 반복횟수 및 세트 지침

훈련 목적		목적 반복횟수	세트
근력		≦6	2~6
파워	단일 노력 종목	1~2	3~5
	다중 노력 종목	3~6	3~6
근비대		6~12	2~3
근지구력		≧12	≧12

(7) 휴식기간

세트와 훈련 간에 회복을 위한 시간을 휴식기간 혹은 세트 간 휴식이라 한다. 세트와 훈련 간의 휴식기간 길이는 훈련 목적, 들어 올린 부하, 그리고 훈련 상태(만약 좋은 건강상태가 아니라면, 초기 휴식기간은 일반적으로 할당된 것보다 길게)와 매우 관련이 있다. 예를 들어 4-RM 부하의 근력훈련은 15-RM 부하의 근지구력 훈련보다 세트 간 휴식기간을 더 많이 요구한다.

훈련 목적과 휴식기간 길이의 관계에도 불구하고 저항 훈련 프로그램의 모든 훈련에 같은 휴식기간이 적용되지 않는다. 훈련 전문가는 들어 올린 상대적인 부하와 각 훈련에서 사용된 근육량에 근거하여 휴식기간을 할당하는 것이 중요하다고 주장한다. 이런 특이성의 예는 근력 훈련 프로그램의 일부분인 소근육 훈련(보조 훈련)이다.

벤치 프레스와 같은 대근육 훈련 종목이 4-RM 부하 및 4분 휴식을 사용하는 반면, 레터럴 숄더 레이즈와 같은 소근육 훈련 종목은 12-RM 부하 및 1분 휴식(비록 1분 휴식이 근비대 훈련프로그램에 적용될지라도)을 사용한다.

지금까지 살펴보았던 운동 종목, 훈련 원칙, 훈련 프로그램에 대한 지식을 가지고 본인의 전통적인 웨이트 프로그램을 작성하여 훈련을 실시한다. 아래의 <표 5－7>은 전통적인 웨이트 트레이닝 프로그램의 예이다.

〈표 5－6〉 훈련 목적에 근거한 휴식기간 할당

훈련목적		목적 반복횟수	휴식기간
근력		<=6	2~5분
순발력	단일 노력 종목	1~2	2~5분
	다중 노력종목	3~6	
근비대		6~12	30초~1분 30초
근지구력		>=12	30초 이하

* 소근육 훈련(보조 훈련)의 1-RM %가 훈련 목적과 관련된 범위를 벗어날 경우가 있기 때문에(8-RM 이하의 부하가 근력훈련 프로그램의 보조 훈련에서 권장됨), 훈련 전문가는 훈련 목적에 대한 지침을 적용하기보다 훈련에 사용된 부하를 조사해야 함

〈표 5－7〉 전통적인 웨이트 트레이닝 프로그램 샘플

개인자료		훈련처방	
나이(Age)	22	주기(Cycles)	3주기
성별(Gender)	남	강도(Intensity)	대근육 : 1-RM 70~80% 소근육 : 1-RM 60%

체중(Weight)	70	반복횟수(Repetitions)	대근육 : 8~10회 소근육 : 12~15회
프로그램 목적(Goal)	근력	휴식(Rest)	1~2분
가용시간(Time Commitment)	월, 수, 금 18:00~19:00	빈도(Frequency)	주 3회
장비(Equipment)	부대 웨이트장	기간(Duration)	12주

운동 종목	1-RM (%)	주기 1 (1~4주)		주기 2 (5~8주)		주기 3 (9~12주)		세트
		무게 (kg)	횟수	무게 (kg)	횟수	무게 (kg)	횟수	
Leg Press	80%	160	8	170	8	180	8	3
Bench Press	80%	80	8	85	8	90	8	3
Leg Curl(lying)	70%	50	15	55	15	60	15	3
Lat Pull-Down	70%	60	15	65	15	70	15	3
Dumbbell Fly	80%	20	8	22	8	24	8	3
Calf Raise(Standing)	본인체중	본인체중	최대반복	본인체중	최대반복	본인체중	최대반복	3
Abdominal Curl	본인체중	본인체중	최대반복	본인체중	최대반복	본인체중	최대반복	3
Arm Curl	60%	15	15	18	15	20	15	3
Lateral Raise	60%	12	15	13	15	16	15	3
Triceps Press Down	60%	30	15	35	15	40	15	3
Hammer Curl	60%	15	15	18	15	20	15	3

3 웨이트 서킷 훈련

웨이트 서킷 훈련의 기본 지식은 전통적 웨이트 훈련과 동일한데, 일반적으로 근력과 유산소 지구력을 동시에 향상시키기 위해 실시하는 프로그램이다. 보통 전통적인 웨이트 훈련 종목 중 9~12종목으로 구성하며, 1-RM의 40~55% 운동 강도로 30초간 최대반복하고 15초 휴식 후 다음 종목으로 이동한다. 0~12종목을 한번 순환하는 것이 1세트이고 총 3세트를 실시한다. 주 3회 실시하여 8주간 진행한다. 종목별 실시요령은 전통적 웨이트 트레이닝 종목을 참조한다.

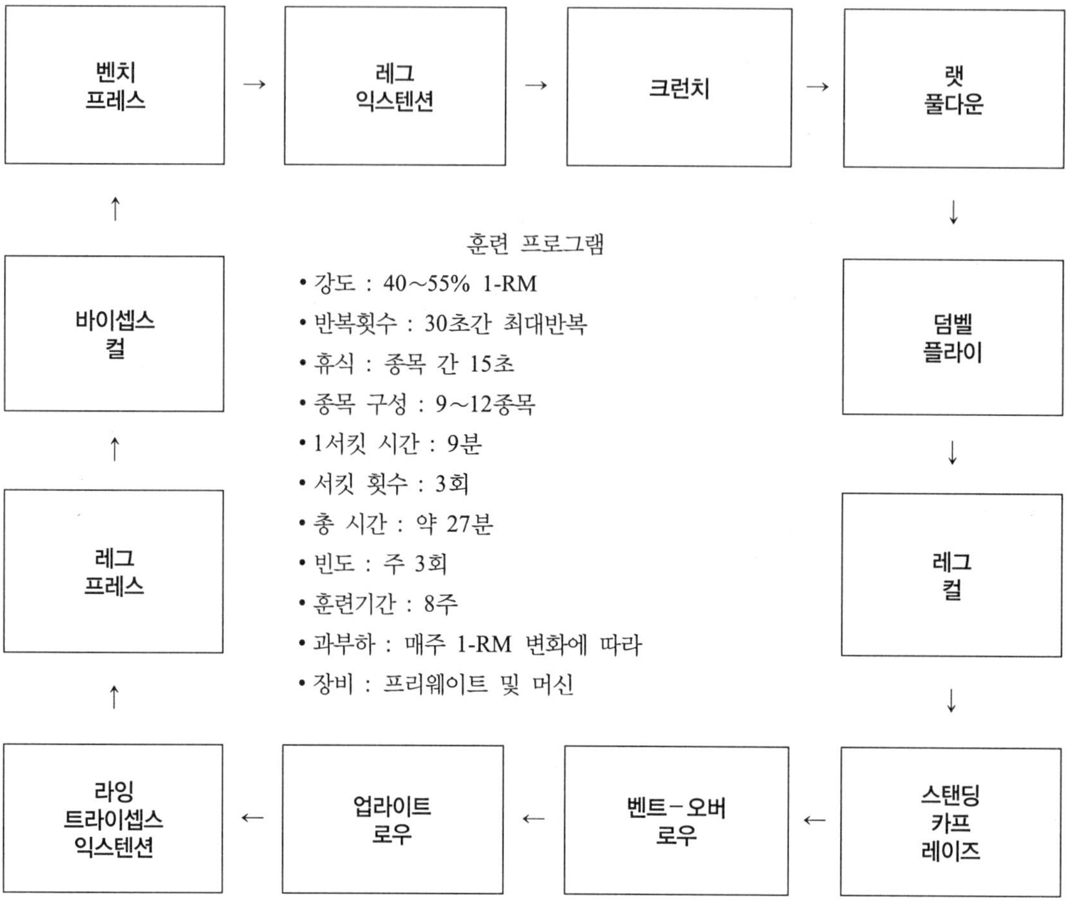

〈그림 5-1〉 웨이트 서킷 훈련 샘플

4 캐틀벨 서킷 훈련

캐틀벨이라는 기구를 이용하여 근력과 유산소 지구력의 동시 향상을 목적으로 하는 훈련으로 웨이트 서킷과 유사하다. 종목은 신체 전 부위를 포함한 9~12종목으로 구성하고 강도는 대근육 및 소근육 운동에 따른 종목별로 무게(5, 7, 10, 12, 15, 20, 25kg)를 상이하게 적용하여 60초간 최대 반복한다.

종목 간 휴식 시간이 없으며, 1세트 개념은 9~12종목을 한번 순환하는 것이다. 총 3세트를 실시하고, 훈련 기간은 최소 8주 이상 실시한다. 부대 여건상 캐틀벨이 없으면 덤벨을 이용하거나 모래주머니를 제작하여 활용할 수 있다.

〈표 5-7〉 캐틀벨 서킷 훈련 종목과 관련 근육부위

종목	관련 근육							
	엉덩이	허벅지	종아리	가슴	등/허리	몸통	어깨	팔
스모 스쿼트 (Sumo Squat)	◎	◎	◎	◎	◎	◎	◎	×
스트레이트 레그 데드리프트 (Straight Leg Deadlift)	◎	◎	◎	×	◎	◎	◎	◎
포워드 런지 (Forward Lunge)	◎	◎	◎	◎	◎	◎	◎	◎
8 카운트 스텝 업 (8-Count Step Up)	◎	◎	◎	×	◎	◎	◎	◎
풀업 (Pull Up)	×	×	×	×	◎	◎	◎	◎
슈파인 체스트 프레스 (Supine Chest Press)	×	×	×	◎	◎	◎	◎	◎
벤트 오버 로우 (Bent Over Row)	×	×	×	×	◎	◎	◎	◎
오버헤드 푸시 프레스 (Overhead Push Press)	◎	◎	◎	◎	◎	◎	◎	◎
슈파인 바디 트위스트 (Supine Body Twist)	◎	◎	◎	◎	◎	◎	◎	◎
레그 턱 (Leg Tuck)	◎	◎	◎	◎	◎	◎	◎	◎

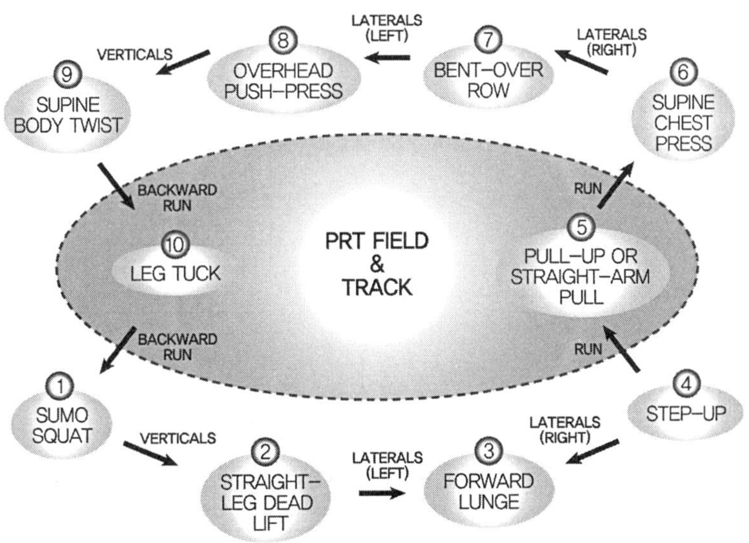

〈그림 5-2〉 캐틀벨 서킷 훈련 프로그램 요도

스모 스쿼트(Sumo Squat)
동작 요령

• 목적 : 엉덩이, 다리 그리고 허리 근육의 근력과 기동성을 발달시킨다.

• 시작 자세 : 어깨 넓이보다 약간 넓게 두 다리를 벌리고, 발가락은 바깥쪽을 향하게 선다. 두 손으로 하나의 캐틀벨을 잡아 몸 앞쪽에 위치하게 한다. 이때 손바닥은 몸을 향하게 한다.

• 구분동작

1. 머리를 들고 허리로부터 상체를 약간 앞으로 기울이며 쪼그려 앉는다. 지면과 허벅지가 수평이 될 때까지 아래로 움직인다.
2. 시작 자세로 돌아온다.
3. 구분동작 1을 반복한다.
4. 시작 자세로 돌아온다.

• 체크 포인트

1. 구분동작 1 끝에서 어깨, 무릎 그리고 발 앞꿈치가 일직선을 이루어야 한다.
2. 운동하는 내내 발뒤꿈치는 지면에 닿고, 등은 곧게 펴야 한다.

• 부상 예방책 : 항상 천천히 수행하고 구분동작 1에서 허벅지가 지면과 수평이 되는 것보다 더 낮게 몸을 낮추지 않도록 한다. 그렇게 하는 것은 무릎에 가해지는 부하를 증가시킨다.

스트레이트 레그 데드리프트(Straight Leg Deadlift)
동작 요령

• 목적 : 허리와 하체의 근력, 지구력 그리고 기동성을 발달시킨다.

• 시작 자세 : 다리 앞쪽에 캐틀벨을 잡고, 두 다리를 벌리고 선다.
운동하는 내내 다리는 곧게 펴고, 무릎은 약간 구부리고, 손바닥은 허벅지를 향하게 한다.

• 구분동작

1. 머리를 들고 허리로부터 상체를 앞으로 기울인다. 등이 평평하게 유지하고, 지면과 수평이 될 때까지 아래로 움직인다.
2. 시작 자세로 돌아온다.
3. 구분동작 1을 반복한다.
4. 시작 자세로 돌아온다.

• 체크 포인트

1. 구분동작 1 끝에서 엉덩이, 무릎 그리고 발 앞꿈치가 일직선을 이루어야 한다.
2. 운동하는 내내 발뒤꿈치는 지면에 닿고, 등은 곧게 펴고 지면과 수평이 되어야 한다.

• 부상 예방책 : 항상 천천히 수행한다.

포워드 런지(Forward Lunge)
동작 요령

• 목적 : 다리 근력을 발달시키고, 몸통의 안정성을 향상시키며, 안전하게 앞에 있는 사물을 지면으로부터 들어올리는 것을 훈련 시킨다.

• 시작 자세 : 양손으로 자연스럽게 캐틀벨을 들어 몸 옆에 두고 두 발을 벌리고 선다.

• 구분동작

1. 준비훈련에서 전방 앞굽이와 같이 왼발을 전방으로 내딛어 왼쪽 허벅지가 지면과 수평이 될 때까지 왼쪽 무릎을 구부린다. 허리로부터 상체를 약간 앞으로 기울여 캐틀벨을 전방에 있는 왼발의 왼쪽과 오른발의 오른쪽에 가져온다.
2. 시작 자세로 돌아온다.
3. 구분동작 1을 오른발로 반복한다.
4. 시작 자세로 돌아온다.

• 체크 포인트

1. 시작 자세에서 엉덩이는 조이고 복부는 단단하게 유지한다.
2. 구분동작 1과 3에서, 전방에 위치한 발뒤꿈치는 지면과 평평하게 유지하고 후방에 위치한 발뒤꿈치는 들어올린다.
3. 구분동작 1과 3에서, 전방에 위치한 발의 무릎은 그 발 앞꿈치 바로 위에 위치하도록 한다.
4. 구분동작 1과 3에서, 몸통은 약간 앞으로 기울인 자세를 유지한다.
5. 구분동작 2와 4에서, 갑작스럽게 몸을 뒤로 젖히는 움직임 없이 전방에 위치한 다리를 힘껏 밀어 시작 자세로 돌아온다.

• 부상 예방책 : 전방에 위치한 발의 무릎이 그 발의 발가락보다 앞으로 나가지 않도록 하고, 옆으로 흔들리지 않게 한다. 시작 자세로 돌아오기 위해 갑작스럽게 몸을 뒤로 젖히지 않는다.

8 카운트 스텝 업(8-Count Step Up)
동작 요령

• 목적 : 엉덩이와 다리의 근력을 발달시키고, 몸통의 안정성을 향상시킨다.
• 시작 자세 : 양손으로 자연스럽게 캐틀벨을 들어 몸 옆에 두고 두 발을 벌리고 선다.

• 구분동작
1. 20~25cm 높이의 단상(박스)에 왼발을 올리고, 캐틀벨은 몸의 양 옆에 위치한다.
2. 오른발을 단상 위로 올린다.
3. 왼발을 단상 아래로 내린다.
4. 오른발을 단상 아래로 내린다.
5. 12~18인치 높이의 단상을 오른발을 올리고, 캐틀벨은 몸의 양 옆에 위치한다.
6. 왼발을 단상 위로 올린다.
7. 오른발을 단상 아래로 내린다.
8. 왼발을 단상 아래로 내려 시작 자세로 돌아온다.

• 체크 포인트
1. 구분동작 1, 3, 5, 7에서 전방에 위치한 발 무릎을 그 발의 앞꿈치 바로 위에 위치하도록 한다.
2. 구분동작 1, 3, 5, 7에서 상체는 앞으로 약간 기울인다.
3. 구분동작 1, 3, 5, 7에서 갑작스럽게 몸을 뒤로 젖히는 움직임 없이 전방에 위치한 다리를 힘껏 민다.

• 부상 예방책 : 전방에 위치한 발의 무릎이 그 발의 발가락보다 앞으로 나가지 않도록 하고, 옆으로 흔들리지 않게 한다. 시작 자세로 돌아오기 위해 갑작스럽게 몸을 뒤로 젖히지 않는다.

풀업(Pull Up)
동작 요령

• 목적 : 매달려 있으면서 몸을 위로 끌어 올리는 능력을 발달시킨다.
• 시작 자세 : 오버핸드 그립을 이용하여 팔을 편 상태로 매달린다.

• 구분동작
1. 몸을 곧게 편 상태를 유지하고, 턱이 바 위에 위치할 때까지 팔을 당긴다.
2. 시작 자세로 돌아온다. 본인의 힘으로 반복하기 힘들 때 보조자의 도움을 받아 반복한다.

• 체크 포인트
1. 동작하는 동안 다리는 모은 상태를 유지한다.
2. 동작하는 동안 팔은 어깨 넓이로 유지하고, 손바닥은 몸으로부터 멀어지는 방향을 향하도록 하며, 엄지는 바를 둥글게 감싼다.

슈파인 체스트 프레스(Supine Chest Press)
동작 요령

• 목적 : 가슴, 어깨 그리고 삼두근 근력을 강화시킨다.

• 시작 자세 : 반듯이 누워 무릎을 90도 굽히고, 발은 8~12인치 벌려 발바닥이 지면에 평평하게 닿게 한다. 손바닥이 발을 향하도록 캐틀벨을 잡고, 캐틀벨이 어깨 앞에 위치하도록 한다. 상박의 뒤쪽 부분은 지면에 기대고, 하박은 지면과 수직이 되도록 한다. 머리는 지면에 닿게 한다.

• 구분동작
1. 상박이 지면과 수직을 이루도록 완전히 펴지기 직전까지 팔꿈치를 펴서 캐틀벨을 들어 올린다.
2. 시작 자세로 돌아온다.
3. 구분동작 1을 반복한다.
4. 시작 자세로 돌아온다.

• 체크 포인트
1. 동작하는 동안 머리는 지면에 닿게 한다.
2. 구분동작 2와 4에서 팔꿈치를 곧게 펴되, 완전히 펴지지 않도록 한다.

• 부상 예방책 : 캐틀벨을 떨어뜨리지 않도록 주의한다.

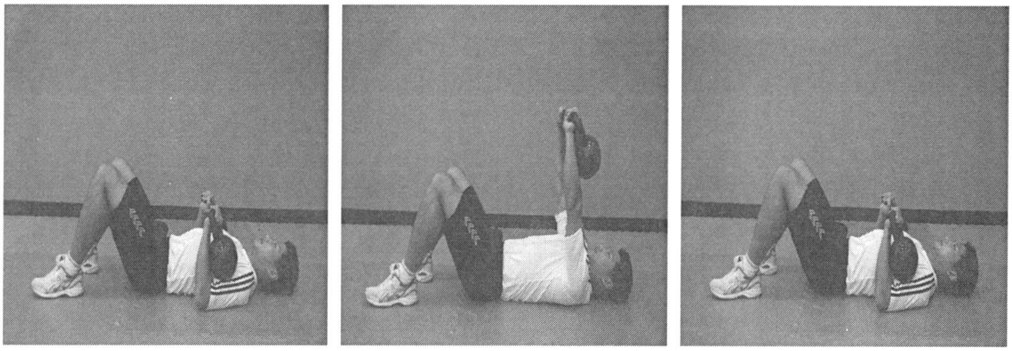

벤트 오버 로우(Bent Over Row)
동작 요령

• 목적 : 어깨, 등 상부 그리고 이두근 근력을 강화시킨다.

• 시작 자세 : 상체를 앞으로 숙여 캐틀벨을 쥔 손(손바닥이 안쪽을 향하게 한다)이 다리 앞쪽으로 곧게 편 상태로 위치하도록 하고, 다리를 벌리고 선다.

• 구분동작

1. 팔꿈치를 구부려, 가슴까지 캐틀벨을 끌어 올린다.
2. 시작 자세로 돌아온다.
3. 구분동작 1을 반복한다.
4. 시작 자세로 돌아온다.

• 체크 포인트

1. 구분동작 2와 4에서 팔꿈치는 곧게 펴되 완전히 펴지지 않도록 한다.
2. 몸통이 처지는 것을 방지하기 위해 시작 자세에서 복부 근육을 단단하게 하고 이 수축 상태를 운동하는 내내 유지한다.

• 부상 예방책 : 상체를 앞으로 숙일 때 허리가 굽지 않도록 한다.

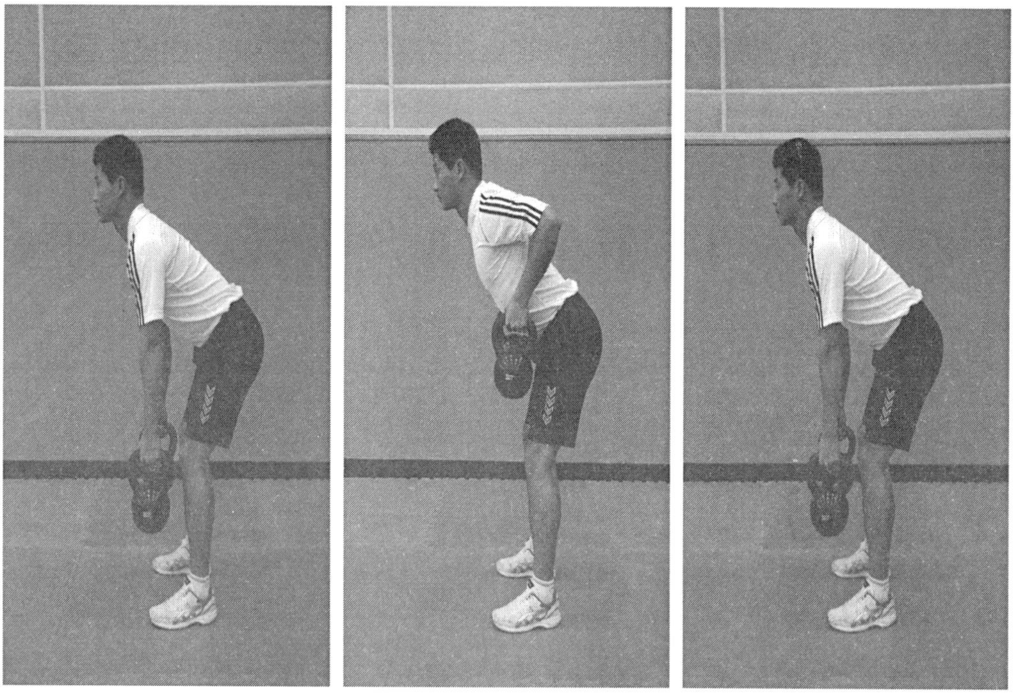

오버 헤드 푸시 프레스(Overhead Push Press)
동작 요령

• 목적 : 어깨와 삼두근 근력을 강화시킨다.

• 시작 자세 : 캐틀벨이 쇄골에 위치하도록 들고, 두 발을 벌리고 선다. 이때 손바닥이 서로 마주보도록 캐틀벨을 잡는다.

• 구분동작

1. 시작 자세에서 약간 엉덩이와 무릎을 굽히고 살짝 쪼그려 앉는다. 발은 지면과 평평한 상태를 유지한다. 팔을 펴서 캐틀벨을 머리 위로 들어올리는 동시에 힘차게 엉덩이, 무릎 그리고 발목을 편다. 상체와 상박은 지면과 수직이 되도록 한다.
2. 팔꿈치를 구부려 시작 자세로 돌아온다. 캐틀벨이 어깨에 주는 충격을 줄이기 위해 엉덩이와 무릎을 굽히는 동시에 통제된 상태로 캐틀벨을 쇄골로 내린다.
3. 구분동작 1을 반복한다.
4. 구분동작 2와 같이 시작 자세로 돌아온다.

• 체크 포인트

1. 머리와 목은 자연스럽게 유지하고, 시선은 전방 또는 약간 상방을 향한다.
2. 구분동작 1과 3은 신속하고 연속된 동작으로 수행한다.
3. 구분동작 2와 4에서 몸통과 등의 부상을 방지하기 위해 캐틀벨을 항상 통제된 상태로 내린다.
4. 구분동작 1와 3에서 팔꿈치는 곧게 펴되, 완전히 펴지 않도록 한다.
5. 몸통의 안정성을 유지하기 위해 시작 자세에서 복부 근육을 단단하게 하고 동작하는 동안 이 근육 수축 상태를 유지한다.

• 부상 예방책 : 캐틀벨을 놓지 않도록 주의하고, 내릴 때 어깨에 부담을 주지 않도록 무릎과 엉덩이를 동시에 굽힌다.

슈파인 바디 트위스트(Supine Body Twist)
동작 요령

• 목적 : 몸통의 근력을 강화시키고, 몸통의 통제력을 향상시킨다.

• 시작 자세 : 반듯이 누워 엉덩이와 무릎을 90도 굽힌다. 하나의 캐틀벨을 두 손으로 잡아 몸통 위에 위치시킨다. 이때, 손바닥은 서로 마주보도록 하고 상박은 지면에서 이격시키고 팔꿈치는 90도로 구부린다. 캐틀벨을 들고 차려 자세로부터 시작 자세를 취하기 위해(1), 캐틀벨의 손잡이의 양 옆을 손바닥이 마주보도록 잡고 앉은 자세를 취하고(2), 누운 자세를 취하고(3), 캐틀벨을 시작 자세로 들어 올리고 그리고 발을 지면에서 이격시킨다.

• 구분동작

1. 캐틀벨은 왼쪽으로, 다리는 오른쪽으로 회전시킨다.
2. 시작 자세로 돌아온다.
3. 캐틀벨은 오른쪽으로, 다리는 왼쪽으로 회전시킨다.
4. 시작 자세로 돌아온다.

• 체크 포인트

1. 구분동작 1과 3에서 등은 곧게 유지하고 무릎은 약간 굽힌다.
2. 머리는 지면에서 이격시키고, 턱을 당겨 몸통과 일직선이 되도록 한다.
3. 구분동작 1과 3에서 상박은 지면에서 이격시킨 상태를 유지한다.

• 부상 예방책 : 캐틀벨을 놓치지 않도록 한다.

레그 턱(Leg Tuck)
동작 요령

- 목적 : 줄 오르기에 필수인 복부, 엉덩이 굴근 그리고 악력을 강화시킨다.
- 시작 자세 : 왼쪽 또는 오른쪽 얼터네이팅 그립을 이용하여 팔을 편 상태로 매달린다.

- 구분동작
  1. 팔꿈치가 무릎 바로 위 허벅지에 닿을 때까지 팔을 당기면서 무릎을 가슴 방향으로 들어 올린다.
  2. 시작 자세로 돌아온다.

- 체크 포인트
  1. 동작하는 동안 다리를 모은 상태를 유지한다.
  2. 구분동작 1에, 팔꿈치가 무릎 바로 위 허벅지에 닿는다.

- 부상 예방책 : 봉을 잡은 손이 미끄러지지 않도록 주의한다.

5 체중 이용 훈련

장비와 장소가 제한될 때 자신의 체중을 부하로 이용하여 근력을 향상시키는 훈련으로 동작 특성 및 난이도에 따라 1~3으로 분류한다. 종목은 수준별 5~10개 종목으로 구성하고 반복횟수는 난이도에 따라 상이하지만 보통 5~10회 반복한다. 지휘자의 구령에 맞춰 동작을 실시하고 종목 간 휴식 없이 5~10개 종목을 서킷으로 진행한다. 개인별 체력수준에 따라 총 1~3세트로 실시하고, 주 3회 최소 8주 이상 실시한다.

〈표 5-8〉 체중 이용 훈련 종목 및 관련 근육부위

구 분	종 목	관련 근육							
		엉덩이	허벅지	종아리	가슴	등/허리	몸통	어깨	팔
체중 이용 훈련 1 (5)	바닥짚고 점프하기	◎	◎	◎	×	◎	◎	◎	×
	누워서 V자 만들기	◎	◎	◎	×	◎	◎	◎	◎
	산 오르기	◎	◎	◎	◎	◎	◎	◎	◎
	앉아 다리모아 비틀기	◎	◎	◎	×	◎	◎	◎	◎
	한발 팔굽혀 펴기	◎	◎	◎	◎	◎	◎	◎	◎
체중 이용 훈련 2 (5)	좌우 방향 전환 런지	◎	◎	◎	◎	◎	◎	◎	◎
	누워서 자전거 타기	◎	◎	◎	◎	◎	◎	◎	◎
	팔벌려 높이 뛰기	◎	◎	◎	×	◎	◎	◎	
	수영동작	◎	◎	◎	×	◎	◎	◎	◎
	8구간 팔굽혀 펴기	◎	◎	◎	◎	◎	◎	◎	◎
체중 이용 훈련 3 (10)	Y자 스쿼트	◎	◎	◎	×	◎	◎	◎	◎
	한 발 데드리프트	◎	◎	◎	×	◎	◎	×	×
	옆으로 무릎들기	◎	◎	◎	◎	◎	◎	◎	×
	앞차기하며 발끝 닿기	◎	◎	◎	◎	◎	◎	◎	◎
	제자리 점프하여 무릎잡기	◎	◎	◎	◎	◎	◎	◎	◎
	앞뒤 런지	◎	◎	◎	×	×	◎	×	×
	반 스쿼트 자세로 좌우 도약하기	◎	◎	◎	◎	◎	◎	◎	◎
	앞뒤 개구리 점프	◎	◎	◎	◎	◎	◎	◎	◎
	90도 좌우 점프하기	◎	◎	◎	◎	◎	◎	◎	◎
	양발교체하며 스쿼트 점프하기	◎	◎	◎	×	◎	◎	◎	×

체중 이용 훈련 1	바닥짚고 점프하기
동작 요령	

• 목적 : 올바르게 도약하고 착지하는 능력을 강화시키고, 균형성과 협응력을 발달시키며 폭발적인 근력과 파워를 강화시킨다.

• 시작 자세 : 옆구리에 손을 얹고 두발을 벌리고 선다.

• 구분동작

1. 뒤꿈치를 지면에 밀착시킨 상태에서 쪼그려 앉으면서 허리를 앞쪽으로 둥글게 하고, 팔을 곧게 뻗어 손바닥이 지면에 닿을 수 있도록 한다.
2. 공중으로 힘차게 도약하면서 팔을 머리 위로 강하게 들어 올린다. 이때 손바닥은 안쪽을 향하도록 한다.
3. 통제된 착지를 하고 구분동작 1을 반복한다.
4. 시작 자세로 돌아온다.

• 체크 포인트

1. 시작 자세에서 복부는 몸통을 안정화시키도록 단단하게 한다.
2. 구분동작 1과 3에서 머리를 들고, 등은 전반적으로 곧게 펴서 시선은 전방을 주시하도록 한다.
3. 구분동작 2에서 팔을 머리 위로 완전히 곧게 펴도록 한다. 몸통과 다리 또한 직선이 되도록 한다.
4. 각 착지동작에서 발은 전방을 향하고 시작 자세의 두 발 사이의 거리를 유지한다. 착지는 발 앞꿈치에서 뒤꿈치 순으로 부드럽게 지면에 닿도록 한다. 각 착지에서 발 앞꿈치, 무릎, 어깨가 수직선을 이룰 수 있도록 한다.

• 부상 예방책 : 착지 시 무릎이 발끝을 과도하게 지나가지 않도록 주의한다.

체중 이용 훈련 1	누워서 V자 만들기
동작 요령	

• 목적 : 균형성을 증진시키면서 복부와 엉덩이 굴근을 강화시킨다.

• 시작 자세 : 팔을 지면 위에 몸과 45도가 되도록 양쪽으로 뻗은 상태에서 반듯이 눕고, 이때 손바닥은 지면을 향하고 손가락은 곧게 펴서 모은다. 턱은 당기고 머리는 지면으로부터 3~5cm 들어 올린다.

• 구분동작

1. 필요하다면 팔을 사용하여 곧게 뻗은 다리와 몸통을 들어올려 “V”자세를 만든다.
2. 시작 자세로 돌아온다.
3. 구분동작 1을 반복한다.
4. 시작 자세로 돌아온다.

• 체크 포인트

1. 시작 자세에서, 골반과 허리를 지면으로 향하도록 비틀기 위해서 복부 근육을 단단하게 한다.
2. 구분동작 1과 3에서 무릎은 곧게 펴고, 몸통과 머리는 일직선상에 있도록 한다.
3. 구분동작 2와 4에서 다리는 통제된 방식으로 지면으로 낮추어 발의 부상을 방지한다.

• 부상 예방책 : 척추를 보호하기 위해 갑작스럽게 다리와 몸을 일으켜 ‘V’자세를 만들지 않는다.

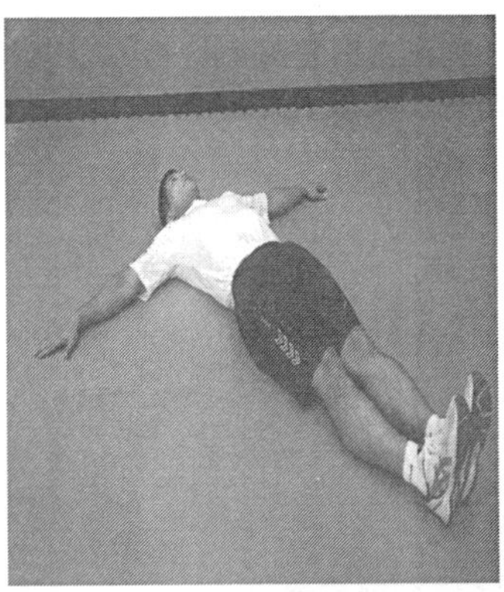

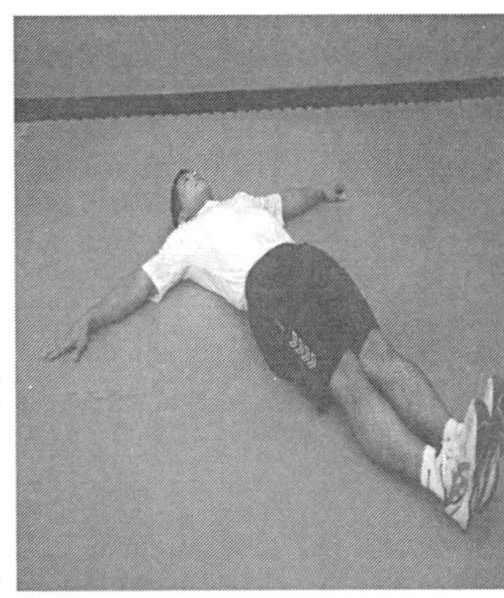

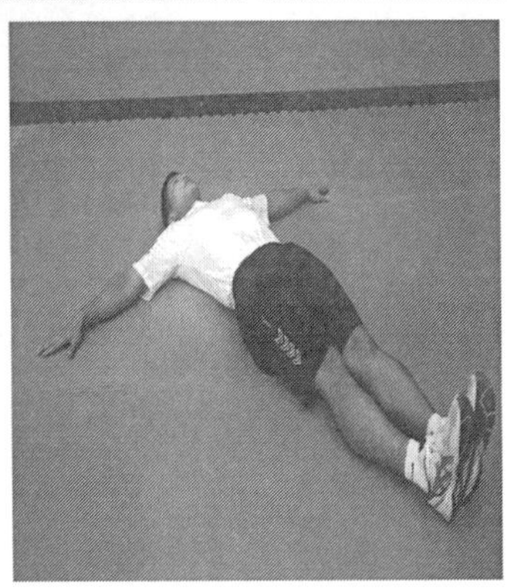

체중 이용 훈련 1	산 오르기
동작 요령	

• 목적 : 앞으로 기댄 채 쉬는 자세에서 다리를 빠르게 움직이는 능력을 강화시킨다.

• 시작 자세 : 왼발을 가슴 밑, 양 팔 사이에 위치하도록 한 상태에서 앞으로 기댄 채 쉬는 자세를 취한다.

• 구분동작

1. 발을 위로 밀어 올리면서 빠르게 발의 위치를 바꾼다.
2. 시작 자세로 돌아온다.
3. 구분동작 1에 동작을 반복한다.
4. 시작 자세로 돌아온다.

• 체크 포인트

1. 손을 어깨 바로 밑에 놓고, 손가락은 넓게 펴서 전방을 향하도록 한다. 이때 팔꿈치는 완전히 펴지기 직전까지 곧게 편다.
2. 몸통이 처지는 것을 방지하기 위해서, 동작하는 동안 복부 근육을 단단히 운동하는 내내 유지한다. 운동을 수행하는 동안 엉덩이가 올라가지 않도록 한다.
3. 머리와 척추는 일직선을 유지하도록 하고, 두 눈은 전방 2피트를 주시한다.
4. 운동하는 동안 발 앞꿈치를 사용한다.
5. 다리를 앞뒤로 움직일 때 직선으로 움직인다.

• 부상 예방책 : 발을 교대하는 동작에서 엉덩이를 너무 아래로 내리지 않도록 한다.

체중 이용 훈련 1	앉아 다리모아 비틀기
동작 요령	

• 목적 : 몸통 근력과 기동성을 강화시키고, 균형성을 향상시킨다.

• 시작 자세 : 앉아서 몸통을 곧게 펴고 뒤로 45도 기울이고, 지지하는 팔을 뒤로 곧게 펴서 지면과 45도를 이루도록 한다.
손바닥은 지면을 향한다. 다리는 정면으로 곧게 펴서 지면으로부터 10~15cm 들어 올린다.

• 구분동작
1. 다리를 왼쪽 엉덩이 방향으로 회전시키면서 들어 올리고, 무릎은 왼쪽 어깨를 향해서 끌어당긴다.
2. 시작 자세로 돌아온다.
3. 구분동작 1을 반대 방향으로 반복한다.
4. 시작 자세로 돌아온다.

• 체크 포인트
1. 시작 자세에서 몸통을 안정화시키기 위해 복부 근육을 단단하게 한다.
2. 모든 구분동작에서 다리와 무릎은 모은 상태를 유지한다.
3. 구분동작 1과 3에서 다리를 움직일 때, 몸통과 머리는 움직이지 않는다.
4. 구분동작 1과 3에서 당겨진 다리와 몸통은 대각선을 이루도록 한다.

• 부상 예방책 : 구분동작 1과 3에서 등을 보호하기 위해서 다리와 몸통을 갑작스럽게 움직여 마지막 동작을 달성하려 하지 않는다.

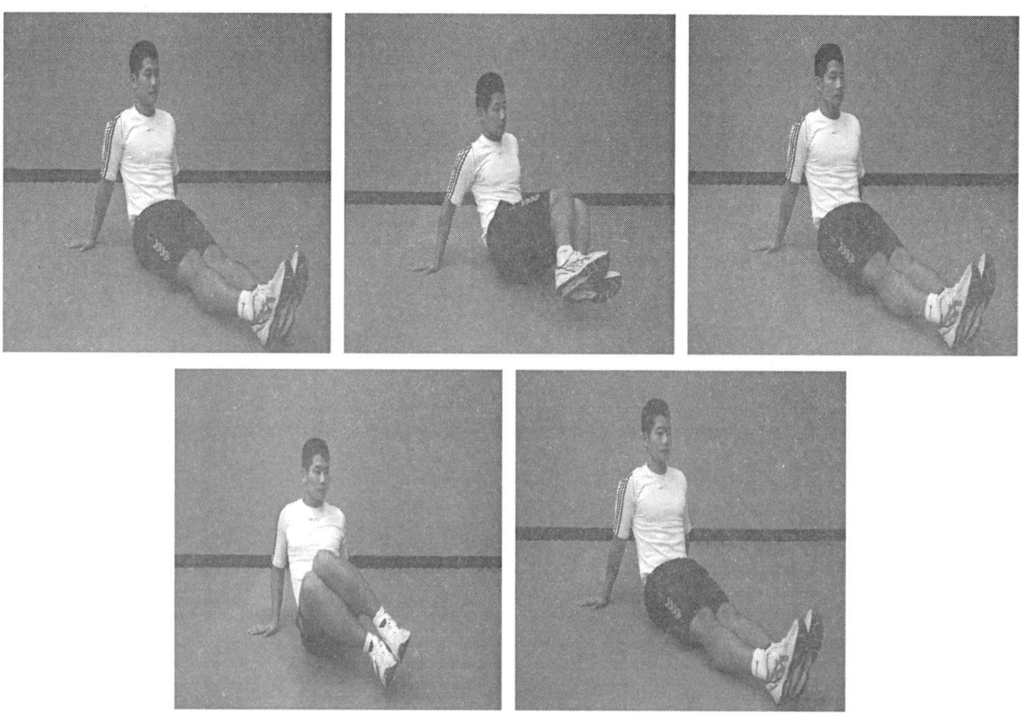

체중 이용 훈련 1	한발 팔굽혀 펴기
동작 요령	

• 목적 : 가슴, 어깨, 팔 그리고 몸통의 근력을 강화시킨다. 한쪽 다리를 들고 적절한 몸의 자세를 유지하는 것은 탁월한 몸통 안정화 운동이다.

• 시작 자세 : 앞으로 기댄 채 쉬는 자세를 유지한다.

• 구분동작

1. 팔꿈치를 구부려 상박이 지면과 수평이 될 때까지 몸을 낮추고, 동시에 왼발을 지면에서 10~15cm 들어 올린다.
2. 시작 자세로 돌아온다.
3. 오른발을 지면으로부터 10~15cm 들어 올리면서 구분동작 1을 반복한다.
4. 시작 자세로 돌아온다.

• 체크 포인트

1. 앞으로 기댄 채 쉬는 자세를 취하기 위해 쪼그려 앉아 뻗기를 수행 할 때, 발뒤꿈치에서 머리까지 몸을 곧게 유지한다. 몸무게는 양팔과 발 앞꿈치로 지지한다.
2. 손가락을 넓게 편 상태로 전방을 향하게 하고, 손이 어깨 바로 아래에 위치하도록 한다.
3. 구분동작 1과 3에서 상박은 몸통과 가깝게 유지한다.
4. 구분동작 2과 4에서 팔꿈치는 완전히 펴지기 직전까지 곧게 편다.
5. 구분동작 1과 3에서 들어 올려진 다리는 곧게 펴서 몸통과 일직선이 되도록 한다.
6. 몸통이 처지지 않게 하기 위해 시작 자세 동안 복부 근육을 단단하게 하고, 동작하는 동안 복부 근육 수축 상태를 유지한다.

• 부상 예방책 : 구분동작 1과 3에 갑작스럽게 다리를 들어 올리지 않는다. 허리에 부하를 주기 때문에 몸통과 일직선을 이루는 연장선을 지나도록 다리를 갑작스럽게 들어 올리지 않는다.

체중 이용 훈련 2	좌우 방향 전환 런지
동작 요령	

• 목적 : 군사적 움직임, 300야드 왕복 달리기 그리고 개인 기동을 하는 동안 방향을 효과적으로 몸을 회전시키고 낮추고 높이기 위해 필요한 민첩성을 발달시킨다.

• 시작 자세 : 손을 엉덩이 위에 얹고 두발을 벌리고 선다.

• 구분동작

1. 왼쪽으로 90도 돌면서, 왼발은 내딛고 오른발은 앞꿈치를 축으로 회전시킨다.
   오른손이 지면에 닿을 정도로 몸을 낮추면서 전방 앞굽이(왼쪽을 향하고) 자세를 취한다. 왼손은 몸의 왼쪽 측면 뒷부분에 위치하도록 뒤쪽 방향으로 흔든다.
2. 일어서면서 몸을 오른쪽으로 회전시키고, 오른발은 내딛고 왼발은 앞꿈치를 축으로 회전시키면서 시작 자세로 돌아온다.
3. 오른쪽으로 90도 돌면서, 오른발은 내딛고 그리고 왼발은 앞꿈치를 축으로 회전시킨다. 왼손이 지면에 닿을 정도로 몸을 낮추면서 전방 앞굽이(오른쪽을 향하고) 자세를 취한다. 오른손은 몸의 오른쪽 측면 뒷부분에 위치하도록 뒤쪽 방향으로 흔든다.
4. 일어서면서 몸을 왼쪽으로 회전시키고, 왼발은 내딛고 오른발은 앞꿈치를 축으로 회전시키면서 시작 자세로 돌아온다.

• 체크 포인트

1. 모든 구분동작에서 방향을 바꿀 때, 선도하는 발은 내딛고 뒤의 발은 축을 중심으로 회전시킨다.
2. 동작하는 동안 머리는 척추와 직선을 유지하도록 한다.
3. 구분동작 1과 3에 몸을 낮추는 자세는 전방 앞굽이와 유사하지만, 손을 지면에 닿게 하는 것은 다르다.

• 부상 예방책 : 압굽이 자세를 취할 때 너무 갑작스럽거나 빠르게 하지 않는다.

체중 이용 훈련 2	누워서 자전거 타기
동작 요령	

• 목적 : 복부 근육을 강화시키고, 몸통의 회전 통제력을 강화시킨다.

• 시작 자세 : 깍지를 낀 손을 머리 윗부분에 위치한 상태로 반듯이 눕는다. 엉덩이, 무릎 그리고 발목은 90도가 되도록 하고 다리의 아랫부분은 지면과 수평이 되도록 한다. 머리는 지면에서 이격시킨다.

• 구분동작

1. 몸통을 왼쪽으로 비틀면서 구부리는 동시에 왼쪽 무릎을 가슴 방향으로 당기면서 오른쪽 팔꿈치 앞부분에 닿도록 시도한다. 왼쪽 무릎을 올리면서 오른쪽 다리는 편다.
2. 시작 자세로 돌아온다.
3. 몸통을 오른쪽으로 비틀면서 구부리는 동시에 오른쪽 무릎을 가슴 방향으로 당기면서 왼쪽 팔꿈치 앞부분에 닿도록 시도한다. 오른쪽 무릎을 올리면서 왼쪽 다리는 편다.
4. 시작 자세로 돌아온다.

• 체크 포인트

1. 시작 자세에서 손은 목 뒤가 아니라 머리의 윗부분에 위치시킨다.
2. 동작하는 동안 복부 근육은 수축된 상태를 유지한다.

• 부상 예방책 : 구분동작 1과 3에서, 목 또는 등을 올린 자세를 취하기 위해 갑작스럽게 움직이지 않는다.

체중 이용 훈련 2	팔벌려 높이 뛰기
동작 요령	

• 목적 : 다리를 벌리며 도약과 착지하는 것으로 발, 발목, 다리를 측면으로 멈추는 동작을 통해 착지능력을 향상시킨다.

• 시작 자세 : 차려 자세로 선다.

• 구분동작

1. 어깨 넓이로 발을 벌리면서 도약과 착지를 하고 시선은 정면을 주시한다. 팔은 손바닥이 지면을 향하도록 하고 엄지와 손가락은 곧게 펴서 모은 상태로 옆으로 편다.
2. 시작 자세로 돌아온다.
3. 구분동작 1을 반복한다.
4. 구부동작 2을 반복하고, 시작 자세로 돌아온다.

• 체크 포인트

1. 매 착지 시 발 앞꿈치가 먼저 지면에 닿도록 한다.
2. 구분동작 1과 3에서 팔은 지면과 수평이 되는 선 이상으로 올라가지 않도록 한다.

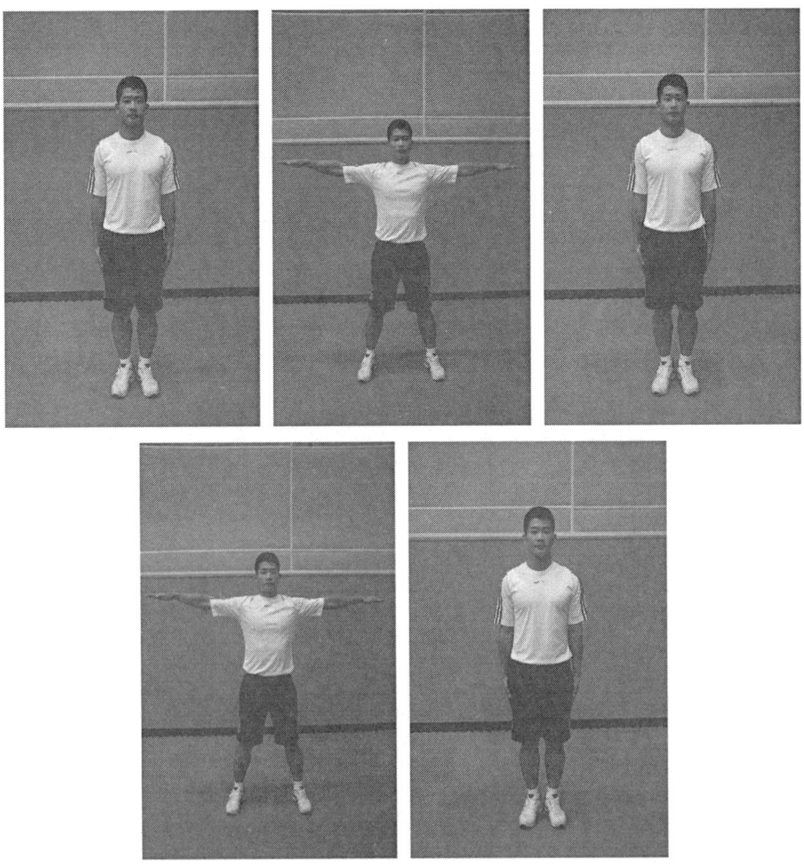

체중 이용 훈련 2	수영동작
동작 요령	

• 목적 : 팔다리의 사지 협응력을 향상시키며, 허리와 어깨 근육을 강화시킨다.

• 시작 자세 : 팔을 머리 앞으로 곧게 편 상태로 엎드린다. 이때 손바닥은 지면을 향하게 하고 발가락은 뒤쪽을 향하게 한다.

• 구분동작

1. 등을 약간 아치를 만들고 시선은 상방을 향하고, 왼팔과 오른쪽 다리를 5~10cm 지면으로부터 들어 올린다.
2. 시작 자세로 돌아온다.
3. 등을 약간 아치를 만들고 시선은 상방을 향하고, 오른팔과 왼쪽 다리를 5~10cm 지면으로부터 들어 올린다.
4. 시작 자세로 돌아온다.

• 체크 포인트

1. 시작 자세와 운동하는 내내, 복부와 엉덩이 근육을 단단하게 유지한다.
2. 구분동작 1과 3에서 머리를 약간 들어 올리면서 시선은 상방을 향한다.
3. 동작하는 동안 발가락은 뒤쪽을 향한다.

• 부상 예방책 : 구분동작 1과 3에서 갑작스러운 움직임을 취하지 않는다.

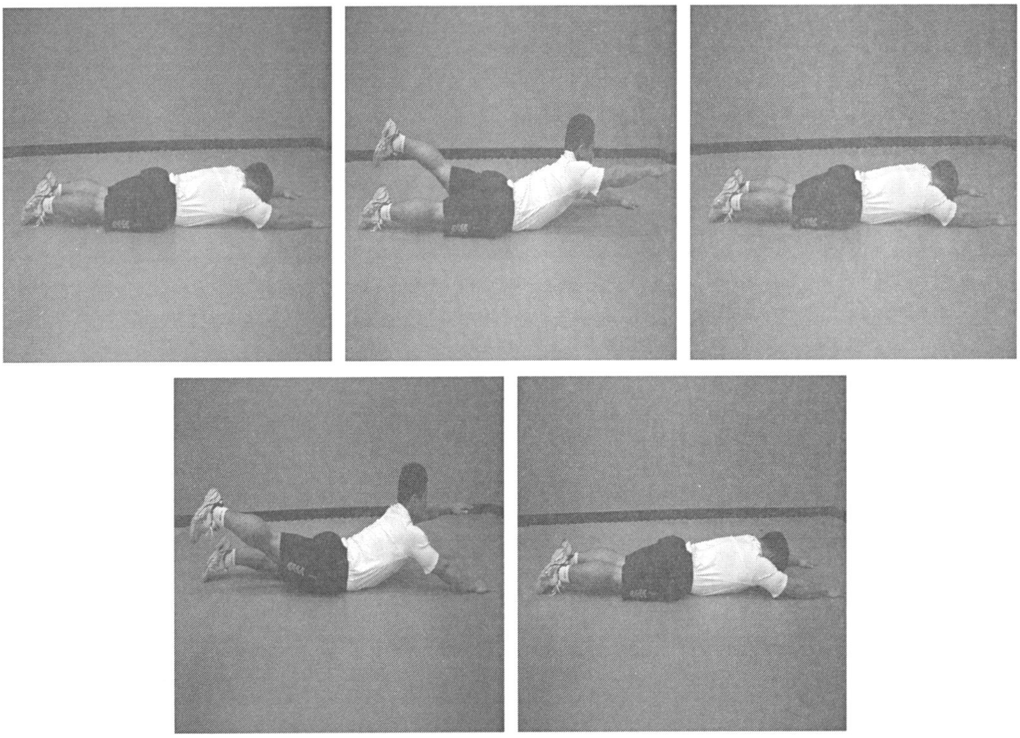

체중 이용 훈련 2	8 구간 팔굽혀 펴기
동작 요령	

• 목적 : 전신 근력, 지구력 그리고 이동성을 발달시키기 위해 쪼그려 뻗기와 팔굽혀펴기의 기능적 움직임을 결합한 것이다.

• 시작자세 : 차려 자세를 취한다.

• 구분동작

1. 쪼그려 앉기 자세를 취한다.
2. 앞으로 기댄 채 쉬는 자세를 취하기 위해 다리를 뒤로 뻗는다.
3. 상박이 지면과 수평이 되도록 팔꿈치를 구부리려 몸을 낮춘다. 팔꿈치는 뒤쪽을 향한다.
4. 앞으로 기댄 채 쉬는 자세로 돌아온다.
5. 구분동작 3을 반복한다.
6. 구분동작 4를 반복한다.
7. 구분동작 1과 같이 쪼그려 앉기 자세로 돌아온다.
8. 시작 자세로 돌아온다.

• 체크 포인트

1. 몸통이 처지는 것을 방지하기 위해, 시작 자세에서 복부 근육을 단단하게 하고 동작하는 동안 이 수축된 상태를 유지한다.
2. 구분동작 1과 7에서, 손을 어깨 바로 밑에 위치시키고 손가락을 넓게 펴고 중지가 정면을 향하도록 한다.
3. 구분동작 1과 7에서, 뒤꿈치는 모아서 들어 올려진 상태를 유지한다.
4. 구분동작 4와 6에서, 팔꿈치는 완전히 펴지기 직전까지 곧게 편다.

• 부상 예방책 : 몸통이 처지면, 특히 구분동작 2에서 등 근육이 뒤틀릴 수 있다. 동작하는 동안 복부 근육을 강하게 수축시킨 상태를 유지하여 부상을 피한다. 만약 구분동작 2~6을 정확하게 속도에 맞추어 수행할 수 없다면, 신속하게 구분동작 3과 5 전에 무릎 꿇고 팔굽혀 펴기 자세를 취한다.

체중 이용 훈련 3	Y자 스쿼트
동작 요령	

• 목적 : 허리와 하체의 근력, 지구력 그리고 기동성을 강화시킨다.
• 시작 자세 : 견갑골을 뒤로 당기면서 팔을 머리 위로 올리고 두 발을 벌리고 선다. 이때 손바닥은 안쪽을 향한다.

• 구분동작
1. 등의 굽어짐 없이 팔을 'Y' 모양을 유지한 상태로 쪼그려 앉는다.
2. 엉덩이를 단단하게 하여 위로 추진력을 발휘하여 시작 자세로 돌아온다.
3. 구분동작 1을 반복한다.
4. 시작 자세로 돌아온다.

• 체크 포인트
1. 구분동작 1 동안 등의 굽힘 없이 가능한 몸을 낮춘다. 이때 어깨는 뒤로 당기고 팔은 머리 위로 뻗어 'Y' 모양을 유지한다.
2. 엉덩이를 단단하게 하여 몸통을 위로 움직여 시작 자세로 돌아온다.
3. 동작하는 동안 발뒤꿈치는 지면에 닿은 상태를 유지한다.

• 부상 예방책 : 쪼그려 앉을 때 무릎이 발끝선을 지나지 않도록 유의한다.

체중 이용 훈련 3	한 발 데드리프트
동작 요령	

• 목적 : 허리와 하체의 근력, 지구력 그리고 유연성을 강화시킨다.

• 시작 자세 : 손을 엉덩이에 얹고 두발을 벌리고 선다.

• 구분동작

1. 허리를 앞으로 굽히면서 왼발로 서서 균형을 유지한다. 오른쪽 다리는 뒤쪽 방향으로 들어 올리고 몸은 앞으로 숙여 양손이 지면에 닿게 한다.
2. 엉덩이를 단단하게 하여 위로 추진력을 발휘하여 시작 자세로 돌아온다.
3. 허리를 앞으로 굽히면서 오른발로 서서 균형을 유지한다. 왼쪽 다리는 뒤쪽 방향으로 들어 올리고 몸은 앞으로 숙여 양손이 지면에 닿게 한다.
4. 시작 자세로 돌아온다.

• 체크 포인트

1. 구분동작 1과 3에서 손은 어깨 바로 밑에서 약간 앞에 위치한다. 이때 팔은 완전히 펴지기 직전까지 곧게 펴고 손가락은 넓게 펴서 정면을 향하도록 한다.
2. 등은 자연스러운 아치를 유지하고, 다리는 앞뒤로 움직일 때 굽히지 않고 곧게 편 상태를 유지한다.
3. 몸통이 처지는 것을 방지하기 위해, 복부 근육을 단단하게 하고 동작하는 동안 이 수축 상태를 유지한다.
4. 머리는 척추와 일직선을 유지하도록 하고, 시선은 전방 2피트를 향하도록 한다.

• 부상 예방책 : 몸을 앞으로 숙일 때 너무 갑작스럽고 강하게 하지 않는다. 대퇴이두근의 유연성이 낮은 사람은 무릎을 약간 굽힌다.

체중 이용 훈련 3	옆으로 무릎들기
동작 요령	

• 목적 : 다리의 협응력, 균형성 그리고 폭발적인 근력(순발력)을 강화시킨다.

• 시작 자세 : 손을 엉덩이 얹고 두 발을 벌리고 선다.

• 구분동작

1. 왼쪽으로 도약하면서 왼발로 착지한다. 동시에 오른쪽 무릎을 가슴방향으로 당긴다. 오른손은 편안하게 오른쪽 발목 옆으로 내리고, 왼손은 오른발 무릎을 닿게 한다.
2. 오른쪽으로 도약하면서 오른발로 착지한다. 동시에 왼쪽 무릎을 가슴방향으로 당긴다. 왼손은 편안하게 왼쪽 발목 옆으로 내리고, 오른손은 왼발 무릎을 닿게 한다.
3. 구분동작 1을 반복한다.
4. 구분동작 2를 반복하고, 시작 자세로 돌아온다.

• 체크 포인트

1. 시작 자세에서 복부 근육을 단단하게 하여 몸통을 안정화시킨다.
2. 모든 구분동작에서 등을 굽히지 않도록 한다. 머리와 시선은 정면을 향한다.
3. 매 착지 시, 발은 정면을 향하고 어깨 넓이의 간격을 유지한다. 착지는 부드러워야 하며 발 앞꿈치에서 발뒤꿈치 순으로 딛어야 한다. 매 착지 시 무릎, 어깨, 그리고 발 앞꿈치가 수직선을 유지하도록 해야 한다.
4. 머리는 척추와 일직선을 유지하도록 하고, 시선은 전방 2피트를 향하도록 한다.

• 부상 예방책 : 무릎을 드는 동작 시 허리를 펴서 등이 굽지 않도록 한다.

체중 이용 훈련 3	앞차기하며 발끝 닿기
동작 요령	

• 목적 : 다리와 몸통의 근력, 지구력 그리고 유연성을 강화시킨다.

• 시작 자세 : 손을 엉덩이 얹고 두 발을 벌리고 선다.

• 구분동작

1. 왼쪽 다리가 지면과 평행이 될 때까지 몸 앞으로 들어 올리고, 동시에 허리를 굽히며 오른팔을 앞으로 뻗어 왼발에 닿게 한다. 이때 왼팔은 뒤쪽으로 뻗는다.
2. 시작 자세로 돌아온다.
3. 오른쪽 다리가 지면과 평행이 될 때까지 몸 앞으로 들어 올리고, 동시에 허리를 굽히며 왼팔을 앞으로 뻗어 오른발에 닿게 한다. 이때 오른팔은 뒤쪽으로 뻗는다.
4. 시작 자세로 돌아온다.

• 체크 포인트

1. 시작 자세에서 복부 근육을 단단하게 하여 몸통을 안정화시킨다.
2. 구분동작 1과 3에서 몸통을 비틀어 발가락에 닿게 하고, 등은 전반적으로 곧게 편 상태를 유지한다.
3. 운동하는 내내 머리와 시선은 전방을 향하도록 한다.
4. 다리를 지면과 수평을 이루도록 움직일 때 무릎은 약간 굽힌 상태를 유지한다.

• 부상 예방책 : 다리를 들어 올릴 때 너무 세게 앞차기하여 뒤로 넘어지지 않도록 한다.

체중 이용 훈련 3	제자리 점프하여 무릎잡기
동작 요령	

• 목적 : 협응력, 균형 그리고 다리의 폭발적인 힘(순발력)을 강화시킨다.

• 시작 자세 : 손을 양 옆에 위치시키고 발을 벌리고 선다. 무릎은 반 쪼그려 앉기 자세와 같이 굽힌다.

• 구분동작

1. 양팔을 뒤로 이동시키면서 반 정도 쪼그려 앉는다. 팔을 앞으로 힘차게 흔들며 위로 도약하며 무릎을 가슴 방향으로 끌어당기고 손으로 무릎을 감싼다. 그 다음에 반 정도 쪼그려 앉은 자세로 착지한다.
2. 시작 자세로 돌아온다.
3. 구분동작 1을 반복한다.
4. 시작 자세로 돌아온다.

• 체크 포인트

1. 구분동작 1과 3에서 등을 굽히지 않도록 하고 머리와 시선은 전방을 향하도록 한다.
2. 속도는 정확한 자세로 적절하게 도약하고 착지할 수 있도록 적절한 시간을 허락한다.
3. 매 착지 시, 발은 정면을 향하고 어깨 넓이의 간격을 유지한다. 착지는 부드러워야 하며 발 앞꿈치에서 발뒤꿈치 순으로 딛어야 한다.

• 부상 예방책 : 매 착지 시 무릎, 어깨, 그리고 발 앞꿈치가 수직선을 유지하도록 해야 한다.

체중 이용 훈련 3	앞뒤 런지
동작 요령	

• 목적 : 협응력, 균형 그리고 다리의 폭발적인 힘(순발력)을 강화시킨다.

• 시작 자세 : 손을 양 옆에 위치시키고 발을 벌리고 선다. 무릎은 반 쪼그려 앉기 자세와 같이 굽힌다.

• 구분동작

1. 왼쪽 다리를 5~10cm 지면으로부터 들어 올려 좌측 전방 45도로 도약한다. 이때 오른팔은 앞으로 왼팔은 뒤로 흔든다.
2. 오른쪽 다리를 5~10cm 지면으로부터 들어 올려 우측 전방 45도로 도약한다. 이때 왼팔은 앞으로 오른팔은 뒤로 흔든다.
3. 구분동작 1을 반복한다.
4. 구분동작 2를 반복한다.
5. 왼쪽 다리를 5~10cm 지면으로부터 들어 올려 좌측 후방 45도로 도약한다. 이때 오른팔은 앞으로 왼팔은 뒤로 흔든다.
6. 오른쪽 다리를 5~10cm 지면으로부터 들어 올려 우측 후방 45도로 도약한다. 이때 왼팔은 앞으로 오른팔은 뒤로 흔든다.
7. 구분동작 5를 반복한다.
8. 구분동작 6을 반복하고, 시작 자세로 돌아온다.

• 체크 포인트

1. 모든 구분동작에서 등을 굽히지 않고, 머리와 시선은 전방을 향하도록 한다.
2. 모든 착지 시에 발은 전방을 향하게 하고 끌려가는 발은 선도하는 발 방향으로 움직이지만 지면에 닿지 않도록 한다.

• 부상 예방책 : 런지 동작 시 무릎이 발밑선을 지나지 않도록 한다.

체중 이용 훈련 3	반 스쿼트 자세로 좌우 도약하기
동작 요령	

• 목적 : 협응력, 균형 그리고 다리의 폭발적인 힘(순발력)을 강화시킨다.

• 시작 자세 : 두발을 벌리고 약간 웅크린 상태로 반 정도 쪼그려 앉은 자세를 취한다. 이때 등은 곧게 펴고 팔은 90도로 팔꿈치를 구부린 상태에서 양 옆으로 위치시키고, 손바닥은 정면을 향하도록 한다.

• 구분동작

1. 반 정도 쪼그려 앉은 상태를 유지한 채 왼쪽으로 도약한다.
2. 반 정도 쪼그려 앉은 상태를 유지한 채 오른쪽으로 도약한다.
3. 반 정도 쪼그려 앉은 상태를 유지한 채 오른쪽으로 도약한다.
4. 반 정도 쪼그려 앉은 상태를 유지한 채 왼쪽으로 도약하고, 시작 자세로 돌아온다.

• 체크 포인트

1. 시작 자세에서 복부 근육을 단단하게 하여 몸통을 안정화시킨다.
2. 모든 구분동작에서 등을 굽히지 않는다. 머리와 시선은 전방을 향하도록 한다.
3. 매 착지 시, 발은 정면을 향하고 어깨 넓이의 간격을 유지한다. 착지는 부드러워야 하며 발 앞꿈치에서 발뒤꿈치 순으로 딛어야 한다.

• 부상 예방책 : 쪼그려 앉을 때 무릎이 발끝선을 지나지 않도록 한다.

체중 이용 훈련 3	앞뒤 개구리 점프하기
동작 요령	

- 목적 : 협응력, 균형 그리고 다리의 폭발적인 힘(순발력)을 강화시킨다.
- 시작 자세 : 두 발을 벌리고 약간 웅크린 상태로 반 정도 쪼그려 앉은 자세를 취한다. 이때 등은 곧게 펴고 팔은 90도로 팔꿈치를 구부린 상태에서 양 옆으로 위치시키고, 손바닥은 정면을 향하도록 한다.

- 구분동작

1. 반 정도 쪼그려 앉은 상태를 유지한 채 앞으로 도약한다.
2. 반 정도 쪼그려 앉은 상태를 유지한 채 뒤로 도약한다.
3. 구분동작 2를 반복한다.
4. 반 정도 쪼그려 앉은 상태를 유지한 채 앞으로 도약하고, 시작 자세로 돌아온다.

- 체크 포인트

1. 시작 자세에서 복부 근육을 단단하게 하여 몸통을 안정화시킨다.
2. 모든 구분동작에서 등을 굽히지 않는다. 머리와 시선은 전방을 향하도록 한다.
3. 매 착지 시, 발은 정면을 향하고 어깨 넓이의 간격을 유지한다. 착지는 부드러워야 하며 발 앞꿈치에서 발뒤꿈치 순으로 딛어야 한다.

- 부상 예방책 : 앞뒤 도약 후 쪼그려 앉는 자세에서 무릎이 발끝선을 지나지 않도록 한다.

체중 이용 훈련 3	90도 좌우 점프하기
동작 요령	

• 목적 : 협응력, 균형 그리고 다리의 폭발적인 힘(순발력)과 몸통 회전 통제력을 강화시킨다.

• 시작 자세 : 두발을 벌리고 약간 웅크린 상태로 반 정도 쪼그려 앉은 자세를 취한다. 이때 등은 곧게 펴고 팔은 90도로 팔꿈치를 구부린 상태에서 양 옆으로 위치시키고, 손바닥은 정면을 향하도록 한다.

• 구분동작

1. 위로 도약하며 엉덩이를 비틀어 왼쪽으로 다리를 90도 돌린다.
2. 시작 자세로 돌아온다.
3. 위로 도약하며 엉덩이를 비틀어 오른쪽으로 다리를 90도 돌린다.
4. 시작 자세로 돌아온다.

• 체크 포인트

1. 시작 자세에서 복부 근육을 단단하게 하여 몸통을 안정화시킨다.
2. 구분동작 1과 3에서 등을 굽히지 않는다. 머리와 시선은 전방을 향하도록 한다.
3. 상체는 돌리지 않고 단지 엉덩이와 다리만 움직인다.
4. 매 착지 시, 발은 정면을 향하고 어깨 넓이의 간격을 유지한다. 착지는 부드러워야 하며 발 앞꿈치에서 발뒤꿈치 순으로 딛어야 한다. 매 착지 시 어깨, 무릎, 그리고 발 앞꿈치가 수직선을 유지하도록 해야 한다.

• 부상 예방책 : 엉덩이를 비틀 때 과도하게 회전시키지 않는다.

체중 이용 훈련 3	양발 교체하며 스쿼트 점프하기
동작 요령	

• 목적 : 균형 그리고 다리의 폭발적인 힘(순발력)을 강화시킨다.

• 시작 자세 : 손은 몸통 옆에 위치시키고 왼쪽 다리를 뒤로 내딛어 비틀어진 자세로 선다. 몸통은 전반적으로 곧은 상태를 유지하지만, 약간 앞으로 기울인다.

• 구분동작

1. 쪼그려 앉으면서 왼손의 손가락 끝을 다리 사이의 지면에 닿게 한다. 힘차게 도약하며 공중에서 다리를 교체하여 오른발을 뒤로 하고 팔은 몸통 옆에 위치한 상태로 착지한다.
2. 쪼그려 앉으면서 오른손의 손가락 끝을 다리 사이의 지면에 닿게 한다. 힘차게 도약하며 공중에서 다리를 교체하여 왼발을 뒤로 하고 팔은 몸통 옆에 위치한 상태로 착지한다.
3. 구분동작 1을 반복한다.
4. 구분동작 2를 반복하고, 시작 자세로 돌아온다.

• 체크 포인트

1. 시작 자세에서 복부 근육을 단단하게 하여 몸통을 안정화시킨다.
2. 구분동작 1과 3에서 등을 굽히지 않는다. 머리와 시선은 전방을 향하도록 한다.
3. 속도는 정확성과 적절하게 도약하고 착지할 수 있도록 적절한 시간을 보장하도록 천천히 유지한다. 그러나 구분동작 1과 3에서 매 점프는 빠르고 폭발적으로 실시해야 한다.
4. 매 착지시 발은 정면을 향한다. 착지는 부드러워야 하며 발 앞꿈치에서 발뒤꿈치 순으로 딛어야 한다.

• 부상 예방책 : 양발을 교체하여 쪼그려 앉을 때 무릎이 발끝선을 지나지 않도록 한다.

제6장

유연성

1. 유연성 훈련의 이점
2. 유연성에 영향을 미치는 요소들
3. 유연성과 스트레칭이 건강 및 수행력에 미치는 유익한 점
4. 스트레칭 방법
5. 유연성 향상을 위한 전략
6. 준비 운동과 정리 운동

유연성은 체력의 한 구성요소이며 유연성을 향상시키고 유지하는 것은 체력 프로그램의 중요한 요소임을 간과해서는 안 된다. 유연성은 단일 관절 또는 동작 수행에 연관된 관절군과 필요한 근육들의 부상범위 내에서 최대한의 가동범위(ROM : range of motion)를 말하며, 유연성이 증가됨에 따라 움직임에 대한 유동력, 안정성, 협응력과 반응력이 향상된다. 유연성이 좋은 군인은 무거운 물건 들기, 운반하기, 등반, 낙하산 강하, 달리기, 유격 등의 활동에서 보다 효율적으로 임무를 수행할 수 있고 부상의 위험도 적다.

신체 전반에 대한 유연성을 평가하는 방법은 없으나 대퇴이두근과 허리 뒷부분의 유연성을 측정하는 체전굴이라는 간단한 평가를 활용할 수 있다. 이러한 부위의 유연성이 감소되었을 때 일반적으로 부상의 위험이 커진다. 지휘관이나 체력담당관은 다리와 발을 곧게 펴고 상체를 앞으로 천천히 굽혀 손가락 끝이 발가락에 닿지 않는 인원에 대해서는 반드시 유연성 향상 프로그램을 체력단련에 포함하도록 하여야 한다.

준비 운동 및 정리 운동 간 스트레칭을 실시하는 것은 개개인의 유연성을 유지시키는 데 도움이 되며 스트레칭 간 통증이 느껴지기 전까지 다소 불편한 정도로 근육을 신장시키도록 하여야 한다. 사람마다 해부학적인 차이가 있기 때문에 다른 사람의 유연성 정도와 비교하는 것은 바람직하지 않으며, 유연성이 좋지 않은 사람이 유연성이 좋은 사람을 좇아 무리하게 스트레칭하는 것은 부상 발생의 지름길이다.

1 유연성 훈련의 이점

적정한 수준의 유연성을 가진 경우 관절 가동 정상범위에서 관절을 자유롭게 움직일 수 있게 함으로써, 미숙하고 비효율적인 움직임을 줄이고 근육 손상에 대한 저항력을 증가시켜 준다. 특히 무거운 탄박스를 지면에서 들어 올리거나 장애물 극복 시와 같이 높은 유연성을 요구하는 활동의 수행력을 높여주기 때문에 유연성은 모든 훈련 프로그램의 근본적인 요소가 된다. 하지만 필요 이상의 유연성이 반드시 좋은 것은 아니므로 관절의 안정성을 상실하는 지점까지 이르지 않도록 하여야 한다.

유연성 훈련은 부상의 예방에도 중요하다. 일반적으로 대퇴사두근(허벅지 앞쪽), 엉덩허리근, 허리 신전근육 등의 유연성이 부족한 경우에 요통을 호소하는 일이 종종 발생한다. 유연성의 부족은 한쪽 또는 양쪽 관절의 긴장된 근육에서 비롯된 근 파열의 발생을 증가시킬 수도 있다. 일반적인 부상 예방으로써 유연성의 역할은 일상적인 관절 가동범위에 대한 부상을 줄이는데 있지만, 일상의 관절 가동범위보다도 더 큰 범위의 활동을 요구하는 행동을 해야 할 경우 부상예방을 위하여 유연성 증가에 더욱 관심을 기울여야 할 것이다.

2 유연성에 영향을 미치는 요소들

1) 관절 구조의 해부학적 차이

관절의 가동범위는 관절이 움직이는 정도와 방향에 좌우되는데, 관절의 형태와 관절표면의 모양에 따라 일차적으로 결정된다. 무릎과 팔꿈치의 경첩관절(hinge joint)은 앞뒤로 구부리고 펴는 움직임만 가능하고, 어깨와 엉덩이의 구상관절(ball and socket joint)은 앞·뒤·좌·우의 움직임뿐만 아니라 회전까지 거의 해부학적인 모든 면에서의 움직임이 가능하며 그 범위가 더 넓다. 즉 유연성은 관절의 특성으로 이해되어야 하며, 어떤 관절에서 유연하다는 것이 다른 관절에서도 높은 유연성을 나타낸다고 보장할 수는 없을 것이다. 그러므로 전체적인 유연성을 측정하기 위하여 한 가지의 유연성 테스트만 실시하는 것은 상당한 오류를 범하는 것이다.

2) 근육과 결합 조직

특정 관절에서의 가동범위의 확장은 단지 관절형태뿐만 아니라 인대(ligament)의 뻣뻣한 정도와 관절을 가로지르는 근육과 건(tendon)의 탄력성에 의해서도 결정된다. 인대는 관절에서 뼈와 뼈를 연결해주는 두터운 끈 형태의 결합 조직으로 관절의 안정성과 견고함을 제공해주고 관절의 과도한 신전을 제한한다. 건은 근육과 뼈를 이어주는 결합 조직으로 긴 근육과 건은 더욱 큰 가동범위와 유연성을 제공해준다.

일상적 상황에서 결합 조직은 관절의 가동범위를 제한하는 구조이나 스트레칭을 통하여 나타나는 가동범위의 향상은 결합 조직의 적응력으로 도모된다. 신체 단백질의 약 1/4 정도가 인대와 건 등을 구성하는 결합 조직인 콜라겐(collagen)으로 형성되어 있는데, 콜라겐은 점성과 탄성의 두 가지 특징을 가지고 있다. 점성 조직은 늘리는 힘을 받았을 때 오랜 기간 늘어지는 특성을 가지고 있고, 탄성 조직은 늘리는 힘을 받았을 때 다시 원래의 길이로 돌아가려는 특성을 가지고 있다. 스트레칭은 이러한 점성 조직이 늘어지도록 일정시간 이상을 유지하여야 하고, 탄성 조직이 최초 길이로 돌아가려는 것을 방지하도록 적절한 빈도로 실시하여야 한다.

근육은 탄력성만 있지만 인대와 건은 탄력성과 가소성 모두를 가지고 있다. 결합 조직이 신전될 때, 어느 정도의 신전은 탄력성 조직 성분과 가소성 조직 성분에서 발생하다가 신전 요인이 제거되면 탄력성 변형은 회복되지만 가소성 변형은 그대로 남아있게 된다. 스트레칭 기법은 관절 가동범위의 영구적인 증가를 목표로 하기에 가소성 변형을 적절히 유지하도록 계획되어야 한다.

또한 스트레칭을 통하여 근육에 존재하는 수동적인 장력이 감소하게 되고 이를 통하여 더 적은 힘으로 근육을 늘리는 것이 가능해지며 그로 인해 유연성이 증가될 수 있다. 어떠한 움직임이든 주동근의 수축은 길항근의 이완과 동시에 일어나는데 유연성 훈련의 결과로 근섬유의 신장능력이 향상되어 주동근의 수축 간 길항근으로부터 받는 저항이 감소되므로 유연성이 향상될 수 있다.

3) 연령

일반적으로 유연성은 아동기에 높게 나타나다가 청소년기에 감소하게 되는데, 이는 뼈조직이 근육과 인대보다 더 빠르게 성장하는데서 나타나는 현상이다. 그러다가 성인이 되면서 근육과 결합 조직의 성장이 골격 조직을 따라잡으면서 20대 중·후반에 유연성의 향상이 나타나게 된다. 다시 나이가 들면서 가동범위는 감소하게 되는데 이는 근육과 결합 조직의 탄성 감소로 인해 발생하게 된다. 하지만 일부 연구들은 나이가 들어도 규칙적으로 신체활동을 활발하게 유지하는 경우에는 유연성의 감소가 나타나지 않는다고 보고하고 있으며, 규칙적인 스트레칭 프로그램 참여의 중요성을 강조하고 있다.

4) 성별

일반적으로 여성이 남성보다 더 유연한 신체를 가지고 있으며 이러한 차이는 초등학교부터 성인기까지 지속되는 것으로 보인다. 남성에 비하여 상대적으로 여성의 유연성이 높은 것은 관절 구조의 해부학적 차이에서 나타나게 되며 가장 큰 차이는 몸통, 허리, 발목의 가동범위에서 나타난다.

5) 신체 비활동과 불균형적인 운동

신체 활동의 감소 또는 제한은 유연성을 감소시키는 중요한 요인 중의 하나이다. 근육은 일상생활이나 계획된 신체 활동으로 움직이게 되고 이를 통하여 근육과 건은 자연스럽게 규칙적인 자극을 받아 스트레칭이 되는데, 이러한 움직임을 하지 않는 것은 유연성을 감소시키는 원인을 제공한다. 더욱이 신체 활동 수준의 감소는 신체 지방 증가를 초래하게 되는데 관절 주변에 쌓인 지방의 증가는 관절 가동범위의 장애요인이 된다.

적절하지 못한 운동은 근육의 균형을 잃게 하여 유연성에 부정적인 영향을 미칠 수 있다. 전 범위의 관절 가동범위보다 제한된 가동범위로 운동하는 저항성 트레이닝은 유연성을 감소시킬 수 있는데, 삼두근에 비하여 과도하게 발달된 이두군은 팔꿈치 관절에서 가동범위의 제한을 초래할 수 있다. 따라서 저항성 트레이닝 프로그램은 주동근과 길항근 모두를 발달시키도록 설계하여야 하며, 모든 운동은 관련된 관절의 가능한 모든 관절 가동범위에 걸쳐서 실시하는 것이 바람직하다.

3 유연성과 스트레칭이 건강 및 수행력에 미치는 유익한 점

각 관절에서 어느 정도의 유연성을 가져야 하는지 알려져 있지 않다. 연령대별 남성과 여성에서 표준범위는 활용될 수 있지만 건강을 위하여 얼마나 유연성을 길러야 하는지 제시하는 데는 어려움이 있다. 예를 들어 좌전굴 측정에서 손끝이 발끝을 5cm 지나는 사람보다 15cm 지나는 사람이 더 체력적으로 좋다는 과학적 근거는 없다.

1) 최적의 자세 유지

신체 일정 부위의 짧고 팽팽한 근육들은 적합하지 않은 신체 자세를 만든다. 가슴과 목 뒷부위 근육의 단축으로 인해 굽은 어깨와 거북이 목처럼 머리가 앞으로 나오는 자세를 유발하게 된다. 또한 엉덩이 굽힘근의 단축은 척추 전만증과 같이 허리의 휨을 유발할 수도 있으므로 근육의 단축이 일어나지 않도록 정기적인 스트레칭을 통하여 신체 각 부위의 유연성을 유지하는 것이 중요하다.

2) 근육 좌상과 요통 예방

의자에서 좌식생활을 많이 하는 현대인과 군장과 같이 무거운 배낭을 장시간 짊어지고 다니는 군인들이 요통을 호소하는 경우가 종종 있다. 요통의 주요 원인 중의 하나는 척추 뒷근육과 엉덩이 굽힘근들의 단축이며 대퇴사두근 단축 역시 척추에 문제를 일으키는 것으로 알려져 있다. 이러한 근육들의 유연성을 증가시킴으로써 척추에 문제를 일으킬 위험을 감소시킬 수 있다.

3) 근육 경련과 근막통 경감

격한 활동과 장기간의 훈련 중 근육 경련을 경험하는 군인들이 상당히 많은데 이러한 현상은 과도하게 격한 활동, 탈수, 열 스트레스 등과 같은 원인에서 발생하곤 한다. 이때 근육 경련이 발생한 부위의 근육을 스트레칭으로 늘려주는 것이 경련을 완화하는 데 상당한 도움이 된다. 근막통은 잘 밝혀지지 않았지만 상당한 통증을 수반하며 근육의 일부가 단단한 밴드같이 굳어지고 단축되는 특징을 가진다. 이렇게 된 부위는 압력이나 접촉에 상당히 민감하며 접촉 시 신체 특정부위에 방사통을 유발하게 된다. 근막통은 외상이나 과사용, 장시간의 염증으로부터 발생된다고 알려져 있으며 해당 부위의 스트레칭을 통하여 통증을 완화시킬 수 있다.

4) 과도한 유연성은 오히려 부상 위험

관절 주위의 인대와 같은 결합 조직들이 과도한 스트레칭으로 인한 외상이나 기타 다른 이유로 느슨해지게 되면 관절의 안정성을 위협하게 된다. 적절한 스트레칭 후에 대부분의 근육과 건들은 신장되었다가 정상 길이로 되돌아오게 된다. 하지만 짧고 팽팽한 근육과 건들은 쉽게 과신장되고 뼈와 뼈를 연결하는 인대의 경우 부상을 입기 쉽다.

특히 의도하지 않게 과신장되고 그 상태로 오래 지속되거나 좌상을 입을 경우, 관절은 안정성을 잃고 만성적인 탈구나 반복적인 좌상, 심지어 관절표면의 손상을 입게 된다. 이러한 현상이 엉덩이, 무릎, 발목과 같이 체중을 지지하는 관절들에서 발생할 경우 그러한 위험은 더욱 심각하게 받아들여야 한다.

5) 일상생활과 작업의 효율성 향상

관절 가동범위의 결핍은 관물대의 높은 수납공간에 물건을 수납하거나 무거운 탄박스를 지면에서부터 트럭 적재함에 올리는 등의 작업에 부정적인 영향을 미칠 수 있다. 노인의 경우 목관절 가동범위 감소로 목을 돌리는 데 제한을 받게 되어 자동차 운전 시 후진이나 차선 변경 등의 활동을 효율적으로 수행하지 못하게 되고 사고의 위험이 증가되게 된다. 규칙적인 스트레칭은 일상적인 작업 및 생활에 필요한 기능을 유지하는 데 도움이 된다.

6) 스포츠 및 전투업무 수행력 향상

근육의 뻣뻣함 감소와 탄력 향상, 즉 유연성의 향상은 근육의 신장 내성력을 증가시켜 수행력을 향상시킨다. 장애물 극복과 같이 유연성이 필요한 활동 간 어깨, 허리, 엉덩이 등의 관절 가동범위가 넓은 경우 장애물을 훨씬 수월하게 극복하도록 해주며, 허들경기에서도 허리와 엉덩이의 유연성이 좋을 때 수행력의 향상을 기대할 수 있다. 유연성이 경기 수행력에 상당한 영향을 미치는 대표적인 스포츠 종목으로는 태권도, 기계체조, 수영, 다이빙, 레슬링 등이 있다. 그러나 다음과 같은 경우 스트레칭과 유연성 운동을 금지해야 한다.

〈표 6-1〉 스트레칭과 유연성 운동 시 금기 및 주의사항

금기사항	주의사항
• 관절면에 있는 뼈의 장애로 인해 움직임의 제한이 있는 경우 • 완치되지 않은 골절 • 관절 또는 주변 조직에 감염과 급성 염증 • 스트레칭 시 근육 경련 또는 통증 • 과도한 스트레칭으로 인한 국부 출종	• 관절은 정상적인 가동범위 내에서만 스트레칭 • 골절 부상의 경우 골절 후 8~12주까지 스트레칭을 금하며, 그 후 가볍게 스트레칭 시작 • 부종이 있는 관절이나 연부 조직은 능동적으로 가능한 가동범위 내에서 스트레칭 • 개인에 알맞은 적절한 목표를 설정하여 시행

4 스트레칭 방법

적절한 스트레칭 기술을 사용함으로써 유연성 향상에 보다 큰 도움이 될 수 있는데, 일반적으로 정적, 고유감각 신경근촉진, 탄성적, 동적 스트레칭 등 네 가지 방법이 있다. 유연성 훈련은 능동적, 수동적 스트레칭으로 더 세분화할 수 있는데, 능동적 스트레칭은 수행하는 자신이 스스로 힘을 발휘하는 것이고 수동적 스트레칭은 파트너나 스트레칭 기구로부터 필요한 힘을 얻는 경우이다.

유연성 훈련 프로그램을 구성하는 데 있어서 가장 중요한 것은 어떤 방법을 사용하더라도 올바른 자세를 유지하는 것이다. 올바르지 못한 자세로 행하는 스트레칭은 효과가 없고 오히려 역효과를 가져올 수 있기에 유연성을 적절하게 증가시키기 위해서는 반드시 정확한 동작으로 올바른 자세를 유지하는 것이 필요하다.

올바른 스트레칭을 위해서는 먼저 운동 자세와 위치를 정하고 코로 숨을 들이마신 뒤 입으로 천천히 내쉬면서 스트레칭을 한다. 숨을 내쉬면서 근육이 더 스트레칭되고 부드러

워지는 것을 느끼며 가동범위를 늘려 간다. 가능한 최대범위에 도달할 때까지 들이마시기와 내쉬기, 스트레칭을 반복하되 이때 반동을 주면서 근육을 늘려서는 안 된다. 스트레칭을 끝낼 때에는 스트레칭 자세에서 서서히 복귀시키고, 근육이 자연스럽게 원래 상태로 회복되도록 한다.

1) 정적 스트레칭

정적 스트레칭은 관절 주위의 움직임에 관련된 근육과 건을 점진적으로 신장시킨다. 이러한 방법은 유연성을 증가시키는 데 매우 안전하고 효과적인 방법이다. 이때 관절과 관련부위가 더 이상 늘어나지 않을 때까지 서서히 신장시켜야 하는데 이는 근육의 수축반사가 발생하지 않도록 하여 부상의 위험을 줄이게 되며, 관련부위를 신장시킨 자세로 10초 이상 유지하여야 한다.

스트레칭 자세를 오래 유지할수록 근육들이 신장된 상태에 쉽게 적응되나, 고통을 느끼지 않는 범위까지로 신장 정도와 시간을 제한하여야 한다. 만약 스트레칭으로 인하여 고통을 느낀다면 이는 근육과 건이 과도하게 신장되어 있음을 알리는 신호이며 손상의 원인이 되므로 스트레칭 시 주의를 기울여야 한다.

근육이 신장된 자세를 30초 이상 유지하는 것이 항상 바람직하지는 않다. 유연성 훈련 프로그램의 초기 단계에서는 10~15초를 유지하다가 점차 익숙해지면 점진적으로 30초까지 시간을 늘리는 것이 바람직하다.

정적 스트레칭을 시작하는 좋은 방법은 최초 조직의 긴장감이 느껴지는 정도에서 약간 이완하여 자세를 몇 초 유지한 다음 조금 더 신장시켰다가 다시 조금 이완하여 자세를 유지하는 방법으로, 이와 같이 하면 부상의 위험 없이 적절한 효과를 얻을 수 있다. 정적 스트레칭의 마지막 자세는 천천히 시행되어야 하며 긴장상태의 불쾌감이 적은 상태에서 이루어져야 한다. 신전 자세가 유지되면서 긴장감이 감소하여야 하며 만일 긴장감이 감소되기 않는다면 신전된 자세를 약간 이완시켜준다. 이러한 과정을 통하여 신전 반사의 활성화를 억제시키는 데 도움이 된다.

정적 스트레칭의 방법 중 동료 또는 수건, 봉, 탄성 밴드 등과 같이 스트레칭 보조기구나 사람의 도움을 이용하는 수동적 스트레칭 방법을 사용할 수 있는데, 이는 혼자서 달성하기 어려운 가동범위까지 안전하게 스트레칭할 수 있도록 하는 방법이다. 이때 동료에게 통증이 느껴지는 범위와 그렇지 않은 범위를 알려주어 과도한 신장이 되지 않도록 해야 한다.

〈표 6-2〉 부위별 정적 스트레칭 종목

부위	종목
목(neck)	오른쪽과 왼쪽 쳐다보기 앞과 뒤로 고개 숙이기
어깨/가슴(shoulders/chest)	팔 뒤로 깍지 끼고 끌어 올리기 앉아 손 뒤로 짚고 밀기
상완 후면(posterior of upper arm)	목 뒤로 팔꿈치 당기기
등(upper back)	가슴 앞에 팔 교차하여 당기기 양팔 깍지 끼고 머리 위로 펴기
허리(lower back)	척추 비틀기 앉아 허리 앞으로 숙이기
엉덩이(hips)	다리 길게 뻗어 런지하기 누워서 한쪽 다리 가슴으로 당기기
몸통(torso)	양손 머리 위 깍지 끼고 옆으로 굽히기 목 뒤 팔꿈치 당기며 옆으로 굽히기
허벅지 앞쪽/ 엉덩이 굴곡 (anterior of thigh and hip flexor)	옆으로 누워 발목잡고 엉덩이로 당기기
허벅지 뒤쪽(ham string)	앉아 발끝 잡아당기기 앉아 한쪽 다리 접고 앞으로 숙이기
사타구니(groin)	다리벌려 앉아 좌우 앞으로 숙이기 다리모아 앉아 앞으로 숙이기
종아리(calf)	벽 짚고 한 발 뒤로 펴기 발 뒤꿈치 올렸다 내리기

오른쪽과 왼쪽 쳐다보기	
동작 요령	스트레칭되는 근육
1. 앉거나 서서 머리와 목을 똑바로 세운다. 2. 최대한 수축근 활동으로 오른쪽으로 돌린다. 3. 왼쪽으로 돌린다.	흉쇄유돌근(목빗근) 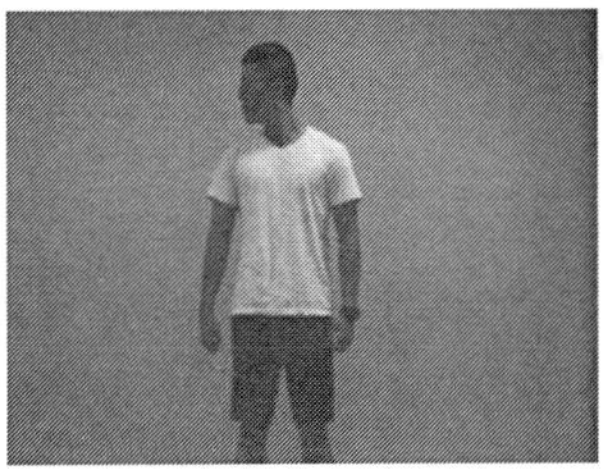 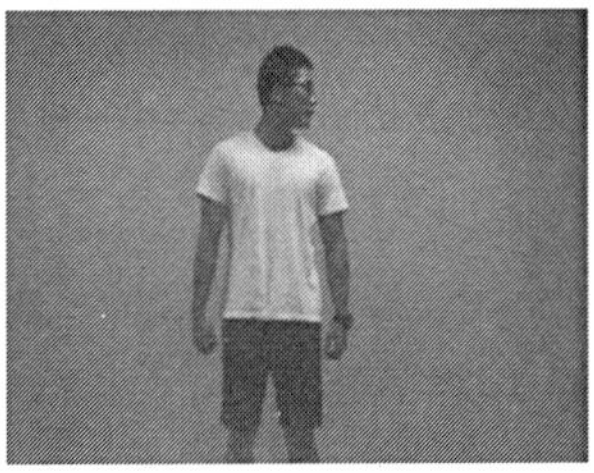

앞과 뒤로 고개 숙이기	
동작 요령	스트레칭되는 근육
1. 서거나 앉아서 머리와 목을 곧게 하고, 턱을 가슴 방향으로 당겨서 목을 구부린다. 2. 만약 턱이 가슴에 닿으면 턱이 더 낮은 가슴에 닿도록 노력한다. 3. 가능한 머리가 등에 가까워질 수 있도록 노력하여 목을 최대한 뒤로 신장시킨다.	흉쇄유돌근(목빗근) 후두아래근육(뒷통수 밑근육)  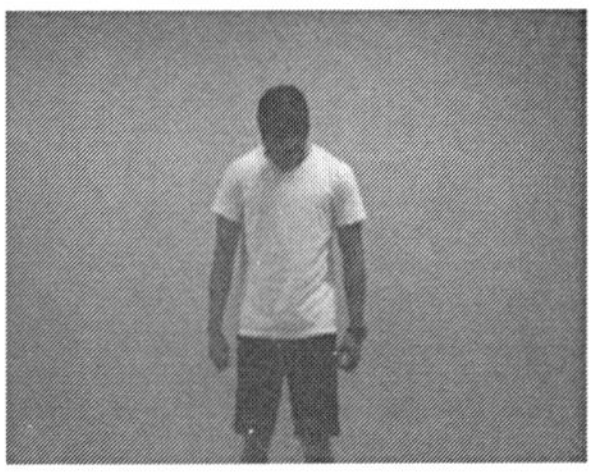

팔 뒤로 깍지 끼고 끌어 올리기	
동작 요령	스트레칭되는 근육
1. 서서 두 팔을 등 뒤에 위치시킨다. 2. 손바닥이 서로 마주한 상태로 깍지를 낀다. 3. 팔꿈치를 완전히 편다. 4. 팔꿈치를 편 상태에서 천천히 팔을 끌어 올린다. 5. 머리는 곧게 유지하고 목은 이완되도록 한다.	대흉근(큰가슴근) 전방 삼각근(전방 어깨세모근) 

앉아 손 뒤로 짚고 밀기	
동작 요령	**스트레칭되는 근육**
1. 다리를 펴고 앉아 팔을 곧게 펴서 엉덩이 30cm 뒤쪽으로 손바닥이 바닥을 향하도록 놓는다. 2. 손가락이 뒤쪽을 향하도록 한다. 3. 손을 뒤로 미끄러지게 하여 뒤쪽으로 기댄다.	삼각근(어깨 세모근), 대흉근(큰가슴근) 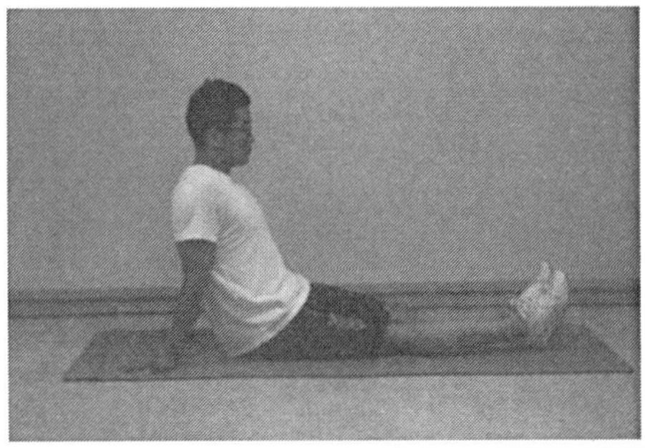

목 뒤로 팔꿈치 당기기	
동작 요령	**스트레칭되는 근육**
1. 서거나 앉아서 팔꿈치를 구부리고 오른쪽 어깨를 외전시킨다. 2. 오른쪽 손을 아래로 향하게 하여 왼쪽 견갑골에 닿게 한다. 3. 왼손으로 오른쪽 팔꿈치를 잡는다. 4. 왼손으로 머리 뒤쪽에 있는 팔꿈치를 당겨서 어깨의 외전을 증가시킨다.	상완삼두근(위 팔 세갈래근), 광배근(넓은등근) 

가슴 앞에 팔 교차하여 당기기	
동작 요령	**스트레칭되는 근육**
1. 서거나 앉아서 왼쪽 팔꿈치를 약간 구부려 몸을 가로질러 넣는다. 즉 어깨를 수평으로 내전시킨다. 2. 팔꿈치 바로 위쪽 상박을 잡고, 오른손을 상박의 뒤쪽에 위치시킨다. 3. 오른손으로(오른쪽으로) 가슴을 가로질러 왼손을 당긴다.	후방삼각근(후방 어깨세모근), 능현근(마름근), 승모근(등세모근) 

<table>
<tr><th colspan="2">양팔 깍지 끼고 머리 위로 펴기</th></tr>
<tr><th>동작 요령</th><th>스트레칭되는 근육</th></tr>
<tr><td rowspan="2">1. 팔을 몸통 앞에 위치시키고, 손바닥이 바깥쪽을 향하도록 하여 깍지를 낀다.
2. 천천히 팔을 머리 위로 펴면서 손바닥을 편다.
3. 계속해서 손과 팔이 위로 향하도록 한다.
4. 계속 위로 향하도록 하면서 약간 뒤쪽으로 향하도록 한다.</td><td>광배근(넓은등근)</td></tr>
<tr><td></td></tr>
</table>

<table>
<tr><th colspan="2">척추 비틀기</th></tr>
<tr><th>동작 요령</th><th>스트레칭되는 근육</th></tr>
<tr><td rowspan="2">1. 다리를 곧게 펴고 상체를 거의 수직으로 한 상태로 앉아서, 오른쪽 다리를 왼쪽 무릎 옆에 위치시킨다.
2. 왼쪽 팔꿈치를 굽혀진 오른쪽 무릎에 위치시킨다.
3. 오른쪽 손바닥을 엉덩이 30~40cm 뒤쪽 바닥에 위치시킨다.
4. 어깨와 머리는 최대한 오른쪽으로 향하여 등 뒤쪽을 바라보도록 하면서 왼쪽 팔꿈치로 오른쪽 무릎을 민다.</td><td>내복사근(배속빗근), 외복사근(배바깥빗근)
이상근(궁둥구멍근), 척추기립근(척추세움근)</td></tr>
<tr><td></td></tr>
</table>

<table>
<tr><th colspan="2">앉아 허리 앞으로 숙이기</th></tr>
<tr><th>동작 요령</th><th>스트레칭되는 근육</th></tr>
<tr><td rowspan="2">1. 무릎을 30~50도 구부린 상태로 앉아 발을 완전히 이완시킨다.
2. 무릎은 바깥쪽을 향하도록 하고, 무릎의 옆면은 바닥에 닿거나 닿지 않을 수 있다.
3. 허리를 앞으로 숙이면서 곧게 편 팔을 앞으로 향하도록 한다.</td><td>척추기립근(척추세움근)</td></tr>
<tr><td></td></tr>
</table>

<table>
<tr><th colspan="2">누워서 한쪽다리 가슴으로 당기기</th></tr>
<tr><th>동작 요령</th><th>스트레칭되는 근육</th></tr>
<tr><td rowspan="2">1. 다리를 곧게 펴고 등을 바닥에 대고 눕는다.
2. 오른쪽 무릎과 엉덩이를 구부려 넓적다리가 가슴을 향하도록 한다.
3. 두 손을 넓적다리 뒤쪽에 위치시키고, 계속해서 가슴으로 당긴다.</td><td>대둔근(큰 볼기근), 대퇴이두근(넙다리 두갈래근)</td></tr>
<tr><td>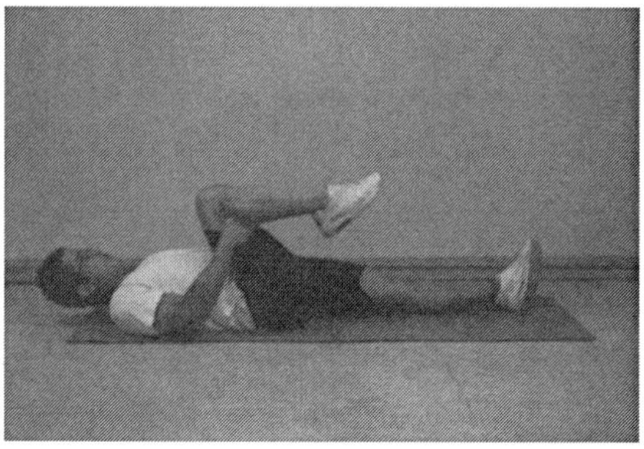</td></tr>
</table>

<table>
<tr><th colspan="2">다리 길게 뻗어 런지하기</th></tr>
<tr><th>동작 요령</th><th>스트레칭되는 근육</th></tr>
<tr><td rowspan="2">1. 서서 오른쪽 다리를 크게 내딛어 굽혀진 오른쪽 무릎이 바로 오른발 위에 오도록 한다.
2. 오른발을 바닥과 평평하게 유지한다.
3. 뒤쪽에 위치한 다리는 곧게 편다.
4. 뒤쪽에 위치한 발은 앞쪽에 위치한 발과 같은 방향을 향하도록 하고, 뒤쪽 발이 반드시 바닥에 닿을 필요는 없다.
5. 몸통은 곧게 세우고 손은 이완된 상태로 엉덩이 또는 앞쪽에 위치한 다리 위에 올려 놓는다.
6. 천천히 엉덩이를 앞쪽으로 그리고 아래쪽으로 낮춘다.</td><td>대퇴사두근(넙다리 네갈래근)</td></tr>
<tr><td></td></tr>
</table>

<table>
<tr><th colspan="2">양손 머리 위 깍지 끼고 옆으로 굽히기</th></tr>
<tr><th>동작 요령</th><th>스트레칭되는 근육</th></tr>
<tr><td rowspan="2">1. 다리를 어깨 넓이로 벌리고 선다.
2. 손바닥이 바깥을 향하도록 한 상태로 손가락을 엇갈리게 잡는다.
3. 곧게 펴진 팔을 위로 향하도록 한다.
4. 팔을 곧게 편 상태로, 허리를 왼쪽으로 숙인다. 이때 무릎을 구부리지 않는다.</td><td>외복사근(배바깥빗근), 광배근(넓은등근), 전거근(앞톱니근)</td></tr>
<tr><td></td></tr>
</table>

목 뒤 팔꿈치 당기며 옆으로 굽히기

동작 요령	스트레칭되는 근육
1. 발을 어깨 넓이로 벌리고 선다. 2. 오른쪽 팔꿈치를 구부려 머리 위로 들어 올린다. 3. 오른쪽 손을 왼쪽 어깨에 닿도록 내린다. 4. 왼손으로 오른쪽 팔꿈치를 잡는다. 5. 머리 뒤쪽으로 팔을 잡아당긴다. 6. 팔은 구부린 상태를 유지하고, 머리는 왼쪽으로 숙인다. 7. 무릎은 구부리지 않는다.	상완삼두근(위 팔 세갈래근) 

옆으로 누워 발목잡고 엉덩이로 당기기

동작 요령	스트레칭되는 근육
1. 다리를 곧게 펴고 왼쪽면으로 눕는다. 2. 왼쪽 팔 하박을 바닥에 평평하게 놓고, 상박은 바닥과 수직이 되게 한다. 3. 왼쪽 팔 하박은 몸통과 45도가 되도록 한다. 4. 오른 발을 구부려 오른발 뒤꿈치가 엉덩이 방향으로 움직이게 한다. 5. 오른손으로 발목을 잡아서 엉덩이 방향으로 당긴다.	대퇴사두근(넓다리 네갈래근) 장요근(엉덩허리근) 

앉아 발끝 잡아당기기

동작 요령	스트레칭되는 근육
1. 상체를 수직으로 세운 상태로 다리를 곧게 펴고 앉는다. 2. 엉덩이 굴곡을 이용하여 앞으로 숙여 양손으로 발끝을 잡는다. 약간 발끝을 몸통 방향으로 잡아 당기면서 가슴을 다리쪽으로 붙인다. 만약, 유연성에 제약이 있다면 발목을 잡도록 한다.	대퇴이두근(넙다리 두갈래근) 척추기립근(척추세움근) 비복근(장딴지근) 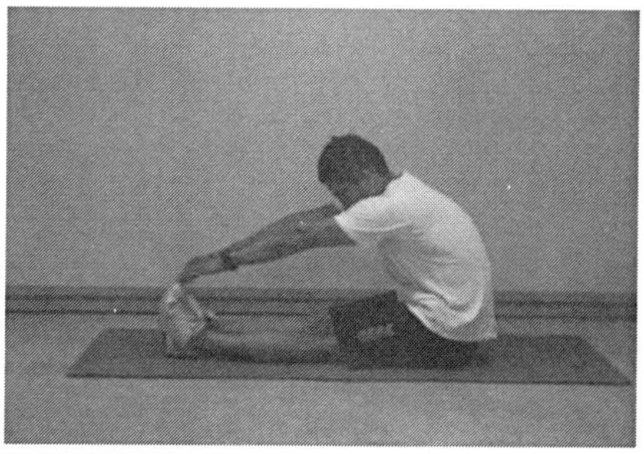

앉아 한쪽 다리 접고 앞으로 숙이기	
동작 요령	**스트레칭되는 근육**
1. 상체를 수직으로 세운 상태로 다리를 곧게 펴고 앉는다. 2. 왼발 바닥을 오른쪽 무릎 안쪽에 위치시킨다. 3. 엉덩이 굴곡을 이용하여 앞으로 숙여 오른손으로 오른발 끝을 잡는다. 약간 발끝을 몸통 방향으로 잡아당기면서 가슴 또한 오른발 쪽으로 붙인다.	비복근(장딴지근) 대퇴이두근(넙다리 두갈래근) 척추기립근(척추세움근) 

다리벌려 앉아 좌우 앞으로 숙이기	
동작 요령	**스트레칭되는 근육**
1. 상체를 수직으로 세운 상태로 다리를 곧게 펴고 앉는다. 엉덩이를 외전시켜, 양발을 최대한 벌린다. 2. 양손으로 약간 오른쪽 발끝을 잡아 당기면서, 가슴을 오른쪽 다리에 붙인다. 3. 오른손으로 오른쪽 발끝을 잡고, 왼손으로 왼쪽 발끝을 잡고 중앙을 향하도록 반복한다. 몸통을 지면에 붙인다.	비복근(장딴지근) 대퇴이두근(넙다리 두갈래근) 척추기립근(척추세움근) 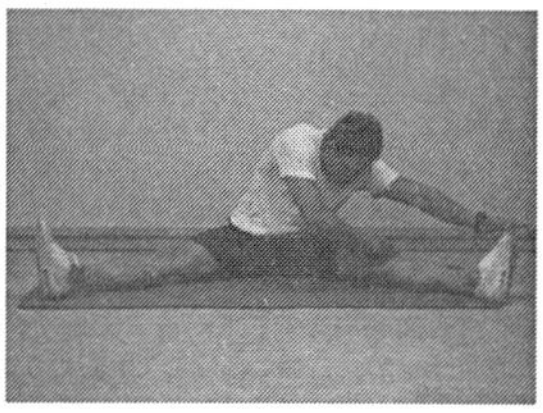 

다리모아 앉아 앞으로 숙이기	
동작 요령	**스트레칭되는 근육**
1. 상체를 수직으로 세운 상태로 다리를 곧게 펴고 앉아 양 무릎을 구부려 발바닥을 모은다. 2. 발을 몸쪽으로 당긴다. 3. 손은 발 위에 놓고, 팔꿈치는 무릎 위에 놓는다. 4. 엉덩이는 외전이 일어나도록 팔꿈치로 아래를 향하게 누르면서 상체를 앞으로 숙인다.	내전근(모음근) 봉공근(넙다리빗근) 

<table>
<tr><th colspan="2">벽짚고 한 발 뒤로 펴기</th></tr>
<tr><th>동작 요령</th><th>스트레칭되는 근육</th></tr>
<tr><td rowspan="2">1. 벽면으로부터 60cm 정도 떨어진 위치에서 벽면을 향하고 선다.
2. 벽면에 손을 대고 앞으로 기댄다.
3. 반대 무릎은 굽히고 스트레칭 되는 발은 60cm 정도 뒤로 내딛는다.
4. 스트레칭 되는 발의 무릎은 펴고 발뒤꿈치는 바닥에 닿게 하여 스트레칭이 되도록 한다.</td><td>비복근(장딴지근), 가자미근, 종골건(발뒤꿈치힘줄)</td></tr>
<tr><td> </td></tr>
</table>

<table>
<tr><th colspan="2">발 뒤꿈치 올렸다 내리기</th></tr>
<tr><th>동작 요령</th><th>스트레칭되는 근육</th></tr>
<tr><td rowspan="2">1. 한쪽 발의 앞꿈치를 계단의 가장자리 또는 8~10cm 높이의 보드 위에 올려 놓고, 다른 발은 바닥에 평평하게 놓는다.
2. 발을 곧게 펴면서 최대한 계단 또는 높은 보드 위에 올려놓은 발의 뒤꿈치를 낮춘다.
3. 다른 발도 반복한다.</td><td>비복근(장딴지근), 가자미근, 종골건(발뒤꿈치힘줄)</td></tr>
<tr><td>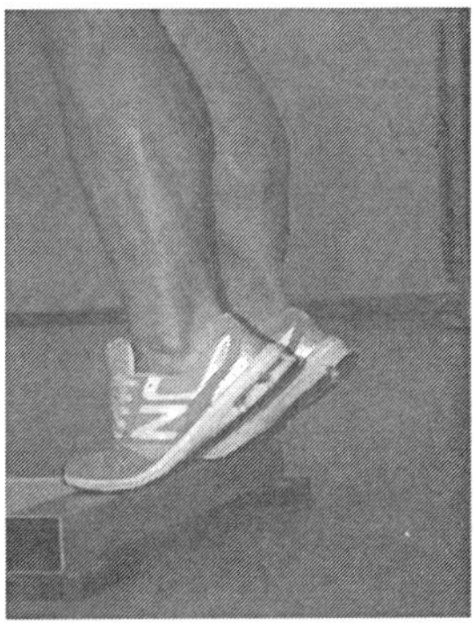 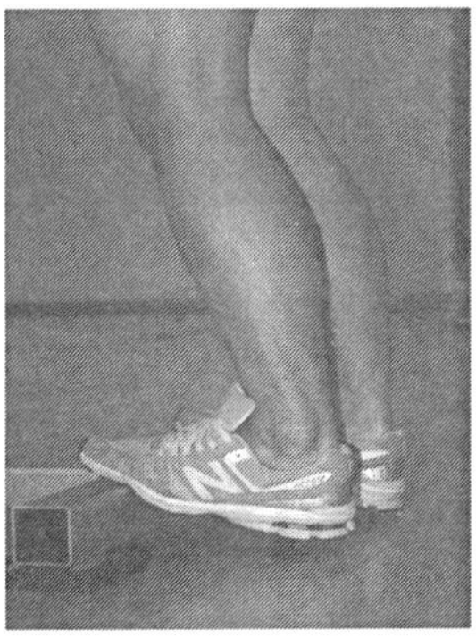</td></tr>
</table>

2) 고유감각 신경근 촉진

고유감각 신경근 촉진 스트레칭은 유연성을 향상시키기 위하여 각 근육군의 근신경 특성을 이용하는 방법으로 관절 가동범위를 증가시키는 데 효과적인 방법으로 받아들여지고 있다. 동료나 스트레칭 보조기구를 이용하여 스트레칭 부위의 강한 수축과 이완을 반복하는데, 이 기법은 각 수축 이후에 근육의 이완을 더욱 높여주게 되어 관절의 가동 범위를 더욱 늘릴 수 있도록 해준다. 다양한 기법 중에서 가장 많이 쓰이는 것은 근육의 이완을 유지하면서 해당 근육이나 관절을 정적 스트레칭 자세로 유지하는 것이다. 정적 스트레칭 자세를 약 10초 정도 유지한 다음 파트너 혹은 보조기구의 도움으로 신장된 부위를 고정시킨 상태에서 약 6초간 강한 등척성 수축을 한다. 이때 관절이 움직이지 않도록 주의하여야 하며 1~2초간의 짧은 휴식 후에 수동적 스트레칭으로 좀 더 신전시켜 약 30초간 유지한다. 중간 단계에서 실시하는 등척성 수축은 골기건기관을 자극하여 결합 조직의 길이를 늘려 관절 가동범위를 증가시킴으로써 이후에 실시하는 스트레칭 시 근육의 긴장상태를 낮게 유지하도록 한다.

다른 스트레칭 기법보다 가장 효과적으로 관절 가동범위를 증가시켜 준다고 알려져 있지만, 파트너를 필요로 하고 파트너가 숙달되지 않거나 신전되는 관절을 과도하게 늘리는 경우 오히려 부상의 위험을 높일 수 있다는 제한사항이 있다. 또한 다른 방법에 비하여 많은 시간이 소요되는 단점이 있기에 별도의 유연성 프로그램이 아닌 준비 운동이나 정리 운동에 포함하여 실시하기에는 시간적인 제한이 따른다.

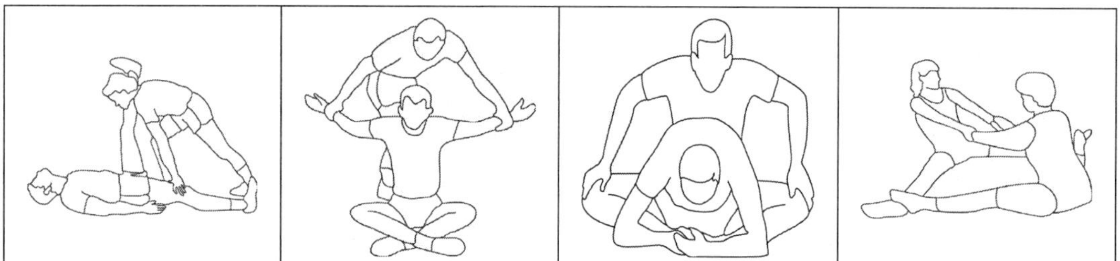

1. 정지-이완 (Hold-relax)
   - 10초 정도 약간 불편함을 느끼는 지점을 유지하는 수동적 사전 스트레칭으로 시작
   - 관절각도를 높여가며 실시, 대상자는 힘을 주지 않음
2. 수축-이완 (Contract-relax)
   - 10초 정도 약간 불편함을 느끼는 지점을 유지하는 수동적 사전 스트레칭으로 시작
   - 관절각도를 높여가며 실시하되, 대상자는 파트너가 주는 힘의 방향과 반대로 힘을 주어 밈
3. 주동근 수축하 정지-이완 (Hold-relax with agonist contraction)
   - 정지-이완의 두 번째 단계
4. 파트너와 함께 하는 일반적인 PNF 스트레칭
   - 종아리 및 발목, 가슴, 대퇴이두 및 엉덩이 신전, 대퇴사두 및 엉덩이 굴곡, 어깨

3) 탄성적(반동적) 스트레칭

탄성 또는 반동 스트레칭은 관절의 가동범위와 신전을 크게 하기 위하여 몸의 순간적인 반동을 이용하게 되는데 이러한 방법은 유연성을 향상시키는 데 상당한 도움이 되나 종종 근육의 과도한 신장과 부상을 유발하므로 숙달되지 않은 사람이 사용하는 것은 바람직하지 않다.

4) 동적 스트레칭

동적 스트레칭은 탄성적 스트레칭처럼 빠른 동작을 사용한다는 점에서는 비슷하나, 반동을 주지 않고 일정한 패턴의 동작을 규칙적으로 수행하는 점에서 다르다. 대표적인 방법으로는 대퇴와 엉덩이 근육들을 스트레칭하기 위한 앞으로 굽혀 걷기(lunge walk)가 있는데, 보폭을 아주 넓게 하면서 앞다리의 무릎이 발가락 수직선상에 오도록 하고 뒷다리가 굽혀지도록 하면서 양발을 번갈아가며 앞으로 걷는 동작이다.

이러한 동적 스트레칭은 정적인 동작에서 탈피하여 역동적인 방법을 사용함으로써 지루하지 않게 할 수 있으며, 다양한 동작을 복합적으로 연결함으로써 다양한 근육이 신전되어 훈련 시간을 절약하는 효과를 볼 수 있다. 또한 동적 유연성 훈련은 균형과 협응성을 요구하기 때문에 정적 스트레칭에 비하여 다양한 체력적 요인의 발달을 동시에 도모할 수 있다.

〈표 6-3〉 동적 스트레칭

앞으로 나가며 좌우로 팔 흔들기	앞으로 걸으며 무릎 들기
바닥에 손 짚고 앞으로 이동하기	런지하며 몸통 안으로 굽히기
런지 걷기	허들 위아래 넘기
런지하며 몸 비틀기	

앞으로 나가며 좌우로 팔 흔들기	
동작 요령	스트레칭되는 근육
1. 똑바로 서서 양팔이 바닥과 평행하도록 들어 올린다. 2. 정해진 거리까지 걸으며 좌우로 팔을 스윙하듯이 흔든다. 3. 어깨 관절에서만 움직이며, 몸통과 머리는 정면을 향한다. 왼쪽과 오른쪽 번갈아 가며 팔을 흔든다.	광배근(넓은등근) 대원근(큰원근) 삼각근(전후 어깨세모근) 대흉근(큰가슴근) 

바닥에 손 짚고 앞으로 이동하기	
동작 요령	스트레칭되는 근육
1. 어깨 넓이로 다리를 벌리고 곧게 선다. 2. 약간 무릎을 구부리고, 허리를 숙여 양팔을 어깨 넓이로 벌린 상태로 바닥에 닿게 한다. 3. 몸의 무게 중심은 뒤쪽에 있어야 하고, 마치 몸에 V 모양의 틀이 들어간 것처럼 엉덩이는 공중에 있어야 한다. 4. 마치 손으로 짧은 걸음을 걷듯이, 팔굽혀펴기 자세가 될 때까지 손을 교대로 앞으로 움직인다. 5. 무릎을 약간 구부린 상태로 발을 이용한 짧은 걸음으로 손이 위치한 곳까지 걷는다. 6. 다시 이전에 기술된 동작을 반복한다.	척주기립근(척주세움근) 비복근(장딴지근) 대둔근(큰볼기근) 대퇴이두근(넙다리 두갈래근) 가자미근 전경골근(앞정강근)  

런지 걷기	
동작 요령	스트레칭되는 근육
1. 두 발을 평행하게 어깨 넓이로 벌리고 곧게 선다. 2. 왼발을 크게 내딛어 왼발을 바닥과 평평하게 유지하고, 왼발 끝이 정면을 향하도록 한다. 3. 왼쪽 엉덩이와 무릎을 천천히 구부려, 왼쪽 무릎이 왼쪽 발 바로 위에 오도록 한다. 4. 오른쪽 무릎을 약간 구부리고 낮춰 바닥으로부터 3~5cm 정도 이격되도록 한다. 발끝은 정면을 향하도록 한다. 5. 무게 중심은 왼발 전체와 오른발 앞꿈치 사이에서 균형을 이루도록 한다. 6. 오른쪽 다리 위에 앉는 모양처럼 몸통은 바닥과 수직을 이루도록 한다. 7. 왼쪽 엉덩이와 무릎을 펴면서 힘차게 바닥을 민다. 8. 오른발을 들어올려 왼발 옆에 위치시킨다. 앞으로 종종걸음으로 움직이지 않도록 한다. 9. 곧게 서고, 멈추고, 그리고 오른발을 크게 내딛어 점진적으로 앞으로 전진한다.	대둔근(큰볼기근), 대퇴이두근(넙다리 두갈래근) 장요근(엉덩이허리근), 대퇴사두근(넙다리 네갈래근) 

런지하며 몸 비틀기	
동작 요령	스트레칭되는 근육
1. 두 발을 평행하게 어깨 넓이로 벌리고 곧게 선다. 2. 오른발을 크게 내딛어 오른발을 바닥과 평평하게 유지하고, 오른발 끝이 정면을 향하도록 한다. 3. 오른쪽 엉덩이와 무릎을 천천히 구부려, 오른쪽 무릎에 오른쪽 발 바로 위에 오도록 한다. 4. 왼쪽 무릎을 약간 구부리고 낮춰 바닥으로부터 3~5cm 정도 이격되도록 한다. 발끝은 정면을 향하도록 한다. 5. 왼쪽 팔을 높게 들어 위로 향하게 하고, 몸통을 측면으로 기울여 오른쪽 다리를 향하도록 한다. 6. 몸통을 곧게 세운 자세로 돌아온 후 오른쪽 엉덩이와 무릎을 펴면서 힘차게 바닥을 민다. 7. 왼발을 들어올려 오른발 옆에 위치시킨다. 8. 곧게 서고, 멈추고, 그리고 왼발을 크게 내딛어 점점 앞으로 전진한다.	대둔근(큰볼기근), 대퇴이두근(넙다리 두갈래근) 장요근(엉덩허리근), 대퇴사두근(넙다리 네갈래근) 광배근(넓은등근) 

앞으로 걸으며 무릎 들기	
동작 요령	**스트레칭되는 근육**
1. 두 발을 평행하게 어깨 넓이로 벌리고 곧게 선다. 2. 왼발을 앞으로 내딛고, 오른쪽 엉덩이와 무릎을 구부려 오른쪽 넓적다리가 가슴을 향하여 위로 움직이도록 한다. 3. 오른쪽 무릎 앞쪽/정강이 위쪽을 잡아당겨, 오른쪽 넓적다리가 가슴에 가까워지도록 한다. 4. 오른쪽 엉덩이와 무릎이 구부러질 때 왼쪽 다리를 곧게 유지한다. 5. 몸통을 곧게 유지한 상태로 잠시 멈추었다가, 오른쪽 다리를 내려놓으면서 나아간다. 6. 몸무게를 오른발쪽으로 이동시키고 왼발쪽으로 같은 동작을 반복한다, 7. 매 스텝 앞으로 나아가고 순차적인 스텝 속도와 관절 가동범위를 증가시킨다.	대둔근(큰볼기근) 대퇴이두근(넙다리 두갈래근) 

런지하며 몸통 안으로 굽히기	
동작 요령	**스트레칭되는 근육**
1. 두 발을 평행하게 어깨 넓이로 벌리고 곧게 선다. 2. 왼발을 크게 내딛어 왼발을 바닥과 평평하게 유지하고, 왼발 끝이 정면을 향하도록 한다. 3. 왼쪽 엉덩이와 무릎을 천천히 구부려, 왼쪽 무릎이 왼쪽 발 바로 위에 오도록 한다. 4. 오른쪽 무릎을 약간 구부리고 낮춰 바닥으로부터 3~5cm 정도 이격되도록 한다. 발끝은 정면을 향하도록 한다. 5. 상체를 앞으로 기울여 왼쪽 팔꿈치가 왼쪽 발 안쪽에 닿게 하고, 균형을 잡기 위해 오른손은 바닥에 자연스럽게 올려놓는다. 6. 몸통을 곧게 세우기 위해 등을 뒤로 기울인 후 왼쪽 엉덩이와 무릎을 펴면서 바닥을 강하게 민다. 7. 오른발을 들어올려 왼발 옆에 위치시킨다. 8. 곧게 서고, 멈추고, 그리고 오른발을 크게 내딛어 점점 앞으로 매 스텝 전진한다.	몸통 및 하체 전반적인 근육 

<table>
<tr><th colspan="2">허들 위아래 넘기</th></tr>
<tr><th>동작 요령</th><th>스트레칭되는 근육</th></tr>
<tr><td rowspan="2">이 운동은 측면으로 허들을 넘은 후 허들 아래를 통과하는 움직임을 흉내 내는 것이다.
1. 두 발을 평형하게 어깨 넓이로 벌리고 선다.
2. 왼쪽 엉덩이와 무릎을 구부린 후 왼쪽 넓적다리를 바닥과 수평이 될 때까지 외전시킨다.
3. 마치 가상의 허들을 측면으로 넘는 것과 같이 왼쪽으로 걷는다.
4. 왼발을 바닥에 굳건하게 딛고, 체중을 왼발에 놓는다. 그 후에 오른 발을 들어 올려 가상의 허들을 넘는다.
5. 오른발로 가상의 허들을 넘고 바닥에 견고하게 디딘 후에, 곧게 서고, 멈추고, 엉덩이와 무릎을 구부리고 발목을 신장시켜 풀 스쿼트 자세를 취한다.
6. 마치 측면 런지를 수행하는 것처럼 왼발을 측면으로 벌린다.
7. 무게 중심을 낮게 유지하고, 마치 가상의 허들을 아래로 통과하는 것처럼 측면으로 몸을 움직인다.
8. 곧게 서고, 멈추고, 그리고 반대 방향으로 그 움직임을 반복한다.</td><td>몸통 및 하체 전반적인 근육</td></tr>
<tr><td>  </td></tr>
</table>

5) 스트레칭의 적정량

(1) 과부하의 원리

유연성 증가를 위해서는 정상적인 근육길이의 약 10% 정도 이상을 신장시키도록 권장한다. 하지만 근육의 길이를 재면서 스트레칭을 하기에는 제한이 있기에 현장에서 적용하는 데는 뻣뻣함이나 불편함을 느끼는 바로 전 단계까지 스트레칭하는 것을 권장한다. 다른 체력요인의 향상을 위한 기본 원리와 마찬가지로 과부하를 주지 않고서 유연성의 향상을 기대하기는 어렵다. 또한 심한 통증을 느끼는 수준까지 실시하는 스트레칭은 절대 주의하여야 한다.

(2) 스트레칭 유지 시간

우리 몸에서는 근육이 신장되면 신장에 저항하는 신장 반사(stretch reflex)가 나타난다. 근육과 건에 있는 감각 수용체가 신장을 감지하게 되면 감각 신경을 통하여 척수로 정보가 전달되고, 척수에서는 반사행동으로 근육이 수축하도록 운동신경을 통하여 신호를 보내게 된다. 이러한 반응으로 최초 스트레칭에 제한을 받게 되지만 신장시킨 상태로 일정시간을 유지하게 되면 신장 반사는 수그러들고 근육이 신장되도록 한다. 그러므로 유연성 증가를 위해서는 신장 반사의 영향을 넘어서는 시간까지 지속하는 것이 중요하다.

최근에는 적어도 15초 이상 스트레칭 자세를 유지하고 점진적으로 30~60초까지 지속시간을 유지하도록 하는 것을 권장하고 있다. 미국 스포츠 의학회(ACSM : american college of sports and medicine)에서는 고유감각 신경근 촉진 기법 수행 간 유연성 향상을 위해 10초 이상 지속하는 것을 권장한다.

(3) 스트레칭 반복횟수

근육의 긴장은 스트레칭 자세가 유지되는 시간이 길어질수록 감소된다. 최초 15초까지 근육 긴장이 급격하게 감소되고 그 이후에는 완만하게 감소되는 효과가 약 60초까지 지속된다. 더욱이 스트레칭을 반복적으로 실시하게 되면 바로 앞에서 실시할 때보다 낮은 근육 긴장도에서 실시하게 되어 더욱 유연성이 향상되는 효과를 볼 수 있게 된다. 그러한 이유로 스트레칭 운동 시 동일 자세를 수 회 반복하는 것을 권장하는데 미국 스포츠 의학회는 4회 반복을 권장하고 있다. 하지

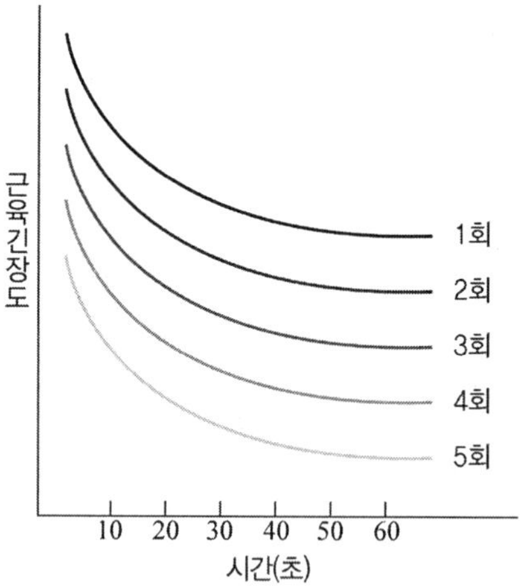

〈그림 6-1〉 스트레칭 반복횟수와 시간에 따른 근육 긴장변화

만 고난이도의 유연성을 필요로 하지 않는 경우 1~2회 반복만으로도 유연성 향상의 효과를 볼 수 있다.

(4) 스트레칭 실시 시기

가벼운 준비 운동으로 근육 온도를 높이고 결합 조직의 신장성을 증가시킨 뒤 스트레칭을 하는 것이 유연성 향상을 위해 매우 적합한 조건이라 알려져 있다. 일부 학자들은 운동 프로그램의 중간에 하는 것을 권장하기도 하고, 일부는 운동 수행의 마지막 단계에서 정리 운동과 병행하여 하는 것을 권장하기도 한다. 하지만 개인이 성향이나 활동 특성에 따라 운동 중간에 스트레칭으로 방해받기를 원하지 않기도 하고, 시간에 쫓겨 운동 마지막 단계에서 스트레칭하는 것을 주저하기도 한다.

부대활동 간 지휘관은 부대원들의 신체활동을 계획함에 있어서 반드시 준비 운동 및 스트레칭 시간을 포함하도록 하여 안전하고 효과적인 신체활동이 이루어지도록 하여야 한다. 유연성을 향상시키기 위한 프로그램의 권장수준은 다음과 같다. 스트레칭은 매일 실시하며 준비 운동 사이에 포함함으로써 근육들을 격한 활동에 적응시키고 부상을 예방하도록 한다. 또한 정리 운동에도 포함하여 유연성을 유지하도록 한다. 스트레칭 강도는 일상적인 가동범위 이상으로 하여 다소 뻣뻣한 정도의 범위까지 하되 통증이 유발되서는 안 된다. 스트레칭 부위별로 실시하는 시간으로는 각 동작을 준비 운동이나 정리 운동에서 10~15초 정도 실시하는 것이 바람직하고 30초 이상 유지하는 것은 유연성 증가에 더욱 도움이 된다. 스트레칭 형태는 정적 스트레칭을 점증적으로 가동범위를 증가시키도록 실시하되, 숙달된 병력에 한하여 수동적 또는 고유감각 신경근 촉진 기법을 활용하는 것도 유연성 향상에 도움이 된다.

5 유연성 향상을 위한 전략

유연성 향상을 위한 훈련은 사람마다 차이가 있지만 다소 지루하고 쉽게 흥미를 잃어버리는 경향이 있다. 하지만 신체의 건강이나 수행력의 향상을 기대한다면 꾸준하게 적합한 유연성 유지 및 향상을 위한 노력을 기울여야 할 것이다.

유연성 훈련을 시작하기 전에 우선적으로 자신의 현재 상태를 체크해보는 것이 중요하다. 다양한 측정방법이 있지만 특별한 부위의 상당한 유연성을 요구하는 상황이 아니라면 간단한 테스트를 통하여 점검하는 것이 권장된다. 가장 대표적인 유연성 측정 방법으로는 다리를 곧게 펴고 앉아서 팔을 뻗어 손가락 끝이 발가락을 지나는 정도를 측정하는 방법, 다리를 펴고 누워서 한쪽 다리를 곧게 유지한 채 들어 올려 올라간 각도를 측정하는 방법, 그리고 한 팔은 머리 뒤로 다른 한 팔은 등 뒤로 돌려 양손을 마주잡는 자세를 취하여 손가락 끝과 끝의 거리를 측정하는 방법 등이 있다.

이러한 방법들을 이용하여 훈련을 시작하기 이전에 자신의 부위별 유연성 정도를 측정하고 기록해 두었다가 주기적으로 재측정하여 이전과 향상된 정도를 비교함으로써 노력의 결과를 점검하고 향후 프로그램의 수정 및 변화를 도모할 수 있다. 단지 주기적으로 재측정을 하는 것만으로도 유연성에 대한 관심과 훈련을 유지하는 데에 도움이 되며 부족한 노력을 자극하는 계기가 될 수 있다.

신체적으로 특정부위의 유연성만을 향상시키려는 특별한 경우가 아니면 일반적으로는 신체 전반적인 유연성 향상을 위한 복합적인 훈련을 실시하는 것이 바람직하다. 군인들에게 요구되는 체력적인 상황을 고려 시 유연성 향상의 주요 목표 부위는 몸통, 다리, 어깨, 목 등이 되며 이 부위들의 향상을 도모하는 다양한 방법 중에 알맞은 방법을 선택하여 프로그램에 포함시키는 것이 필요하다.

6 준비 운동과 정리 운동

준비 운동과 스트레칭은 같은 개념이 아니다. 준비 운동은 격렬한 신체활동을 시작하기 전에 근육과 신체 전체의 온도를 증가시켜 신체를 적절한 상태로 준비하는 것을 말한다. 또한 정신 및 육체적으로 충분히 준비를 함으로써 최상의 결과와 부상 방지에 기여할 수 있다. 근육과 건으로 가는 혈류량을 증가시키고 관절의 가동범위를 늘려주어 부상 예방에 효과를 기대할 수 있는데, 이는 혈액 흐름이 적은 차가운 근육보다 높은 온도로 혈액이 포화된 근육이 부상 위험에 덜 노출되기 때문이다. 더욱이 근육의 수축 속도에도 긍정적인 영향을 미치어 본 활동에 도움이 된다. 다음은 체온증가의 효과이다.

① 근 혈류량 증가
② 신경계 민감도 및 신경자극 전달속도 증가
③ 혈액(헤모글로빈)으로부터 산소 해리 증가
④ 근육의 점성 감소

준비 운동으로 체온이 상승하게 되면 근육, 건, 인대 등의 점성을 낮춰주어 관절의 가동범위가 증가하게 되며, 가동범위의 증가로 신체적 수행력을 높이고 근육 및 결합 조직의 신장으로 인한 잠재적 손상 위험성을 줄일 수 있다. 이러한 이유로 앞에서 설명한 바와 같이 유연성 훈련을 준비 운동이나 본 운동으로 체온을 상승시킨 이후에 하는 것이 바람직한 것이다.

실제 현장에서 훈련이나 신체활동 간 준비 운동을 적게 하거나 실시하지 않는 경우가 발생하는데, 이는 경기나 신체 수행력을 떨어뜨리게 되고 부대원을 부상 위험에 노출시키게 되므로 모든 신체활동 간 준비 운동이 선행되어야 한다.

준비 운동은 일반적으로 대근육을 이용하여 심장 박동과 혈류를 증가시키며 심부근육 온도와 점성의 증가가 이루어지기에 용이한 형태의 활동으로 조깅이나 줄넘기 등의 전신운동을 주로 실시한다. 이를 통하여 근육의 온도와 유연성 상승, 에너지 대사 활성화 등 신체적으로 활동에 적합한 상태로 만들어준다. 그런 다음 본 운동에서 주로 사용되는 움직임과 유사한지만 가벼운 정도로 반복하여 동작에 사용되는 특정 근육과 신경을 자극하여 격한 활동에 준비를 시키며 정신적 예비훈련까지 병행한다. 예를 들면 달리기 이전에 가벼운 조깅을 하거나 배구에 참여하기 이전에 가볍게 점프나 어깨를 돌리는 활동을 하는 것을 말한다.

군인들에게 권장되는 준비 운동 형태는 다음과 같으며 격렬한 신체활동 전 약 5~7분 정도 하는 것이 바람직하다.

① 천천히 뛰거나 걷기(1~2분 실시) : 점증적인 심박수, 혈압, 혈액순환, 체온의 상승과 사용되는 근육군의 온도 증가를 유도
② 관절회전 운동(부위별 5~10초) : 점증적인 관절의 가동범위 증진
③ 정적 스트레칭(부위별 10~15초) : 근육과 건의 긴장 완화를 통해 가동범위 증가와 부상예방
④ 활동의 주요동작 가볍게 실시 : 근신경계통의 사전 적응 및 준비

정리 운동은 운동을 완전히 마치기 전에 서서히 강도를 낮추는 것으로 올바른 습관을 들이는 것이 안전하고 건강하게 운동을 실시하는 방법이다. 격렬한 운동 후 신체활동을 급하게 종료하는 것은 매우 위험할 수 있다. 갑자기 활동을 멈추면 운동 간 근육에 몰린 혈액이 심장과 뇌로 환류되지 않아 기절 또는 심부전 등의 심각한 위험을 초래할 수 있기에 심박수가 서서히 감소하도록 운동 강도를 낮추어 가면서 운동을 종료하도록 조절하여야 한다. 준비 운동간 실시하였던 스트레칭 동작을 반복하여 근육과 건의 통증을 예방하고 유연성을 유지·증가(부위별 30초 이상 지속)시키는 데 도움이 되도록 하되 과도한 스트레칭이 되지 않도록 주의한다.

제7장

체구성

1. 개요
2. 신체구성
3. 에너지 균형
4. 영양 섭취
5. 군인의 영양 섭취
6. 체지방 감소를 위한 방법
7. 비만인의 운동 처방과 프로그램 설계
8. 체중 증가

1 개요

과거 인류는 잉여의 영양을 지방으로 축적하여 영양소 섭취가 제한되는 기간 동안에 축적된 지방으로 버티며 살아갈 수 있도록 하는 능력이 우수한 경우 생존에 유리한 고지를 점령할 수 있었다.

현대로 들어오면서 통신, 교통수단의 발달과 공업화 및 산업화는 신체활동이 감소되고 더 많은 여가시간이 가능하게 되었다. 하지만 이러한 급격한 영양섭취와 신체활동의 변화는 인류에게 건강상 부정적인 영향을 초래하게 되었다.

충분하고도 남을 만큼의 영양을 섭취하게 되었고, 더욱 자극적인 맛을 추구하여 지방이나 단당류의 이용이 증가되었으며, 편리한 생활기구나 환경은 신체를 움직이지 않고도 생활이 가능하도록 만들어주고 있다. 그러한 과잉 영양섭취와 에너지 소모의 감소는 비만, 고지혈증, 당뇨, 심혈관계 질환 등 대사적 질환의 발병을 가중시켜 사회적으로 큰 문제가 되기에 이르렀다.

성인뿐만 아니라 어린이에서도 비만인구의 증가는 심각한 수준으로 인식되고 있으며, 우리나라에서 신성한 국방의 의무를 수행하기 위하여 건강한 청년들이 입대하는 신병교육대에서조차 별도의 '건강(비만)소대'를 편성하여 체중감량을 위한 특별 프로그램을 시행하기에 이르게 되었다.

과체중 또는 비만이 고혈압, 고지혈증, 당뇨병, 관상동맥질환, 뇌졸중, 담질환, 골관절염, 수면무호흡증, 유방암, 전립선, 대장암에 의한 사망률을 증가시켜 사회보건적 문제가 대두되며 치료를 위한 경제적인 비용도 기하급수적으로 증가되고 있다. 더욱이 체중의 증가는 모든 원인의 사망률 증가와 관련되며, 미국의 경우 과체중과 비만은 예방 가능한 사망원인의 두 번째로 꼽히고 있어 전 세계적으로도 비만인구의 감소를 위하여 상당한 노력과 지원을 하고 있다.

비록 체지방이 신체구성 평가의 초점이 되지만 제지방량 또한 중요하다. 낮은 제지방율과 제지방의 감소는 기능적 장애를 일으켜 직·간접적으로 대사의 불균형을 초래하며, 신체적 활동과 에너지 소비의 감소를 가져와 더 큰 지방 축적의 위험성을 가져다 줄 수 있다. 낮은 골질량과 골밀도는 골다공증으로 인한 골절의 위험을 높이고 근육의 감소는 근력과 일상적인 활동 능력을 감소시켜 노인의 경우 사망률과 밀접한 상관이 있다.

2 신체구성

신체는 다양한 형태의 화학적 구성물로 이루어져 있으며 주로 단백질, 지방, 탄수화물, 수분, 무기질로 구분되어 있다. 이 중에 건강 및 체력, 운동기능에 영향을 끼치는 구성성분은 지방과 단백질, 탄수화물의 양일 것이다. 특히 지방은 주로 에너지 축적과 관련된 성분으로 건강 및 운동기능에 상당한 영향을 미치며, 동일한 신장과 체중이라도 지방이 차지하는 비율의 차이에 따라 우람한 근육형 또는 뚱뚱한 비만형의 모습으로 달라지게 된다. 총체중에서 지방 조직으로 구성된 부분의 비율을 체지방률이라 하며 우리 신체의 전반적인 지방 함유량을 반영하는 지표로 사용된다. 총체중에서 근육, 힘줄, 뼈와 결합 조직을 포함하고 있는 비지방 조직 또는 제지방 조직으로 이루어진 부분은 제지방 체중이라 한다. 단순 체중의 변화보다는 신체 구성 측정치를 이용하면 얼마의 근육 및 지방을 증가 또는 감소시켜야 하는 지를 정확히 평가할 수 있다.

신체의 기능을 유지하기 위해서는 최소한의 지방량이 필요하다. 이러한 필수적인 지방 요구수준은 체온조절, 충격흡수, 체내 필수영양소의 조절 등에 절대적으로 필요하다. 정상적인 신체기능 유지를 위하여 요구되는 지방량은 남자의 경우 5% 이상이 필요하고 여자는 10% 이상의 수준을 유지하여야 한다. 체지방률이 너무 낮게 되면 내장 기관에서 장기의 충격 흡수나 장기들 간의 충돌방지에 이용되는 필수 지방의 보호대가 손실되어 장기가 손상당하기 쉬운 상태가 된다.

체내의 지방량은 지방 세포 수와 크기의 두 가지 요인에 의해 결정된다. 지방세포의 증식(hyperplagia)은 출생 때부터 시작하여 사춘기까지 계속된다. 학자들마다 다소 의견의 차이를 보이고는 있지만, 대체로 초기 성인기 이후에는 지방 세포 수가 더 이상 증가하지 않고 고정되어 있는 것으로 받아들이고 있다. 그러한 이유로 유아 및 아동기에 발생된 비만은 성인이 되어서도 이미 정상범위보다 많은 수의 지방세포를 가지고 있기 때문에 비만의 위험에서 자유롭지 못하고 비만 발생률이 높아지게 되는 것이다. 지방세포 크기 또한 점진적으로 증가(hypertrophy)되며 칼로리 균형에 따라 감소할 수도 있고 증가할 수도 있다. 성인 이전에는 지방세포의 증식과 더불어 지방세포의 비대가 발생하지만 성인기 이후에는 주로 지방세포의 비대에 의하여 체내 지방의 함유량이 증가하게 된다.

1) 신체구성 평가 방법

신체내 조직의 구성비율을 알아보기 위한 방법으로는 직접 또는 간접법을 사용한다. 직접법은 사체의 절개를 통해 절취된 조직의 화학적 분석방법으로 측정하는 가장 정확한 방법이지만 사람을 대상으로 사용할 수 없는 방법이다. 간접적인 방법 중에는 신체 사이즈나 무게, 밀도, 조직의 전기에 대한 저항 등을 이용하여 추정하는 방법들이 있는데, 측정의 정확도나 비용, 편의성 등을 고려하여 측정하고자 하는 대상의 규모나 정확성의 필요에 따라 그 방법을 선택하여 사용할 수 있다.

(1) 피부 두겹법

가장 광범위하게 현장에서 사용되는 방법으로는 한 곳 이상의 부위에서 피하지방 두께를 측정하여 신체밀도 체지방률을 구하는 피부 두겹법이 있다. 피부 두겹법은 체지방의 약 50%가 피하지방층에 존재하고 총체지방과 밀접한 관계가 있다는 사실을 기초로 한다. 나머지 체지방은 기관들과 혈관들 주위에 위치하고 있으며 충격 흡수 기능을 하고 있다. 피부 두겹법은 특정 위치에서 피지후계를 이용하여 피하지방층의 두께를 측정하여, 특정 회귀식으로 체지방량을 예측한다. 이 측정법의 정확성은 비교적 낮은 편이다. 그러나 측정의 전문성을 쉽게 얻을 수 있고 측정에 요구되는 시간도 다른 방법들에 비해 상당히 짧은 편이다. 피부 두겹 측정에서의 오차는 ±3~5% 정도로 추정된다.

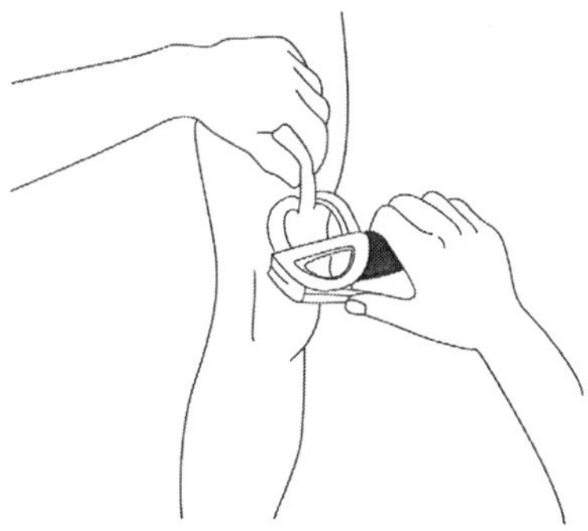

〈그림 7-1〉 피부 두겹법

측정결과의 신뢰성과 타당성은 측정자의 기술, 피지후계의 형태(압력차), 피하지방을 잡는 기술과 관련된 피검자의 요인, 부종, 지방 분포의 다양성 등에 의하여 영향을 받는다. 측정 위치와 부위선정은 매우 중요하며 잘못된 측정방법을 줄이기 위하여 전문가의 지도를 받아 충분한 연습이 필요하다. 일반적으로 대퇴사두근, 상완삼두근, 견갑골, 배 및 가슴 부위를 측정하는 것으로 널리 이용되고 있다.

(2) 수중 체중 측정법

수중 체중 측정법은 신체밀도를 측정하기 위해 특수 제작된 수중 탱크에 사람이 들어가서 측정하는 방법이다. 체지방은 제지방보다 밀도가 낮다. 그러므로 신체가 더 많이 뜰수록(부력) 수중 체중은 낮다. 신체구성은 수중 체중과 탱크에 들어가기 전 체중을 비교함으로써 계산되는데, 저울 체중과 수중 체중의 차에 물의 밀도를 대입하여 신체의 부피를 구한 뒤 체내 남아있는 공기량을 뺀 실제 신체부피로 저울 질량을 나누어 밀도를 구하게 된다. 신체밀도를 공식에 대입하여 체지방률을 산출하게 된다. 이 측정법은 오래전부터 사용되어 왔으며, 새로운 방법들의 정확성을 규명하기 위한 기준방법으로 사용되고 있다. 하지만 수중 체중 및 폐용적이 정확하게 계측되어야 하고, 신체 내 각 조직이 일정한 비율의 제지방 조직

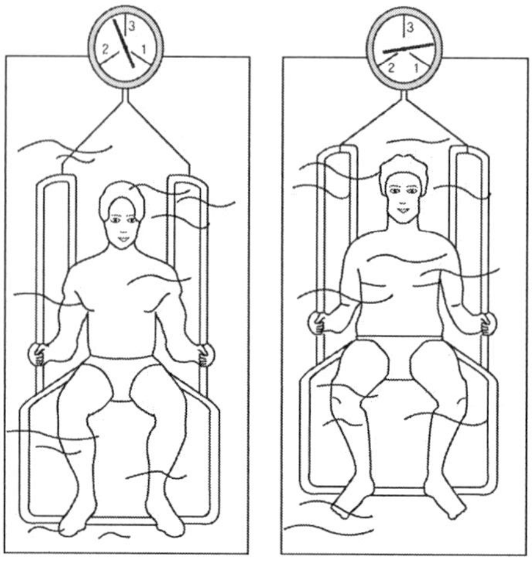

〈그림 7-2〉 수중 체중 측정

을 갖고 있으며 각 조직의 밀도는 일정하다는 전제가 만족될 때 정확한 측정값을 보장받을 수 있다. 또한 시간이 많이 소요되고, 피험자들이 숨을 완전히 내쉬고 물속에 있는 동안 공포를 느끼기도 하며 오랜 시간 지속하는 데 어려움을 호소하기 때문에 다수의 인원을 대상으로 하는 측정방법으로는 적절치 못한 제한사항이 있다.

(3) 생체 전기 저항 측정법

생체 전기 저항법은 지방과 제지방을 빠르고, 비상해적이며, 고도의 측정기술이 없어도 피검자에게 불편함을 주지 않으면서 간편하게 측정할 수 있다는 장점이 있다. 이 측정법은 인체의 정해진 부위에 전류를 흐르게 하여 전류의 흐름에 대한 저항을 측정하는 것으로 전기가 저항이 적은 조직을 선택하여 흘러간다는 원리에 토대를 두고 있다. 적은 양의 수분을 가진 지방조직은 전기흐름이 낮고, 많은 양의 물과 전해질을 가진 제지방은 좋은 전도체이다. 체지방률이 높을수록 전기 에너지 통과에 대한 저항이 더 크게 되어 전류의 흐름을 방해한다. 그러므로 조직을 통해 흐르는 전류량은 그 조직에 포함된 지방량을 반영하게 된다. 생체 전기 저항을 기초로 한 체지방률의 측정값은 수중 체중 측정법을 통해 얻은 값과 높은 상관관계를 나타낸다. 이 방법은 매우 간편하면서도 높은 정확도를 가진 방법이다.

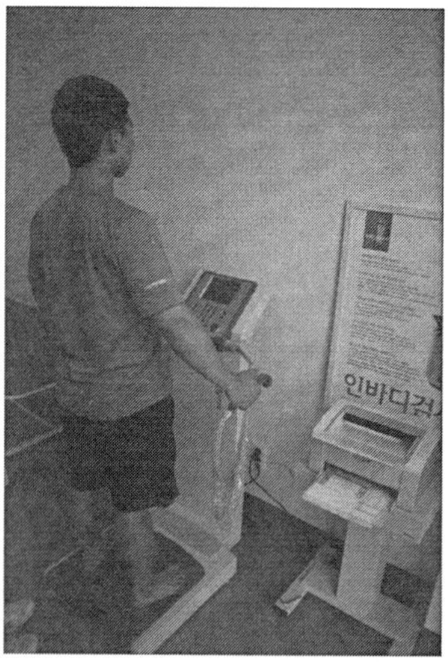

〈그림 7-3〉 생체 전기 저항법

하지만 이 방법 역시 사용된 기구와 피검자, 그리고 적용된 예측 방정식에 의하여 정확성과 신뢰성이 영향을 받는다. 체검자의 수분상태, 체액의 분배, 그리고 체온 등은 저항 측정시 오류를 발생시키기 때문에 식사, 음료섭취, 운동과 같은 요인들을 통제하여야 하며 전극의 부착위치와 피검자의 자세 등을 올바르게 함으로써 측정기술상의 오류를 최소화할 수 있다. 만일 신체가 탈수상태라면 측정치는 정상적인 상태에서 측정하는 것보다 체지방률을 더 과대평가하는 경향이 있다.

(4) 체질량지수

역학연구에서 널리 이용되고 있으며, 과체중이나 비만의 정도를 결정하는 비교적 쉬운 방법은 체중과 키를 이용하여 체질량지수(BMI : body mass index)를 계산하는 것이다. 이 체질량지수는 체중을 신장의 제곱으로 나눈 값을 말한다.

체질량지수＝체중(kg)/신장(m^2)

체질량지수가 높으면 만성질환의 위험성도 증가된다. 하지만 체질량지수만으로는 체지방률을 정확하게 예측하기에 한계가 있다. 만일 지방은 적지만 근육량이나 골량이 평균 이상으로 초과되는 경우 과체중이나 비만으로 분류되기도 하고, 어린이나 노인의 경우 근육이나 뼈의 비율이 변화되기 때문에 분류에 오류가 발생할 수 있다.

체중감소에 대한 욕구가 점차 증가되고 있는데 체중을 줄이고자 하는 경우 에너지 균형에 대한 개념 이해가 우선적으로 필요하다. 체중의 감소와 증가는 에너지 소비와 섭취의 불균형에서 발생된다. 즉 에너지 소비가 에너지 섭취를 초과할 때 총에너지는 부적(－) 균형이 되어 체중 감소가 나타나고, 반대 현상에서는 체중 증가의 결과가 나타나게 된다.

에너지 균형은 식사로 섭취한 칼로리양과 대사적 요구, 하루 동안 수행한 활동들에서 소비된 칼로리양 모두를 정확히 측정하고 기록함으로써 계산할 수 있다.

일반적으로 체중감량을 위해서는 일주일에 약 0.5kg 정도의 체중감소를 권장하는데 이는 약 3500kcal에 해당하는 에너지로 하루에 약 500kcal의 부적(－) 에너지 균형을 유지하여야 한다. 이를 위해서 1일 500kcal의 음식 섭취를 줄거나 신체활동으로 500kcal를 소비하든지 아니면 250kcal만큼의 음식 섭취를 줄이고 신체활동을 250kcal 늘리는 방법으로도 달성할 수 있다. 뒤에서 자세히 언급하겠지만 식사량 감소만을 통하여도 급격한 체중감소가 발생하지만 건강 및 요요현상의 부작용을 고려할 때 에너지 섭취 감소와 소비 증가의 적절한 균형을 유지하는 것이 성공적인 체중관리에 좋은 방법이다.

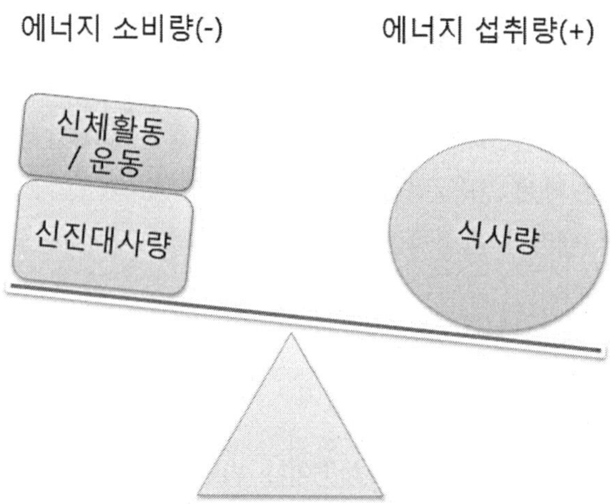

〈그림 7-4〉 에너지 균형

3 에너지 균형

에너지는 보통 킬로칼로리(kcal)로 측정된다. 킬로칼로리는 1kg의 물을 1℃ 올리는데(1기압하에서 14.5℃의 물 1kg을 15.5℃까지) 요구되는 열량으로 계산되는 에너지의 측정단위이다. 일반적으로 영양과 운동 분야에서 칼로리와 에너지는 같은 개념으로 사용되기도 한다.

1) 에너지 섭취

에너지 균형은 섭취한 구성성분(단백질, 탄수화물, 지방)에 따라 구분하지 않고 단순히 섭취 칼로리만으로 평가한다. 식품의 구성성분별 칼로리 함량은 아래와 같다.

탄수화물 = 4 kcal/g
단백질 = 4 kcal/g
지방 = 9 kcal/g
알콜 = 7 kcal/g

일반적으로 많이 섭취하는 식사 및 간식류의 평균 칼로리는 다음의 <표 7-1>과 같다.

다음의 도표는 대표적인 음식만을 나열한 것이나, 음식별 칼로리표나 온라인상의 칼로리 계산기 등을 이용하여 매일 섭취한 음식의 종류와 양을 기록하여 섭취한 칼로리를 산출해 낼 수 있다. 현대인은 건강한 식단에 상당한 관심을 기울이고 있지만 의외로 간식 및 다과

〈표 7-1〉 식품별 칼로리

식사류		간식류		다과류	
구 분	칼로리 (kcal)	구 분	칼로리 (kcal)	구 분	칼로리 (kcal)
쌀밥(210g)	300	햄버거(150g)	350	스낵류(100g)	450
김치볶음밥(400g)	590	치킨버거(150g)	340	비스킷(60g)	210
카레라이스(450g)	680	피자(120g)	320	도넛츠(60g)	230
잡채밥(550g)	860	치킨다리(90g)	180	초코파이(37g)	170
비빔밥(410g)	600	핫도그(80g)	180	초코바(59g)	290
김밥(290g)	460	팥빵(95g)	250	초콜릿(50g)	270
자장면(450g)	700	파운드케이크(90g)	350	콜라(250ml)	100
라면(500g)	520	호떡(90g)	300	카페라떼(200ml)	120
삼계탕(800g)	1,000	떡볶이(200g)	420	토마토주스(180ml)	45
설렁탕(600g)	350	순대(100g)	140	우유(200ml)	125
부대찌개(700g)	400	사과(250g)	130	캔커피(250ml)	112
배추김치(50g)	15	포도(390g)	240	아이스콘(70g)	150
도토리묵(80g)	50	바나나(135g)	100	아이스바(130g)	160

류에서 상당량의 칼로리를 섭취하고 있다는 사실을 간과하는 경우가 종종 있다. 뒤에서 다루겠지만 무심코 먹은 스낵을 통하여 섭취된 칼로리를 소비하기 위하여서는 조깅을 40분 정도 하여야 한다.

2) 에너지 소비

성인들이 에너지를 소비하는 요인들로는 기초대사량, 신체활동 그리고 식품 섭취에 의한 열효과로 구성된다. 나이, 유전, 신체 크기, 신체 조성, 환경적 온도, 트레이닝 상태, 비훈련적인 신체 활동 그리고 칼로리 섭취 등에 의해서 직접적이거나 간접적인 영향을 받는다. 청소년기에서는 성장이 에너지 요구량을 증가시키는 또 다른 요인이다.

에너지 소비량 측정에서는 우선 기초대사량이 얼마인지를 아는 것이 중요하다. 기초대사량은 호흡, 심장박동, 순환, 체온유지와 같이 인체의 필수적인 기능을 유지하기 위하여 요구되는 최소한의 에너지양이다. 이는 하루 에너지 요구량의 약 60~75%에 해당하는 것으로 총 에너지 요구량에서 가장 많은 부분을 차지한다.

기초대사량을 증가시키는 요소들로는 제지방 질량의 증가, 젊은 나이, 성장, 비정상적인 체온, 생리 주기 그리고 갑상선 기능 항진증 등이 포함된다. 기초대사량을 감소시키는 요소들로는 저열량 섭취, 제지방 질량의 감소, 갑상선 저하증 등이 포함된다. 모든 환경이 동일하다면 유전적 차이로 인해 개인간 대사에 있어 기초대사량은 최대 20%까지 차이가 있을 수 있다.

다음으로는 24시간 동안 행한 모든 신체 활동에 소요되는 에너지양을 계산하는 것으로 활동에 대한 에너지 소모는 매우 광범위한 차이를 나타낸다. 신체활동에 필요한 에너지 요구량은 신체활동의 형태, 강도 및 기간에 의해 좌우된다. 신체의 크기에 따라 소모되는 에너지 역시 차이를 보인다. 또한 환경적인 조건에 의해서도 좌우되는데 과도한 더위나 추위는 열량 소비를 증가시킨다.

식품의 열효과는 음식물을 섭취한 후 몇 시간 동안 측정될 수 있는 기초대사량 이상으로 증가하는 에너지 소비량이다. 식품의 열효과는 음식의 소화와 동화에 필요한 에너지로써 대략 전체 에너지 요구량의 7~10%를 차지한다.

3) 비만의 기준

비만의 기준은 측정방법과 인종, 성별, 연령 등에 따라 매우 다양하게 적용될 수 있다. 중요한 것은 비만 정도와 질병 유병률 및 사망률과의 관계로 이러한 상관은 대부분 장시간의 대규모 역학연구를 통해서 밝혀진다.

체지방률의 정상범위는 일반적으로 남자는 10~20%, 여자는 20~30% 정도를 말한다. 과체중과 비만은 서로 다른 상태이다. 과체중은 신체 크기와 키에 비해 상대적으로 체중이 많이 나가는 것을 의미한다. 과체중은 개인이 과다 지방이지 않는 한 문제가 되지 않는다. 과다 지방은 총체중에서 지방으로 구성되어 있는 부분이 지나치게 많은 상태를 의미한다. 비만은 극단적으로 과다한 지방, 즉 지방이 정상으로 고려되는 수준보다 훨씬 많은 상태를 의미한다. 여성의 경우 체지방이 체중의 30% 이상이고 남성의 경우 체중의 20% 이상의 지방을 가지고 있는 경우에는 비만으로 간주한다.

신체질량지수로 구분하는 비만 기준은 WHO에서 제시한 기준을 오랫동안 사용하였으나, 아시아 인종에서는 그 기준이 임상적으로 질병의 유병과 다소 일치하지 않는 문제점이 있어 논란의 소지가 많았다. 최근 대한비만학회에서 제안한 한국인의 비만 기준으로는 체질량지수 23.0~24.9 범위를 과체중, 1단계 비만은 체질량지수 25.0~29.9, 2단계 비만은 30.0 이상으로 정의하였고 허리둘레는 성인남자의 경우 90cm 이상, 성인 여자 85cm 이상을 복부비만의 기준으로 하였다.

〈표 7-2〉 체질량지수 기준과 질환위험성

구분	BMI(kg/cm²)		비만 분류	허리둘레에 따른 질환 위험성	
	WHO 기준	한국기준		WHO 기준 (남자 ≤ 102cm 여자 ≤ 88cm)	한국 기준 (남자 〉102cm 여자 〉88cm)
저체중	<18.5	<18.5		-	-
정상	18.5~24.9	18.5~22.9		-	-
과체중	25.0~29.9	23.0~24.9		↑	↑↑
비만	30.0~24.9	25.0~29.9	Ⅰ	↑↑	↑↑↑
	35.0~39.9	30.0≤	Ⅱ	↑↑↑	↑↑↑
극도비만	≥40.0		Ⅲ	↑↑↑↑	↑↑↑↑

4) 에너지 소비량의 추정

신체활동 간 사용한 에너지양(에너지 소비량)의 정확한 측정은 실험실 열량측정 챔버에서 활동 간 발생된 열을 측정하거나, 호흡 가스분석 장비를 착용하고 활동 간 소비된 에너지를 측정할 수 있으나 현실적으로 어려움이 많아 일반적으로 대체법이 사용된다.

대략적인 열량 소비를 측정하는 수학적 공식을 이용할 수 있지만 많은 변수들이 열량 요구에 영향을 미치고 개인 자체의 변이와 개인들 사이의 차이가 크기 때문에 에너지 요구량을 계산하기는 어렵다. 아니면 매 활동의 유형과 강도, 시간을 기록한 뒤 에너지 소비 도표를 이용하여 각각의 에너지 소비를 추정하여 합하는 방법도 있으나, 식이평가보다 상당한 노력이 필요하여 실질적으로 사용에 제한이 된다.

일반적으로 신체활동 정도와 체중을 이용하여 에너지 소비량을 추정하는 방법이 많이 사용된다. 다음의 <표 7-3>은 간단하게 에너지 소비량을 추정하기 위한 기준값을 제시하고 있다. 자신의 평균적인 활동 정도를 평가하여 선택한 상수에 자신의 체중을 곱하면 간단하

〈표 7-3〉 활동 수준에 따른 남성과 여성의 일일 열량 필요 추정량

활동 수준	남자(kcal/kg)	여자(kcal/kg)
저	38	35
중	41	37
고	50	44

- 저수준의 활동 : 시간당 2.5~3마일 걷기, 창고일, 전기공일, 목수일, 식당일, 집안청소, 아이 돌보기, 골프, 배타기, 탁구
- 중수준의 활동 : 시간당 3.5~4마일 걷기, 정원가꾸기, 짐 옮기기, 사이클, 스키, 테니스, 춤추기
- 고수준의 활동 : 언덕 오르기, 나무 베기, 땅파기, 농구, 등산, 축구

게 일일 소비되는 에너지양을 추정할 수 있다. 예를 들면 체중이 70kg이고 신체적으로 활동적인 남성의 에너지 소비 또는 에너지 요구량은 대략 3,500kcal(50kcal/kg×70kg)이다.

이와 같은 방법을 통하여 자신의 에너지 소비량을 추정하여 이와 일일 섭취하는 에너지양과의 비교를 통하여 에너지 균형이 정적(+)인지 부적(−)인지를 평가할 수 있다.

4 영양 섭취

건강과 체력, 그리고 체중관리에 있어서 영양 섭취는 가장 중요한 요소로 작용될 것이다. 규칙적이고 칼로리 섭취의 적정범위를 지키면서 균형 잡힌 영양 섭취 습관을 유지하는 사람들은 높은 수준의 건강한 삶을 유지할 수 있을 것이며, 근력 및 심폐 지구력 발달에 긍정적인 영향을 미친다.

영양소들은 에너지 생산과 대사과정의 조절, 체조직의 성장·보수·유지 기능을 담당하는데 없어서는 안 되는 물질들이다. 일반적으로 영양소는 탄수화물, 단백질, 지방, 비타민, 무기질, 물로 구분되며 이 중 탄수화물, 단백질, 지방은 대량영양소로 에너지 생산과 체조직 구성에 중요한 역할을 담당하고 비타민, 무기질은 미량영양소이지만 정상적인 신체기능을 조절하는데 필수적인 역할을 담당한다.

대량영양소의 섭취 권장량을 보면 총 섭취 칼로리 중 탄수화물 55~60%, 지방 25~30%, 단백질 15~20%를 섭취하는 것이 바람직하다.

1) 탄수화물

탄수화물은 체내에서 가장 효율적인 에너지원이며 에너지 소요를 채우기 위해서 반드시 섭취하여야 하는 영양소로 단당류, 이당류, 또는 다당류로 분류된다. 단당류는 더 이상 분해될 수 없는 단순한 한 단위의 당류로서 글루코스(포도당 : glucose), 푸룩토스(과당 : fructose), 갈락토스(유즙 : galactose) 등이 이에 속한다. 이당류는 단당류 두 개가 결합되어 있는 형태로 수크로스(자당 : sucrose), 말토스(맥아당 : maltose), 락토스(유당 : lactose) 등이 있다. 다당류는 2개 이상의 단당류를 포함하고 있으며 전분의 경우 포도당이 길게 결합되어 있는 긴 사슬 구조로 되어 있어 소화과정에서 사슬이 분해되어 신체가 흡수할 수 있는 형태로 된다. 모든 탄수화물은 체내에서 이용되기 전에 먼저 단당류로 분해되어야 한다.

탄수화물은 체내에서 주에너지원으로 활용되고, 지방과 단백질의 신진대사를 조절하는 역할을 하며, 혈액에서는 글루코스의 형태로 근육과 간에서는 글리코겐 형태로 저장된다. 중요한 것은 우리 신체의 신경계는 탄수화물만을 에너지로 사용하기 때문에 반드시 식사에 탄수화물이 포함되어야 한다는 것이다. 하지만 신체는 제한된 양의 탄수화물만 저장할 수 있고 잉여의 탄수화물은 지방으로 전환되어 저장되기 때문에 영양섭취 시 과도한 탄수화물 의존은 주의하여야 한다. 또한 탄수화물 섭취가 부족한 상황에서는 단백질을 포도당으로 전환하여 에너지로 사용하는데, 이는 단백질 고유의 기능이 전환될 수 있기 때문에 적절한 탄수화물 공급으로 단백질이 에너지로 사용되는 것을 예방할 수 있다.

탄수화물의 주 공급원은 곡물, 과일, 채소, 우유, 그리고 단과자 등을 포함하고 있다. 정제된 설탕, 시럽(syrup) 및 옥수수전분은 거의 순수한 탄수화물이다. 사탕, 벌꿀, 젤리, 당밀 그리고 청량음료와 같은 많이 농축된 당류들은 거의 다른 영양소가 함유되어 있지 않다.

(1) 탄수화물 저장과 사용

글루코스 또는 푸룩토스처럼 단당류라 부르는 단순 탄수화물은 소화계에서 곧바로 흡수된다. 단당류의 섭취로 당뇨환자의 저혈당 상황을 해결하는 데 도움이 되지만, 일반인이나 당뇨환자의 경우에도 과하게 단당류를 섭취할 경우 혈당 수준이 급격하게 증가하게 되는 과혈당증(hyperglycemia)을 일으키게 된다. 혈당의 상승은 인슐린 분비를 촉진하고, 혈중에 증가된 인슐린(insulin)은 글루코스가 혈액에서 세포로 이동하도록 한다. 이것은 세포의 에너지 생산계에 과부하를 주게 되며 초과 탄수화물을 지방으로 전환시킨다. 결국에는 이것이 심장질환의 위험성을 크게 만드는 중성지방과 콜레스테롤의 혈중 농도를 증가시키는 부정적인 결과를 초래하게 된다.

하지만 전분과 같은 복합 탄수화물의 섭취는 신체 내에서 흡수할 수 있는 단당류로 완전히 분해되는데 많은 시간이 필요하게 된다. 그러므로 복합 탄수화물은 단기간의 혈중·지질 수준에 거의 영향을 미치지 않게 된다.

신체적으로 매우 활동적인 사람이거나 강한 훈련을 실시하는 경우 섭취한 대부분의 탄수화물은 글리코겐을 저장하기 위해 사용되며 이는 혈중 지질에 영향을 주지 않는다. 그 이유는 다량의 신체활동과 훈련으로 인하여 저장 글리코겐이 소모되는 바 이것이 글리코겐 합성을 촉진시키기 때문이다.

인체는 주로 근육과 간에 글리코겐의 형태로 탄수화물을 저장하고 있다. 탄수화물 섭취는 신체활동 수행 능력과 근 글리코겐 저장에 직접적인 영향을 미친다. 고강도 신체활동이나 훈련을 하면서 저탄수화물 식이(전체 칼로리의 40%)를 섭취하는 경우 기간이 지날수록 근 글리코겐 저장량이 줄어들면서 지구성 수행력이 점차 감소하게 된다. 하지만 다시 고탄수화물 식이(전체 칼로리의 70%)를 실시할 경우 근 글리코겐이 22시간 이내에 거의 완전히 회복될 수 있다. 근 글리코겐 수준이 일정하게 유지될 때 장기간의 신체활동이나 훈련이 좀 더 쉽게 느껴진다.

일정 강도로 오랜 시간 운동을 할 때 탈진되는 시간은 운동 전 저장된 근 글리코겐의 양과 비례한다. 즉 평상시 균형적인 식사를 통해 근 글리코겐의 저장량을 일정 수준 이상으로 유지하는 것이 장시간의 지구성 능력이 필요한 경우 조기에 체력저하현상을 예방할 수 있다. 장기간의 훈련 간 근 글리코겐 저하 현상과 관련된 피로감과 둔중감을 감소시키기 위하여 풍부한 탄수화물 식이가 필요하다. 지구성 경기능력 향상을 위한 글리코겐 과부하에 대해서는 후반부에 다시 언급할 것이다.

(2) 운동 능력과 탄수화물

탄수화물 섭취로부터 근육에 저장된 글리코겐은 운동에 필요한 에너지의 주 공급원이다. 장시간 지속되는 신체활동에서 피로와 탈진의 원인이 근육 글리코겐의 고갈로 알려져 있다. 혈액의 포도당 농도를 나타내는 혈당치는 탈진에 이르는 장거리 달리기와 오랜 시간 지속된 훈련을 수행하는 동안 저하되며 이것이 피로를 일으키는 원인이 된다. 근육 글리코겐의 고갈을 예방하기 위하여 장시간의 신체활동 수행 3일 전부터 풍부한 탄수화물을 섭취하고, 지속되는 중·고강도 신체활동 수행 동안 탄수화물이 풍부한 음식을 섭취함으로써 수행력 개선을 도모할 수 있다.

운동 중 탄수화물을 섭취하는 것은 근 글리코겐 이용을 억제시키지는 않지만 근 글리코겐 저장량을 유지하는 데 도움을 준다. 지구성 신체활동(1시간 이상) 능력은 운동 시작 5분 전 이내에, 운동 전 2시간 전에(시합 전의 식사처럼) 그리고 활동 중 간헐적으로 탄수화물을 섭취할 때 개선될 수 있다.

신체활동을 수행하기 전 15~45분 동안에는 탄수화물 식품을 섭취하는 것은 인슐린 분비 증가로 급격한 혈당수치를 낮춰 저혈당 증세가 유발될 수 있기에 이 시간대를 피해서 섭취하는 것이 바람직하다. 이것은 근육의 에너지원 중 한 에너지원을 이용하지 못하게 만들어 신체활동 초기에 탈진현상을 가져올 수 있다. 하지만 운동 중 섭취하는 당분은 혈중 글루코스와 인슐린을 약간만 증가시키게 되므로 혈당치를 긴급히 저하시키게 되는 과민반응의 위험성을 적게 하고, 근육 글리코겐 고갈을 예방하는 데 도움이 된다.

(3) 글리코겐 과보상

지구성 운동의 경우, 근육에 저장되어 있는 글리코겐양이 운동지속시간과 기능수행에 상당한 영향을 미친다는 것에 대부분 동의한다. 1시간 이상 지속되는 지구성 운동에서 저장된 글리코겐의 양이 많을수록 피로를 지연시켜 상대적으로 더 오랫동안 수행력 저하 없이 경기를 수행할 수 있게 된다. 그러므로 경기나 체력검정 등에 참가하는 사람들은 참가 전에 글리코겐의 저장량을 높이는 것이 성적을 향상시키는 데 중요한 요인으로 작용된다.

글리코겐은 신체활동 및 운동 간 일차적으로 사용되는 에너지로, 특히 고강도의 운동에 있어서 그 의존도는 더욱 높아지는 에너지원이다. 글리코겐은 근육과 간에 저장되는데 그 저장량이 제한적이어서 안타깝게도 장시간 운동으로 소모되었을 때 신체는 피로를 느끼며 운동기능의 급격한 저하를 경험하게 된다. 일반적으로 글리코겐의 저장량은 비교적 일정한 수준을 유지하고 있다. 하지만 운동량과 탄수화물의 섭취를 조절하여 글리코겐 합성효소의 활성을 변화시켜 체내 저장량을 단기간 동안 증가시킬 수 있다. 이러한 조절을 통하여 경기에 참가할 시기에 평상시보다 높은 수준의 글리코겐을 저장시켜 경기에 보다 많이 에너지원으로 사용하는 방법을 글리코겐 부하(glycogen loading) 또는 과부상이라 한다.

먼저 경기 7일 전까지 경기력 수준을 최대로 끌어올리며 탈진상태에 이르는 훈련량을 수행한다. 다음으로 훈련량은 급격히 감소시키며 3일간 탄수화물을 제외한 단백질과 지방으로 구성된 식이 섭취를 한다. 이러한 방법은 탄수화물 섭취를 극도로 제한함으로써 체내 탄수화물이 에너지원으로 사용되기 위하여 저장되는 형태인 글리코겐 합성이 충분히 이루어지지 않게 된다. 이러한 글리코겐 합성의 단기적 제한은 글리코겐 합성효소의 활성을 증가시키게 된다. 그 다음 3일간은 탄수화물이 풍부한 식이섭취를 하여 간과 글리코겐의 저장량을 최대화시킨다. 이 기간 동안 운동량의 감소는 섭취된 탄수화물이 바로 에너지로 사용되는 것을 예방하기 위하여 현저하게 감소시켜야 한다. 충분한 휴식과 고탄수화물 식이 그리고 글리코겐 합성효소의 증가된 활성은 체내에 평상시 글리코겐 저장량의 최대 2배까지 증가시킬 수 있다. 이러한 글리코겐 과보상은 1시간 이상 지속되는 고강도 지구성 운동에서 효과를 보일 수 있지만, 1년에 2~3회 이상 실시하지 않기를 권장하고 있다.

2) 지방

(1) 지방의 섭취

지방은 식사에 포함되어야 하는 필수적인 영양소 성분으로 에너지가 가장 많이 농축되어 탄수화물이나 단백질보다 약 2배 이상의 칼로리를 제공한다. 최소한의 지방은 정상적인 성장과 발달을 위해 필수적이다. 지방은 중성지방, 유리지방산, 인지질 및 스테롤과 같은 다양한 형태로 체내에 존재한다. 대부분의 체내 지방은 유리지방산 3개 분자와 글리세롤 1분자로 구정된 중성지방 형태로 지방을 저장한다.

식이지방, 특히 콜레스테롤과 중성지방은 심혈관계 질환을 일으키는 데 중요한 역할을 하며, 과도한 지방섭취 또한 암과 같은 질환들을 야기시킨다. 콜레스테롤은 동물성 식품을 통해 섭취할 수 있는데 신체는 탄수화물, 단백질, 포화지방으로부터 콜레스테롤을 합성할 수 있으므로 식사를 통해 콜레스테롤을 더 섭취할 필요는 거의 없다.

그러나 지방은 부정적인 효과 외에도 체내에서 많은 중요한 기능을 발휘하는데 세포막과 신경섬유의 필수 구성성분이고 스테로이드 호르몬을 만드는 성분으로서의 역할, 중요기관의 지지와 완충작용으로 충격으로부터의 보호, 외부로부터의 단열효과, 그리고 휴식상태의 총에너지 중 약 70%을 제공하는 주요한 에너지원으로 활용된다.

식물성 식품과 동물성 식품 모두는 식이 지방의 급원으로 제공되며, 우리가 섭취하고 있는 지방의 약 95%가 중성지방이다. 가장 기본적인 지방의 단위는 에너지 생산에 사용되는 지방산이다. 지방산은 포화지방산과 불포화지방산의 2가지 형태로 이루어져 있다. 불포화지방산은 탄소원자 사이에 1개(단일불포화지방) 또는 그 이상(다중불포화지방)의 이중결합을 갖고 있으며 각각의 이중결합은 2개의 수소원자와 결합될 수 있는 장소를 차지하고 있다. 식품의 지방을 구성하고 있는 중성 지방은 보통 포화지방산과 불포화지방산의 혼합물로 존재하는데, 더 우세한 형태에 따라 분류된다. 일반적으로 불포화지방산이 더 많이 함유되어 있는 지방은 식물성이고 실내온도에서 액체 상태이다.

동물성 지방은 주로 포화지방산을 많이 가지고 있는데, 포화지방의 과다섭취는 수많은 질환의 위험인자가 된다. 동물성 지방은 보통 식물에서 얻은 지방보다 더 많은 포화지방을 함유하고 있다. 완전히 포화된 지방은 실온에서 고체가 되고 덜 포화된 지방은 액체상태가 되는 경향이 있다. 열대오일(oils)은 그 예외이다. 야자나 야자씨 및 코코넛 오일은 식물성 지방이고 실온에서 액체 상태를 유지하지만 매우 높은 포화지방이다.

트랜스 지방산은 포화지방산과 물리적으로 유사한 특성을 가지고 있으며 기름에 트랜스 지방이 존재하면 딱딱해진다. 트랜스 지방은 흔히 쿠키, 크래커, 유제품, 육류 및 패스트푸드에 많이 들어있다. 트랜스 지방산은 나쁜 콜레스테롤의 수치를 급증시켜 심장 질환의 위험성을 증가시킨다. 트랜스 지방은 필수영양소도 아니고 건강에 좋은 측면도 없다. 또한 트랜스 지방산의 안전 수준도 없기 때문에 사람들은 영양적으로 충분한 식사를 한다면 가능한 한 트랜스 지방을 섭취하지 않아야 한다.

(2) 운동 능력과 지방

장시간 중저강도의 신체활동을 지속하는 경우 지방은 에너지원으로서 특히 중요하다. 운동강도에 따라 체내에서 에너지원으로 사용되는 비중이 저강도에 가까울수록 탄수화물보다 지방에 더 의존하게 된다. 체내에 저장된 근육과 간 글리코겐양은 한정되어 있기 때문에 에너지 생산을 위한 지방(유리지방산)의 사용은 상대적으로 지방의 사용이 적을 경우에 비하여 신체활동 수행력 향상과 탈진에 이르는 시간을 지연시켜준다. 신체가 지방을 더 많이 사용할수록 이로우며 특히 지구성 운동수행에 그 이점은 더욱 두드러지게 된다. 지구성 트레이닝을 통하여 지방의 베타산화와 관련된 근육효소들의 활성이 증가되고 지방세포로부터 유리지방산 방출의 속도를 증가시켜 근육이 지방을 에너지원으로 보다 잘 사용할 수 있도록 한다. 그러나 단지 지방을 먹는 것만으로는 지방을 연소시키도록 근육을 자극하지 않고 오히려 지방질 식품을 먹게 되면 혈장 중성지방만을 증가시키게 된다. 카페인을 함유하고 있는 일부 식품은 지방 이용을 촉진시키며 글리코겐 고갈을 지연시키는 작용을 하여 지구성 운동 수행능력을 향상시킨다. 그래서 운동 1시간 전에 카페인을 섭취할 경우 지구성 운동능력을 향상시킬 수 있다.

3) 단백질

(1) 단백질 섭취

단백질은 아미노산으로 구성된 질소 함유 성분의 화합물로 인체의 모든 체조직의 성장, 유지, 보수에 필요하다. 단백질의 주요 기능은 헤모글로빈과 효소 및 많은 호르몬을 생성하고 감염에 대항할 수 있는 항체의 합성에도 사용된다. 또한 정상적인 혈액 삼투압이 혈장 단백질에 의하여 유지된다. 단백질 역시 에너지를 낼 수 있는 영양소이지만 일반적인 상황에서 에너지 공급을 주로 탄수화물과 지방에 의존하고 단백질은 그리 많이 사용되지 않는다.

체단백질은 약 20가지의 아미노산들로 구성되어 있는데 아미노산들은 매우 다양한 결합에 의해 서로 연결되어 있다. 대부분의 아미노산들은 인체의 필요에 따라 체내에서 합성될 수 있다. 하지만 일부 아미노산들, 즉 필수 아미노산은 우리 체내에서 합성할 수 없기 때문에 일일 음식 섭취 항목에 반드시 포함시켜야 한다. 식이에서 이들 필수 아미노산 중 1개라도 결여되면 그 아미노산을 함유하고 있는 단백질의 합성을 방해하므로 이들을 필요로 하는 신체조직을 유지할 수 없다.

모든 필수 아미노산을 함유하는 식품을 완전 단백질 식품이라 하며 육류, 생선, 가금류, 계란, 우유 등 대부분의 동물성 식품을 통하여 섭취 가능하다. 채소와 곡류의 단백질은 모든 필수 아미노산을 공급하지 못하기 때문에 불완전 단백질이라 부른다.

(2) 운동 능력과 단백질

대부분의 사람들은 필요한 양의 단백질을 섭취하는데 별 어려움이 없다. 필요량보다 더 많은 단백질을 섭취하면 우리 인체는 과잉의 단백질을 지방으로 전환하여 저장시키는데, 이때 세포로부터 많은 양의 물을 제거하여 탈수를 유발시키거나 신장이나 간을 손상시킬 수 있다. 아미노산은 신체에서 건물의 벽돌과 같은 역할을 하기 때문에 신체조직의 성장 발달에 필수적이다. 근육활동을 위한 에너지로는 단백질이 거의 사용되지 않기 때문에 신체활동의 증가로 인해 에너지 필요량을 단백질로 충당하여야 하는 상황을 만드는 것은 결코 바람직하지 않다.

저항운동으로 근육량을 증가시키기 위해서는 단백질 요구량을 조금만 증가시켜도 되기 때문에 일상식에서 약간의 단백질 섭취를 추가하는 것으로 충분하다. 단백질 보충제의 경우 아미노산들 간에 불균형을 초래할 수도 있으며, 극도의 고단백 식이에 관한 유익한 증거가 미비한 만큼 섣부른 접근은 조심하여야 한다.

4) 비타민

비타민은 성장을 촉진시키고 건강을 유지하는데 특수한 기능을 발휘하는 독특한 유기화합물의 집단이다. 비타민은 물, 단백질, 탄수화물, 지방에 비해 극히 미량만 필요하지만 체내에서 일어나는 모든 화학 반응에서 조절자로서 기능을 담당하여 인체에 없어서는 안 되는 필수적인 기능을 수행한다. 이것들은 에너지 방출, 조직 합성, 신진대사 조절에 필수적이다. 비타민은 크게 지방에 용해되어 체내에 저장되는 지용성 비타민과 수용액에 용해되며 체내에 저장되지 않는 수용성 비타민으로 분류된다. 지용성 비타민(A, D, E, K)은 식품의 지질부분과 기름류에서 발견된다. 이 비타민은 체내에 저장되기 때문에 지나친 섭취에 의해 독성 효과(과잉증)를 일으킬 수 있다. 복합 비타민 B와 비타민 C는 수용성이다. 이것들은 물과 함께 소화관에서 흡수된다. 수용성 비타민을 과다하게 섭취하면 주로 소변을 통해 체외로 배출되지만 이들과 관련된 비타민 중독성이 보고된 바 있어 섭취량 조절에 주의가 필요하다.

대표적인 비타민의 주요기능과 부족 시 나타나는 증상은 다음과 같다. 비타민 A는 상피세포, 뼈, 치아 건강에 관여하며 부족 시 야맹증, 성장장애, 피부각질화, 질병 감염율 증가의 증상이 나타난다. 비타민 B1은 탄수화물 및 아미노산 대사에 관여하며 부족 시 각기병, 심경염, 신경마비 등의 증상이 나타난다. 비타민 B3는 적혈구 생성 및 핵산과 아미노산 대사에 관여하며 부족 시 악성빈혈, 신경기능 장애의 증상이 나타난다. 비타민 C는 콜라겐 합성과 단백질 대사에 관여하며 부족 시 괴혈병 증상이 나타난다. 비타민 D는 칼슘과 인의 사용촉진, 성장촉진, 뼈 및 치아의 형성에 관여하며 부족 시 구루병, 골연화증 등의 증상이 나타난다. 비타민 K는 혈액응고에 관여하며 부족 시 과도한 출혈이 발생할 수 있다.

5) 무기질

미네랄로 알려진 약 20가지의 무기질들이 체내에서 신체 기능에 필수적인 역할을 담당하고 있으며, 신체에서 만들어지지 않기에 식사를 통해 반드시 공급되어야 한다. 무기질은 체중의 약 4%를 차지한다. 무기질은 모든 세포와 전신에 있지만 상당량은 간과 뼈에 저장된다. 미네랄은 이온 상태로 존재하거나 여러 유기성분과 혼합되어 있다. 체내에서 이온으로 해리될 수 있는 미네랄 화합물을 전해질이라고 한다.

마그네슘은 에너지 공급 반응에 필요하고 나트륨과 칼륨은 신경 자극 전달에 중요하다. 철분은 에너지 대사에서의 역할과 헤모글로빈을 만드는 데 중요하다. 칼슘은 뼈와 치아 형성, 혈액 응고와 근수축에 필요하다. 많은 종류의 무기질을 충분히 섭취하기 위해서는 다양한 종류의 식품을 섭취하는 것이 가장 좋은 방법이다.

필수 무기질의 주요기능과 결핍으로 나타나는 증상은 다음과 같다. 칼슘은 골격과 치아를 형성하고 혈액응고, 근육의 수축·이완작용, 신경기능에 관여하며 부족 시 일시적인 신경방전과 경직의 증상이 나타날 수 있으며 염소는 혈액의 산－염기 평형, 위장에서 염산생성에 관여하며 부족 시 산과 염기의 불균형 증상이 나타난다. 요오드는 갑상선 호르몬 생성과 정상대사율 유지에 관여하며 부족 시 정상 대사작용의 지연증상이 나타난다. 철은 헤모글로빈의 구성성분이며 전자수송 시스템에서 ATP를 생산하는 데 관여하며 부족 시 빈혈증, 산소운반기능저하, 에너지 손실 등의 증상이 나타난다. 마그네슘은 보조효소 구성성분으로 골조직 형성과 근신경기능에 관여하며 부족 시 신경과민, 혈관확장, 부정맥 등의 증상이 나타나고 인은 핵산의 구성성분으로 골격과 치아형성, 에너지 전환과정 등에 관여하며 부족 시 에너지 손실과 세포기능 손상의 증상이 나타난다. 포타시움은 근신경기능에 관여하며 부족 시 근육약화, 심전도 이상 등의 증상이 나타나며 소디움은 삼투압 조절과 근신경기능에 관여하고 부족 시 구토, 현기증 등의 증상이 나타난다.

6) 수분

(1) 수분 섭취

칼로리가 없기 때문에 수분은 좀처럼 영양소로 생각되지 않지만 모든 영양소들 중에 가장 필수적인 영양소로 생명을 유지하는데 산소 다음으로 중요하다. 수분은 체내에 가장 풍부한 영양소로서 체중의 약 60%를 차지하는데 지방, 탄수화물, 단백질이 약 40%까지 손실되어도 생명은 유지되지만 체중의 9∼12%에 달하는 수분손실은 치명적일 수 있다.

우리 신체의 약 60∼65%의 물은 세포에 포함되어 있으며 세포 내 체액으로 간주된다. 나머지는 세포 밖에 있으며 세포 외 체액으로 간주된다. 이것은 세포를 싸고 있는 간질액, 혈장, 임파액 및 다른 액체들로 구성된다.

물은 체내에서 일어나는 모든 화학 반응에 필수적이며 충분한 수분 공급은 에너지 생산과 다른 영양소들의 정상적인 소화에 절대적이다. 물은 체온조절에 필수적이며 영양소의 대사나 기타 다른 신체대사 과정에서 만들어지는 노폐물 제거를 위해서도 필요하다.

인체는 적정범위의 수분을 체내에 유지하도록 하는 기전을 가지고 있는데 신체 내 수분이 부족하게 되면 혈액에 있는 용질이 농축되고 이를 뇌가 감지하여 갈증을 느껴 수분을 섭취하도록 유도하며 신장에 수분을 보전하라는 신호를 보낸다. 반면에 과도한 양의 수분은 혈액 용질을 희석시켜 신장으로 하여금 과도한 수분을 방출하도록 한다.

(2) 휴식 시 수분평형

휴식 시 체내의 수분함량은 섭취량과 배출량이 균형을 이뤄 비교적 일정하게 유지된다. 일일 수분 섭취량 중 약 90%는 섭취를 통하여 이루어지고(음료 60%, 식품 30%), 나머지 10%는 신진대사(산화적 인산화의 부산물) 중 세포에서 생산된다. 대사성 수분의 생산은 에너지 소비율(높은 대사율은 더 많은 물을 생산한다)에 달려 있는데 매일 150~250ml까지 다양하다. 일일 섭취 수분량은 체중 1kg당 평균 약 33ml이다. 70kg의 사람인 경우는 약 2.31L에 달한다.

수분 배출 또는 손실은 피부 및 호흡계에서 증발로 발생하는데 수분이 피부 표면으로 확산되어 외부로 증발되고, 호흡 기체가 호흡관을 통해 지나갈 때 수분에 의해 습도가 높아진 상태가 되어 외부로 배출된다. 이와 같이 우리가 느끼지 못하는 상태로 손실되는 것을 불감성 수분 손실이라 하는데 서늘한 환경하에서 휴식 시 피부와 호흡을 통하여 손실되는 수분은 일일 손실 수분량의 약 30%에 달한다.

또한 휴식 시 수분 손실의 60%는 신장에서 일어나며 소변으로 물과 노폐물이 배출되는데 신장은 시간당 약 50~60ml의 물을 배설한다. 또 다른 5%의 수분 손실은 땀에 의해, 나머지 5%는 장의 배설로 배출된다.

(3) 운동 중 수분평형

인체가 에너지를 생산하기 위해 탄수화물과 지방을 연소할 때 많은 양의 열이 생성되며 특히 운동을 하는 동안 많이 발생하여 근육의 온도가 매우 높아지게 된다. 운동을 하는 동안 발생된 열을 낮추기 위한 가장 중요한 수단은 발한이며 인체는 피부를 통해 수분을 방출하여 체온을 낮춘다. 운동 중에 발생된 열을 감소시키는 체내 능력은 땀의 생성과 증발에 달려 있다. 체내 온도가 올라가면 과열을 예방하기 위해 발한량이 증가한다. 그와 동시에 유산소적 대사가 증가되기 때문에 운동 중에 더 많은 물이 생산된다. 그러나 강한 운동 중에 생산된 대사성 수분만으로는 심한 발한으로 인한 탈수현상에 대처하기 어렵다. 약 70kg의 성인남자가 1시간의 고강도 운동을 통하여 약 1,500ml의 수분을 손실할 수 있으나 이때 대사과정에서 생성되는 물은 200ml가 되지 않기 때문에 약 1,300ml의 수분을 섭취하여야 평형을 유지할 수 있게 된다.

운동 중에 발생되는 발한량은 주변 온도와 습도, 체격, 운동 강도 등에 의해 달라진다. 높은 온도와 습도는 체내로부터의 열방출을 제한하며 체격이 크면 에너지 사용량도 많아진다. 또한 운동 강도의 증가는 대사율의 증가를 요구하게 되며 체내 열생산을 증가시켜 발한량을 크게 한다. 운동 중 수분을 보존하고 탈수현상을 방지하기 위해 대사작용에 의한 수분 생산량도 증가되고 신장으로의 혈류도 감소되지만 이것으로는 불충분하다. 극한적 운동과 환경적인 열 스트레스하에서는 발한과 호흡에 의한 증발로 시간당 2~3L에 달하는 급격한 수분 손실 현상이 초래될 수 있다. 이러한 상황에서 수분 섭취의 제한은 탈수의 원인이 되며 피로, 구토, 구역질, 졸도 등 탈수 증상이 발생하고 심한 경우 사망에 이르게 할 수도 있다.

신체 내 수분이 부족하게 되면 혈장의 삼투압이 증가되고 이를 뇌의 시상하부에서 감지하여 갈증을 느끼게 된다. 하지만 갈증을 느끼게 되는 시기는 이미 탈수가 시작된 후이므로 만성적인 탈수를 예방하기 위해서는 갈증을 느끼기 이전에 간헐적으로 수분을 섭취하고, 갈증을 느끼는 것보다 더 많은 수분을 섭취하는 것이 바람직하다. 운동 중에는 수분 손실이 증가하기 때문에 신체가 요구하는 수분을 충족시킬 수 있도록 충분한 양의 물을 섭취해야 하며 운동 중이나 운동 후 수분을 섭취하는 것이 필수적이다.

심하게 땀을 흘릴 때는 전해질보다는 수분이 더 많이 손실되며 그로 인해 체내의 전해질이 더욱 농축되어 체액의 삼투압을 증가시키게 된다. 하지만 전해질의 추가 공급 없이 수분 공급만으로도 전해질을 정상 농도로 돌아오게 할 수 있다.

5 군인의 영양 섭취

의학적인 관리를 받고 있지 않는 경우, 남성군인들은 최소한 일일 1,500칼로리를 섭취하여야 하고 여성군인의 경우 최소 1,200칼로리 이상을 섭취하여야 한다. 군인들에게 이러한 기준 이하의 칼로리 섭취는 결코 바람직하지 않다. 운동과 더불어 적절한 영양 섭취는 체력을 향상시키고 유지하는 데 중요한 역할을 담당한다. 올바른 영양 섭취 습관은 군인들의 최대 신체수행능력을 상당히 강화시켜 준다. 그러나 좋은 식습관도 빈약한 체력과 운동습관을 뒷받침하지는 못한다.

체중조절뿐만 아니라 강인한 체력과 건강, 정신력을 유지하길 원하는 군인이라면 반드시 기본 영양 섭취 기준을 알고 따라야 할 것이다. 또한 지휘관들은 부대원들의 신체적 발달 및 유지를 위하여 올바른 영양 섭취를 권장하고 확인, 감독하여야 할 것이다.

다양한 음식을 섭취하고 에너지 균형을 유지하는 것은 건강한 식단을 위한 기초적인 지침

〈표 7-4〉 건강한 식단을 위한 식이 지침

- 최대한 다양한 음식을 섭취
- 지방, 포화지방, 콜레스테롤의 함유가 낮은 음식을 섭취
- 채소, 과일, 곡물 등이 많이 함유된 음식을 섭취
- 설탕이 들어간 음식의 섭취를 자제
- 음식 섭취 또는 조리시 소금은 되도록 적게 사용

이다. 올바른 영양 섭취는 <표 7-4>에 기재되어 있는 식이 지침을 이해하고 있는 군인이라면 결코 복잡하거나 어렵지 않다.

군인들은 주요 식품군에서 다양한 음식들을 규칙적으로 섭취하여야 한다. 균형 잡힌 식단은 건강한 신체를 유지하는 데 필요한 모든 영양소를 제공하게 된다. 다양한 식품을 섭취하는 대부분의 건강한 성인들에게 비타민이나 미네랄 같은 보충제는 필요하지 않다. 어떠한 영양소를 과하게 섭취하는 것에 대한 이점은 알려진 바 없으며, 아마도 필요 이상의 섭취로 인한 위험은 존재할 것으로 보인다. 군인들에게 충분한 에너지를 얻게 하기 위해서는 균형 잡힌 영양소 섭취를 고려한 다양한 식품이 매일 제공되어야 하고 반드시 식사를 해야 한다.

또 다른 식이 섭취 기준으로는 일일 요구되는 에너지 소비량에 맞는 충분한 에너지를 섭취하여야 하는 것이다. 신체의 에너지 균형(섭취 대 소비)이 유지될 때 체중도 정상상태를 유지한다. 칼로리 섭취를 조절하는 대부분의 방법이 식품량의 사이즈를 조절하여 총 음식 섭취양을 조절하는 방법을 사용하고 있다. 표준 식이량이 표시된 그릇이나 컵을 사용하거나 저울을 이용하여 음식이나 음료의 섭취량을 측정 및 조절하며 일일 섭취한 모든 음식을 기록하고 신체활동 또한 기록하는 것이 도움이 된다. 위의 <표 7-5>는 운동 형태와 강도, 시간에 따른 에너지 소모량을 나타내고 있다. 예를 들면 농구를 중강도로 할 경우 1분 동안 체중의 kg당 0.1kcal가 소모된다. 즉 70kg의 사람은 5kcal를 1분 동안에 소모하게 되고, 1시간 동안 농구를 하면 약 420kcal의 에너지를 소모하게 된다.

간단하게 일상생활에서 사용되는 칼로리양을 추정하는 방법으로 앞에서 언급한 바와 같이 체중에 상수를 곱하는 방법이 있는데, 좌식위주의 활동인 성인 남자의 경우에는 38을 곱하고, 다소 활동적인 경우 41을, 활동적인 경우 50을 자기 체중(kg)에 곱해주면 된다. 이 방식은 자신의 체중을 유지하는 데 필요한 섭취 칼로리를 추정하는 데 있어 다소 부정확하지만 간편하게 사용할 수 있는 방법으로 상당히 활동적인 사람은 더욱 많은 칼로리를 섭취하여야 할 것이다. 추정 칼로리 소비량과 섭취량을 비교함으로서 에너지 균형의 상태가 어떠한지(초과섭취, 균형유지, 섭취미달) 판단할 수 있다.

과도한 지방의 섭취를 피하는 것이 식이 지침의 또 다른 기본요소이다. 지방의 과다섭취, 특히 포화지방과 콜레스테롤의 과다섭취는 혈중 콜레스테롤을 높이는 지름길이다. 혈중 콜레

〈표 7-5〉 운동 유형별 칼로리 소비도표

운동 유형별	강도	Cal/min/kg	Cal/HR-70kg	운동 유형	강도	Cal/min/kg	Cal/HR-70kg
걷기	3.2km/h	0.049	205	탁구	중강도	0.057	240
	4.8km/h	0.066	280		고강도	0.132	560
	6.4km/h	0.086	360	테니스	중강도	0.101	425
	8km/h	0.141	590		고강도	0.088	370
달리기	10km/h	0.174	730	배구	중강도	0.079	335
	16km/h	0.22	925		고강도	0.143	600
	19km/h	0.287	1200	축구		0.132	555
등산		0.19	800	골프		0.064	270
하이킹		0.093	390	배드민턴	중강도	0.086	360
수영	저강도	0.071	295		고강도	0.143	600
	중강도	0.128	540	농구	중강도	0.104	435
	고강도	0.157	660		고강도	0.146	610
자전거	8km/h	0.055	230	야구	중강도	0.068	290
	16km/h	0.11	460		고강도	0.086	360
	21km/h	0.159	670	스케이팅	중강도	0.079	335
근력운동	60% 1-RM	0.049	205		고강도	0.141	590
	80% 1-RM	0.106	445	태권도		0.192	805

스테롤 수준은 체지방과 섭취하는 지방량의 감소를 통하여 낮출 수 있다. 높아진 혈중 콜레스테롤 수치를 낮춤으로써 관상동맥 질환과 심장마비의 위험을 줄여주게 된다. 관상동맥질환은 서서히 점진적으로 심장혈관이 막히는 질환으로 올바른 식이 습관으로도 관상동맥 질환과 같은 질환의 진행을 감소시킬 수 있다.

모든 군인들에게 지방 섭취를 총 칼로리 섭취량의 30% 수준 또는 그 이하로 낮추도록 권장해야 한다. 거기에 더하여 포화지방을 총 에너지 섭취의 10% 미만으로 감소시켜야 하며 다중 불포화지방산은 10% 수준까지 섭취를 늘려야 한다. 결론적으로 군인들은 일일 콜레스테롤 섭취를 300mg 이하로 섭취하여야 한다.

글리코겐 형태의 탄수화물은 단기간, 고강도 활동에서 일차적으로 사용되는 에너지원이다. 격한 활동으로 운동근육에 저장된 탄수화물의 대부분이 소진될 수 있다. 신체는 한시간 달리기와 같이 장시간 활동에서 지방을 에너지원으로 이용하여 탄수화물 저장량의 고갈을 방지할 수 있다. 일차적으로 신체에서 사용하는 에너지원은 탄수화물이지만 운동 시간이 길어지게 되면 지방의 동원이 점차적으로 증가하게 된다.

운동 강도 역시 탄수화물과 지방의 에너지원의 동원비율을 조절하는 중요한 요인이다. 운동강도가 높아질수록 탄수화물의 사용비율이 높아지는데 웨이트 트레이닝이나 체력검정과 윗몸 일으키기, 팔굽혀 펴기와 같은 형태의 운동 간 주로 탄수화물을 사용하게 되는 것이다.

탄수화물이 풍부한 음식을 섭취하는 것은 적절한 근육 내 글리코겐 저장량을 유지하는 데 도움이 된다. 적어도 총 섭취 칼로리의 50% 정도는 탄수화물을 섭취하는 것이 바람직하다. 신체크기, 성별, 연령, 수행하여야 할 임무 등에 따라 개개인의 칼로리 요구량은 다양하다. 쌀, 빵, 파스타, 감자 등과 같이 탄수화물이 풍부한 음식은 활동적인 군인들에게 매우 좋은 에너지원이다.

야외훈련 등 격한 신체활동을 수행하기 1~3일 전에 섭취한 음식은 활동 간 사용되는 에너지의 상당부분을 제공하기 때문에 탄수화물이 풍부한 음식을 매일 섭취하는 것은 군인에게 매우 중요한 일이다. 또한 캔디와 같은 단당류는 운동 간 저혈당을 유발할 수 있기에 활동 전 한 시간 이내에는 섭취를 피하는 것이 좋다.

혹서기와 같이 열에 노출되어 있는 환경에서 군인들은 종종 충분한 수분 섭취가 이루어지지 않는 경우가 발생한다. 수분은 최적의 신체수행력을 발휘하는 데 필수적인 영양소로 신체 온도를 정상범위로 유지하는 데 매우 중요한 역할을 담당한다. 열 환경에서 땀의 발산은 신체의 열을 식히는 역할을 하며 땀으로 감소된 신체 수분량은 반드시 보충되어야 하는데 그렇지 않을 경우 수행력의 감소나 부상 가능성을 높이게 되는 결과를 보이게 된다. 땀으로 손실된 수분은 순수한 물로써 섭취하는 것이 가장 좋은 방법이다.

군인들은 반드시 신체활동 전, 중, 후에 탈수예방과 수행력 향상을 위하여 수분 섭취를 하여야 한다. 아래의 <표 7-6>은 운동 간 권장되는 수분 섭취 방법을 정리하였다.

특별한 환경에서는 단당과 전해질이 포함된 스포츠 드링크를 마시는 것이 도움이 되기도 한다. 예비 심박수 50% 수준 이상 강도로 장시간(>1.5시간) 지속되는 운동을 하는 동안에

〈표 7-6〉 운동 간 수분 섭취 권장기준

- 시원한 물(4~5℃)을 마시는 것이 신체수행력을 유지하는 가장 좋은 음료이다. 수분은 주스, 우유, 국, 기타 음료수로도 섭취 가능하다.
- 커피, 차, 탄산음료는 비록 수분을 제공하기는 하지만 카페인 성분이 이뇨작용을 통하여 신체수분량을 감소시키는 역할을 하기에 피하는 것이 좋다.
- 신체활동 1~2시간 전에 다량의 수분(550ml 이상)을 섭취하는 것은 수분보급과다증을 유발한다.
- 운동 간 매 15~30분마다 90~160ml 정도의 수분을 섭취하라.
- 운동 전후 체중을 측정하여 감소된 체중(수분량)을 보충하라(0.5kg 감소당 물 2잔 섭취).

5~10% 탄수화물이 함유된 스포츠 드링크를 주기적으로 마시는 것으로 상당한 도움을 받을 수 있다. 또한 장거리 행군을 실시하는 경우에도 이러한 형태의 음료를 마시는 것이 수행력을 향상시키는 데 도움이 된다. 반대로 탄산음료나, 과일 주스와 같이 10% 이상 당류가 함유된 음료를 섭취하는 것은 복부 통증, 메스꺼움, 설사를 유발할 수 있다. 그러므로 이러한 음료들은 강도 높은 지구성 훈련이나 활동 간 섭취에 주의가 필요하다.

많은 사람들은 보디빌더들이 근육을 늘리기 위하여 다량의 단백질을 섭취할 것이라 믿고 있다. 단백질의 일차적인 기능은 신체조직을 만들고 보충하며 각종 효소를 만들어내는 일이다. 단백질은 강도 높은 저항운동 간에 요구되는 에너지의 작은 일부만을 담당하는 것으로 알려져 있다. 성인에게 권장되는 단백질 섭취량은 체중 1kg당 0.8g이다. 즉 70kg의 성인은 하루에 약 56g의 단백질을 섭취하도록 권장된다. 총 섭취 칼로리의 약 15% 정도의 단백질을 섭취할 경우 대부분의 군인들은 권장사항을 충족시킨다 할 수 있다. 강도 높은 유산소 훈련 간에는 단백질 섭취 요구량이 다소 증가된다(체중 1kg당 1~1.5g). 신체는 필요량 이상의 섭취된 단백질을 지방으로 전환하여 체내에 저장하기 때문에 과도한 단백질 섭취 역시 바람직하지 않다.

야전 군인들은 임무를 수행하는 데 요구되는 에너지를 충족하기 위하여 충분한 음식을 섭취하여야 한다. 또한 충분한 물 또는 기타 비알콜성 음료를 섭취하여야 한다. 전투식량은 요구되는 탄수화물, 단백질, 지방, 비타민, 미네랄 등의 충분한 양을 제공하며, 영양적으로 적합한 비율로 구성되어 있다. 그러므로 일일 군 요구 식이 권장량을 섭취하기 위해서는 전투식량의 모든 구성물을 다 섭취하거나 야전취사 간 적절한 식사를 하여야 한다.

최근 세계 각지로 파병되어 임무를 수행하는 경우가 많아지고 있다. 극심한 환경에서 신체적 고갈은 생명을 위협할 수도 있기 때문에 각 현지의 임무 및 환경에 따라 군인들의 신체적 수행력에 영향을 미치는 사항들을 고려하여 문제를 해결해주어야 한다. 이러한 문제를 인식하는 것은 매우 중요하며 문제가 발생하지 않도록 예방하는 것은 더욱 중요하다.

6 체지방 감소를 위한 방법

1) 체중 감량법

체중 감량을 위한 방법은 식이요법, 신체 운동량 증가 및 식이요법과 운동을 병행하는 방법들이 있다. 식이요법만을 통한 체중 감량은 어려움이 많으며 대부분의 경우 식이요법만 하는 것, 특히 급격한 체중 감소 수단으로 사용하는 것은 건강을 위협하게 되고 우리 신체에

꼭 필요한 다양한 영양소의 결핍을 초래할 수 있으며 다시 이전 체중으로 되돌아가기 쉬운 방법이다. 식이요법만을 통한 장기간의 체중 조절은 성공률이 매우 낮다. 식이요법에 의한 감량 체중의 약 35~45%는 제지방 조직의 감량으로 발생된다.

운동을 통한 체중 감량은 제지방 조직의 손실이 거의 없이 80~90% 정도가 지방 조직의 감량을 통해 일어난다. 그러나 운동만을 하는 체중 감량 역시 원하는 만큼의 성과를 얻기 어렵다. 운동만으로 다량의 칼로리를 소비하는 데 상당한 시간과 노력이 수반되어야 하고, 운동 후 심리적 보상효과로 열량섭취가 증가하는 경우가 많이 발생하기 때문이다. 그러나 운동은 체중감량을 일으킬 뿐 아니라 심폐 지구력을 강화시키고 근력을 향상시키며 유연성도 증가시킨다. 이러한 이유들 때문에 운동은 체중 감량 프로그램에서 식이요법을 능가하는 건강상의 장점들을 가지고 있다.

체지방을 줄이기 위한 가장 효율적인 방법은 식이요법과 운동 요법을 병행하는 것이다. 적정한 에너지 소비증가와 섭취감소의 병행은 부적(−) 칼로리 균형을 만들게 되고, 급격한 생활의 변화가 없어 장기간 지속하는데 유리하기 때문이다. 단시간에 급격한 신체변화를 추구하는 것은 신체적 스트레스를 높이고 건강에 좋지 않은 영향을 미치기에 장기목표를 세우고 오랜 기간 꾸준히 실천하는 것이 중요하다. 어떤 체중 감량 프로그램이든 감량 목표는 주당 0.5~1kg(체중의 1%)이어야 한다. 주당 1.5~3kg 이상의 체중 감량은 탈수 때문에 생기는 것이며 목표로 하는 체지방 감량과는 무관하다. 체중 감량 프로그램은 장기간의 접근이 강조되어야 한다.

근육을 증가시키고 체지방을 줄이는 것은 주로 개인의 현 체구성 비율과 트레이닝 수준에 달려 있다. 과거에 트레이닝을 하지 않거나 체지방률이 높은 경우 열량 제한과 트레이닝의 결과로 체지방 감소와 제지방량 증가를 동시에 달성할 수 있지만, 트레이닝되어 이미 상대적으로 낮은 수준의 체지방을 가지고 있는 사람은 체질량을 감소시키는 데 더 많은 노력이 필요하다. 1주일에 평균적으로 0.5~1kg의 체중을 감소시키는 것은 하루에 500~1,000kcal의 부적(−) 에너지 균형을 달성하여야 한다는 것을 의미한다.

2) 체중 감량 시 신체활동(운동)의 이점

체중 감량 프로그램에서 신체활동을 포함하는 것은 인슐린 저항성 감소와 심혈관 질환의 위험인자를 줄이는 건강상 매우 긍정적인 효과 외에도 심리적 이점을 제공한다.

다음의 <표 7-7>처럼 운동 프로그램의 심리적 효과로는 행복감, 신체상 자부심과 자아효능감 향상을 얻을 수 있으며 심리적 이점 외에 추가적인 다른 변화를 기대할 수 있다. 예를 들어 신체활동을 통한 심리적 기분과 자신감 향상은 생활의 다른 측면에 일반화되어 식이조절에 대한 향상을 유도하여 전보다 더 건강한 식사 습관을 이끌어 내고 신체활동량을

〈표 7-7〉 체중 감량 시 운동의 이점

- 행복감, 자부심, 자기효능감, 신체상 향상
- 에너지 소비 증가
- 식이요법 대비 체지방을 줄이고 근육량의 감소 예방
- 인슐린 저항성 감소
- 식이요법 대비 혈중 지질 감소 및 심장병 발병률 감소
- 열량 섭취를 제한하면서 더 좋은 식이요법에 기여
- 안정 시 대사율 감소 둔화 및 예방

더욱 증진시키며 사회생활에서의 자신감도 향상시킬 것이다.

체중 조절 프로그램의 과정에서 신체활동의 증가가 체중 감소에 미치는 영향에 대하여 과거에 강조되었던 만큼 큰 효과가 있는 것만은 아닌 것으로 보이지만, 장기적인 체중 유지의 방편으로 신체활동의 역할이 필요한 것만은 분명해 보인다. 규칙적인 신체활동은 체중 감소와 체력을 향상시키는 데 도움을 줄 뿐만 아니라, 지속적으로 목표 체중을 유지하는 데도 필요하다.

3) 생활양식의 변화 프로그램

체중 조절 프로그램 중 성공적이고 장기간 지속 가능한 프로그램으로는 대부분 식생활의 변형과 신체활동의 증가 그리고 생활양식의 변화를 모두 포함하게 된다.

(1) 식습관 변화와 저열량 식이

과체중이거나 비만인 사람들은 대부분 과잉 영양 섭취가 가장 중요한 원인이기 때문에 체중 감소를 위해 우선적으로 저열량 섭취를 하여 식이조절을 해야 한다. 식단을 편성하는 데 있어 일차적으로 고지혈증이나 고혈압과 같은 질환을 줄이는 음식으로 이루어져야 할 것이며, 개개인의 식습관을 고려하여 모든 영양 권장량도 맞추어야 할 것이다.

일주일에 약 0.45~0.9kg를 줄이기 위해서는 하루에 500에서 1,000kcal를 줄여야 하는 개별적 식단이 필요하다고 권장되고 있다. 이러한 권장기준이 체중 감량을 결심한 사람들에게는 감량 폭이 적다고 생각될지 모르지만 건강상의 위험 없이 지속적인 체중 감소를 유지하는 데 오히려 급격한 감량보다 유리하다. 더욱이 단시간의 급격한 체중 감량은 대부분 원래 체중으로 다시 증가하는 현상이 발생되는데 이러한 현상을 수차례 반복하게 되면 건강상 저해와 자존감을 하락시키게 되어 신체적, 심리적 문제를 야기할 수 있다.

운동을 통해 250kcal를 소비하면 음식 섭취를 통하여 줄여야 할 에너지양이 하루에 약

500kcal에서 250kcal로 또는 1,000kal에서 750kcal로 줄어들게 되어 식사량의 조절이 식이조절만 하는 경우보다 상대적으로 줄어들어 부담감이 덜하게 된다.

섭취 열량을 제한하는 데 필요한 식단과 섭취량을 판단하기 위하여 전문 영양사의 도움을 받거나 개별적으로 식품별 열량이 표시된 도표를 이용하여 일일 섭취 칼로리를 기록 및 분석하여 매 음식물 섭취 간 활용하는 방법이 있다. 하루 800kcal 이하의 초 저열량 식이는 식이요법 간 특별한 관찰과 보충제가 필요하고 의사의 관리하에 실시되어야 하며, 장기적으로는 저열량 식이와 체중 감량 효과에서 의미 있는 차이를 보이지 않기 때문에 특별한 조건의 개인이 아닌 한 권장되지 않는다. 일반적인 저열량 식이 기준으로 여성의 경우 하루 1,000~1,200kcal, 남성의 경우 1,200~1,600kcal 이하로 떨어뜨리지 않도록 권장된다.

저열량 식이 섭취에서도 균형 잡힌 식단의 편성은 매우 중요한 요소이다. 건강한 식이를 위하여 섭취하는 지방은 총 섭취 칼로리의 약 30% 이하이면서 포화 지방산은 8~10%, 콜레스테롤은 300mg 이하를 섭취하고, 단백질은 총 섭취 칼로리의 약 15%, 탄수화물은 약 55%이상을 섭취하는 것이 권장된다. 또한 나트륨 섭취는 약 2.4g(염화나트륨 6g) 정도로 제한하고 칼슘은 1,000~1,500mg의 섭취가 권장된다.

체중 감량 프로그램 초기에 적절한 목표는 체중의 약 10%를 6개월 기간 동안 감량하는 것이다. 6개월이 지난 후 안정 시 대사량의 감소와 더불어, 식이조절과 운동에 계속적으로 참여하는 시간이 지남에 따라 체중 감소가 더 어려워지는 것을 느끼게 된다. 이는 꾸준한 신체활동과 운동을 통하여 운동의 효율성이 증진되고 상대적인 운동 강도가 낮아져 초기 단계와 동일한 강도와 시간으로 운동을 하더라도 에너지 소모는 다소 적어지게 되고, 체중이 감소함에 따라 에너지 필요량 또한 감소하게 되기 때문이다. 따라서 더 낮아진 체중에서는 식이조절량이 더욱 커지고, 운동량 역시 더욱 커지게 되어야만 부적(−) 에너지 균형을 이룰 수 있게 된다. 초기 목표인 10%의 체중 감량을 이룬 다음에, 적정한 수준에서 새로운 목표를 세우도록 해야 한다.

(2) 신체활동

과체중이거나 비만인 사람들은 주당 3~5회, 한번에 30~45분의 중등도 강도의 신체활동을 실시할 것을 권장한다. 중등도 강도의 신체활동은 하루 약 150kcal 정도, 일주일에 약 1,000kcal의 에너지 소비량을 요구하는 수준을 의미한다. 미국 스포츠 의학회에서는 체중 감소를 빠르게 하기 위해 주당 1,000~2,000kcal 또는 하루 300~500kcal 소비를 권장하고 있다. 중등도 강도의 운동으로 시작하여 2,000kcal 소비의 권장수준에 점차적으로 도달해야 할 것이다.

사람에 따라서 처음부터 중등도 강도의 운동으로 시작한다는 것이 어려울 수도 있다. 이러한 대상자들에 대해서는 초기 강도를 낮추어 시작해야만 하고, 스포츠 활동을 통하여 에너지를 소모하는 것이 제한될 경우도 있기 때문에 일상생활의 활동을 강조하여 조금씩 수시로 에너지 소모를 증가시키도록 유도하는 것이 더 바람직할 수도 있다. 일상생활에서 에너지 소모를 증가시키는 방법으로는 대중교통 이용, 목적지보다 한 정거장 먼저 내려 걷기, 엘리베이터보다 계단 이용하기, 애완견과 산책하기, 점심 식사 후 걷기 등이 있다.

비만인은 그들의 좌업생활로 인해 기능적인 능력이 상당히 저하되어 있기에 일반인들에게는 적당한 운동도 그들에게는 상당한 강도로 작용하여 근육통증이나 피로 등이 올 수 있다. 이러한 현상은 프로그램을 지속하는 데 부정적으로 작용한다. 따라서 육체적으로 낮은 수준을 요하는 운동부터 시작하도록 한다. 저강도의 인터벌 트레이닝(운동과 휴식이 번갈아 있는)은 초기 훈련 단계에서 권장된다.

체중이 감소하고 기능이 향상되면 운동 강도나 시간이 증가되는 프로그램을 적용하도록 한다. 총량에서 동일한 에너지 소모를 하더라도 걷기나 자전거 타기와 같은 중강도 운동을 오랜 시간 하는 것이 줄넘기나 달리기와 같은 고강도의 운동을 짧은 시간동안 하는 것보다 권장된다. 중·저강도 운동은 에너지 사용에 있어서 지방 소모를 더욱 높이고, 부상을 방지할 수 있으며 운동 프로그램을 계속 유지하는 데 유리하다. 걷기, 수영, 수중운동, 실내 또는 실외 자전거 타기, 하이킹 등을 들 수 있으며 여기에 저항 운동과 유연성 운동을 추가할 수 있을 것이다.

아래의 <표 7-8>는 일상생활이나 스포츠 활동에서 한 번에 약 150kcal를 소모하는 정도의 신체활동을 보여주고 있다. 표의 위로 갈수록 시간이 늘어가면서 강도는 약해지고, 아래

〈표 7-8〉 신체활동 형태별 중강도 권장시간

일상생활		스포츠 활동	
시간	활동 형태	시간	활동 형태
50~60분	차를 세척하거나 왁스로 닦기	45~60분	배구
50~60분	창문이나 바닥 닦기	45분	축구
30~45분	정원 손질하기	30분	농구 슈팅
30~45분	휠체어 타기	30분	5마일 자전거 타기
30분	유모차 밀며 산책하기	30분	빠르게 춤추기(사교댄스)
30분	낙엽 긁어모으기	30분	아쿠아로빅
30분	2마일(15분/mile)걷기	20분	구간 반복 수영
15분	삽으로 눈 퍼내기	15~20분	농구 시합
15분	계단 오르기	15분	줄넘기
		15분	달리기

로 갈수록 강도가 늘어나는 반면 시간이 줄어든다. 바쁘게 살아가는 현대인에게 시간적 활용도 매우 중요한 고려요소이므로 개개인의 생활여건과 체력수준, 접근이 용이한 방법 등을 판단하여 일회성이 아닌 장기간 적용 가능한 방법을 선택하는 것이 중요하다.

(3) 생활습관 변화를 유지하기 위한 방법

습관은 하루아침에 만들어지는 것이 아니기 때문에 습관을 바꾸는 것은 쉽지 않으며, 새로운 습관을 만들어 유지하는 데 상당한 노력이 필요하다. 하지만 장기적인 노력과 변화 없이는 궁극적인 신체와 건강상의 변화를 기대할 수 없다. 몸에 익숙하지만 좋지 않은 습관을 바꾸기 위하여 도움이 되는 보조수단으로는 적절한 목표설정 및 수정, 셀프 모니터링(Self-Monitoring), 식이습관 분석 등이 있다.

자신의 활동과 식이행위를 기록하는 습관을 셀프 모니터링이라고 한다. 음식과 열량 섭취, 운동 또는 신체활동, 식사시기, 식사장소, 체중 변화 등을 기록하는 것은 체중 감량 및 건강한 습관을 만들기 위한 관심을 집중·증가시키고 실태를 분석하는 데 중요한 정보를 제공한다. 잘못된 습관을 점검하는 예로 식사에 소요된 시간, 고열량 간식 섭취, 신체활동 실행 여부 등을 확인하는 것은 부족한 신체활동을 늘리고 과잉의 에너지 섭취를 지양하도록 해준다.

비만이거나 과체중인 사람의 경우 실질적인 목표설정이 중요하다. 과도한 목표설정은 급격한 생활습관의 변화를 기대하기 어려울 뿐만 아니라, 쉽게 포기하도록 만들기도 한다. 그러므로 어렵지 않고 달성 가능한 목표를 설정하여 점차적으로 목표를 수정하면서 점진적인 체중 감량을 도모하는 것이 바람직하다. 예를 들어 6개월 동안 9kg을 감량하는 것을 목표로 정할 수 있을 것이다. 이를 한 달에 1~1.8kg 단위로 나누어 달마다 목표를 달성하도록 하고 달성한 성취감에 다음 달에도 노력을 지속하여 목표를 달성토록 동기를 고취하고 독려할 수 있을 것이다. 행위변화를 꾀하지 않고 단지 체중을 감량하는 것에만 목표를 삼는다면 실패할 수 있다. 체중 감량의 목표에 단계적 행위변화의 목표를 추가하여 설정하는 것이 체중 감량이 더 이상 진척되지 않을 때도 계속적으로 노력하도록 도울 수 있다. 예를 들어 주당 최소한 4번을 한번에 40분 이상 걷거나 자전거로 출퇴근하는 것을 목표로 세우고 비록 체중 감량은 목표량을 달성하지 못했더라도 행위목표를 달성하였다면 성공한 것이고 지속적인 습관변화를 유도하는 데 도움이 된다.

우리가 일상생활 속에서 과잉의 영양 섭취를 무의식적으로 행하는 경우들도 있는데 회의나 식후에는 커피를 마셔야 하고, 극장에서 팝콘을 먹고, 스포츠 중계나 영화를 볼 때 과자류 또는 맥주와 치킨을 곁들여야 한다는 의식이 자리 잡고 있는 사람들이 있다. 이러한 행위들은 습관적으로 자연스럽게 이루어지지만 생각지 못하게 높은 칼로리를 추가로 섭취하는 좋지 못한 습관들로 체중 감량에 상당히 부정적인 영향을 미치게 된다.

또한 식사습관에서도 식사를 빨리하는 경우 위에서 포만감을 느끼기 전에 과도한 섭취를 하게 되어 과식의 원인이 되며, 끼니를 거르는 경우 배고픔 때문에 나중에 과식하게 되는 경향이 있다. 이러한 문제를 피하기 위해 식사하는 속도와 결식하지 않는 습관을 기르는 것이 좋다. 작은 접시나 그릇의 사용은 상대적으로 음식이 크게 보이게 하고, 반찬을 알맞게 덜어 놓는 습관은 잔량 처리를 위하여 과식하는 습관을 예방하는 데 도움이 된다.

7 비만인의 운동 처방과 프로그램 설계

비만인의 경우 운동에 참가하는 데 있어서 일반인보다 더욱 주의를 요하는 사항들이 존재한다. 운동 초기에 부상이나 좋지 않은 경험을 통해서 오히려 운동에 거부감을 느끼지 않도록 조심스러운 접근이 필요하다.

관절염이나 근골격계 상해를 가지고 있지 않더라도 비만인은 발목, 무릎, 고관절 등 체중 지지 부위에 가해지는 스트레스가 문제될 수 있다. 체중 지지에 따른 충격이 적은 중강도 운동은 이러한 스트레스를 예방하기도 하는데, 걷기는 조깅이나 달리기보다 관절에 더 적은 스트레스를 주면서 운동효과를 달성할 수 있다. 자전거 타기, 수영, 수중 에어로빅 등은 부력 또는 안장에 의하여 체중 지지를 덜 하면서 운동을 지속하는 데 유리하다.

온도나 습도가 높은 환경에서 체온조절 능력이 떨어져 운동 간 발생되는 체온상승으로 열 피해를 입을 가능성이 높다. 온도나 습도가 높은 환경을 피하여 온도조절이 가능한 실내 또는 아침이나 저녁시간을 선택하거나, 수중 운동 등으로 위험을 예방할 수 있다. 또한 운동 간 자주 시원한 음료를 섭취함으로써 체온의 급격한 상승을 방지할 수 있다.

1) 유산소 운동

유산소 운동 프로그램의 목표는 주 5일 동안 운동에 참여하면서 일주일 동안 소비할 수 있는 최대한 열량을 소비할 수 있게 하고, 그에 더하여 규칙적인 신체활동 습관을 유지할 수 있도록 계획되어야 한다. 앞서 설명한 바와 같이 초기 과정에서는 낮은 운동 강도로 설정하는 것이 바람직하며, 날마다 일상생활 활동을 증가시킴으로써 운동량을 증가시킬 수 있다.

체력수준에 따라 한 번에 운동을 지속하는 능력이 제한될 수도 있다. 즉 정해진 에너지 소모를 위하여 20분간 8km/h의 속도로 달리는 운동량을 목표로 하였는데 5분밖에 지속하지 못하는 경우 속도를 6~7km/h로 낮추어 지속시간을 늘리거나, 8km/h로 5분 뛰고 4km/h로 5분 걸은 뒤 다시 8km/h로 5분 뛴 뒤 걷기를 반복하는 형태의 인터벌 트레이닝으로 변형하여 운동을 실시하여야 한다.

2) 저항 운동

비민인의 운동 프로그램에 저항 운동을 포함시키는 것을 간과하기 쉽다. 비만인들의 관심은 일반적으로 체중 감량에 집중되어 있고, 체중 감량을 위하여 상당한 양의 칼로리를 소모하는 데 저항 운동보다는 유산소성 운동이 효과적이라는 것은 일반적인 상식이기 때문이다. 하지만 저항 운동 역시 비만 운동 프로그램에 포함되어야 하는 중요한 요소이다.

저항 운동은 근육의 양을 유지 또는 증가시키는 데 효과적인 운동방법으로, 식이제한으로 인하여 감소되는 제지방 체중과 안정 시 대사율의 감소를 예방하는 데 도움이 된다. 또한 일반적으로 비만인은 신체활동의 부족에도 불구하고 과다한 체중을 지지하기 위하여 하체의 근육은 상당히 발달되어 있는 반면 상체 근육은 상대적으로 덜 발달된 경우가 많다. 그러므로 저항 운동의 목표는 상체 근력의 발달을 도모하여 상·하체 모두 균형적인 근력발달을 도모하고, 열량 소비를 증대시키는 데 두어야 한다. 또한 일차적으로 대근육군 위주의 운동이 선행되고 점차 작은 근육군도 향상시키도록 프로그램을 구성하는 것이 바람직하다.

3) 유연성 운동

또한 비만인의 경우 신체활동의 부족으로 관절 및 근육의 유연성도 부족한 경우가 많다. 스트레칭이 비록 많은 에너지를 소비하지 못한다 할지라도, 부상을 예방하고 관절의 가동범위를 유지하는 데 중요하다. 가벼운 스트레칭은 준비 운동에 포함될 수 있는 반면, 유연성을 향상시킬 수 있는 좀 더 강한 스트레칭은 유산소 및 저항 운동이 끝나거나 운동 과정 중간에 포함시키는 것이 바람직하다.

8 체중 증가

최근 몸짱 신드롬이 사회적 이슈로 떠오르면서 남성은 가슴과 복근의 표현을, 여성은 날씬하면서도 탄탄한 몸매를 원하는 경우가 많아지고 있다. 이러한 경향은 비만인뿐만 아니라 저체중의 경우에서도 나타나고 있는데, 비만인은 지방 감량이 최우선 목표이겠지만, 저체중의 경우에 체중 증가의 목적은 제지방량, 즉 체지방이 아닌 근육을 증가시키는 것이어야 한다.

근육질의 형태로 체중을 증가시키기 위해서는 식이요법과 점진적 저항 트레이닝의 조합이 필수적이다. 그러나 유전, 체형, 순응에 따라 그 발전의 정도에 차이를 보인다. 근조직은 70%가 물, 22%가 단백질, 8%가 지방과 글리코겐이다. 만약 저항 트레이닝 동안 추가적으로 섭취한 열량이 모두 근육 성장을 위해 사용된다면 제지방 조직 0.45kg당 2,500kcal가 요구된다. 이것은 조직 합성을 위한 에너지 요구량뿐만 아니라 저항 트레이닝 동안에 사용되는 에너지량을 포함한 양이다. 따라서 일일 요구량보다 하루에 350~700kcal 많게 섭취하면 주당 0.45~0.9kg의 제지방조직을 합성하고 저항운동 프로그램에 필요한 에너지 요구량이 충당된다. 저항 운동은 체중 증가 프로그램에 반드시 포함시켜야 한다. 그렇지 않으면 과도하게 섭취된 에너지는 제지방 증가에 기여하지 않고 지방으로 전환되어 축적될 것이다.

열량 섭취 증가를 위해서는 식사 시간에 먹는 식사량을 증가시키고 매끼마다 몇 가지 음식을 더 많이, 더 자주 먹되 고칼로리 식품을 선택하는 것이 권장된다. 근육을 증가시키려면 단백질 섭취량을 증가시켜야 한다. 단백질 요구량은 체중 1kg당 1.5~2.0g으로 추정되고 만약 단백질 주요 급원이 식물성 식품이라면 더 높여야 할 것이다. 식물성 단백질은 동물성 단백질보다 생물학적 값이 낮기 때문이다. 단백질 보충제의 섭취는 그리 권장되지 않는다. 합성 아미노산이 인체내에서 일반 식사를 통하여 섭취되는 단백질보다 긍정적이란 증거는 찾기 어려우며 과도한 단백질 섭취는 오히려 지방의 증가를 초래할 수도 있기 때문이다. 그에 비하여 저항 트레이닝을 하고 난 뒤 단백질을 섭취하는 시간은 중요하다. 근육량을 늘리기 위한 목적으로 트레이닝을 하는 경우 근세포의 미세한 손상과 보상의 반복작용을 이용하여 효과적으로 근육량을 증가시킬 수 있다. 손상된 세포의 복구에 필요한 단백질을 빠른 시간 내에 공급하는 것이 충분한 보상에 유리하기 때문에 저항 운동 후 1시간 이내에는 단백질을 공급하는 것이 좋다.

제8장

순발력

순발력(파워) 훈련을 위한 대표적인 훈련은 플리오메트릭 훈련으로 가장 짧은 시간에 근육이 최대힘에 도달하게 하는 활동이다. 이는 신전-단축 주기를 포함하는 사전신전, 또는 대항동작을 사용하는 빠르고 순발력 있는 동작으로 구성된다.

목적은 근육 및 건과 신전반사의 탄력적인 요소를 사용하여 순발력을 증가시키기 위함이며 트레이닝에 효과적으로 적용하기 위해 역학 및 생리학, 프로그램 계획 원칙, 그리고 안전하고 효과적인 방법을 이해하는 것이 중요하다.

심폐 지구력 및 근력 훈련을 위한 프로그램 계획과 유사하게 형태, 강도, 빈도, 기간, 회복, 점진성, 그리고 준비 훈련 등이 모두 포함되어야 한다.

1 신전-단축 주기

신전-단축 주기는 최소시간에 근육동원을 최대로 증가시키기 위해 직렬탄성요소(SEC)의 에너지 저장능력과 신전반사의 자극을 사용한다. 신장-단축 주기는 3가지의 단계로 구분한다 <표 8-1>.

〈표 8-1〉 장·단축 주기

단계	활동	생리학적 현상
1-신장성 Eccentric	주동근 신장	탄성 에너지 저장, 근방추 자극, 신호가 척추에 전달
2-전이 Amorization	1단계와 3단계 사이의 멈춤 단계	알파 훈련신경이 시냅스 전달(Type Ia) 알파 훈련신경이 주동근에 신호전달
3-단축성 Concentric	주동근 단축	탄성 에너지 방출 알파 훈련신경이 주동근 자극

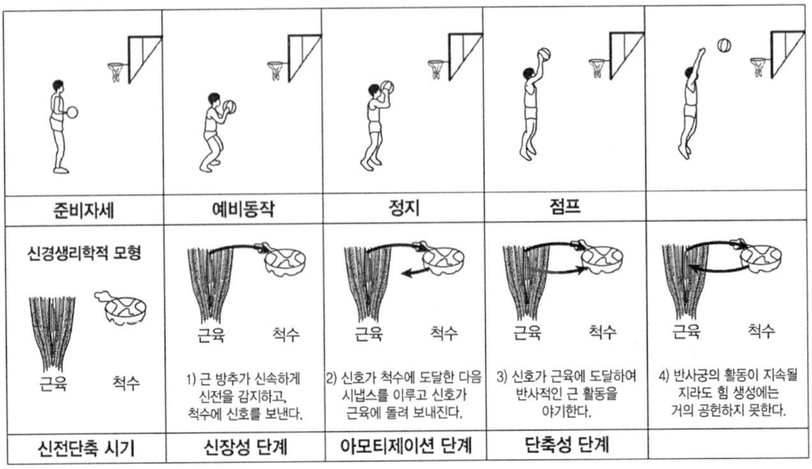

〈그림 8-1〉 신전-단축 주기의 3단계

1) 신장성 단계

신장성 단계(eccentric phase)는 주동근 근육군에 미리 부하를 주는 단계로 SEC는 탄성 에너지를 저장하고 근방추가 자극된다. 근방추가 신전되면 Ia 구심성 신경섬유를 통해 척수의 복측신경(ventral root)으로 신호를 보낸다. 멀리뛰기에서 도약을 위해 발을 지면에 터치하는 시간과 같다.

2) 전이 단계

전이 단계(amortization or transition phase)는 신장성 단계와 단축성 근활동의 시작까지의 시간으로 Ia 구심성 신경섬유가 알파 훈련신경으로 시냅스하는 동안 신장성과 단축성 근활동 사이에 시간지연이 발생한다. 알파 훈련신경은 주동근에 신호를 보낸다. 신전-단축 주기 중 이 단계가 더 큰 순발력 생성을 위해 가장 중요한 단계이기 때문에 시간이 가장 짧게 유지되어야 한다. 만약 전이 단계가 너무 오래 지속되면 신장성 단계에서 저장된 에너지는 열로 발산되고 신전반사는 단축성 단계에서 근활동을 증가시키지 않는다.

3) 단축성 단계

단축성 단계(concentric phase)는 근건의 신전비율이 플리오메트릭 훈련에서 중요하며, 높은 신전비율은 더 많은 근육동원 및 활동을 초래한다. 신전비율의 중요성은 세 가지 다른 수직점프 테스트에 의해 설명될 수 있다. 정적 스쿼트 점프(static squat jump), 반동 점프(countermovement jump), 어프로치 점프(approach jump)에서 정적 스쿼트 점프가 가장 낮는 점프 높이를 초래하고 어프로치 점프가 가장 높다. 정적 스쿼트 점프는 스쿼트 자세(힘굴곡 90도, 무릎굴곡 90도)로 이루어지기 때문에 저장된 탄성 에너지를 사용할 수 없고 너무 느려 신전반사로부터 강화할 수 없다(신장성 단계가 없음). 반동 점프는 빠른 신장성 요소를 사용하여 바로 단축성 근활동이 이루어지고, 어프로치 점프는 반동 점프보다 더 빠르고 힘있는 신장성 단계를 사용한다.

2 프로그램 설계

1) 형태

플리오메트릭의 형태는 하체·상체·몸통부위로 구분되지만, 대부분 하체 위주의 형태로써 제자리 점프, 서서 점프, 다중 뛰기 및 점프, 바운드, 박스 기술, 뎁스 점프로 구분된다<표 8-2>.

〈표 8-2〉 순발력 훈련 형태

훈련 형태	설 명 / 종 목
제자리 점프 (Jumps in Place)	• 같은 지점에 점프 및 착지, 수직 점프를 강조하고 점프 간 휴식없이 반복 • Two-Foot Ankle Hop, Squat Jump, Jump and Reach, Double-Leg Tuck Jump, Split Squat Jump, Cycled Split Squat Jump, Single-Leg Tuck Jump, Pike Jump
서서 점프 (Standing Jumps)	• 수직 및 수평요소 강조, 반복 간 회복으로 최대 노력, 장애물을 이용한 점프 • Double-Leg Vertical Jump, Jump Over Barrier, Single-Leg Vertical Jump
다중 뛰기 및 점프 (Multiple Hops & Jumps)	• 반복적인 동작 사용, jump in place와 standing jump의 결합 • Double-Leg Hop, Double-Leg Zigzag Hop, Single-Leg Hop, Fornt Barrier Hop, Lateral Barrier Hop
바운드 (Bounds)	• 다른 종목보다 수평적인 속도를 강조한 동작, 훈련량은 보통 거리로 계산되지만, 수행된 반복횟수로도 가능, 거리는 보통 30m 이상이어야 하고 한쪽, 양쪽, 또는 번갈아 하는 형태 포함 • Skip, Power Skip, Backward Skip, Sing-Arm Alternate-leg Bound, Double-Arm Alternate-Leg Bound
박스 기술 (Box Drill)	• 박스를 이용하여 multiple hops and jumps의 강도 증가, 박스 높이는 대상자의 키, 착지 표면, 프로그램 목적에 따라 다름

	• Single-Leg Push-Off, Alternate-Leg Push-Off, Lateral Push-Off, Side-to-Side Push-Off, Jump to Box, Squat Box Jump, Lateral Box Jump, Jump From Box
뎁스 점프 (Depth Jumps)	• 부하증가를 위해 중력과 체중을 사용, 박스 위에 위치하여 착지 후 바로 수직·수평, 또는 다른 박스로 점프 • Depth Jump, Depth Jump to Second Box, Squat Depth Jump, Depth Jump With Lateral Movement, Depth Jump With Standing Long Jump, Single-Leg Depth Jump

2) 강도

순발력 훈련 강도는 사용된 근육, 연결조직 그리고 관절에 가해진 스트레스의 양을 말하며 사용된 종목 형태에 의해 주로 조절된다. <그림 8-2>에서 순발력 훈련의 강도 범위는 넓은데, 일반적으로 뎁스 점프는 높고 도약은 다소 낮다. 동작형태에 추가하여 여러 다른 요소들이 강도에 영향을 미친다. 일반적으로 강도가 증가하면 훈련량은 감소하며, 플리오메트릭 훈련의 강도는 매우 다양하기 때문에 적정한 훈련을 선택할 때 주의가 필요하다.

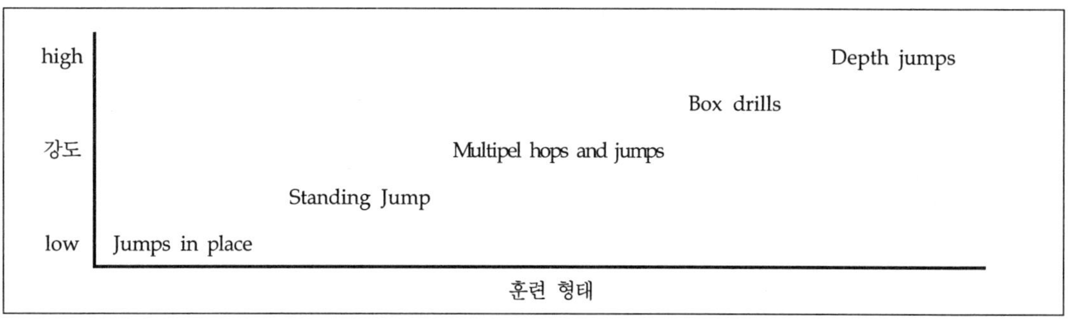

〈그림 8-2〉 훈련 형태별 강도 차이

〈표 8-3〉 하체 순발력 훈련 강도에 영향을 주는 요인

요 인	영 향
접촉지점	한쪽 다리 훈련이 양쪽 다리를 사용하는 것보다 지면반응 힘이 큼
스피드	스피드가 더 높으면 훈련 강도를 증가시킴
훈련 높이	신체중심의 중력이 크면 착지 시 힘이 더 큼
체중	체중이 더 크면 근육, 연결 조직, 관절에 가해지는 자극이 더 큼 강도 증가를 위해 체중 이외의 옷이나 추가적인 무게 부가 가능

3) 빈도

주당 훈련일수이며 1~3회 범위이고 스포츠 및 전투임무 형태에 따라 다르다. 다른 프로그램 변수와 더불어 훈련의 적정 빈도는 연구가 제한된다. 문헌연구가 희박하기 때문에 훈련 전문가들은 순발력 훈련 빈도를 결정하는 데 있어서 종종 연습경험에 의존하는 경향이 있다. 많은 저자들은 빈도에 집중하기보다 회복시간에 더 의존하며, 보통 48~74시간의 회복시간을 권장한다(주 2~4회 훈련 시). 훈련 빈도에 대한 적절한 지침을 제공하는 연구들이 불충분하기 때문에 적절한 회복시간 및 연습경험이 훈련 빈도에 대한 최선의 결정인자가 된다.

4) 회복

뎁스 점프의 회복시간은 반복 간 5~10초, 세트 간 2~3분이다. 세트 간 휴식시간은 적절한 작업-휴식 비율에 의해 결정되며(예, 1:5 to 1:10), 저항 훈련과 마찬가지로 훈련 간 회복은 과훈련을 예방할 수 있도록 적절하게 조절되어야 한다. 같은 신체부위가 연속해서 2일 자극되지 않도록 해야 한다.

5) 훈련량

하체 순발력의 훈련양은 발이 지면에 접촉하는 횟수로 표현되지만, 바운딩 종목처럼 거리로 표현될 수 있다. 하체 순발력 훈련의 권고량은 다양한 경험수준에 따라 다르다.

〈표 8-4〉 하체순발력 훈련의 적정 훈련량

플리오메트릭 훈련	시작 훈련량(세션당 접촉 횟수)
초보자(무경험)	80~100
중급자(일부 경험)	100~120
상급자(많은 경험)	120~140

6) 훈련 기간

현재까지 최선의 훈련 기간은 6~10주이다. 그러나 수직 점프 높이는 순발력 훈련 프로그램 시작 후 4주 동안 빠르게 향상된다. 빠르고 순발력 있는 동작을 요구하는 스포츠 및 전투임무 형태에서는 훈련주기 전반에 걸쳐 순발력 훈련을 하는 것이 유리하며, 선택된 훈련의 강도와 양은 스포츠와 전투임무 및 부대훈련에 따라 다르다.

3 고려사항

1) 대상자의 사전평가

대상자에 대해 테크닉, 근력, 스피드, 균형성에 대해 평가해야 한다. 훈련의 효과 및 부상 예방 최소화를 위해 적절한 테크닉을 설명해야 한다. 하체 훈련 시 착지 테크닉은 필수이며 중력의 중심이 지지점으로부터 상쇄되면 수행력이 방해되고 부상이 발생할 수 있다. 순발력 훈련 수행 전 적정 근력수준은 필수이다.

하체훈련에서 1-RM 스쿼트는 본인 체중의 1.5배, 상체훈련에서 벤치프레스의 1-RM은 최소 본인 체중 정도의 무게이어야 한다. 5회 박수치면서 하는 팔굽혀 펴기는 상체근력이 전제가 되어야 하기 때문이다.

또한 순발력 훈련은 빠른 동작을 사용하기 때문에 빠르게 움직이는 능력은 필수이다. 하체훈련에서 5초 이내에 본인 체중의 60%로 스쿼트를 5회 반복해야 한다. 이런 스피드 전제 조건을 충족시키기 위해서는 스프린트 훈련과 스피드 특성에 맞는 근력 훈련 프로그램에 참가하는 것이 도움이 된다.

상체에서 본인 체중의 60% 무게로 벤치프레스를 5초 이내에 5회 반복할 수 있는 능력이 요구된다. 주어진 시간 동안 움직임 없이 자세를 유지하는 것이 균형성인데 많은 하체 순발력 훈련은 종래와 다른 패턴으로 움직임을 요구하고 있다. 처음으로 순발력 훈련을 시작하는 사람은 한쪽 다리로 서서 30초를 유지하고, 상급자 프로그램을 시작하는 사람은 한쪽 다리로 서서 하프 스쿼트 자세로 30초 유지할 수 있는 능력이 요구된다.

2) 신체적 특성

체중이 100kg 이상 나가는 사람은 부상위험이 높기 때문에 높은 훈련량, 고강도 순발력 훈련은 피해야 한다. 프로그램 시작 전에 관절구조 및 사전 부상경험 등을 조사해야 하는데 이는 부상경험 또는 척추, 하지, 상지의 비정상은 부상위험을 증가시키기 때문이다.

3) 장비 및 시설

부상예방을 위해 하지훈련에 사용되는 착지표면은 적절한 충격흡수가 되어야 한다. 잔디, 마루바닥, 고무매트가 좋은 표면이다. 너무 두꺼운 매트(15cm 이상)에서는 전이 단계를 연장시켜 신전반사가 효율적으로 일어나지 못한다. 미니 트램폴린이 순발력 훈련 시작 및 재활에서의 균형훈련에 흔히 사용하기도 한다. 두꺼운 훈련 매트와 같은 미니 트램폴린 장비가 근골격계 부상에서 회복할 때 필요하지만 부상이 없는 선수의 훈련에는 효과적이지 않다. 훈련공간 측면에서 공간은 종목에 따라 다르며, 바운딩 및 달리기 종목은 최소 30m 거리가 필요하다. 대부분의 제자리 점프, 박스 기술, 뎁스 점프 등은 최소한의 공간이 필요하지만 높이는 3~4m 정도가 되어야 한다. 박스는 견고해야 하고 미끄럽지 않아야 하며 박스의 높이는 15~107cm 범위에 있어야 하고, 착지지점은 46×61cm이어야 한다. 뎁스 점프 훈련 시 1.2m 높이가 근육에 현저한 과부하를 주지만 정확한 테크닉을 유지하면서 극복하기에는 너무 저항이 크다. 극복을 위한 힘이 너무 커서 전이 단계가 연장되고 훈련목적이 사라지기 때문에 뎁스 점프의 권고 높이는 41~107cm, 체중이 100kg 이상인 사람은 46cm 이하여야 한다. 그 외 적절한 신발과 감독의 역할이 중요하다.

4 수준별 훈련 종목

순발력 훈련 종목은 동작의 난이도에 따라 3가지 수준으로 분류하고<표 8-5>, 종목별 세부 요령은 다음과 같다.

〈표 8-5〉 순발력 훈련 종목

구분		종 목
순발력 훈련 1	제자리에서 점프 (Jump in place)	무릎 들어 올리며 점프
		뒤꿈치 킥하며 점프
		스플릿 파이크 점프
		한쪽 발 옆으로 뛰기
		양쪽 발 옆으로 뛰기
		다리잡고 팔로 걷기
순발력 훈련 2	서서 점프 (Standing jump)	제자리 멀리뛰기
		제자리 장애물 넘기

		제자리 멀리뛰기 후 옆으로 달리기
		옆으로 장애물 넘기
		1-2-3 기술
		손뼉치며 팔굽혀 펴기
	다중 뛰기 및 점프 (Multiple hops and jumps)	6각형 기술
		연속으로 콘 넘어 방향 전환
		콘 넘어 180도 돌기
		한쪽다리로 연속뛰기
순발력 훈련 3	박스 기술 (Box drill)	옆으로 스텝 업
		연속으로 박스 점프
		스쿼트 자세로 박스 점프
		한쪽 다리로 박스 점프
	뎁스 점프 (Depth jump)	뎁스 점프
		스쿼트 뎁스 점프
		뎁스 점프 후 180도 돌기
		뎁스 점프 후 옆으로 달리기
		팔굽혀 펴기 뎁스 점프
		팔굽혀 펴기하며 옆으로 이동하기

순발력 훈련 1

순발력 훈련 1	무릎 들어 올리며 점프
동작 요령	

• 장비 : 없음

• 시작 자세 : 양발을 모아 차려 자세로 선다.

• 구분동작

1. 무릎을 굽히며 팔을 뒤로 저어 도약준비를 한다.
2. 팔을 힘차게 위로 올리며 무릎을 펴 높게 점프하여 무릎을 양손으로 잡는다.
3. 앞꿈치부터 착지한다.

• 체크 포인트

1. 최대한 무릎을 가슴까지 끌어 올린다.
2. 앞꿈치부터 착지한다.

순발력 훈련 1	뒤꿈치 킥하며 점프
동작 요령	

- 장비 : 없음
- 시작 자세 : 양발을 모아 차려 자세로 선다.
- 구분동작
  1. 무릎을 굽히며 팔을 뒤로 저어 도약준비를 한다.
  2. 팔을 힘차게 위로 올리며 무릎을 펴 높게 점프하여 발뒤꿈치가 엉덩이에 닿도록 한다.
  3. 앞꿈치부터 착지한다.
- 체크 포인트
  1. 최대한 발뒤꿈치를 엉덩이에 닿도록 한다.
  2. 앞꿈치부터 착지한다.

순발력 훈련 1	스플릿 파이크 점프
동작 요령	

- 장비 : 없음
- 시작 자세 : 양발을 모아 차려 자세로 선다.
- 구분동작
  1. 무릎을 굽히며 팔을 뒤로 저어 도약준비를 한다.
  2. 팔을 힘차게 위로 올리며 무릎을 펴서 높게 점프하여 발가락에 손을 닿는다.
  3. 앞꿈치부터 착지한다.
- 체크 포인트
  1. 최대한 무릎을 펴서 높게 도약한다.
  2. 앞꿈치부터 착지한다.

순발력 훈련 1	한쪽 발 옆으로 뛰기
동작 요령	

• 장비 : 20~30cm 콘 4개

• 시작 자세 : 가운데 콘 옆에 양발을 모아 차려 자세로 선다.

• 구분동작

1. 오른쪽 다리를 들어 왼쪽 다리로 도약하여 콘 반대편으로 뛴다.
2. 왼쪽 다리로 도약하여 오른쪽 다리로 콘 반대편으로 뛴다.
3. 좌우 반복한다.

• 체크 포인트

1. 최대한 높게 뛰며, 발이 콘에 닿지 않도록 한다.
2. 앞꿈치부터 착지한다.

순발력 훈련 1	양쪽 발 옆으로 뛰기
동작 요령	

- 장비 : 20~30cm 콘 2개
- 시작 자세 : 한쪽 콘 옆에 양발을 모아 차려 자세로 선다.
- 구분동작
  1. 두 다리로 도약하여 반대쪽 콘 옆에 착지한다.
  2. 착지와 동시에 도약하여 처음 콘 옆에 착지한다.
  3. 좌우 반복한다.
- 체크 포인트
  1. 최대한 높게 뛰며, 발이 콘에 닿지 않도록 한다.
  2. 앞꿈치부터 착지한다.

순발력 훈련 1	다리잡고 팔로 걷기
동작 요령	

- 장비 : 없음
- 시작 자세 : 파트너를 등 뒤 1m에 두고 선다.
- 구분동작
  1. 한쪽 다리씩 파트너가 허리쪽에서 잡을 수 있도록 한다.
  2. 한쪽 팔씩 보행하듯이 걷는다.
  3. 파트너는 수행하는 인원의 속도에 맞춰 이동한다.
- 체크 포인트
  1. 다리, 엉덩이, 어깨, 머리가 일직선이 되도록 유지한다.
  2. 파트너는 다리를 놓지 않도록 노력한다.

순발력 훈련 2

순발력 훈련 2	제자리 멀리뛰기
동작 요령	

- 장비 : 20~30cm 콘 2개
- 시작 자세 : 한쪽 콘 옆에 양발을 모아 차려 자세로 선다.
- 구분동작
  1. 팔 스윙과 무릎의 신전력을 이용하여 최대한 높고 멀리 도약한다.
  2. 착지 시 뒤꿈치가 먼저 접촉한다.
  3. 여러 번 반복한다.
- 체크 포인트
  1. 최대한 높게 멀리 뛰도록 한다.
  2. 뒤꿈치부터 착지한다.

순발력 훈련 2	제자리 장애물 넘기
동작 요령	

- 장비 : 20~30cm 콘 3개
- 시작 자세 : 가운데 콘 옆에 양발을 모아 차려 자세로 선다.
- 구분동작
  1. 무릎을 굽히며 팔을 뒤로 저어 도약준비를 한다.
  2. 팔을 힘차게 위로 올리며 무릎을 접어 높게 점프하여 가운데 콘을 넘는다.
  3. 앞꿈치부터 착지한다.
- 체크 포인트
  1. 최대한 무릎을 굽혀 높게 도약한다.
  2. 앞꿈치부터 착지한다.

순발력 훈련 2	제자리 멀리뛰기 후 옆으로 달리기
동작 요령	

- 장비 : 20~30cm 콘 3개
- 시작 자세 : 양발을 모아 한쪽 콘 앞에 차려 자세로 선다.
- 구분동작
  1. 무릎을 굽히며 팔을 뒤로 저어 도약준비를 한다.
  2. 팔을 힘차게 위로 올리며 무릎을 굽혀 높게 점프하여 반대 콘 앞에 착지한다.
  3. 앞꿈치부터 착지하고, 착지와 동시에 한쪽방향으로 방향을 전환하여 달린다.
- 체크 포인트
  1. 최대한 무릎을 굽혀 높게 도약한다.
  2. 착지와 동시에 지면반력을 이용하여 방향을 전환한다.

순발력 훈련 2	옆으로 장애물 넘기
동작 요령	

• 장비 : 20~30cm 콘 3개

• 시작 자세 : 한쪽 콘 옆에 양발을 모아 차려 자세로 선다.

• 구분동작

1. 두 다리로 도약하여 가운데 콘을 넘어 반대쪽 콘 앞에 착지한다.
2. 착지와 동시에 도약하여 처음 콘 앞에 착지한다.
3. 좌우 반복한다.

• 체크 포인트

1. 최대한 높게 뛰며, 발이 콘에 닿지 않도록 한다.
2. 앞꿈치부터 착지하고, 착지와 동시에 도약한다.

순발력 훈련 2	1-2-3 기술
동작 요령	

• 장비 : 없음

• 시작 자세 : 양발을 모아 차려 자세로 선다.

• 구분동작

1. 첫 번째 발을 짧게 내딛는다.
2. 두 번째 발은 조금 더 넓게 내딛는다.
3. 두 번째 발로 지면을 차며 첫 번째 발을 최대한 높이 들어 올린다.

• 체크 포인트

1. 1-2-3 중 3의 도약 시 최대한 높게 뛴다.
2. 앞꿈치부터 착지한다.

순발력 훈련 2	손뼉치며 팔굽혀펴기
동작 요령	

- 장비 : 없음
- 시작 자세 : 팔굽혀 펴기 자세를 취한다.
- 구분동작
  1. 두 팔을 굽혀 몸을 지면으로 낮춘다.
  2. 두 발과 두 손으로 지면을 박차며 상체를 최대한 높게 띄운 후 박수를 친다.
  3. 박수 후 양손은 최초 팔굽혀 펴기 자세를 취한다.
- 체크 포인트
  1. 상체를 최대한 높게 도약하도록 한다.
  2. 손바닥이 지면에 닿을 때 완충역할을 하도록 착지와 동시에 서서히 팔꿈치를 굽힌다.

순발력 훈련 2	6각형 기술
동작 요령	

• 장비 : 20~30cm 콘 6개 또는 한 면이 50cm되는 육각형을 만든 테이프

• 시작 자세 : 한 육각형 안에 어깨넓이로 벌려 선다.

• 구분동작

1. 육각형의 한쪽 면을 넘어 점프한 후 다시 안으로 점프한다.
2. 착지와 동시에 시계방향으로 다른 면을 넘어 점프 후 다시 안으로 점프한다.
3. 6면을 모두 실시한다.

• 체크 포인트

1. 최대한 높게 뛰며, 발이 콘 또는 선에 닿지 않도록 한다.
2. 앞꿈치부터 착지한다.

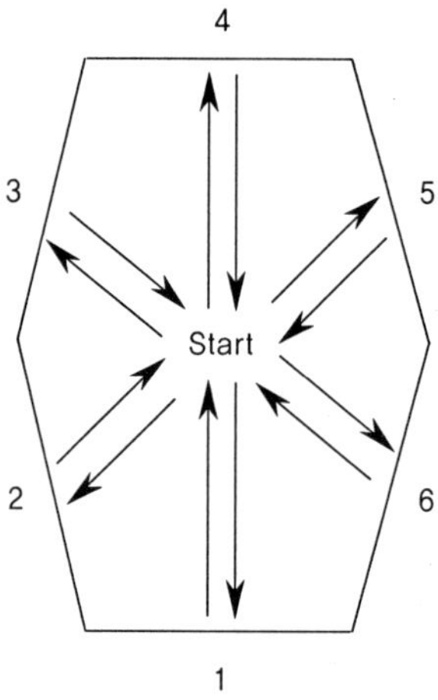

순발력 훈련 2	연속으로 콘 넘어 방향 전환
동작 요령	

• 장비 : 20~30cm 콘 5~10개

• 시작 자세 : 양 발을 모아 한쪽 콘 앞에 차려 자세로 선다.

• 구분동작

1. 무릎을 굽히며 팔을 뒤로 저어 도약준비를 한다.
2. 팔을 힘차게 위로 올리며 무릎을 굽혀 높게 점프하여 반대 콘 앞에 착지한다.
3. 연속으로 콘을 넘고 마지막 콘 앞 착지 시 착지와 동시에 한쪽 방향으로 방향을 전환하여 달린다.

• 체크 포인트

1. 최대한 무릎을 굽혀 높게 도약한다.
2. 착지와 동시에 지면반력을 이용하여 방향을 전환한다.

순발력 훈련 2	콘 넘어 180도 돌기
동작 요령	

- 장비 : 20～30cm 콘 5～10개
- 시작 자세 : 양 발을 모아 한쪽 콘 옆에 차려 자세로 선다.
- 구분동작
  1. 무릎을 굽히며 팔을 뒤로 저어 도약준비를 한다.
  2. 팔을 힘차게 위로 올리며 높게 점프하며 180도 회전한다.
  3. 착지와 동시에 도약하여 반대로 180도 회전한다.
- 체크 포인트
  1. 최대한 무릎을 굽혀 높게 도약한다.
  2. 착지와 동시에 지면반력을 이용하여 도약하며 회전한다.

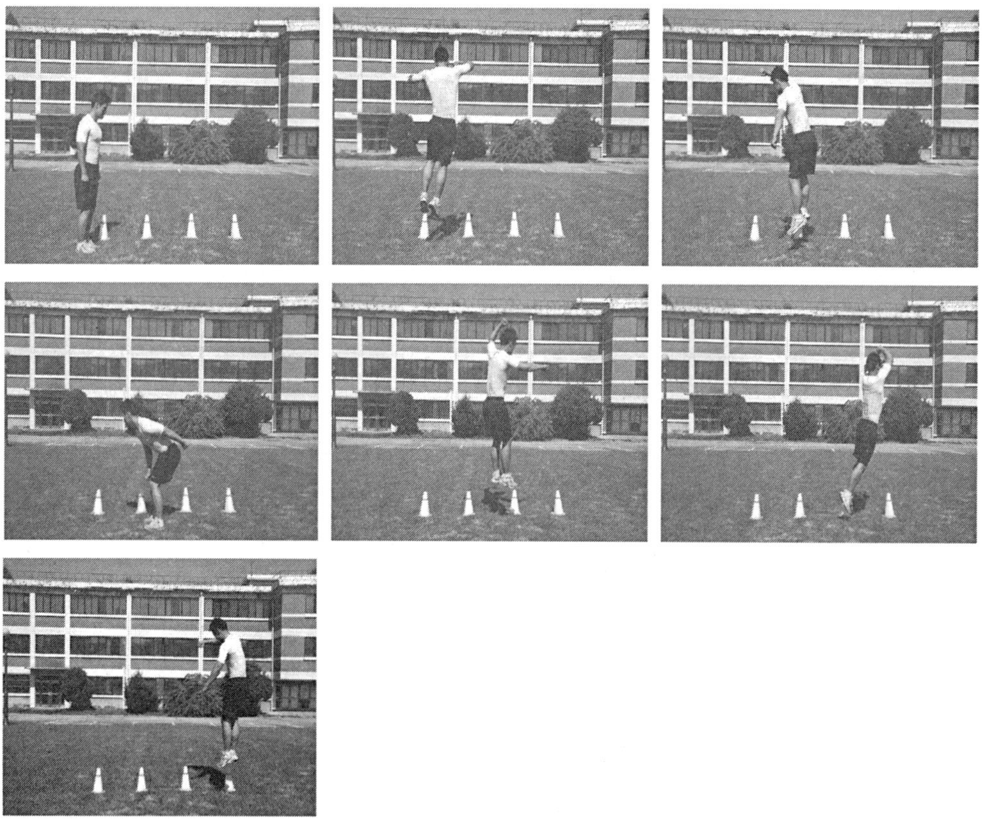

순발력 훈련 2	한쪽 다리로 연속뛰기
동작 요령	

• 장비 : 없음

• 시작 자세 : 한쪽 발로 지면에 선다.

• 구분동작

1. 지면에 딛고 있는 다리를 도약하여 최대한 높이 뛴다.
2. 같은 발로 착지하고, 착지와 동시에 도약한다.
3. 연속으로 실시하고, 한쪽 다리가 끝나면 반대쪽 다리로 실시한다.

• 체크 포인트

1. 최대한 무릎을 굽혀 높게 도약한다.
2. 착지와 동시에 지면반력을 이용하여 도약한다.

순발력 훈련 3

순발력 훈련 3	옆으로 스텝 업
동작 요령	

• 장비 : 40~50cm 콘 1~2개

• 시작 자세 : 양발을 모아 박스 옆에 차려 자세로 선다.

• 구분동작

1. 한쪽 발을 박스 위에 올려 놓는다.
2. 올려진 다리로 박스를 힘차게 밀어 박스 위에 선다.
3. 반대쪽 발을 앞과 동일하게 실시한다.

• 체크 포인트

1. 박스 위의 발을 힘차게 딛고 박스 위에 선다.
2. 반대 발은 박스 위에서 무릎이 굽혀지게 한다.

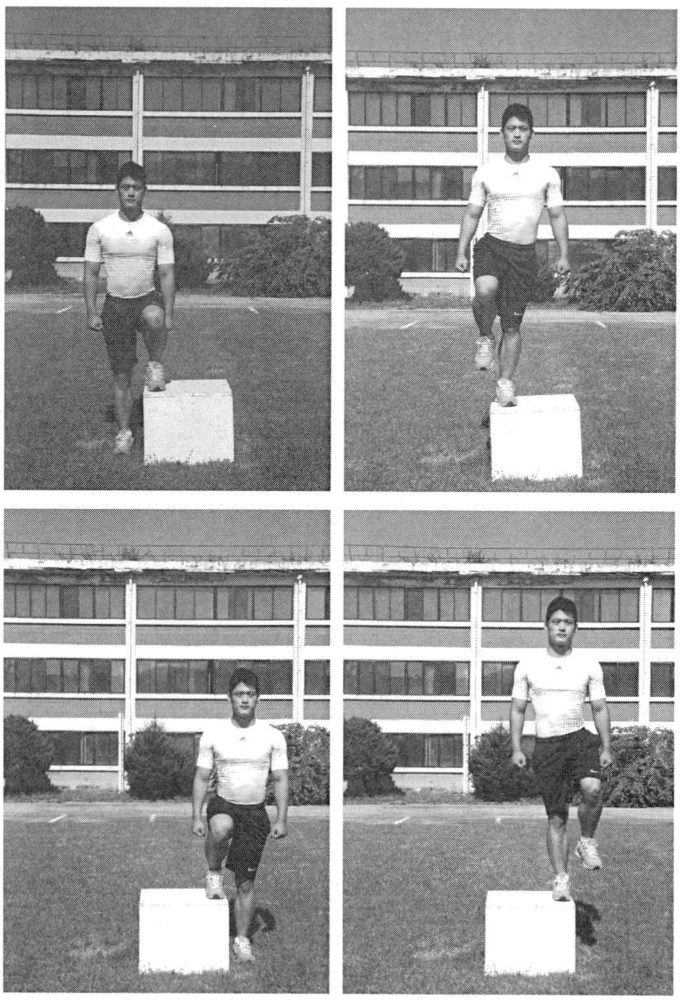

순발력 훈련 3	연속으로 박스 점프
동작 요령	

• 장비 : 40~50cm 박스 5~10개

• 시작 자세 : 양 발을 모아 박스 뒤에 차려 자세로 선다.

• 구분동작

1. 무릎을 굽히며 팔을 뒤로 저어 도약준비를 한다.
2. 팔을 힘차게 위로 올리며 무릎을 굽혀 높게 점프하여 박스 위에 착지한다.
3. 박스 위에서 바닥으로 착지와 동시에 도약하여 다음 박스 위에 착지한다.

• 체크 포인트

1. 박스에서 바닥으로 착지와 동시에 도약한다.
2. 박스 중앙에 착지하도록 한다.

순발력 훈련 3	스쿼트 자세로 박스 점프
동작 요령	

- 장비 : 40~50cm 박스 5~10개
- 시작 자세 : 양 발을 모아 박스 뒤에 스쿼트 자세로 선다.
- 구분동작
  1. 무릎을 굽히며 팔을 머리 뒤에 깍지 끼고 도약준비를 한다.
  2. 무릎을 펴며 높게 점프하여 박스 위에 착지한다.
  3. 박스 위에서 스쿼트 자세를 유지하고 바닥으로 착지 시에도 스쿼트 자세를 유지한다.
- 체크 포인트
  1. 스쿼트 자세를 지속적으로 유지한다.
  2. 박스 중앙에 착지하도록 한다.

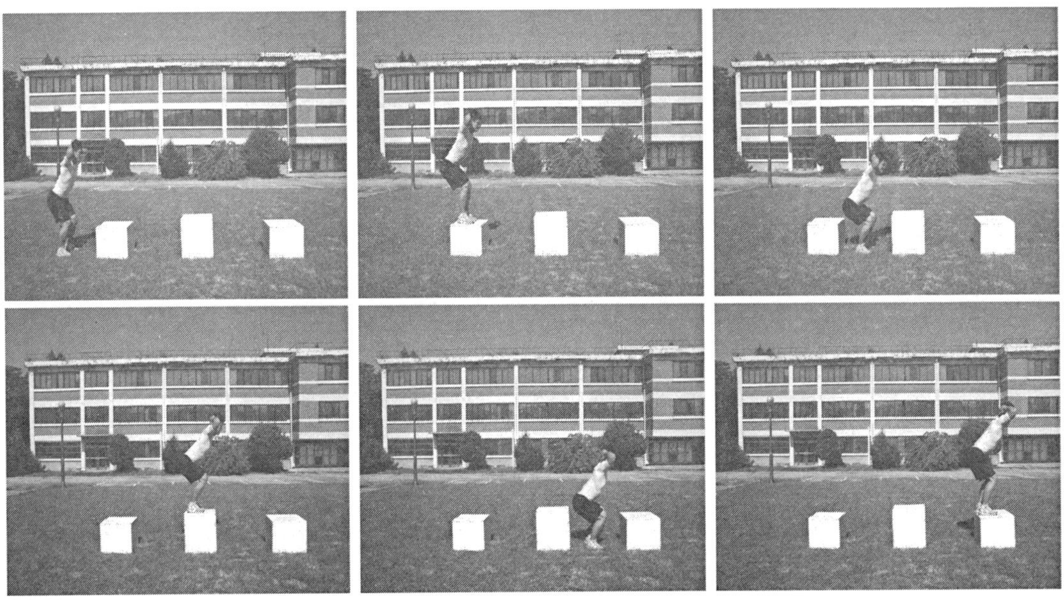

순발력 훈련 3	한쪽 다리로 박스 점프
동작 요령	

• 장비 : 40~50cm 박스 5~10개

• 시작 자세 : 한 발로 박스 앞에 선다.

• 구분동작

1. 무릎을 굽히며 팔을 뒤로 저어 도약준비를 한다.
2. 팔을 힘차게 위로 올리며 무릎을 굽혀 높게 점프하여 박스 위에 한 발로 착지한다.
3. 박스 위에서 바닥으로 착지와 동시에 도약하여 다음 박스 위에 착지한다.

• 체크 포인트

1. 박스에서 바닥으로 착지와 동시에 도약한다.
2. 박스 중앙에 착지하도록 한다.

순발력 훈련 3	뎁스 점프
동작 요령	

- 장비 : 40~50cm 박스 1~2개
- 시작 자세 : 양 발을 모아 박스 위에 차려 자세로 선다.
- 구분동작
  1. 박스 위에서 점프하여 지면에 착지한다.
  2. 착지와 동시에 무릎을 굽혔다가 펴면서 도약하며 팔은 높게 뻗는다.
  3. 박스 위에서 바닥으로 착지와 동시에 도약하여 최대한 높이 점프한다.
- 체크 포인트
  1. 박스에서 바닥으로 착지와 동시에 도약한다.
  2. 착지와 동시에 팔과 다리를 최대한 펴고 높게 도약한다.

순발력 훈련 3	스쿼트 뎁스 점프
동작 요령	

• 장비 : 40~50cm 박스 5~10개

• 시작자세 : 양 발을 모아 박스 뒤에 스쿼트 자세로 선다.

• 구분동작

1. 무릎을 굽히며 팔을 허리 옆에 대고 도약준비를 한다.
2. 무릎을 펴며 높게 점프하여 박스 위에 착지한다.
3. 박스 위에서 스쿼트 자세를 유지하고 바닥으로 착지 시에도 스쿼트 자세를 유지한다.

• 체크 포인트

1. 스쿼트 자세를 지속적으로 유지한다.
2. 박스 중앙에 착지하도록 한다.

순발력 훈련 3	뎁스 점프 후 180도 돌기
동작 요령	

• 장비 : 40~50cm 박스 1~2개

• 시작 자세 : 양발을 모아 박스 위에 차려 자세로 선다.

• 구분동작

1. 박스 위에서 점프하여 지면에 착지한다.
2. 착지와 동시에 무릎을 굽혔다가 펴면서 도약하며 몸을 180도 회전한다.
3. 박스 위에서 바닥으로 착지와 동시에 도약하여 최대한 높이 점프한다.

• 체크 포인트

1. 박스에서 바닥으로 착지와 동시에 도약한다.
2. 착지와 동시에 다리를 최대한 펴고 높게 도약하며 회전한다.

순발력 훈련 3	뎁스 점프 후 옆으로 달리기
동작 요령	

• 장비 : 40~50cm 박스 1~2개

• 시작 자세 : 양발을 모아 박스 위에 차려 자세로 선다.

• 구분동작

1. 박스 위에서 점프하여 지면에 착지한다.
2. 착지하면서 파트너가 지시하는 방향을 예의주시한다.
3. 착지와 동시에 파트너가 지시하는 방향으로 전환하여 전력질주한다.

• 체크 포인트

1. 박스에서 바닥으로 착지와 동시에 방향 전환한다.
2. 방향 전환 후 전력질주한다.

순발력 훈련 3	팔굽혀 펴기 뎁스 점프
동작 요령	

• 장비 : 40~50cm 박스 1~2개, 매트 2개

• 시작 자세 : 박스 위에 양 발을 모아 올려 놓고 팔굽혀 펴기 자세를 취한다.

• 구분동작

1. 팔을 좁게 모아 굽혀 몸을 일직선이 되게 유지한다.
2. 두 팔을 지면을 강하게 밀어 상체를 띄운 후 팔을 벌려 착지한다.
3. 두 팔을 착지와 동시에 팔꿈치를 서서히 굽힌다.

• 체크 포인트

1. 상체를 이용하여 바닥을 최대한 높게 도약하여 상체를 띄운다.
2. 착지 시 완충역활을 하기 위해 팔을 서서히 굽힌다.

순발력 훈련 3	팔굽혀 펴기하며 옆으로 이동하기
동작 요령	

- 장비 : 없음
- 시작 자세 : 평평한 바닥에 팔굽혀 펴기 자세를 취한다.
- 구분동작
  1. 몸을 일직선이 되게 유지하며 팔을 굽힌다.
  2. 바닥 위 10cm까지 몸이 내려가면 두 팔과 다리로 지면을 강하게 밀면서 옆으로 이동한다.
  3. 두 팔과 다리가 지면에 닿을 때 팔꿈치를 서서히 굽힌다.
- 체크 포인트
  1. 두 팔과 다리를 이용하여 바닥을 최대한 높게 도약하여 몸을 띄운다.
  2. 착지 시 완충역할을 하기 위해 팔을 서서히 굽힌다.

제9장

민첩성

1. 움직임 형태
2. 움직임 기술 분류
3. 속도변화
4. 기술적 고려사항
5. 프로그램 계획 시 고려사항
6. 훈련 종목

민첩성은 출발하고, 멈추고, 방향을 전환하는 등 효율적으로 몸의 위치를 변화시키는 능력이다. 국제사회에서 민첩성은 적응력, 균형성, 조절능력, 방향성, 반응력, 리듬감 등 기초적인 모든 요소를 요구하기 때문에 협응능력(coordinative abilities)으로도 불린다. 민첩성은 두 가지 훈련기능을 말한다. 하나는 스피드 손실을 최소화하고 신체조절을 유지하면서 폭발적으로 출발, 감속, 방향 전환, 재가속하는 능력을 말한다. 이런 측면에서 민첩성은 움직임이 다양한 신체의 위치에서 시작되기 때문에 스포츠 및 전투임무에서 중요하다. 따라서 방향 전환이 요구되기 전에 10미터 미만의 짧은 거리에서 이런 다양한 위치로부터 빠르고 폭발적으로 반응하는 능력이 요구된다. 다른 하나는 볼을 패스할 팀 동료를 보면서 드리블하는 것처럼 여러 특정 임무를 동시에 협응하는 능력이다.

대부분의 사람들은 민첩성이 유전적 영향을 많이 받기 때문에 현저한 향상은 어렵다고 믿는다. 관리자들은 자연적인 신체적 조건 즉 신체 크기, 근력, 수직 및 수평 파워, 체구성 등을 소유한 사람에 매료되지만, 이 자체가 민첩성을 요구하는 스포츠 및 전투임무에서의 성공을 보장하진 않는다. 불행하게도 대부분의 신체적 조건 중 근력조절에 초점을 두기 때문에, 평소 민첩성 및 스피드의 발달은 무시되고 특정시기의 짧은 시간에만 강조된다. 사실 민첩성은 오랜시간 동안 많은 반복을 통한 신경적응으로 발달된다. 민첩성 및 스피드 향상을 위해서 수 주 또는 수개월이 걸린다. 그러므로 민첩성 훈련은 연중 훈련 프로그램의 중요한 구성요소로 고려되어야 한다.

민첩성은 기술발달에 중요하고 민감한 시기인 청소년기 이전에 가장 잘 훈련된다고 믿는다. 민첩성은 앞, 뒤, 옆으로 달리기와 같은 다른 이동형태를 기술적으로 수행해야 하며 한 형태에서 다른 형태로 효율적으로 전환해야 한다. 여러 가지 형태의 기술들이 많지만 속도와 이동형태를 변화함으로써 단순화할 수 있다.

민첩성 훈련은 민첩성이 실제 스포츠 특성 또는 전투임무와 매우 유사하기 때문에 해당 스포츠 특성 또는 전투행동을 수행하는 데 요구되는 신경근 요구에 가장 효과적이다. 그러므로 연중 프로그램에 민첩성 훈련을 포함시키는 것은 중요하다. 또한 민첩성 훈련의 주 효과는 신체조절능력의 향상이다. 이는 감각조절능력을 향상시켜 더 빠르게 움직이도록 한다. 이런 측면에서, 민첩성 훈련은 협응력이 부족한 사람에게 자신감을 키워주는 데 중요한 역할을 한다.

1 움직임 형태

민첩성에서 움직임 형태는 달리기를 사용한다. 앞, 뒤, 대각선, 옆 또는 여러 조합 등 이런 다른 움직임의 형태는 상황 또는 임무에 따라 다르다. 각각의 구별된 양식에서 성공적으로 수행하는 데 있어서 여러 형태 간 효율적으로 전이를 해야 한다. 뒤로 달리기는 앞으로 달리기의 단순한 반대라기보다 더 분명한 기술이다. 하체의 해부학적 기능적 구조로 볼 때 가해지는 역학적 기전이 다르다. 최대 뒤로 달리기 속도는 앞으로 뛰는 속도의 60~80% 수준이다. 빠른 속도로 뒤로 뛰는 것은 더 짧은 걸음 길이(보폭) 및 더 많은 걸음 빈도, 더 긴 지지시간, 더 높은 엉덩이 관절속도, 더 적은 엉덩이, 무릎, 발목 관절 가동범위를 나타낸다.

2 움직임 기술 분류

민첩성의 움직임 기술은 일반기술과 특수기술, 닫힌기술과 열린기술, 지속 및 분할과 연속기술의 세 가지 기초 훈련행동 기준으로 분류할 수 있다.

① **일반 vs 특수기술** : 일반적인 민첩성 기술은 하나 이상의 기초적인 협응능력 발달을 목표로 하고, 특수한 민첩성 기술은 기술 특성에 맞는 방법으로 통합한다. 기본 개념은 실행 특수성에 대한 훈련학습 원칙이다.

② **닫힌 vs 열린기술** : 닫힌 민첩성 기술은 예측 가능하거나 안정된 환경과 계획된 것을 실시한다. 훈련하는 사람이 언제, 어디서, 어떻게 행동을 시작하는지를 결정한다. pro agility drill과 T-test가 여기에 해당한다. 열린 기술은 예측 가능하지 않거나 안정되지 않은 환경과 계획되지 않은 것을 실시한다. 수행 시 상황이 변화하고 예상되지 않은 자극 및 상황에 대해 빠르게 반응 및 적응하는 것이 이 훈련의 목적이다.

③ **지속 vs 분할 vs 연속기술** : 지속적인 민첩성 기술은 구별 가능한 시작 및 종료지점이 없다. 보통 낮거나 중간 스피드로 수행된다. 반대로 분할 민첩성 기술은 명확한 출발 및 종료지점이 있고, 연속적인 민첩성 기술은 분할 기술을 연속적으로 수행하는 것을 말한다.

3 속도변화

대부분의 스포츠 및 전투행동에서 직선 달리기 역학은 가속, 최대속도, 여러 방향으로의 움직임을 포함하는 많은 기술 중의 일부이다. 많은 연구들은 직선 스프린팅과 민첩성 기술 간에 전이성이 제한된다고 주장한다. 그러므로 임무특성이 훈련의 주요 고려요소이다. 속도변화를 이용하는 민첩성 기술은 초기 스피드 및 방향, 스피드 감소 또는 증가(또는 둘 다),

그리고 다른 방향으로의 움직임, 마지막 스피드 및 방향 등 여러 기준에 의해 특징지어진다.

속도를 변화시키는 것은 멈추고 이동하는 활동 이상이다. 보통 스피드와 방향에 다양성을 주는 경향이 있다. 또한 가속 시 행동반경 또는 방사형 통로를 통해 코너 기술을 사용하곤 한다. 이것은 긴 거리를 사용할 수 있지만 방향 전환 시 스피드를 증가시키거나 유지하기가 쉽기 때문에 종종 더 빠르다. 행동반경이 더 적으면 코너 스피드는 더 낮고 지지 단계가 더 길어진다.

가속과 감속패턴은 스포츠 또는 전투행동에 따라 많이 다르다. 초보자 및 중급자는 상급자만큼 최대 달리기 속도 또는 가속률을 성취할 수 없다. 게다가 초기 및 마지막 움직임 속도는 현저하게 차이가 난다. 그러므로 전문가들은 주어진 스포츠 또는 전투임무 특성에 대한 임무분석 결과를 일반화할 때 분별력 있게 해야 한다.

4 기술적 고려사항

앞의 기준에 비춰볼 때 직선 전력질주는 닫힌기술, 연속기술로 설명할 수 있다.

속도 측면에서 초기 스피드는 제로로 출발하여 앞쪽으로 최대 가속하고 특정 거리에서 최대 속도를 낸다.

형태 측면에서는 움직임의 방향 전환 없이 출발, 가속, 최대 속도 등 구분된 동작을 연속적으로 수행하면서 앞으로 달린다. 출발지점으로 이것을 사용할 때 다양한 방향으로 전환하는 민첩성 기술에 대한 스프린팅 역학을 적용하는 것이 가능해진다. 폭발적으로 감속할 때 뿐만 아니라, 방향을 전환할 때 사용되는 힘을 고려하면 파워 훈련의 원칙이 일부 적용될 수 있다.

① 신체 위치/자세 : 가속하다가 감속률이 증가하면 신체의 기울임은 더 증가해야 한다. 동적인 안전성을 유지하기 위해 중력으로부터 지지하는 기초가 더 멀리 움직여야 하기 때문이다. 재가속 시에는 수직방향(약 5도)으로 점점 더 올라야 한다.

② 시각 초점 : 일반적으로 머리를 중립에 위치시키고 눈은 앞쪽을 보면서 달린다. 앞쪽 또는 뒤로 달릴 때, 움직이는 방향을 주시해야 하고 옆으로 움직일 때는 말초시신경을 사용해야 한다.

③ 다리 움직임 : 방향 전환 민첩성 기술을 수행할 때, 감속을 더 크게 하려면 더 많은 걸음 비율과 걸음 길이(보폭)가 요구된다.

④ 팔 움직임 : 방향을 전환할 때 새로운 거리나 형태로 빠르게 전환해야 한다. 출발선에서의 강력한 팔동작은 큰 걸음 길이와 많은 걸음 비율이 요구되는 턴에서 긍정적인 영향을 미친다.

⑤ 제동 역학 : 더 폭발적인 속도 변화를 주기 위해서는 더 많은 신장성 근력과 반응력이 요구된다. 감속하기 위해서 제동하는 힘은 긴 신체 축의 회전력을 조정하는 데 도움을 준다. 안전하고 효과적인 파워 훈련에 대한 일부 기초적인 지침이 민첩성 기술에 적용될 수 있다. 아마도 달리는 속도를 감속하는 능력이 방향 전환의 선결 조건일 것이다.

–앞쪽으로 1/2 스피드로 달리게 한 후 3 스텝 내에 감속하여 멈추도록 교육

–앞쪽으로 3/4 스피드로 달리게 한 후 감속하여 5 스텝 내에 감속하여 멈추도록 교육

–앞쪽으로 전력질주하여 달리게 한 후 감속하여 7 스텝 내에 감속하여 멈추도록 교육

5 프로그램 계획 시 고려사항

민첩성 프로그램 계획 시 근력, 파워, 가속, 감속, 협응력, 균형성과 일반적인 훈련 변수를 고려해야 한다. 의료기록, 나이, 신체 성숙 정도, 특정 스포츠 기술 수준, 훈련 경험, 현 체력 수준, 파워 및 근력 훈련 경험과 같은 요인이 개인 훈련 프로그램을 계획하는 데 중요한 역할을 한다.

순서는 가장 파워 생성이 높거나, 해당 스포츠 또는 전투행동 요구와 가장 유사한 파워 생성을 요구하는 기술이 먼저 수행되어야 한다

① 반복횟수 : 하나의 완전한 움직임 기술을 실행

② 세트 : 민첩성 기술들의 그룹 및 인터벌

③ 시간 : 수행한 시간 또는 거리

④ 강도 : 기술이 수행된 속도, 기술이 시간으로 진행된다면 강도는 거리

⑤ 회복 : 반복횟수 간의 휴식

⑥ 훈련량 : 종목당 수행된 훈련의 양

⑦ 빈도 : 주당 수행된 훈련 횟수, 주 2회 수행해야 함

⑧ 기술 선택 : 스포츠 및 전투행동의 움직임 패턴, 시간 및 거리, 휴식시간, 기술의 복잡성에 근거

6 훈련 종목

민첩성 훈련 종목은 사용하는 장비 및 시설(라인, 콘, 사다리)에 따라 3가지로 분류한다. 수준별 훈련 시 3개 영역에서 각각 2~3개의 종목을 선택하여 실시한다.

〈표 9-1〉 민첩성 훈련 종목

구분	종 목
민첩성 훈련 1 (라인 달리기)	옆으로 스텝하기
	20야드 왕복 달리기
	30야드 T자 달리기
	40야드 왕복 달리기
	40야드 옆으로-앞으로 달리기
	40야드 뒤로-앞으로 달리기
	100야드 왕복 달리기
민첩성 훈련 2 (콘 기술)	40야드 사각형 앞으로-옆으로 달리기
	Z자 달리기
	지그재그 달리기
	5개 콘 S자 달리기
	10개 콘 방향 전환 달리기
민첩성 훈련 3 (민첩성 사다리 기술)	사다리 기술 1
	사다리 기술 2
	사다리 기술 3
	사다리 기술 4
	사다리 기술 5
	사다리 기술 6

민첩성 훈련 1

<table>
<tr><th>민첩성 훈련 1</th><th>옆으로 스텝하기</th></tr>
<tr><td colspan="2">동작 요령</td></tr>
<tr><td>• 장비 : 없음
• 구분동작
1. 오른쪽 다리가 왼쪽 다리를 넘어가며 스텝한다.
2. 왼쪽 다리가 오른쪽 다리를 지나 최초 위치로 돌아가게 한다.</td><td></td></tr>
</table>

<table>
<tr><th>민첩성 훈련 1</th><th>20야드 왕복 달리기</th></tr>
<tr><td colspan="2">동작 요령</td></tr>
<tr><td>• 장비 : 5야드 간격의 선 3개
• 구분동작
1. 오른쪽으로 달려 오른손으로 5야드 선을 터치한다.
2. 왼쪽으로 10야드 달려 왼손으로 터치한다.
3. 다시 오른쪽으로 달려 5야드 선을 통과한다.</td><td>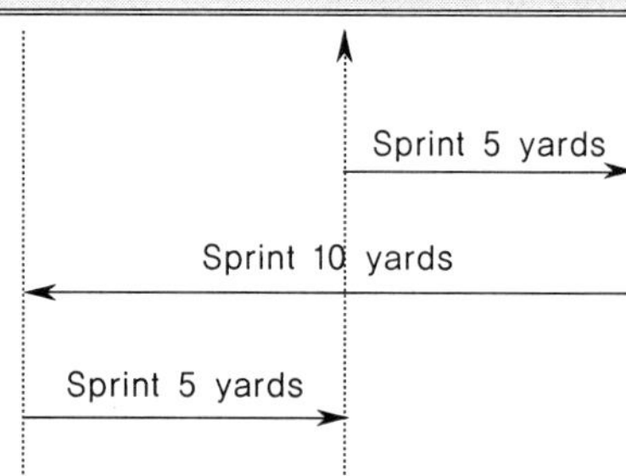
</td></tr>
</table>

<table>
<tr><th>민첩성 훈련 1</th><th>30야드 T자 달리기</th></tr>
<tr><td colspan="2">동작 요령</td></tr>
<tr><td>• 장비 : T자 형태(10야드 선 1개, 5야드 선 1개, 콘 4개)
• 구분동작
1. 전방으로 5야드 달려 오른쪽으로 5야드 이동 후 오른손으로 콘을 터치한다.
2. 왼쪽으로 10야드 달려 왼손으로 콘을 터치한 후 오른쪽으로 5야드 이동 후 출발지점으로 뒤로 5야드 뛰어 콘을 터치한다.</td><td>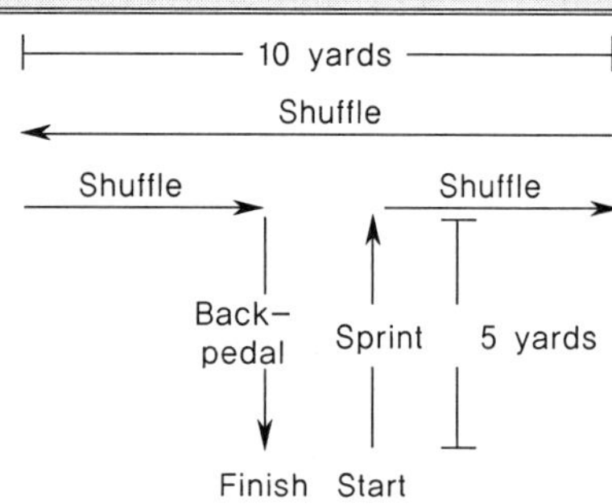
</td></tr>
</table>

<table>
<tr><th>민첩성 훈련 1</th><th>40야드 왕복 달리기</th></tr>
<tr><td colspan="2">동작 요령</td></tr>
<tr><td>• 장비 : 11자 형태(5야드 선 3개)
• 구분동작
1. 전방으로 5야드 달려 오른손으로 터치 후 출발선으로 돌아와 왼손으로 터치한다.
2. 두 번째 선인 10야드를 달려 오른손으로 터치 후 출발선으로 돌아와 왼손으로 터치한다.
3. 첫 번째 선인 5야드를 달려 오른손으로 터치 후 출발선으로 돌아온다.</td><td>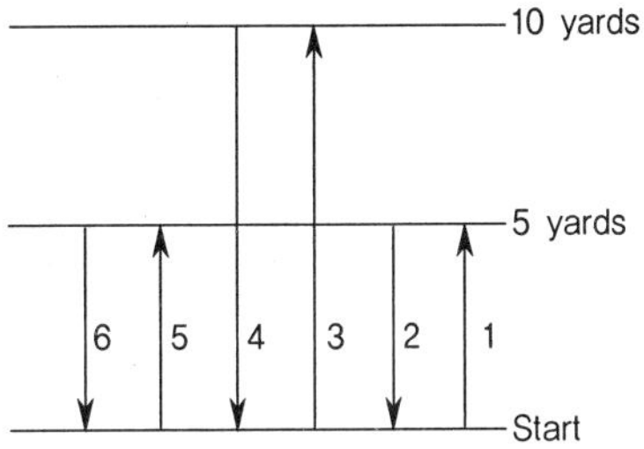
</td></tr>
</table>

<table>
<tr><th>민첩성 훈련 1</th><th>40야드 옆으로-앞으로 달리기</th></tr>
<tr><td colspan="2">동작 요령</td></tr>
<tr><td>• 장비 : 11자 형태(5야드 선 3개)
• 구분동작
1. 전방으로 5야드 옆으로 달려 오른손으로 터치 후 출발선으로 앞으로 달려 왼손으로 터치한다.
2. 두 번째 선인 10야드를 옆으로 달려 오른손으로 터치 후 출발선으로 앞으로 달려 터치한다.
3. 첫 번째 선인 5야드를 옆으로 달려 오른손으로 터치 후 출발선으로 앞으로 달려 돌아온다.</td><td>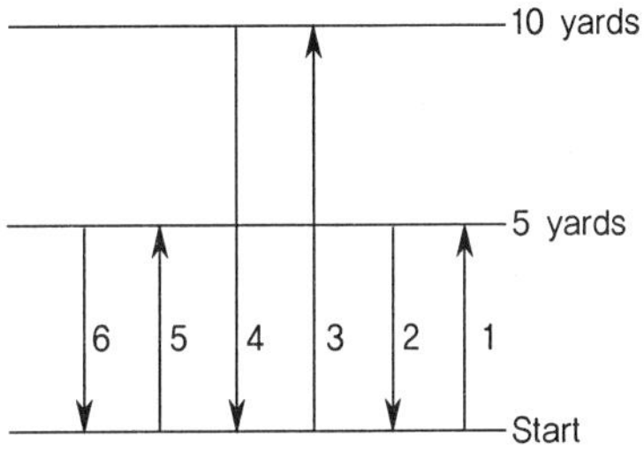
</td></tr>
</table>

<table>
<tr><th>민첩성 훈련 1</th><th>40야드 뒤로-앞으로 달리기</th></tr>
<tr><td colspan="2">동작 요령</td></tr>
<tr><td>• 장비 : 11자 형태(5야드 선 3개)
• 구분동작
1. 전방으로 5야드 뒤로 달려 오른손으로 터치 후 출발선으로 앞으로 달려 왼손으로 터치한다.
2. 두 번째 선인 10야드를 뒤로 달려 오른손으로 터치 후 출발선으로 앞으로 달려 왼손으로 터치한다.
3. 첫 번째 선인 5야드를 뒤로 달려 오른손으로 터치 후 출발선으로 앞으로 달려 돌아온다.</td><td>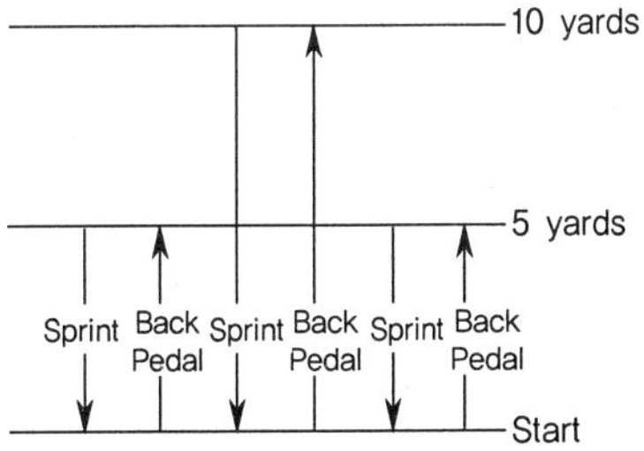
</td></tr>
</table>

민첩성 훈련 1	100야드 왕복 달리기
동작 요령	
• 장비 : 1111자 형태(5야드 선 5개) • 구분동작 1. 전방으로 5야드 앞으로 달려 오른손으로 터치 후 출발선으로 돌아와 왼손으로 터치한다. 2. 다음 선인 10야드, 15야드, 20야드 동일하게 앞으로 달려 오른손으로 디치 후 출발선으로 돌아와 왼손으로 터치한다.	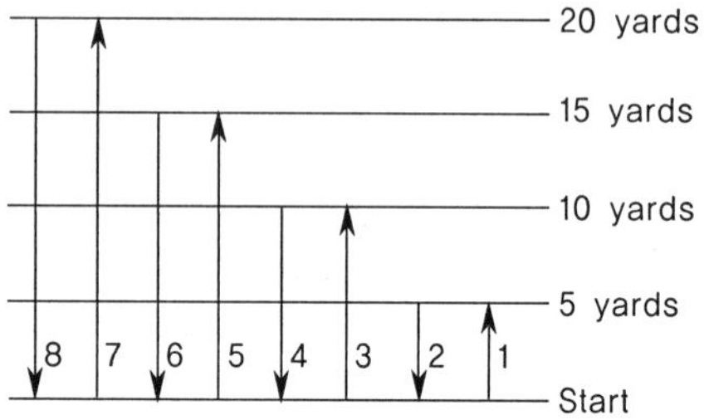

민첩성 훈련 2

민첩성 훈련 2	40야드 사각형 앞으로-옆으로 달리기
동작 요령	
• 장비 : ㅁ자 형태(10야드 선 4개) • 구분동작 1. 첫 번째 10야드는 전력질주한다. 2. 두 번째 10야드는 옆으로 발을 교차하며 달린다. 3. 세 번째 10야드는 뒤로 달린다. 4. 네 번째 10야드는 옆으로 발을 교차하며 달린다.	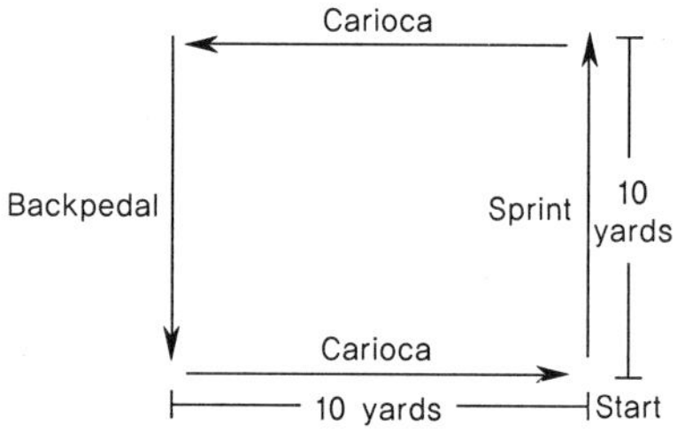

민첩성 훈련 2	Z자 달리기
동작 요령	
• 장비 : Z자 형태(5야드 폭에 10m 간격), 콘 10~20개 • 구분동작 1. 첫 번째 대각선에 있는 콘의 바깥쪽을 돈다. 2. 두 번째 대각선에 있는 콘의 바깥쪽을 돈다. 3. 10~20개의 콘을 연속으로 달린다.	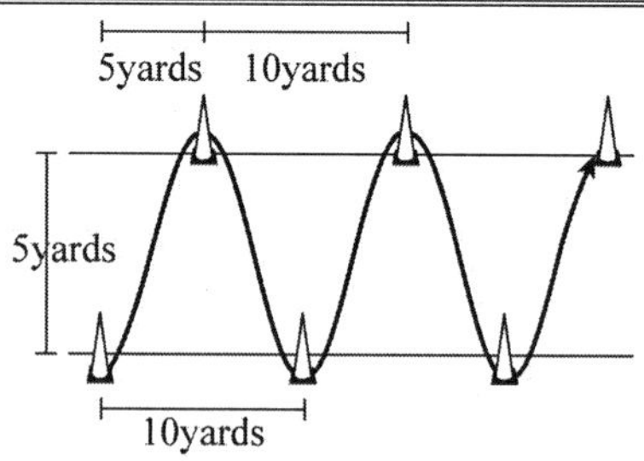

민첩성 훈련 2	지그재그 달리기
동작 요령	
• 장비 : Z 자 형태(1야드 간격), 콘 10~20개 • 구분동작 1. 오른쪽 이동 시 오른발-왼발, 왼쪽 이동 시 왼발-오른발로 콘 사이로 이동한다. 2. 가능한 최대한 빠르게 지그재그로 이동한다.	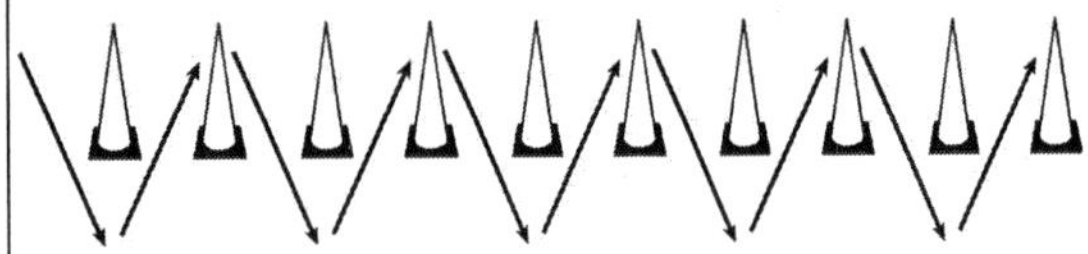

민첩성 훈련 2	5개 콘 S자 달리기
동작 요령	
• 장비 : 8 자 형태(10야드 간격), 콘 5개 • 구분동작 1. 두 번째 콘으로 전력질주 후 바깥으로 돌아 가운데 5번 콘으로 전력질주 후 왼쪽으로 돈다. 2. 3번 콘으로 전력질주 후 오른쪽으로 돌아 4번 콘으로 전력질주한다. 3. 4번 콘을 오른쪽으로 돌아 가운데 5번 콘을 왼쪽으로 돌아 1번 콘으로 전력질주한다.	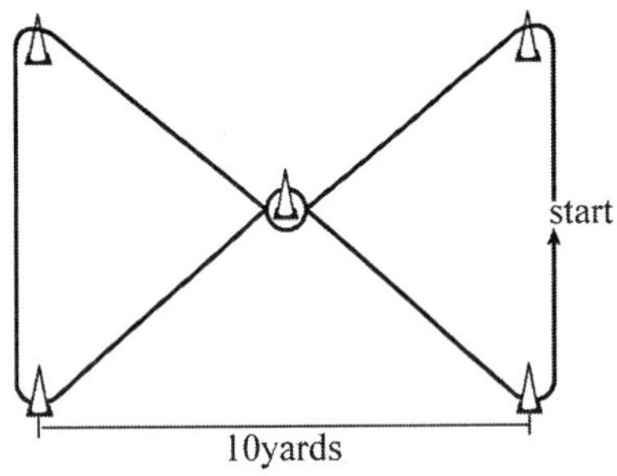

민첩성 훈련 2	10개 콘 방향 전환 달리기
동작 요령	
• 장비 : A 자 형태(5~10야드 간격), 콘 10개 • 구분동작 1. 콘 1에서 2까지 오른쪽 옆으로 이동 후 앞쪽에 있는 콘 3까지 전력질주한다. 2. 콘 3을 돌아 콘 4까지 전력질주 후 콘 5까지 옆으로 이동한다. 3. 옆으로 이동-앞으로 콘 돌아 전력질주를 계속 한다.	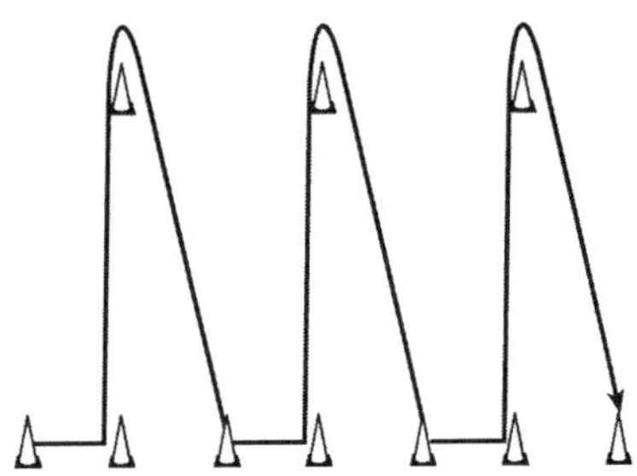

민첩성 훈련 3

<table>
<tr><th>민첩성 훈련 3</th><th>사다리 기술 1</th></tr>
<tr><th colspan="2">동작 요령</th></tr>
<tr><td>• 장비 : 사다리 또는 사다리 형태의 라인
• 구분동작
1. 왼쪽에서 옆으로 뛰어 오른발, 왼발 순으로 착지한다.
2. 다시 사다리 밖으로 오른발로 뛰어 한 발로 착지하고 다시 대각선 사다리 안으로 왼발, 오른발 순으로 착지한다.
3. 사다리 바깥으로 왼발로 뛰어 착지하고 대각선 사다리 안으로 오른발, 왼발 순으로 착지한다.</td><td>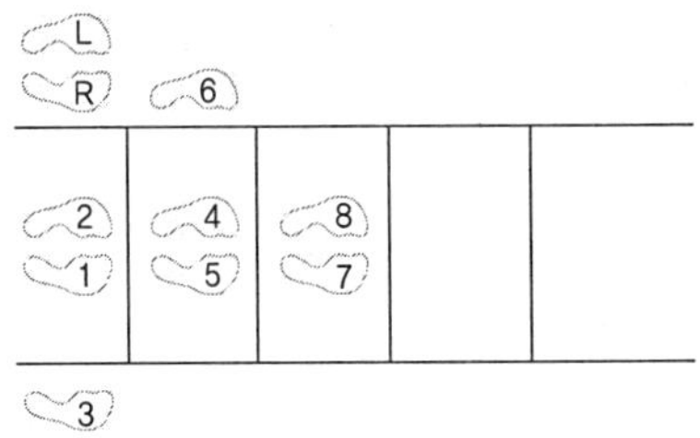
</td></tr>
</table>

<table>
<tr><th>민첩성 훈련 3</th><th>사다리 기술 2</th></tr>
<tr><th colspan="2">동작 요령</th></tr>
<tr><td>• 장비 : 사다리 또는 사다리 형태의 라인
• 구분동작
1. 사다리 밖에서 두 발로 서서 안으로 왼발, 오른발 순으로 착지한다.
2. 다시 사다리 대각선 뒤로 왼발, 오른발 순으로 착지한다.</td><td>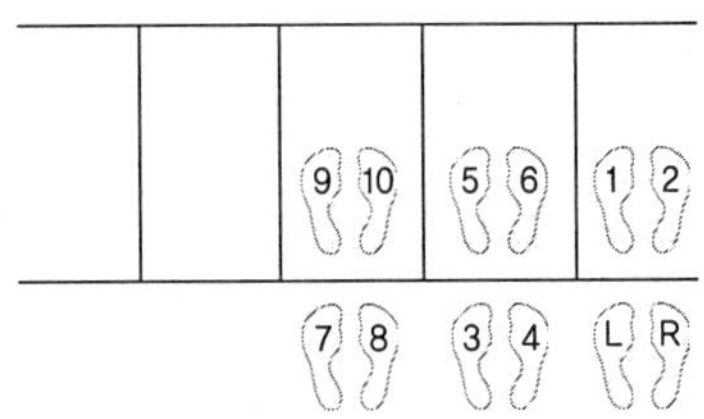
</td></tr>
</table>

<table>
<tr><th>민첩성 훈련 3</th><th>사다리 기술 3</th></tr>
<tr><th colspan="2">동작 요령</th></tr>
<tr><td>• 장비 : 사다리 또는 사다리 형태의 라인
• 구분동작
1. 사다리 밖에서 두 발로 서서 안으로 오른발로 착지한다.
2. 반대편 사다리 밖으로 왼발로 착지한다.
3. 대각선 뒤 사다리 안으로 오른발로 착지한다.
4. 안쪽, 바깥쪽을 반복한다.</td><td>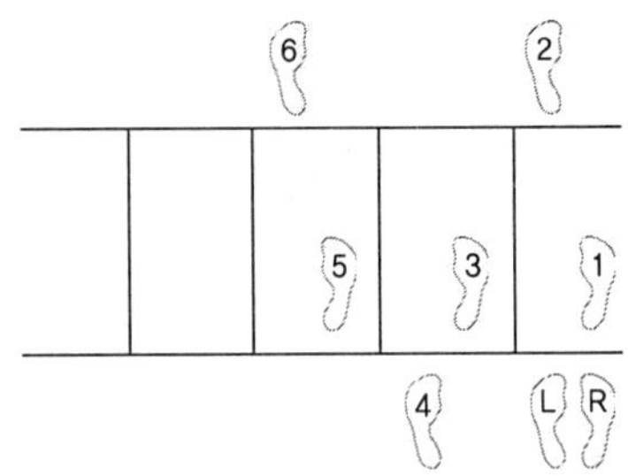
</td></tr>
</table>

민첩성 훈련 3	사다리 기술 4
동작 요령	
• 장비 : 사다리 또는 사다리 형태의 라인 • 구분동작 1. 사다리 밖에서 옆으로 두 발로 서서 안으로 왼쪽 발로 착지한다. 2. 반대편 밖으로 오른발로 착지한다. 3. 대각선 앞 사다리 안으로 오른발로 착지한다.	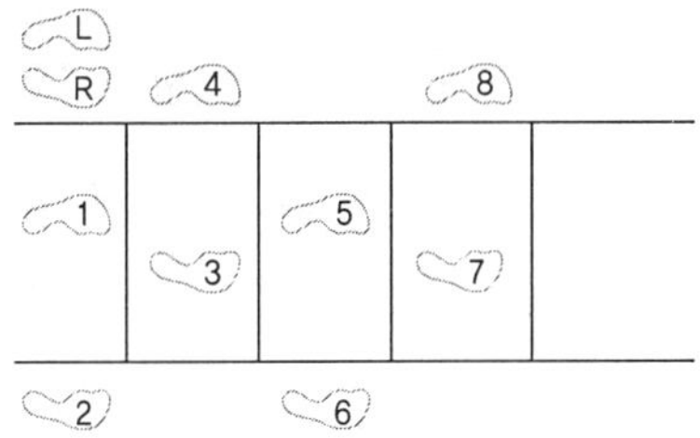

민첩성 훈련 3	사다리 기술 5
동작 요령	
• 장비 : 사다리 또는 사다리 형태의 라인 • 구분동작 1. 사다리 왼쪽 선을 중심으로 두 발로 선다. 2. 안쪽 선으로 90도 회전하며 착지한다. 3. 사다리 오른쪽 선으로 90도 회전하며 착지한다. 4. 안쪽, 바깥쪽을 반복한다.	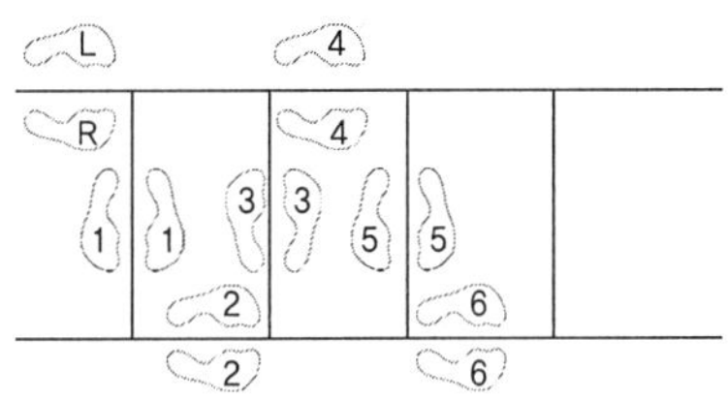

민첩성 훈련 3	사다리 기술 6
동작 요령	
• 장비 : 사다리 또는 사다리 형태의 라인 • 구분동작 1. 사다리 안쪽 선을 중심으로 두 발로 선다. 2. 다음 안쪽 선으로 180도 회전하며 착지한다. 3. 다음 안쪽 선으로 180도 회전하며 착지한다.	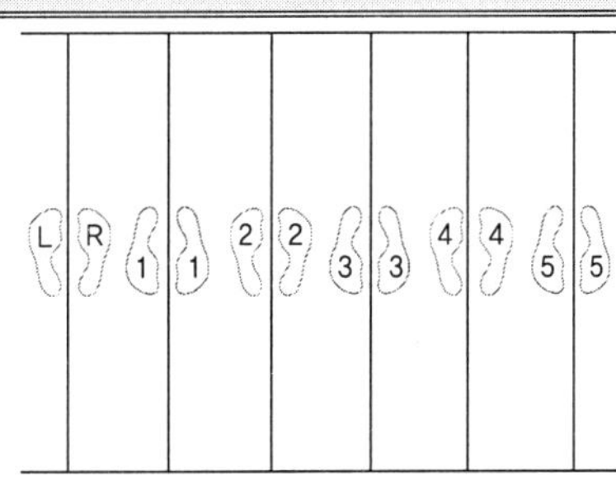

제10장

스피드

1. 보폭 수 및 보폭 길이
2. 가속
3. 적정 테크닉
4. 단거리 수행력과 보폭 분석
5. 스피드 훈련 시 고려요소
6. 훈련 종목

스피드는 움직임의 속도로서 많은 전투임무에서 스피드를 요구한다. 기동성은 근력과 지구력을 기초로 민첩성, 순발력(파워), 스피드의 기능적 응용이라고 앞에서 설명했다. '사격 하 기동'과 같은 빠른 움직임에서 스피드는 필수적인 요소이다. 스피드는 양발로 달리는 비행 단계와 한발로 지지하는 단계를 번갈아 이동하는 탄성적 형태이다. 스프린팅은 최대 가속 또는 속도로 신체를 추진하여 반복적으로 달리는 보폭의 연속이다. 스피드는 보폭 수(걸음 수)와 보폭 길이(걸음 길이)의 상호작용으로, 보폭 수는 개인 간의 차이가 크고 일반적으로 보폭 길이보다 훈련에 의해 더 영향을 받는다. 만약 최대 보폭 수를 늘이기 위해서는 지면접촉시간을 0.2초 이하로 줄여야 한다. 스피드 훈련으로 최대 결과를 얻기 위해서 보폭 길이, 보폭 수, 근력, 파워, 기능적 유연성, 가속, 적정 테크닉과 같은 다양한 요인들이 고려되어야 한다.

1 보폭 수 및 보폭 길이

보폭 수 및 보폭 길이 둘 중 하나만 향상되어도 스피드는 증가한다. 그러나 이 두 가지는 하나가 증가하면 다른 하나는 감소하는 관계이다. 예를 들어 보폭 길이를 증가시키려는 노력으로 다리를 너무 앞쪽에 도달시키려고 노력하면 과보폭을 초래한다. 이것은 보폭을 감소시켜 달리는 스피드를 감소시킨다. 보폭 수는 주어진 시간 또는 거리에서 수행된 총 걸음수로 측정된다. 좋은 단거리 테크닉을 사용함으로써, 보폭 수는 보폭 길이의 변화 없이 증가될 수 있다. 보폭 수를 증가시키는 것이 중요한 이유는 지면접촉 시 이동성 에너지를 생성할 수 있기 때문이다. 지면에 발을 더 자주 터치하면 잠재적 달리기 스피드는 더 빠르다. 이런 생각은 많은 양의 힘과 파워가 각 보폭에서 제한된 지면접촉시간 시 필요하다는 사실과 균형을 이루어야 한다.

스프린트 보조 훈련은 보폭 수를 향상시키는 한 가지 방법이다. 이는 정상적으로 달릴 수 있는 능력보다 더 빠른 속도에서 달리는 느낌을 발달시킨다. 전통적인 보조 훈련은 언덕 아래로 달리기를 사용한다. 부상을 피하기 위해 적절한 스프린팅 자세에 대한 기전에 정통해야 하며 시행 전 적절한 준비 훈련을 해야 한다. 보폭 수가 분당 걷는 스텝의 수로 계산되는 반면에, 보폭 길이는 거리로 측정된다. 연구자들은 최대 스피드의 적정 보폭 길이는 보통 다리 길이의 2.3~2.5배라고 주장한다. 많이 범하는 실수는 최고(정점) 스피드에 도달하거나 유지하기 위해 너무 긴 보폭 길이를 만들려는 것이다. 그러면 과보폭이 발생하여 힘 발생의 효율이 감소한다. 보폭 길이는 다양한 훈련 형태를 통해 스프린트 훈련역학, 파워, 절대근력, 탄성적 근력을 개선함으로써 향상될 수 있다. 이것들은 근력 훈련, 중량조끼, 언덕 달리기 등을 포함한다. 훈련방법 중 저항을 주는 방법은 너무 많이 하지 않도록 주의해야 한다. 많이 사용하면 달리는 테크닉에 영향을 주어 전반적인 스피드 발달과정에 부정적 영향을 준다.

2 가속

가속은 속도의 변화율로서 스피드 발달의 가장 중요한 요소이다. 다시 말해서 빠르게 가속할 수 있다는 것은 짧은 시간에 정지된 상태에서 최대 스피드를 낼 수 있다는 것을 의미한다. 대부분 보폭 길이와 보폭 수를 증가시킴으로써 가속할 수 있다.

이 두 가지를 증가시키는 한 방법은 몸 전체의 근력을 증가시키는 것이다. 향상된 근력수준은 지면접촉시간을 감소시킴과 동시에 더 많은 힘을 생성할 수 있다. 가장 파워 있는 사람은 지면접촉시간이 적고, 더 긴 보폭 길이를 가지며, 더 빠르게 많은 걸음을 할 수 있다. 가장 높은 가속비율은 처음 8~10회 보폭에서 성취된다.

최대 달리는 속도의 75%는 처음 9미터 내에서 설정되고 4~5초 내에 도달된다. 최고 스피드의 적절한 변화를 보장하기 위해, 빠르게 달리는 스텝은 완전한 보폭 길이가 달성될 때까지 점진적으로 증가한다.

폭발적인 출발동작은 엉덩이, 무릎, 발목 관절의 힘을 요구하고, 빠르게 달리는 스텝은 엉덩이 및 무릎의 엄청난 탄성적 근력을 요구한다. 엉덩이 관절의 기동성은 무릎을 들어 올리는 단계에서 다리를 분리하는 데 도움을 줄 것이다. 탄성있는 근력은 지면 충격 시 엉덩이와 무릎의 충돌로부터 다리를 예방하고 발이 지면에 접촉하고 있는 시간을 감소시킨다.

3 적정 테크닉

스피드 동작에서 적정한 테크닉은 자세, 팔 동작, 다리 동작이 주요 요소이다. 자세는 신체의 배열인데, 특정 시간에 스프린팅 동작 단계에 따라 자세가 달라진다.

가속 시에는 현저한 기울임(약 45도)이 있는데, 이는 관성을 극복하는 데 도움이 된다. 최대 달리기 스피드에 접근하면 자세는 더 세워진다(약 80도).

팔 동작은 관절 가동범위, 팔 속도와 관련 있으며 팔의 움직임은 다리에서 생성되는 회전력에 반작용한다. 다리의 힘이 크기 때문에 격렬하고 협응된 팔 동작이 적절한 신체배열을 유지하기 위해 필요하다. 이것은 모든 단계에서 중요하지만 특히 초기 가속단계에서 중요하다.

다리 동작은 몸통 및 지면과 관계있는 엉덩이와 다리의 관련성이다. 폭발적인 출발을 하고 최대 스피드를 성취하기 위해서는 최대 지면반력을 만드는 엉덩이, 무릎, 발목의 신전이 요구된다.

4 단거리 수행력과 보폭 분석

직선거리 전력질주는 출발, 가속, 최대속도의 하부요소의 연속이다. 각각의 움직임 역학이 구분되지만, 가속과 최대속도 달리기는 회복 및 지면준비인 비행 단계와 신장성 제동 및 단축성 추진 단계인 지지 단계로 특징지어 진다.

단계별 주요 근육적 요구는 다음과 같다. 회복하는 다리가 앞쪽으로 스윙할 때, 무릎의 신장성 굴곡활동이 앞쪽 회전력을 통제하고 효율적인 지면 터치를 준비하는 데 도움을 준다. 결국 이 근육군은 최대 근력 길이 및 극도의 높은 스트레칭률에 도달한다. 그때 신장성에서 단축성으로 전환되고 짧게 지지 단계로 지속하여 파워가 다리로 전이되는 것을 촉진한다. 지면 지지시, 발목 관절에서의 높은 힘은 배면굴곡의 중요성을 나타낸다. 이 근육군에서 신장-수축 주기 활동을 통해 탄성 에너지는 저장되고 회복된다. 또한 무릎의 신장성 신전 활동은 대퇴사두근에 탄성 에너지를 저장하고 회복하도록 하여 다리로 파워가 전달되는 데 도움을 준다.

아래는 최대속도 달리기에서 비행 및 지지 단계의 기초 움직임을 보여준다.

최대속도 달리기에서 비행 및 지지 단계의 기초 움직임

- 초기 비행
  - 신장성 엉덩이 굴곡 : 허벅지의 뒤쪽 회전 감속
  - 신장성 무릎 신전 : 다리/발의 뒤쪽 회전 감속
- 중간 비행
  - 단축성 엉덩이 굴곡 : 허벅지를 앞쪽으로 가속
  - 신장성 무릎 신전 : 신장성 무릎 굴곡
- 후반 비행
  - 단축성 엉덩이 신전 : 발 지면 접촉 준비에서 허벅지 뒤쪽 회전
  - 신장성 무릎 굴곡 : 다리 뒤쪽으로 가속, 무릎 신전 제동
- 초기지지
  - 지속적인 단축성 엉덩이 신전 : Foot Strike의 제동효과 감소
  - 신장성 엉덩이 신전에 따른 짧은 단축성 무릎 굴곡 : 충격 흡수
- 후반지지
  - 신장성 엉덩이 굴곡 : 허벅지 뒤쪽 회전 감속, 지면이탈 준비로 몸통 회전
  - 단축성 무릎 신전 : 중력 앞쪽으로 추진
  - 단축성 발목 굴곡 : 추진 보조

5 스피드 훈련 시 고려요소

최대 달리기 스피드를 발달시키거나 증가시키는 공식은 없지만, 훈련 시 누구나 따라할 수 있는 일부 지침이 있다. 이상적인 프로그램은 테크닉, 출발, 가속, 스피드 지구력, 이완을 강조하고 다음과 같은 지침을 사용한다. 첫째, 모든 스피드 훈련은 이전의 훈련에서 신체가 완전히 회복된 후에 수행해야 한다. 지치고 과훈련되면 자신의 스피드 능력을 개선할 수 없기 때문에 훈련 초반에 하는 것이 가장 효과적이다. 둘째, 적절한 스프린팅 테크닉은 장기간에 걸쳐 많은 반복을 통해 습득되어야 한다. 단기간에는 효과가 나타나지 않고 수개월에 걸쳐 수백 번의 연습으로 이루어진다. 셋째, 스피드 훈련의 세트 및 반복횟수는 적절한 휴식이 수반되어야 한다. 심박수와 호흡수가 정상수준으로 돌아와야 한다. 거의 최대 또는 최대에 가까운 노력으로 6~8초 지속된 스피드 훈련은 ATP-PC 에너지 체계를 사용할 것이다. 1:4(훈련:휴식) 비율이 권장된다. 넷째, 스피드 훈련은 약한 날, 중간 정도의 날, 힘든 날로 다양하게 편성해야 한다. 다섯째, 스피드 지구력은 오랜 인터벌(150~400미터) 또는 짧은 인터벌(20~50미터) 간 휴식 감소를 통해 성취될 수 있다. 여섯째, 모든 스피드 훈련 전에 정적 준비 훈련과 스트레칭이 선행되어야 한다.

6 훈련 종목

스피드 훈련 종목은 수준별로 3개로 분류하였다.

〈표 10-1〉 스피드 훈련 종목

구분	종 목
스피드 훈련 1	보폭 좁게 앞꿈치로 뛰기
	다리펴고 걷기
	무릎 최대 올리며 걷기
	무릎 최대 올리며 도약
스피드 훈련 2	사다리 스피드 달리기
	사다리 보폭 달리기
	허들 연속 달리기
	2열 허들 연속 달리기
	타이어 끌기
스피드 훈련 3	오르막 스피드 달리기
	체중 이용 스타트
	속도변화주며 달리기 1
	속도변화주며 달리기 2
	오르막 가속 달리기
	파트너 저항에 맞서 달리기

스피드 훈련 1

스피드 훈련 1	보폭 좁게 앞꿈치로 뛰기
동작 요령	
• 장비 : 없음 • 구분동작 1. 매우 짧은 걸음으로 조깅하듯이 뛴다. 2. 발 앞꿈치로 착지하고 도약한다. 3. 지면에 닿는 시간을 최소화하고 발이 지면에 닿은 횟수를 최대화한다.	

스피드 훈련 1	다리펴고 걷기
동작 요령	
• 장비 : 없음 • 구분동작 1. 다리를 곧게 편 상태로 걷는다. 2. 발목은 몸통방향으로 굽힌 상태를 유지한다. 3. 발 앞꿈치로 빠르게 지면에 닿고, 엉덩이 근육으로 다리를 끌어당긴다.	

스피드 훈련 1	무릎 최대 올리며 걷기
동작 요령	
• 장비 : 없음 • 구분동작 1. 무릎은 완전히 굽혀 높이 들어 올린다. 2. 발목은 엉덩이 아래에 가깝게 위치시키고 무릎방향으로 굽혀져야 한다. 3. 무릎이 최고 높이에 도달했을 때, 지면에 있는 발은 발바닥 굽힘에 주의한다.	

스피드 훈련 1	무릎 최대 올리며 도약
동작 요령	

• 장비 : 없음
• 구분동작
1. 보폭 좁게 앞꿈치로 뛰기와 유사하다.
2. 발 차올림과 도약은 조용하지만 폭발적으로 실시한다.
3. 지면에 부드럽게 착지하고 도약한다.

스피드 훈련 2

스피드 훈련 2	사다리 스피드 달리기
동작 요령	

• 장비 : 사다리 또는 사다리 모양의 라인
• 구분동작
1. 가능한 빠르게 사다리 사이의 간격(46cm)을 두 발로 딛으면서 달린다.
2. 무릎을 높게 들어올리는 것과 지면을 빠르게 딛는 것에 주의한다.

스피드 훈련 2	사다리 보폭 달리기
동작 요령	

• 장비 : 사다리 또는 사다리 모양의 라인
• 구분동작
1. 가능한 빠르게 사다리 사이의 간격(46cm)을 한 발로 딛으면서 달린다.
2. 무릎을 높게 들어올리는 것과 지면을 빠르게 딛는 것에 주의한다.

스피드 훈련 2	허들 연속 달리기
동작 요령	
• 장비 : 간이 허들(15~30cm) 20개 • 구분동작 1. 허들을 90cm 간격으로 설치한다. 2. 무릎을 직각으로 들어 올리면서 허들을 연속으로 넘는다. 3. 무릎과 발가락을 들어올리는 것과 발의 뒤꿈치가 엉덩이 가까이 오도록 주의한다. 4. 두 발 또는 한 발로 허들 사이를 빠르게 달린다.	

스피드 훈련 2	2열 허들 연속 달리기
동작 요령	
• 장비 : 간이 허들(15~32cm) 20개 • 구분동작 1. 허들을 90cm 간격으로 2열로 설치한다. 2. 허들 간 간격은 180cm, 열 사이 거리는 5cm 유지한다. 3. 오른발은 오른쪽 열, 왼발은 왼쪽 열의 허들을 넘는다.	

스피드 훈련 2	타이어 끌기
동작 요령	
• 장비 : 타이어 1개 • 구분동작 1. 소형 썰매 또는 타이어를 끌면서 달린다. 2. 적절한 무게를 사용하여 가속도를 이끌어내는 올바른 자세를 유지한다.	

스피드 훈련 3

스피드 훈련 3	오르막 스피드 달리기
동작 요령	
• 장비 : 없음 • 구분동작 1. 완벽한 최대 스피드 달리기 자세를 유지한다. 2. 목표가 최대 달리기 속도 향상이라면 경사도는 3도를 초과하지 않도록 한다. 3. 더 높은 경사도는 더 적절한 가속도를 위한 자세가 요구된다.	

스피드 훈련 3	체중이용 스타트
동작 요령	
• 장비 : 없음 • 구분동작 1. 다리를 모으고 선다. 2. 균형을 잡을 수 있을 때까지 전신을 앞으로 기울인다. 3. 최대속도로 가속하여 20~30m를 전력 질주한다.	

스피드 훈련 3	속도변화주며 달리기 1
동작 요령	
• 장비 : 콘 4~5개 • 구분동작 1. 콘을 20m 간격으로 설치한다. 2. 각 콘 사이를 다양한 속도로 변화를 주며 달린다.	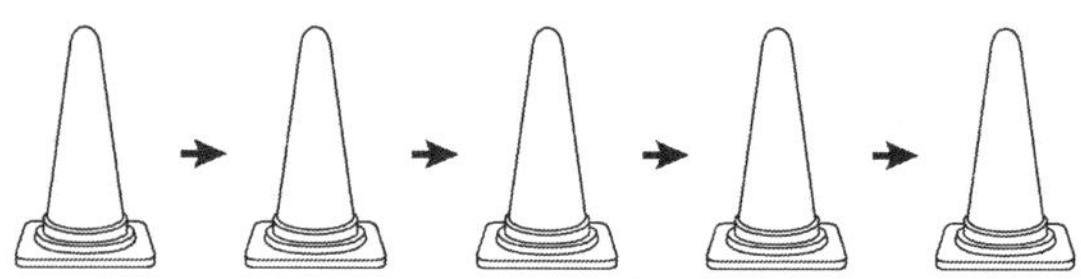

스피드 훈련 3	속도변화주며 달리기 2
동작 요령	
• 장비 : 콘 4~5개 • 구분동작 1. 5개의 콘을 14~27미터 이격시켜 설치한다. 2. 콘 1에서 출발하여 콘 2까지 최대속도 이하로 가속하고 콘 3에서 최대속도 이상으로 가속한다. 3. 콘 4에서 속도를 줄여 적절한 보폭 횟수를 유지한다.	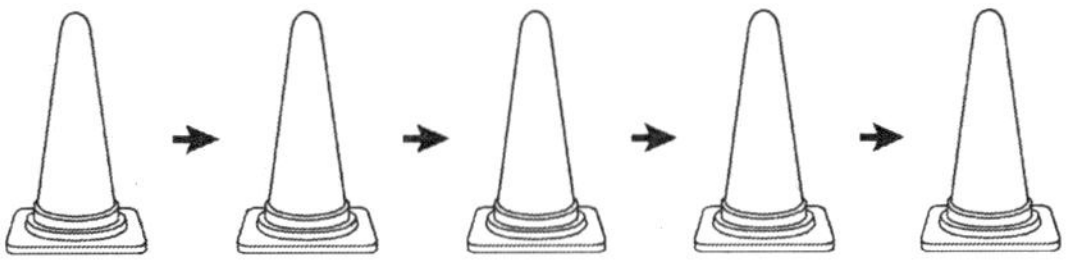

스피드 훈련 3	오르막 가속 달리기
동작 요령	
• 장비 : 없음 • 구분동작 1. 20~30도의 경사 언덕을 이용한다. 2. 4~5초간 경사를 달리다. 3. 보폭을 계산하고 사전에 정한 시간에 도착지점 마크한다. 4. 더 적은 보폭으로 사전에 정한 시간 안에 주파한다.	

스피드 훈련 3	파트너 저항에 맞서 달리기
동작 요령	
• 장비 : 없음 • 구분동작 1. 파트너 저항은 앞에서 어깨에 저항을 주거나, 뒤에서 허리를 잡아서 저항을 준다. 2. 처음 8~18회 걸음은 파트너에 의한 저항으로 달린다.	

제11장

체력검사

1 개요

먼저 현장에서 사용하는 검사, 측정, 평가에 대한 용어의 정의가 필요하다. 검사는 능력을 평가하고자 하는 절차(사전, 중간, 사후검사)를 의미하고, 측정은 검사자료를 수집하는 과정이며, 평가는 의사결정을 위해 검사결과를 분석하는 과정을 말한다. 따라서 지휘관의 역할은 부대원의 체력에 대한 자료수집에 그치는 것이 아니라 능력을 평가하기 위함이기 때문에 체력검사가 맞는 표현이라 할 수 있다. 체력검사는 지휘관이 부대원의 신체적 능력을 평가하고 장단점을 확인하며 부족한 부분을 확인함과 동시에 목표설정에 도움이 된다. 사전평가는 부대원의 초기 목표설정을 가능하게 하고, 훈련 과정의 중간평가는 훈련의 효과와 진행과정을 평가할 수 있게 한다.

2 검사종목 선택

체력요인별로 그 능력을 검사하는 종목은 앞에 언급했듯이 매우 다양하다. 부대원의 경험, 훈련 상태, 연령, 가용 장비, 부대 여건 등은 검사결과에 영향을 미칠 수 있으므로 검사를 선택할 때에는 이들 요소들을 고려해야 한다. 또한 온도, 습도, 고도 등과 같은 환경적 요소들도 검사결과에 영향을 미칠 수 있으므로 가능한 한 표준화된 환경조건하에서 검사를 실시하도록 노력해야 한다. 아래 제시한 체력요인별 검사방법은 야전에서 적용 가능한 방법을 제시하였다.

〈표 11-1〉 체력요인별 검사종목 및 적용 기준치

체력 요소	측정 방법	기준치 적용
유산소 지구력	3km 달리기	군체력검정 기준
무산소 지구력	300yard(274m) 왕복 달리기	NSCA 기준
근지구력 (택일)	벤치 프레스	YMCA 기준
	팔굽혀 펴기	군체력검정 기준
	윗몸 일으키기	군체력검정 기준
	7개 종목 종합 측정 (암컬, 벤치 프레스, 랫 풀다운, 트라이셉스 익스텐션, 레그 익스텐션, 레그 컬, 벤트-니 싯업)	YMCA 기준

근력 (택일)	벤치 프레스	ACSM 기준
	레그 프레스	ACSM 기준
	악력	국민체력실태조사 기준
	6개 종목 종합 측정 (암컬, 벤치 프레스, 랫 풀다운, 레그 프레스, 레그 익스텐션, 레그 컬)	YMCA 기준
순발력	제자리 멀리뛰기	국민체력실태조사 기준
민첩성	사이드 스텝	체육과학연구원 기준
스피드	50m 달리기	국민체력실태조사 기준
유연성	앉아 윗몸 앞으로 굽히기	국민체력실태조사 기준
체구성	체질량지수(BMI)	국민체력실태조사 기준

3 검사순서 및 검사방법

신뢰도 높은 검사를 위해서는 검사종목의 순서와 휴식시간의 배분이 적절해야 하며 이는 생리학적 지식에 기초해야 한다. 예를 들어 에너지 체계 중 ATP-PC 시스템이 동원되는 근력검사는 완전회복을 위해 3~5분이 필요하지만, 젖산 시스템이 동원되는 무산소 지구력 검사는 최소 1시간을 요구한다. 또한 반응시간이나 협응력 검사는 피로가 쌓이기 전에 검사를 해야 한다. 일반적인 종합검사 순서는 다음과 같으나 필요시 2일에 걸쳐 분산하여 실시할 수도 있다.

비피로검사(체지방, 유연성) ⇒ 민첩성 검사 ⇒ 근력 및 순발력 검사 ⇒ 스피드 검사 ⇒ 근지구력 검사 ⇒ 심폐 지구력 검사

유산소 지구력 : 3km 달리기

- 필요 장비 및 시설
  - 초시계, 등번호 조끼
  - 400m 트렉 또는 3km 표시된 평평한 코스
- 필요인원
  - 시간 체크 1명, 기록 1명
- 진행절차
  - 측정 전 준비 운동 및 스트레칭 실시
  - 출발선 뒤에 위치(동시 측정 인원 : 약 30~40명)
  - 안정된 페이스로 가능한 빠르게 달리기를 완주하도록 교육
  - 출발 신호와 동시에 가능한 빠르게 코스 완주
  - 소수점 두 자리까지 기록

* 달리 기간 심통, 현기증 등 이상증상 시 즉시 중단

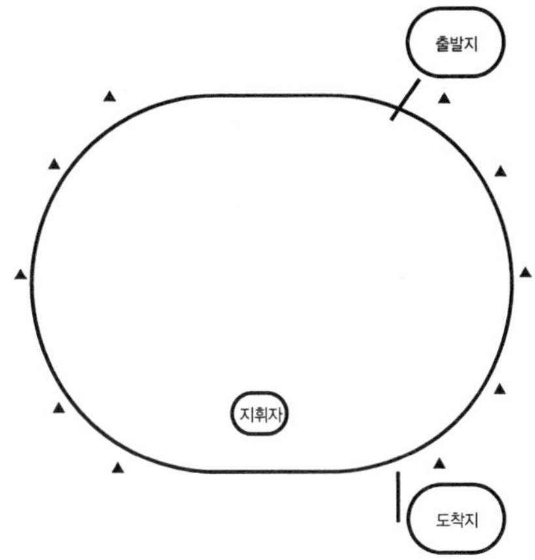

무산소 지구력 : 300yard(274m) 왕복 달리기

- 필요 장비 및 시설
  - 초시계, 콘 8개
  - 평행한 22.86m(25yard) 라인 2
- 필요인원
  - 시간 체크 1명, 기록 1명
- 진행절차
  - 기량이 유사한 2명 짝을 지어 편성
  - 두 개의 라인 뒤에 서로 마주보면서 위치
  - 첫 번째는 출발 신호와 동시에 22.86m를 6번 반복한 시간 측정
  - 5분 간 휴식 후 두 사람의 위치를 바꿔 6번 반복한 시간 측정
  - 2번의 측정에 대한 평균치 기록

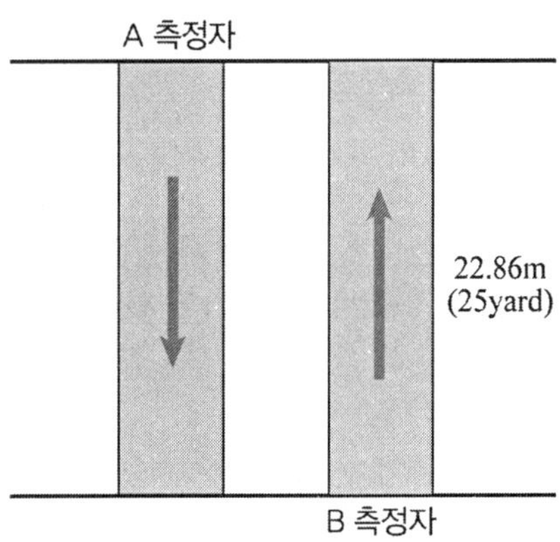

근지구력 : 벤치 프레스	
• 필요 장비 및 시설 –초시계, 메트로놈(필요 시 육성) –벤치, 바벨(35kg 중량) • 필요인원 –시간 체크 1명, 보조 1명 • 진행절차 –15~20kg 중량으로 준비 운동 –총 중량이 35kg이 되도록 조정 –준비 동작에 바를 들어 올림 –시작과 동시에 2초당 1회 반복하는 속도로 실시 * 내려갈 때 바가 가슴에서 주먹 하나 정도까지 –메트로놈을 분당 60박으로 설정하거나 육성으로 통제 –박자를 유지하지 못할 때까지의 횟수 기록	 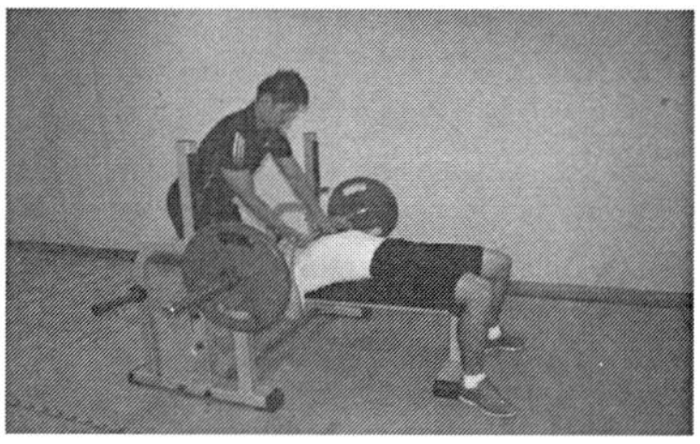

근지구력 : 팔굽혀 펴기	
• 필요 장비 및 시설 –초시계, 카운터기(필요시) –팔굽혀 펴기 보조대 • 필요인원 –시간 체크 1명, 보조 1명 • 진행절차 –"준비" 구령에 따라 보조기구 위에 양손을 어깨 넓이로 벌리고 발은 모은 상태에서 보조기구와 팔은 직각, 몸은 수평 유지 –"시작" 구령에 따라 머리부터 일직선이 되도록 유지하고 팔을 굽혀 보조기구와 몸(머리~다리)과의 간격이 5cm 이내로 내려갔다 올라옴 * 주의사항 –검사 중 양발·양손은 보조기구 이탈금지 –팔을 굽힐 때 상박과 하박이 직각	 

근지구력 : 윗몸 일으키기

• 필요 장비 및 시설
  – 초시계, 카운터기(필요시)
  – 윗몸 일으키기 보조대
• 필요인원
  – 시간 체크 1명, 보조 1명
• 진행절차
  – "준비" 구령에 따라 보조기구에 양발을 고정시키고 다리를 모은 상태에서 직각으로 굽힌 누운 자세에서 두 손을 목 뒤에서 깍지 낀 자세를 유지
  – "시작" 구령에 따라 복근력만을 이용하여 몸을 일으켜 양 팔꿈치가 무릎에 닿고 다시 준비자세로 원위치

* 주의사항
  – 검정 중에 깍지를 풀거나 양 팔꿈치가 무릎에 닿지 않도록 하고, 양쪽 어깨가 보조기구 매트에 닿지 않으면 카운트에서 제외

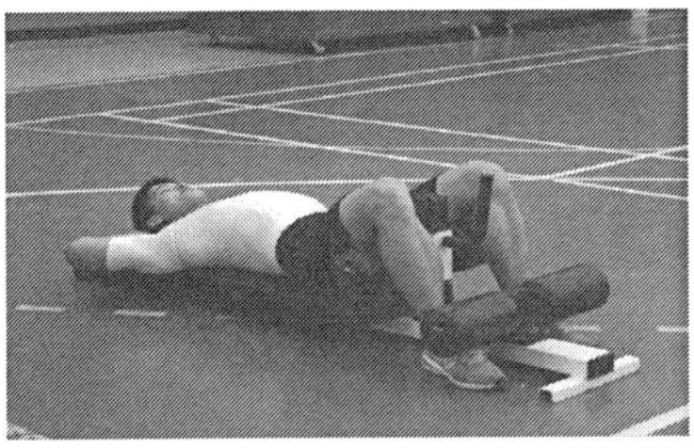

근력 : 벤치 프레스

• 필요 장비 및 시설
  – 벤치, 바, 웨이트 원판(20~100kg 중량), 안전 조임쇠 2
  * 원판 : 20kg, 10kg, 5kg, 2.5kg 등

• 필요인원
  – 진행 1명, 보조 1명
• 진행절차
  – 벤치 프레스에 대한 적절한 기술 사전 교육
  – 보조자는 측정자의 머리 끝에 위치하여 측정자가 바를 들어올리고 내리는 것을 보조
  – 측정 전 가벼운 부하에서 중간정도 부하로 높여가며 5~10회 반복으로 준비 운동 실시
  – 첫 1-RM 도전 전에 2~5회 반복할 수 있는 무거운 부하로 2번의 준비 운동 실시
  – 준비 운동 후 3~5회 시도 내에 1-RM 측정
  – 최종 1-RM을 개인 체중으로 나눈 값 기록

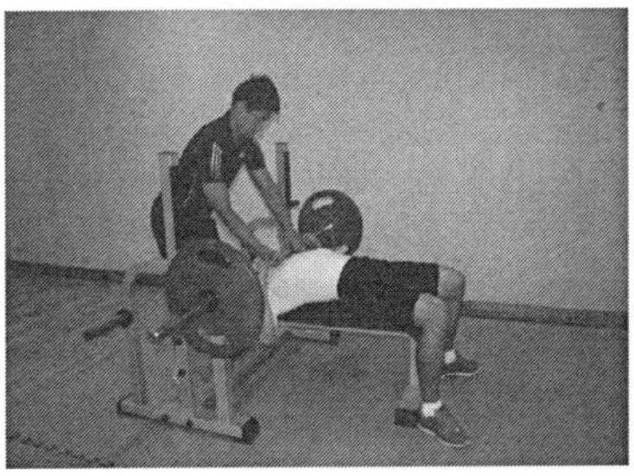

근력 : 레그프레스	
• 필요 장비 및 시설 –중량 60~300kg 이 설치된 머신, 안전핀 1 • 필요인원 –진행 1명, 보조 1명 • 진행절차 –레그 프레스에 대한 적절한 기술 사전 교육 –보조자는 측정자의 옆에 위치하여 측정자가 다리를 밀고 굽히는 것을 보조 –측정 전 가벼운 부하에서 중간정도 부하로 높여가며 5~10회 반복으로 준비 운동 실시 –첫 1-RM 도전 전에 2~5회 반복할 수 있는 무거운 부하로 2번의 준비운동 실시 –준비운동 후 3~5회 시도 내에 1-RM 측정 –최종 1-RM을 개인 체중으로 나눈 값 기록	 

근지구력 : 7개 종목 종합 측정	
• 필요 장비 및 시설 –암컬/트라이셉스 익스텐션 : 덤벨 10~40kg –벤치프레스 : 바벨 25~70kg –랫 풀다운 : 중량 25~70kg의 머신 –레그 익스텐션 : 중량 25~70kg의 머신 –레그 컬 : 중량 10~40kg의 머신 –벤트–니 싯업 : 본인 체중 이용 • 필요인원 –진행 1명, 보조 1명 • 진행절차 –7개 종목에 대해 충분한 휴식시간을 두어 같은 부위가 연속되지 않도록 배열 –각 종목별로 본인 체중의 %로 무게 설정 암컬(0.33), 벤치프레스(0.66), 랫 풀다운(0.66), 트라이셉스 익스텐션(0.33), 레그 프레스(0.50), 레그 컬(0.33), 벤트–니 싯업(본인 체중) –종목별 정확한 자세를 유지하여 본인 체중 대비 중량을 최대로 반복한 횟수 기록(최대 15회)하고 7개 종목의 총합(105회)으로 판정	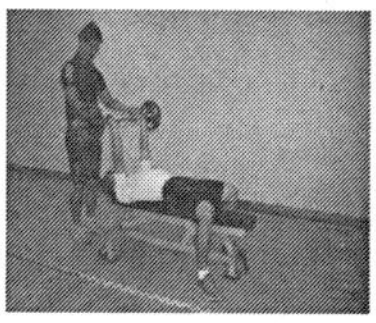  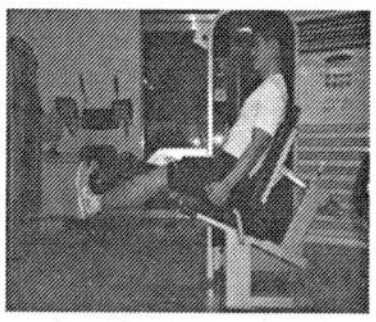  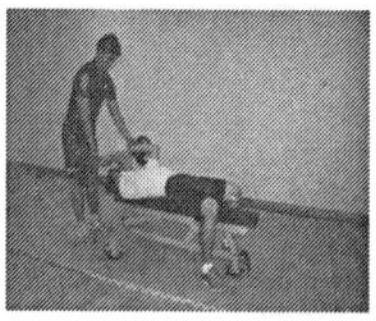  

근력 : 악력

- 필요 장비 및 시설
  - Smedley식 악력계
- 필요인원
  - 진행 1명, 보조 1명
- 진행절차
  - 악력계에 대한 적절한 기술 사전 교육
  - 악력계의 손잡이를 손가락 둘째 마디로 잡음
    * 손잡이가 맞지 않을 경우 조절 나사로 조정
  - 팔을 곧게 펴고 몸통과 팔을 15도 유지하면서 힘껏 잡아당김
  - 좌, 우 교대로 2회씩 측정 후 각각 최고치 기록
    * 측정 시 악력계가 몸에 닿지 않도록 주의

근력 : 6개 종목 종합 측정

- 필요 장비 및 시설
  - 암컬/트라이셉스 익스텐션 : 덤벨 최대 40kg
  - 벤치프레스 : 바벨 최대 100kg
  - 랫 풀다운 : 중량 최대 150kg의 머신
  - 레그 익스텐션 : 중량 최대 100kg의 머신
  - 레그 컬 : 중량 최대 70kg의 머신
- 필요인원
  - 진행 1명, 보조 1명
- 진행절차
  - 6개 종목에 대해 충분한 휴식시간을 두어 같은 부위가 연속되지 않도록 배열
  - 측정 전 가벼운 부하에서 중간정도 부하로 높여가며 5~10회 반복으로 준비 운동 실시 첫 1-RM 도전 전에 2~5회 반복할 수 있는 무거운 부하로 2번의 준비 운동 실시
  - 준비운동 후 3~5회 시도 내에 1-RM 측정
  - 6개 종목별 1-RM을 개인 체중으로 나눈 값을 오른쪽 표에서 점수 기록
  - 6개 종목의 총점을 합함

벤치	암컬	랫풀	레프	레익	레컬	점수
1.50	0.70	1.20	3.00	0.80	0.70	10
1.40	0.65	1.15	2.80	0.75	0.65	9
1.30	0.60	1.10	2.60	0.70	0.60	8
1.20	0.55	1.05	2.40	0.65	0.55	7
1.10	0.50	1.00	2.20	0.60	0.50	6
1.00	0.45	0.95	2.00	0.55	0.45	5
0.90	0.40	0.90	1.80	0.50	0.40	4
0.80	0.35	0.85	1.60	0.45	0.35	3
0.70	0.30	0.80	1.40	0.40	0.30	2
0.60	0.25	0.75	1.20	0.35	0.25	1

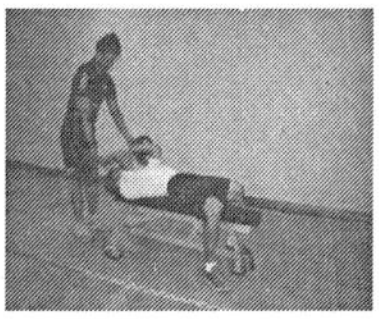

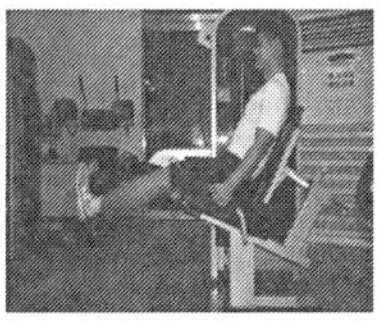
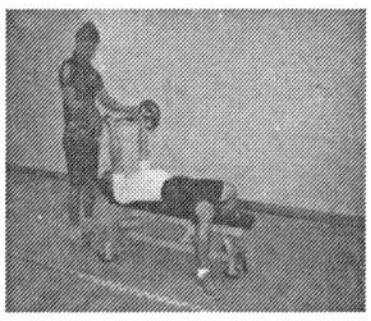
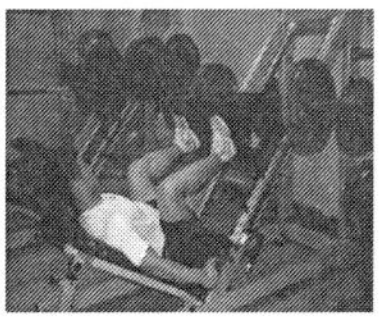

순발력 : 제자리 멀리뛰기

• 필요 장비 및 시설
  –모래밭 또는 매트, 줄자
• 필요인원
  –진행 1명, 보조 1명
• 진행절차
  –발 구름판 위에 10~20cm 정도 발을 벌리고 편한 자세로 섬
  –팔, 몸, 다리의 반동을 주어 가능한 멀리 도약
  –발 구름판에서 가장 가까운 발뒤꿈치의 착지점까지 거리를 기록
  –2회 측정 후 좋은 기록을 택함
  * 지면 높이가 평평한 지형을 이용하고, 콘크리트와 같은 지면은 금지

민첩성 : 사이드 스텝

• 필요 장비 및 시설
  –초시계, 240cm 미끄럽지 않는 평지(좌우 120cm 평행선 : 평행선 3개)
• 필요인원
  –진행 1명, 보조 1명
• 진행절차
  –중앙의 선을 밟지 않은 상태로 대기
  –시작 신호와 함께 오른발이 오른쪽 선을 넘어서도록 오른편으로 사이드 스텝 시 1회
  –다시 빠른 종작으로 처음 자세로 돌아오면 2회
  –다시 왼쪽으로 왼발을 넘어서도록 사이드 스텝하면 3회
  –처음 자세로 돌아오면 4회
  –20초간 실시한 횟수 기록
  –이 동작을 좌우로 교대하여 실시한 기록 중 좋은 기록 선택

스피드 : 50m 달리기	
• 필요 장비 및 시설 –초시계, 출발 신호기, 50m 코스 • 필요인원 –진행 1명, 보조 1명 • 진행절차 –보조원은 출발선 3~5m 전방에서 결승선의 계시원에게 준비 상황을 알림 –보조원은 "제자리"에 라는 출발 준비를 시키고 "차렷" 구령 후 약 2초 간격을 두었다가 출발 신호기를 밑에서 위로 올림 –출발은 스탠딩으로 하고, 계시원은 측정자의 몸통이 결승선에 닿는 순간을 기록	

4 체력검사 평가

일단 검사를 통해 측정자료가 수집되면 자료를 분석하는 단계를 거친다. 이 분석은 훈련 기간 동안의 변화를 추정하는 것을 목적으로 한다. 이런 변화는 과거 측정된 집단의 평균과 비교할 수 있고, 개인의 기록과 비교할 수도 있으며, 타부대 및 일반인 기준과도 비교할 수 있다. <표 11−2>의 기준표는 병사들의 연령과 유사한 일반인 집단(25세 이하)의 기준이다.

〈표 11−2〉 체력검사 종목별 기준치

유산소 지구력 : 3km 달리기(분:초)					무산소 지구력 : 300yd(300m) 왕복 달리기(초)				
수	우	미	양	가	수	우	미	양	가
12:30 이하	12:31 ~13:32	13:33 ~14:34	14:35 ~15:36	15:37 이상	57.9 이하	58 ~58.9	59 ~60.9	61 ~62.9	63 이상
근지구력 : 윗몸 일으키기(회)					**근지구력 : 벤치 프레스(회)**				
수	우	미	양	가	수	우	미	양	가
82 이상	74 ~81	66 ~73	58 ~65	57 이하	49 이상	48 ~34	33 ~26	25 ~17	16 이하
근지구력 : 7개 종목 종합 측정(회)					**근력 : 벤치 프레스(1-RM/체중 값)**				
수	우	미	양	가	수	우	미	양	가
105 ~91	90 ~77	76 ~63	62 ~49	48 이하	1.48 이상	1.47 ~1.22	1.21 ~0.93	0.92 ~0.81	0.80 이하
근력 : 레그 프레스(1-RM/체중 값)					**근력 : 악력(kg)**				
수	우	미	양	가	수	우	미	양	가
2.27 이상	2.26 ~2.05	2.04 ~1.74	1.73 ~1.52	1.51 이하	50.5 이상	50.4 ~44.9	44.8 ~38.4	38.3 ~32.7	32.6 이하
근력 : 6개 종목 종합 측정(점)					**순발력 : 제자리 멀리뛰기(cm)**				
수	우	미	양	가	수	우	미	양	가
48 이상	47 ~37	36 ~25	24 ~13	12 이하	250.9 이상	250.8 ~227.8	227.7 ~201.0	200.9 ~177.9	177.8 이하
민첩성 : 사이드 스텝(회)					**스피드 : 50m 달리기(초)**				
수	우	미	양	가	수	우	미	양	가
45 이상	44 ~42	41 ~38	37 ~32	31 이하	6.5 이하	6.6 ~7.4	7.5 ~8.6	8.7 ~9.6	9.7 이하

〈표 11-3〉 개인 체력평가 기록지

체 력 평 가

측정항목	측정방법	1차 측정		2차 측정		3차 측정	
		기록	체력 분류	기록	체력 분류	기록	체력 분류
유산소지구력	2.4km 달리기						
무산소지구력	300 yd(300m) 왕복 달리기						
근력 (택일)	벤치 프레스						
	레그 프레스						
	악력						
	6개 종목 종합 측정						
근지구력 (택일)	벤치 프레스						
	팔굽혀 펴기						
	윗몸 일으키기						
	7개 종목 종합 측정						
순발력	제자리 멀리뛰기						
민첩성	사이드 스텝						
스피드	50m 달리기						

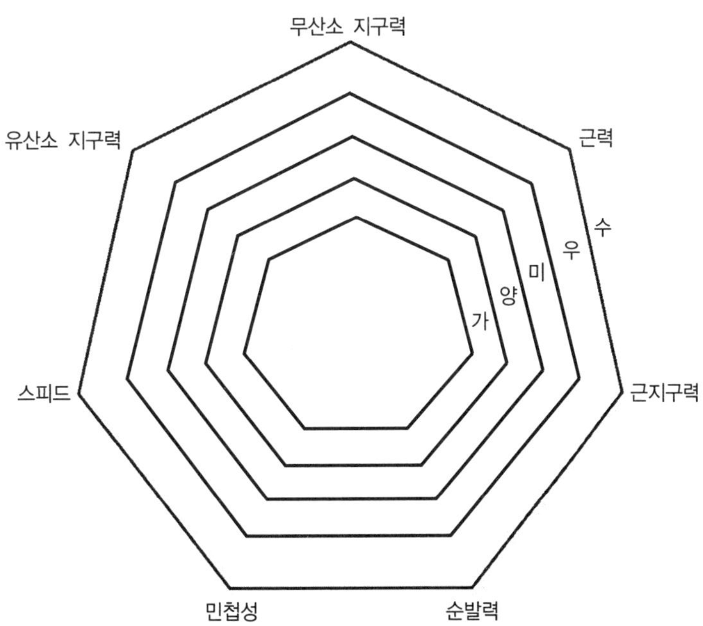

제12장

부대 훈련 프로그램 계획

1. 훈련 프로그램 진행 절차
2. 훈련 단계(수준) 평가 및 분류
3. 훈련 종목 선택
4. 단계별 훈련 프로그램 작성

1 훈련 프로그램 진행 절차

일반적인 훈련 프로그램 계획은 설문 및 상담을 통해 개인의 과거병력을 포함한 기초자료를 수집하고 앞장에 설명한 체력요인을 평가한 다음, 개인 및 부대에 맞는 훈련 프로그램을 작성 후 실시한다. 일정기간 실시하면 체력을 재평가하여 향상 정도를 파악하고 향상된 수준의 프로그램을 재작성한다. 개인 및 부대 프로그램은 평가, 프로그램 작성, 훈련 실시의 과정을 끊임없이 반복하는 것이다.

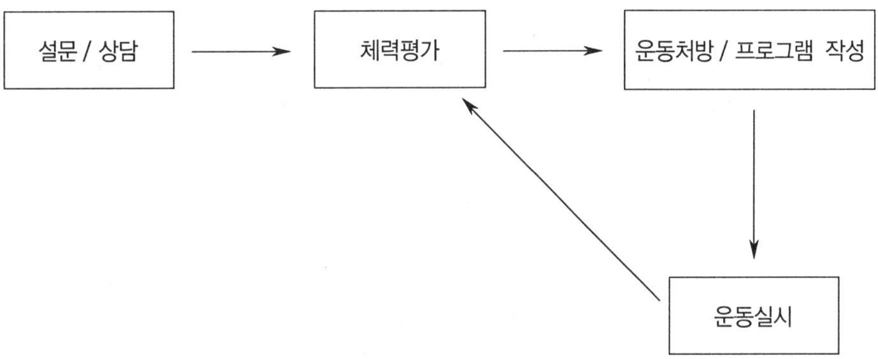

〈그림 12-1〉 훈련 프로그램 진행 절차

2 훈련 단계(수준) 평가 및 분류

체력평가와 부상병력 등을 고려하여 <표 12-1>과 같이 단계(수준)별로 대상자를 분류하고, 모든 지휘관은 부대 내 이 3가지 훈련 프로그램을 동시에 계획하고 진행해야 한다. 부상이나 질환에서 복귀하는 군인을 위한 재조절 훈련 프로그램은 13장을 참고한다.

〈표 12-1〉 단계(수준)별로 대상자 분류

단계(수준)	프로그램 목적
초기 조절 단계 (저조자)	• 부상자 등이 운동 재활 과정을 거쳐 강화 단계 또는 유지 단계에 안전하게 들어갈 수 있는 기초체력 향상 • 체력평가 결과 전반적으로 수준이 낮은 사람들의 기초체력 향상에 목적을 둠
강화 단계 (중급자)	• 체력평가 결과 중간수준 이상의 기초체력을 가진 사람들을 위한 단계로, 대부분의 장병이 이 단계에 해당

<table>
<tr><td></td><td>• 지구력, 근력, 기동성 분야에서 강도를 증가시켜 부대 임무수행에서 요구되는 신체적 준비에 목적을 둠</td></tr>
<tr><td>유지 단계
(상급자)</td><td>• 강화 단계를 거쳐 전반적인 체력요소에서 상급수준 이상의 체력을 가진 사람들을(일반적인 체력수준이 우수한 상급수준의 이등병 포함) 위한 단계
• 지구력, 근력, 기동성을 유지하는 것에 목적을 둠</td></tr>
</table>

3 훈련 종목 선택

부대 지휘관 및 체력관리 담당자는 체력요소별 훈련 유형, 부대 내 운동기구 및 운동시간 등을 고려해 운동을 선택해야 한다. 준비 훈련과 회복 훈련은 모든 단계에서 본 훈련 전후에 반드시 포함을 시켜야 하며, 본 훈련에는 근력, 지구력, 기동성 훈련이 포함되어야 한다. 단계별로 적용 가능한 훈련은 <표 12−2>와 같다.

〈표 12−2〉 단계(수준)별 적용 가능한 훈련

<table>
<tr><th colspan="3">구분</th><th>초기 조절 단계
(저조자)</th><th>강화 단계
(중급자)</th><th>유지 단계
(상급자)</th></tr>
<tr><td colspan="2" rowspan="2">준비 훈련</td><td>정적 스트레칭 훈련</td><td>◎</td><td>◎</td><td>◎</td></tr>
<tr><td>동적 스트레칭 훈련</td><td>◎</td><td>◎</td><td>◎</td></tr>
<tr><td colspan="2" rowspan="6">근력 훈련</td><td>전통적 웨이트 훈련</td><td>◎</td><td>◎</td><td>◎</td></tr>
<tr><td>웨이트 서킷 훈련</td><td>×</td><td>◎</td><td>◎</td></tr>
<tr><td>캐틀벨 서킷 훈련</td><td>×</td><td>◎</td><td>◎</td></tr>
<tr><td>체중 이용 훈련 1</td><td>◎</td><td>×</td><td>◎</td></tr>
<tr><td>체중 이용 훈련 2</td><td>×</td><td>◎</td><td>◎</td></tr>
<tr><td>체중 이용 훈련 3</td><td>×</td><td>◎</td><td>◎</td></tr>
<tr><td colspan="2" rowspan="6">지구력 훈련</td><td>장거리 달리기 훈련</td><td>◎</td><td>◎</td><td>◎</td></tr>
<tr><td>인터벌 달리기 훈련</td><td>×</td><td>◎</td><td>◎</td></tr>
<tr><td>페이스 달리기 훈련</td><td>◎</td><td>◎</td><td>◎</td></tr>
<tr><td>반복 달리기 훈련</td><td>×</td><td>◎</td><td>◎</td></tr>
<tr><td>파트렉 달리기 훈련</td><td>×</td><td>◎</td><td>◎</td></tr>
<tr><td>300야드 셔틀런 훈련</td><td>×</td><td>◎</td><td>◎</td></tr>
<tr><td rowspan="2">기동성
훈련</td><td rowspan="2">순발력
훈련</td><td>순발력 기술 훈련 1</td><td>◎</td><td>×</td><td>◎</td></tr>
<tr><td>순발력 기술 훈련 2</td><td>×</td><td>◎</td><td>◎</td></tr>
</table>

		순발력 기술 훈련 3	×	◎	◎
	민첩성 훈련	민첩성 기술 훈련 1	◎	◎	◎
		민첩성 기술 훈련 2	◎	◎	◎
		민첩성 기술 훈련 3	◎	◎	◎
	스피드 훈련	스피드 기술 훈련 1	◎	×	◎
		스피드 기술 훈련 2	×	◎	◎
		스피드 기술 훈련 3	×	◎	◎
회복 훈련		정적 스트레칭 훈련	◎	◎	◎
		동적 스트레칭 훈련	◎	◎	◎
재조절 훈련		코어 훈련	◎	×	×
		엉덩이 안정성 훈련	◎	×	×
		어깨 안정성 훈련	◎	×	×

4 단계별 훈련 프로그램 작성

1) 초기 조절 단계(저조자)

초기 조절 단계의 목적은 부상자 등이 운동재활과정을 거쳐 강화 단계 또는 유지 단계에 안전하게 들어갈 수 있는 기초체력을 향상시키고, 체력평가 결과 전반적으로 수준이 낮은 사람들의 기초체력을 향상시키는 데 있다. 체력이 저조하거나 부상의 경험이 있을 경우 재부상의 확률이 높기 때문에 훈련 프로그램은 대상자의 특성을 충분히 고려해야 하고 무리가 가지 않는 훈련 프로그램으로 구성되어야 한다. 일반적으로 8주간 훈련을 실시하고 8주 이후 강도를 조정하거나 높은 수준의 훈련 종목으로 변경한다. 첫 8주에서는 근력 및 지구력 위주의 기초체력 향상에 목적을 두고, 8주 이후 자신의 체중을 이용하는 훈련 종목을 편성한다.

<표 12-3>과 <표 12-4>는 저조자를 위한 주단위(16주) 훈련 프로그램의 예를 보여준다.

〈표 12-3〉 초기 조절 단계(저조자) 주단위 훈련 프로그램 예(1~8주)

구분	준비 훈련	본 훈련	회복 훈련
월요일	동적/정적 스트레칭 (종목별 10회/10초)	전통적 웨이트 훈련 (부위별 1~2종목, 15~20회, 3세트)	동적/정적 스트레칭 (종목별 10회/10초)
화요일	동적/정적 스트레칭 (종목별 10회/10초)	장거리 달리기 훈련(3~5km)	동적/정적 스트레칭 (종목별 10회/10초)

수요일	정적 스트레칭 (종목별 10초)	코어 훈련(종목별 10회) 엉덩이 안정성 훈련(종목별 10회) 어깨 안정성 훈련(종목별 10회)	정적 스트레칭 (종목별 10초)
목요일	동적/정적 스트레칭 (종목별 10회/10초)	전통적 웨이트 훈련 (부위별 1~2종목, 15~20회, 3세트)	동적/정적 스트레칭 (종목별 10회/10초)
금요일	동적/정적 스트레칭 (종목별 10회/10초)	장거리 달리기 훈련(3~5km)	동적/정적 스트레칭 (종목별 10회/10초)
휴일	휴식(정적 스트레칭)		

〈표 12-4〉 초기 조절 단계(저조자) 주단위 훈련 프로그램 예(9~16주)

구분	준비 훈련	본 훈련	회복 훈련
월요일	동적/정적 스트레칭 (종목별 10회/10초)	전통적 웨이트 훈련 (부위별 1~2종목, 8~12회, 3세트) (또는 본인 체중 이용 훈련 1) 순발력 훈련 1(종목별 5회)	동적/정적 스트레칭 (종목별 10회/10초)
화요일	동적/정적 스트레칭 (종목별 10회/10초)	페이스 달리기 훈련(3~5km) 민첩성 훈련 1, 2, 3에서 각 2개(종목별 5회)	동적/정적 스트레칭 (종목별 10회/10초)
수요일	정적 스트레칭 (종목별 10초)	코어 훈련(종목별 10회) 엉덩이 안정성 훈련(종목별 10회) 어깨 안정성 훈련(종목별 10회)	정적 스트레칭 (종목별 10초)
목요일	동적/정적 스트레칭 (종목별 10회/10초)	전통적 웨이트 훈련 (부위별 1~2종목, 8~12회, 3세트) (또는 본인 체중 이용 훈련 1) 스피드 훈련 1(종목별 2회)	동적/정적 스트레칭 (종목별 10회/10초)
금요일	동적/정적 스트레칭 (종목별 10회/10초)	페이스 달리기 훈련 (3~5km) 순발력 훈련 1(종목별 5회)	동적/정적 스트레칭 (종목별 10회/10초)
휴일	휴식(정적 스트레칭)		

2) 강화 단계(중급자)

강화 단계의 목적은 체력평가 결과 중간수준 이상의 기초체력을 가진 사람들을 지구력, 근력, 기동성 분야에서 강도를 증가시켜 부대 임무수행에서 요구되는 신체를 준비하는 데 있다. 강화 단계 군체력관리 훈련 계획은 기초 전투 훈련 그리고 소규모 부대 훈련에서 사용된다. 군체력관리 훈련은 프로그램의 지침과 과정의 훈련 계획에 따라 주당 5~6일 실시해야 한다. 모든 군체력관리 훈련 세션은 쉬는 날과 상관없이 순차적으로 실시해야 한다. <표 12-5>는 3주기로 점증적인 부하를 증가시키는 프로그램을 구성한 예이다.

〈표 12-5〉 강화 단계(중급자) 주단위 훈련 프로그램 예(1~4주)

구분	준비 훈련	본 훈련	회복 훈련
월요일	동적/정적 스트레칭 (종목별 10회/10초)	전통적 웨이트 훈련 (부위별 1~2종목, 8~2회, 3세트) 본인 체중 이용 훈련 1(종목별 10회) 순발력 훈련 2(종목별 5회)	동적/정적 스트레칭 (종목별 10회/10초)
화요일	동적/정적 스트레칭 (종목별 10회/10초)	장거리 달리기 훈련(3~5km) 민첩성 훈련1, 2, 3에서 각 2개(종목별 4회)	동적/정적 스트레칭 (종목별 10회/10초)
수요일	정적 스트레칭 (종목별 10초)	코어 훈련(종목별 10회) 엉덩이 안정성 훈련(종목별 10회) 어깨 안정성 훈련(종목별 10회)	정적 스트레칭 (종목별 10초)
목요일	동적/정적 스트레칭 (종목별 10회/10초)	전통적 웨이트 훈련 (부위별 1~2종목, 8~12회,,3세트) 본인 체중 이용 훈련 1(종목별 10회) 스피드 훈련 1(종목별 2회)	동적/정적 스트레칭 (종목별 10회/10초)
금요일	동적/정적 스트레칭 (종목별 10회/10초)	장거리 달리기 훈련 (3~5km) 순발력 훈련 2(종목별 5회)	동적/정적 스트레칭 (종목별 10회/10초)
휴일	휴식(정적 스트레칭)		

〈표 12-6〉 강화 단계(중급자) 주단위 훈련 프로그램 예(5~8주)

구분	준비 훈련	본 훈련	회복 훈련
월요일	동적/정적 스트레칭 (종목별 10회/10초)	전통적 웨이트 훈련 (부위별 1~2종목, 8~12회, 3세트) 본인 체중 이용 훈련 2(종목별 10회) 순발력 훈련 2(종목별 5회)	동적/정적 스트레칭 (종목별 10회/10초)
화요일	동적/정적 스트레칭 (종목별 10회/10초)	인터벌달리기 훈련(8회) 민첩성 훈련1, 2, 3에서 각 3개(종목별 4회)	동적/정적 스트레칭 (종목별 10회/10초)
수요일	정적 스트레칭 (종목별 10초)	코어 훈련(종목별 10회) 엉덩이 안정성 훈련(종목별 10회) 어깨 안정성 훈련(종목별 10회)	정적 스트레칭 (종목별 10초)
목요일	동적/정적 스트레칭 (종목별 10회/10초)	전통적 웨이트 훈련 (부위별 1~2종목, 8~12회, 3세트) 본인 체중 이용 훈련 2(종목별 10회) 스피드 훈련 2(종목별 2회)	동적/정적 스트레칭 (종목별 10회/10초)
금요일	동적/정적 스트레칭 (종목별 10회/10초)	인터벌달리기 훈련(8회) 순발력 훈련 2(종목별 5회)	동적/정적 스트레칭 (종목별 10회/10초)
휴일	휴식(정적 스트레칭)		

〈표 12-7〉 강화 단계(중급자) 주단위 훈련 프로그램 예(9~16주)

구분	준비 훈련	본 훈련	회복 훈련
월요일	동적/정적 스트레칭 (종목별 10회/10초)	웨이트 서킷 또는 캐틀벨 서킷 훈련 (전종목, 3세트) 본인 체중 이용 훈련 3(종목별 10회) 순발력 훈련 3(종목별 5회)	동적/정적 스트레칭 (종목별 10회/10초)
화요일	동적/정적 스트레칭 (종목별 10회/10초)	300야드 셔틀런 훈련(3회) 민첩성 훈련1, 2, 3에서 각 3개 (종목별 5회)	동적/정적 스트레칭 (종목별 10회/10초)
수요일	정적 스트레칭 (종목별 10초)	장거리 달리기 훈련(3~5km) 코어 훈련(종목별 10회) 엉덩이 안정성 훈련(종목별 10회) 어깨 안정성 훈련(종목별 10회)	정적 스트레칭 (종목별 10초)
목요일	동적/정적 스트레칭 (종목별 10회/10초)	웨이트 서킷 또는 캐틀벨 서킷 훈련 (전종목, 3세트) 본인 체중 이용 훈련 3(종목별 10회) 스피드 훈련 3(종목별 2회)	동적/정적 스트레칭 (종목별 10회/10초)
금요일	동적/정적 스트레칭 (종목별 10회/10초)	300야드 셔틀런 훈련(3회) 순발력 훈련 3(종목별 5회)	동적/정적 스트레칭 (종목별 10회/10초)
휴일	휴식(정적 스트체링)		

3) 유지 단계(상급자)

유지 단계의 목적은 직책 및 부대임무 수행에서 요구되는 높은 신체적 준비를 지속적으로 발달시키고 유지하는 데 있다. 지휘관은 부대원의 체력수준이 개인의 직책임무와 부대 임무 수행에 적합하다고 판단되면 의무적으로 많은 체력단련을 요구할 필요가 없다. 그 수준을 유지하는 것이 중요하다.

〈표 12-8〉 유지단계(상급자) 주단위 훈련 프로그램 예

구분	준비 훈련	본 훈련	회복 훈련
월요일	동적/정적 스트레칭 (종목별 10회/10초)	체중 이용 훈련 1, 2, 3(종목별 10회)	동적/정적 스트레칭 (종목별 10회/10초)
화요일	동적/정적 스트레칭 (종목별 10회/10초)	장거리 달리기 훈련(5~10km)	동적/정적 스트레칭 (종목별 10회/10초)

수요일	정적 스트레칭 (종목별 10초)	코어 훈련(종목별 10회) 엉덩이 안정성 훈련(종목별 10회) 어깨 안정성 훈련(종목별 10회)	정적 스트레칭 (종목별 10초)
목요일	동적/정적 스트레칭 (종목별 10회/10초)	전통적 웨이트 훈련 (부위별 1~2종목, 8~12회, 3세트)	동적/정적 스트레칭 (종목별 10회/10초)
금요일	동적/정적 스트레칭 (종목별 10회/10초)	순발력 훈련 3(종목별 5회) 민첩성 훈련1, 2, 3에서 각 3개 (종목별 4회) 스피드 훈련 3(1회)	동적/정적 스트레칭 (종목별 10회/10초)
휴일	휴식(정적 스트레칭)		

4) 시간제한 시 최소 훈련 프로그램

체력훈련과 야외교육 및 전술훈련은 분명히 구분되어야 한다. 교육훈련 계획에서 계획된 훈련소요와 군체력관리 훈련을 위해 지정된 가용 시간이 충돌할 때, 또는 야외훈련으로 가용시간 및 시설(장비)이 제한될 때에는 지휘관과 군체력관리 훈련 리더는 다음과 같이 훈련 프로그램을 수행할 수 있다.

〈표 12-9〉 군체력관리 훈련 시간 제한 시 훈련 프로그램 예

단계	훈련 프로그램
초기 조절 단계	준비 훈련 : 정적 스트레칭(종목별 10초) 본 훈련 : 체중 이용 훈련 1(종목별 5회), 코어 훈련/엉덩이 안정성 훈련/어깨 안정성 훈련(종목별 10회) 파트렉 달리기(500m) 회복 훈련 : 동적 스트레칭(종목별 5회)
강화 단계	준비 훈련 : 정적 스트레칭(종목별 10초) 본 훈련 : 체중 이용 훈련 2(종목별 5회), 코어 훈련/엉덩이 안정성 훈련/어깨 안정성 훈련(종목별 10회) 파트렉 달리기(1km) 회복 훈련 : 동적 스트레칭(종목별 5회)
유지 단계	준비 훈련 : 정적 스트레칭(종목별 10초) 본 훈련 : 체중 이용 훈련 3(종목별 5회), 코어 훈련/엉덩이 안정성 훈련/어깨 안정성 훈련(종목별 10회) 파트렉 달리기(1.5km) 회복 훈련 : 동적 스트레칭(종목별 5회)

제13장

재조절 훈련

1. 수준별 프로그램
2. 시설 및 장비
3. 통합적 관리
4. 훈련 종목 선택
5. 훈련 프로그램 작성

부대원이 아프거나 부상을 입었을 때 또는 다른 의학적 상황에 처했을 때 지휘관은 이들을 재조절하여 안전하게 원래 상태 또는 더 높은 신체적 체력수준으로 복무에 돌아올 수 있도록 할 책임이 있다. 부상, 질병 그리고 다른 의학적 상황은 전투즉응력에 영향을 미친다. 지휘관은 격렬한 군사 훈련을 수행하면서 매일 부상의 통제라는 난제에 직면한다. 지휘관은 부상위험에 영향을 주는 요소와 익숙해져야 하고, 신체적 즉응력 훈련의 기본원칙을 준수하는 지휘관은 부상위험을 효과적으로 관리할 수 있어야 한다. 부상으로 인해 정상적인 체력관리 프로그램에 참여할 수 없을 때에는 신체적 즉응력 훈련으로 복귀를 촉진시키는 재조절 훈련 프로그램을 제공해야 한다. 더불어 재조절 훈련은 체력향상과 훈련으로 인한 부상발생률을 감소시키는 데 도움을 주기 때문에 부대 훈련 프로그램에 포함이 되어야 한다. 재조절 훈련에 참여하는 대상자는 아래와 같다.

- 일시적인 의학적 부상에 있는 사람
- 일시적인 의료적 부상이 종료된 후에 회복기간에 있는 사람
- 특정한 제한과 특별한 체력 요구가 있는 영구적 의학 프로파일이 있는 사람

1 수준별 프로그램

재조절 훈련은 두 가지 수준의 시스템으로 구성된다. 수준 Ⅰ은 부상 부위를 보호하면서 부상된 군인의 잠재력을 극대화하도록 고안된 체육관 기반의 프로그램(머신을 이용한 근력 및 지구력 훈련)이다. 군의관에 의해 제한된 활동을 시작하는 것이 허가되면 수준 Ⅰ에 들어간다. 수준 Ⅱ는 수준 Ⅰ의 과정을 마치고 어느 정도 회복하여 부대 신체적 즉응력 훈련에 동참할 수 있는 수준에 있는 사람을 대상으로 하며, 프로그램은 앞에 언급한 부대 훈련 프로그램 중 초기 조절 단계(저조자)와 유사하다. 기능 테스트를 통해 수준 Ⅰ 또는 수준 Ⅱ를 시작할 수 있는지 없는지 결정한다. 수준 Ⅱ에 들어갈 수 있는 기준과 퇴소기준은 <표 13-1>과 같다.

〈표 13-1〉 수준 Ⅱ에 들어갈 수 있는 기준과 퇴소기준

구분	측정 종목	기 준
입소 기준	통증 없는 부분적 스쿼트	5초에 5회 반복
	팔굽혀 펴기	10회 반복
	윗몸 일으키기	10회 반복
	턱걸이 봉에 매달리기	15초
	걷기	고통없고, 도움없이 정상 자세로 30분 걷기

퇴소 기준	300야드 셔틀런	1회 반복
	본인 체중 이용 훈련 1	각 종목별 5회 반복
	봉에 매달려 다리들기	3회 반복
	오래 달리기	그룹 달리기의 최하 그룹 페이스로 30분 달리기

2 시설 및 장비

부대는 적절한 공간을 보장하고, 장비들은 재조절 프로그램을 위한 근력 훈련과 근지구력 훈련을 용이한 것들로 제공되어야 한다. 일반적으로 가장 많이 부상을 입는 부위는 하지로써 이 부위의 부상은 많은 군인들의 달리기 활동을 방해하기 때문에 체중에 대한 부담을 주지 않으면서 심폐 지구력을 재조절할 수 있는 싸이클 에르고미터, 스텝퍼, 노 젓기 머신 그리고 트레드밀과 같은 머신이 필수이다. 트레드밀은 몸무게를 견뎌야 하고 걷다가 점진적으로 달리는 것을 시작하도록 군의관(의사)에 의해 허가받은 사람에게 가장 적절하다. 수영 또는 깊은 물에서 달리기와 같은 수영장 활동은 몸무게에 의한 하중을 제거할 수 있다. 수술과 잦은 부상으로부터 회복중인 모든 사람은 수영장 활동을 시작하기 전에 의사의 허가를 받아야 한다. 수영, 물속 달리기 그리고 수중의 운동은 뼈와 관절에 무리한 부하를 주지 않으면서 심폐 지구력을 유지하거나 향상시키는 훌륭한 방법이다. 모든 훈련은 해당부대에서 실시하는 것이 최우선이지만 장비 및 시설이 제한된다면 상급부대 또는 인근 체육시설을 이용토록 조치를 취해야 한다.

3 통합적 관리

재조절 프로그램은 지휘관, 군의관, 훈련 지도자가 유기적으로 관리해야 한다. 프로그램 성공은 프로그램의 우선순위를 하향식(상급부대에서 하급부대로)으로 두는 것에 달려있어 지휘관은 프로그램에 대해 충분한 관심을 가져야 한다. 군의관 또한 프로그램에 대한 관심을 항상 유지해야 한다. 환자에 대한 재활 이력을 가지고 있기 때문에 군의관은 재조절 프로그램을 위한 의학적 상담자로서의 역할을 해야 한다. 훈련 지도자는 반드시 의학적 상담자가 가지고 있는 프로그램 지식을 공유하고 있어야 하고, 반드시 운동과학에 대한 추가적인 교육을 받아야 한다. <표 13−2>는 재활과 재조절 훈련의 책임을 보여준다.

〈표 13-2〉 재활과 재조절 훈련 책임

병원	병원 / 부대	부대
진단 치료 재활	**병원** 회복 재활 **부대** 재조절 훈련	체력관리 프로그램

4 훈련 종목 선택

수준 Ⅰ의 재조절 훈련 종목은 준비 및 회복 훈련에서는 정적 스트레칭, 머신 중심의 심폐 지구력 및 근력운동, 맨몸으로 실시하는 심부 및 안정성 운동 종목(재조절 훈련)을 선택한다. 수준 Ⅱ의 종목은 준비 및 회복 훈련에서 동적 스트레칭을 추가하고, 머신 중심의 심폐 지구력 및 근력 훈련에 추가하여 필드 훈련을 포함하며, 재조절 훈련은 동일하게 포함한다. 심폐 지구력, 근력, 준비 및 회복 훈련은 앞에 설명한 부분을 참고하고 여기서는 심부 및 안정성 운동(재조절 훈련)에 대해서만 설명한다.

〈표 13-3〉 재조절에 적용 가능한 훈련

구분		수준 Ⅰ	수준 Ⅱ
준비 훈련	정적 스트레칭 훈련	◎	◎
	동적 스트레칭 훈련	×	◎
근력 훈련	전통적 웨이트 훈련(머신)	◎	◎
	웨이트 서킷 훈련	×	×
	캐틀벨 서킷 훈련	×	×
	체중 이용 훈련 1	×	◎
	체중 이용 훈련 2	×	×
	체중 이용 훈련 3	×	×
지구력 훈련	장거리 달리기 훈련	×	◎
	인터벌 달리기 훈련	×	×
	페이스 달리기 훈련	×	◎
	반복 달리기 훈련	×	×
	파트렉 달리기 훈련	×	×
	300야드 셔틀런 훈련	×	×
	지구력 머신 훈련	◎	◎

기동성 훈련	순발력 훈련	순발력 기술 훈련 1	×	×
		순발력 기술 훈련 2	×	×
		순발력 기술 훈련 3	×	×
	민첩성 훈련	민첩성 기술 훈련 1	×	×
		민첩성 기술 훈련 2	×	×
		민첩성 기술 훈련 3	×	×
	스피드 훈련	스피드 기술 훈련 1	×	×
		스피드 기술 훈련 2	×	×
		스피드 기술 훈련 3	×	×
회복 훈련		정적 스트레칭 훈련	◎	◎
		동적 스트레칭 훈련	×	◎
재조절 훈련		코어 훈련	◎	◎
		엉덩이 안정성 훈련	◎	◎
		어깨 안정성 훈련	◎	◎

재조절 훈련은 코어 훈련, 엉덩이 안정성 훈련, 어깨 안정성 훈련으로 구분된다. 대부분의 세부 종목은 본인의 체중을 이용하거나 기구 없이 실시한다. <표 13-3>은 세 훈련의 세부 종목을 나타낸다.

〈표 13-3〉 재조절 훈련 종목

구분	종 목
코어 훈련	다리 굽혀 들어올리기
	사이드 브릿지
	백 브릿지
	무릎 꿇고 엎드려 팔다리 들기
엉덩이 안정성 훈련	옆으로 다리 올리기
	중앙으로 다리 올리기
	다리 굽혀 옆으로 들어올리기
	한쪽 다리 들어올리기
	한쪽 다리 반대로 넘기기
어깨 안정성 훈련	I자 올리기
	T자 올리기
	Y자 올리기
	L자 올리기
	W자 올리기

코어 훈련

다리 굽혀 들어올리기
1. 윗몸 일으키기 시작 자세로 누운 상태에서 양손의 손가락을 허리의 잘록한 부분 아래 놓는다. 2. 엉덩이와 무릎이 90도로 구부러질 때까지 다리를 지면으로부터 들어올린다. 3. 숨을 들이마시고 복부를 수축시킨다. 4. 다리를 천천히 뻗을 때와 같은 정도의 압력을 유지한다. 손가락에 더 이상 같은 정도의 압력을 유지할 수 없을 때, 다리를 다시 90도 자세로 되돌리고 1분이 경과할 때까지 반복한다.

사이드 브릿지
1. 팔꿈치와 하박 그리고 주먹으로 지지한 상태로, 상체를 지면과 이격시켜 옆으로 눕는다. 2. 위에 있는 다리 앞으로 아래 다리를 교차하고, 다리를 모은 상태로 유지한다. 다리는 또한 무릎을 90도 정도 구부리고 모은 자세가 될 수 있다. 3. 다리와 무릎이 일직선을 형성할 때까지 지지하고 있는 팔로 안정되게 지면에 압력을 가하고 몸통을 들어 올리고 그리고 골반을 똑바로 편다. 계속 호흡하며 이 자세를 유지한다. 4. 1분 후에 다른 쪽으로 교대한다. 만약 1분 동안 유지할 수 없다면, 낮추고 잠시 휴식하고 다시 1분이 경과할 때까지 반복한다.

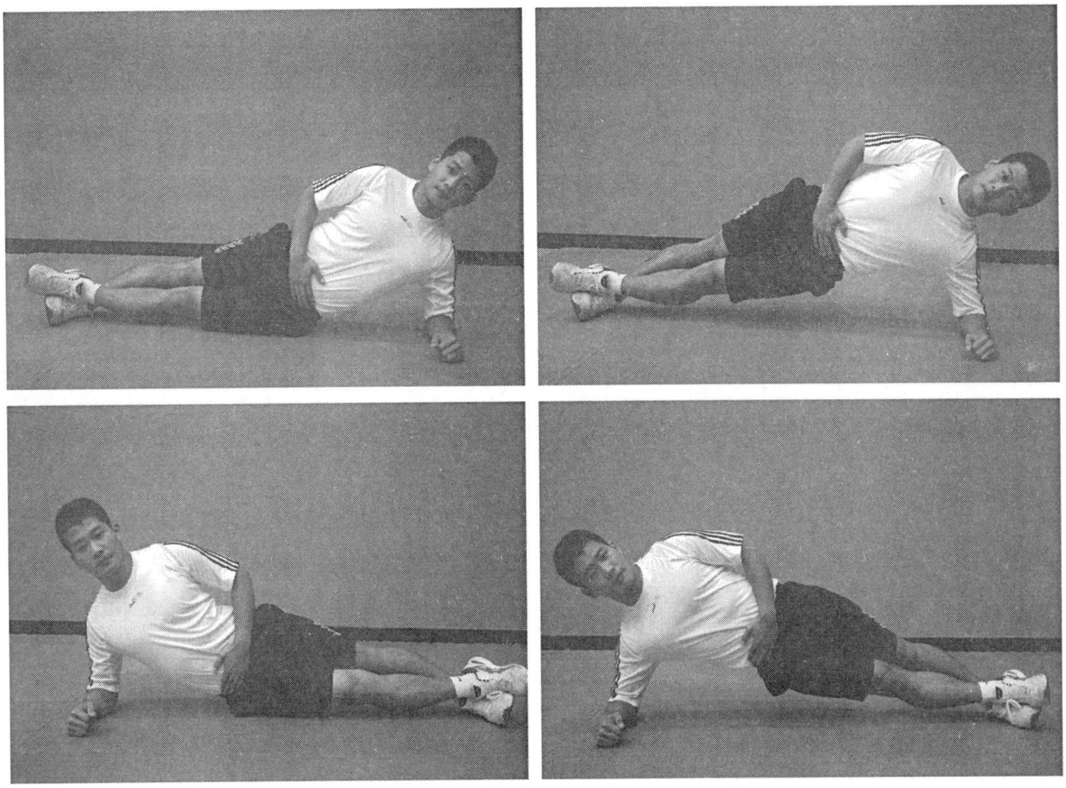

백 브릿지

1. 다리를 90도로 구부리고 허리를 대고 눕고, 두 팔은 45도 정도로 옆으로 뻗고, 다리는 모아서 지면에 놓고, 안으로 당긴다.
2. 복부 수축이 일어나면, 몸통과 허벅지가 대체로 일직선이 될 때까지 엉덩이를 지면으로부터 들어올린다. 척추는 이 자세를 유지하기 위해서 아치를 이루어서는 안 된다.
   엉덩이가 여전히 들어 올려진 상태에서 왼쪽 다리를 펴서 몸통과 허벅지가 일직선이 되도록 한다.
   몸통과 골반이 지지되지 않는 쪽으로 처지지 않게 유지한다.
3. 5초를 기다리고, 그 다음에 다른쪽 다리로 바꾼다. 1분 동안 반복한다.
4. 만약 허리가 처지고 아치를 이루고 또는 틀어지기 시작하면 시작 자세로 낮추어 3~5초 동안 휴식 후에 다시 시도한다. 목표는 다리를 교대로 올리면서 60초 동안 허리와 다리 자세를 유지하는 것이다.

무릎 꿇고 엎드려 팔다리 들기
1. 시작 자세는 허리를 곧게 유지한 상태로 두 팔과 무릎으로 엎드린다. 2. 구부러진 다리를 들어올릴 때 복부 근육을 수축한다. 몸통의 회전 또는 척추의 처짐 또는 아치 없이 왼쪽 다리를 뒤로 오른쪽 팔을 앞으로 뻗는다. 3. 최소한 5초 동안 유지하고, 필요하다면 시작 자세로 돌아온다. 4. 그런 다음 다시 2번을 취한다. 팔과 다리를 연속적으로 반복하며 교대하고, 1분 동안 반복한다. 5. 이 운동의 핵심은 몸의 나머지 부분은 일직선으로 고정하고, 반대편 팔과 다리를 통제된 상태로 낮추고 들어올리는 것이다.

엉덩이 안정성 훈련

옆으로 다리 올리기

• 목적 : 측면 엉덩이와 다리 윗부분 근육을 강화시킨다.

• 시작 자세 : 다리를 곧게 편 상태로 오른쪽 측면으로 눕는다. 발가락을 앞을 향하게 하고 함께 발을 모은다. 오른쪽 팔꿈치로 상체를 지지한다. 팔꿈치는 90도로 구부리고, 상박은 지면과 수직을 유지하고 오른손은 지면과 수직이 되도록 주먹을 쥔다.

• 구분동작(왼쪽과 오른쪽 각각 5회 반복)

1. 높은 쪽 다리를 들어올려서 높은 쪽 발이 지면 위로 15~20cm가 된다.
2. 시작 자세로 돌아온다.
3. 높은 쪽 다리를 들어올려서 높은 쪽 발이 지면 위로 15~20cm가 된다.
4. 시작 자세로 돌아온다.

• 체크 포인트

1. 대체적으로 몸을 일직선을 유지한 상태로 앞을 바라본다.
2. 구분동작 1과 3에서 들어 올려진 다리의 무릎이 곧게 펴지고, 발은 앞을 지향하도록 유지한다. 높은 쪽 다리는 지면으로부터 15~20cm 이하로 들어올린다.
3. 운동하는 동안에 높은 쪽에 있는 팔은 배에 얹어 놓는다.

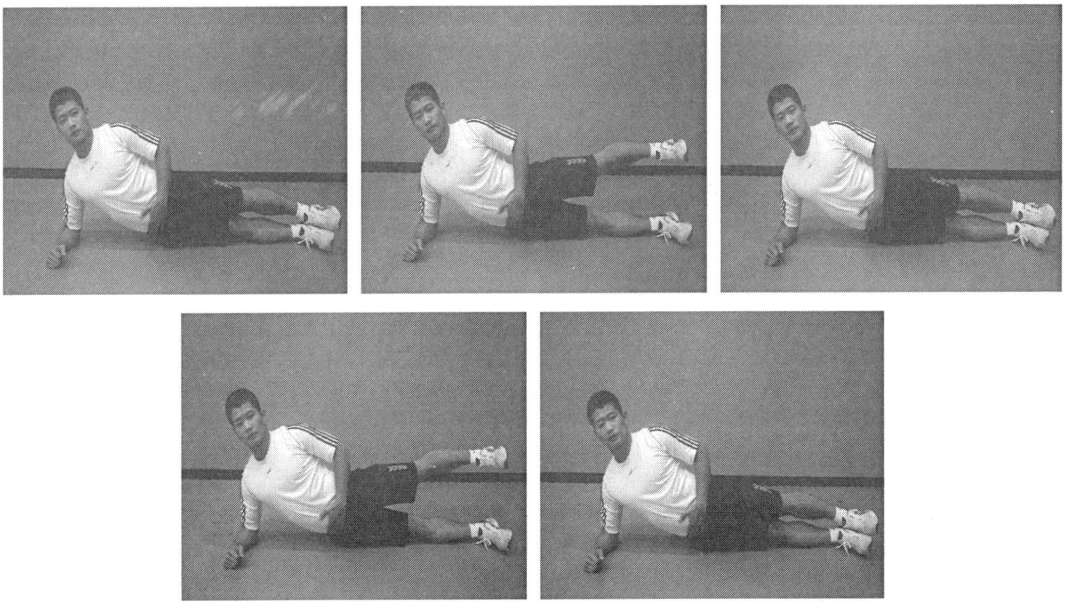

중앙으로 다리 올리기

• 목적 : 안쪽 허벅지와 엉덩이 근육을 강화시킨다.

• 시작 자세 : 왼쪽 다리를 곧게 뻗은 상태로 왼쪽 옆구리로 눕는다. 오른쪽 발(발바닥)은 지면과 평평하게 한 상태에서 오른쪽 다리를 90도 정도 구부려 왼쪽 다리 뒤에 놓는다. 왼쪽 팔꿈치로 상체를 지지한다. 팔꿈치는 90도 정도 구부리고, 상박은 지면과 수직을 유지하고 오른손은 지면과 수직이 되도록 주먹을 쥔다.

• 구분동작(왼쪽과 오른쪽 각각 5회 반복)

1. 아래쪽 다리를 들어올려서 아래쪽 발이 지면 위로 15~20cm가 된다.
2. 시작 자세로 돌아온다.
3. 아래쪽 다리를 들어올려서 아래쪽 발이 지면 위로 15~20cm가 된다.
4. 시작 자세로 돌아온다.

• 체크 포인트

1. 엉덩이가 앞을 향하고 몸이 대체로 일직선을 유지하도록 한다.
2. 아래 다리의 발가락은 정면을 향하도록 한다.
3. 운동하는 동안 위에 있는 손은 배 위에 얹어 놓는다.
4. 아래에 있는 발을 15~20cm 이상 들어 올리지 않는다.

다리 굽혀 옆으로 들어올리기

• 목적 : 엉덩이 회전 근육을 강화시킨다.

• 시작 자세 : 다리를 90도로 구부린 상태로 오른쪽 측면으로 눕는다. 발가락을 앞을 향하게 하고 발을 모은다. 오른쪽 팔꿈치로 상체를 지지한다. 팔꿈치는 90도로 구부리고, 상박은 지면과 수직을 유지하고 오른손은 지면과 수직이 되도록 주먹을 쥔다.

• 구분동작(왼쪽과 오른쪽 각각 5회 반복)

1. 높은 쪽 다리를 발을 모은 상태를 유지하며 약 25cm 지면 위로 들어올린다.
2. 시작 자세로 돌아온다.
3. 높은 쪽 다리를 발을 모은 상태를 유지하며 약 25cm 지면 위로 들어올린다.
4. 시작 자세로 돌아온다.

• 체크 포인트

1. 대체적으로 몸, 무릎에서 몸통까지 일직선을 유지한 상태로 앞을 바라본다.
2. 운동하는 내내 발은 모은 상태를 유지한다.
3. 운동하는 동안에 높은 쪽에 있는 팔은 배에 얹어 놓는다.

한쪽 다리 들어올리기

- 목적 : 엉덩이 굴근과 다리 윗부분 근육을 강화시킨다.
- 시작 자세 : 다리를 곧게 뻗은 상태로 오른쪽 측면으로 눕는다. 발가락을 앞을 향하게 하고 왼발을 지면에서 15~20cm 들어올린다. 오른쪽 팔꿈치로 상체를 지지한다. 팔꿈치는 90도로 구부리고, 상박은 지면과 수직을 유지하고 오른손은 지면과 수직이 되도록 주먹을 쥔다.
- 구분동작(왼쪽과 오른쪽 각각 5회 반복)

1. 높은 쪽 다리의 무릎을 90도로 구부려 가슴쪽으로 가져온다.
2. 시작 자세로 돌아온다.
3. 높은 쪽 다리의 무릎을 90도로 구부린 상태로 가슴쪽으로 가져온다.
4. 시작 자세로 돌아온다.

- 체크 포인트

1. 대체적으로 몸을 일직선을 유지한 상태로 앞을 바라본다.
2. 운동하는 내내 높은 쪽 발은 지면에서 15~20cm 높이를 유지한다.
3. 운동하는 동안에 높은 쪽에 있는 팔은 배에 얹어 놓는다.

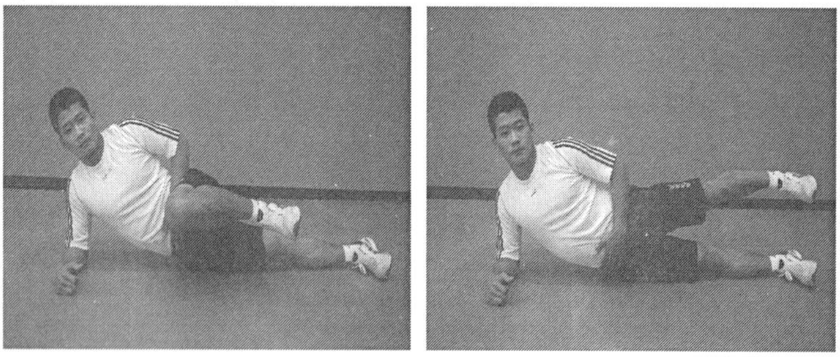

한쪽 다리 반대로 넘기기

- 목적 : 엉덩이의 유연성과 허리 아랫부분 근육을 발달시킨다.
- 시작 자세 : 손바닥은 바닥으로, 양팔은 수평으로 유지하고 반듯이 눕는다.
- 구분동작(왼쪽과 오른쪽 각각 5회 반복)
  1. 몸을 오른쪽으로 돌리고, 왼쪽 무릎을 90도로 구부려 오른쪽 다리 위로 넘기고 왼쪽 무릎 바깥쪽을 오른손으로 쥐고 끌어당긴다. 이 자세를 20~30초 유지한다.
  2. 시작 자세를 취한다.
  3. 몸을 왼쪽으로 돌리고, 오른쪽 무릎을 90도로 구부려 왼쪽 다리 위로 넘기고 오른쪽 무릎 바깥쪽을 왼손으로 쥐고 끌어당긴다. 이 자세를 20~30초 유지한다.
  4. 시작 자세를 취한다.
- 체크 포인트
  1. 시작 자세에서 양팔은 몸통과 90도를 유지한 상태로 옆으로 벌리고, 손가락과 엄지는 붙여진 상태로 펴져 있어야 한다.
  2. 운동 자세 1에서 왼쪽 어깨, 팔, 손이 지면에 닿아 있어야 한다.
  3. 운동 자세 2에서 오른쪽 어깨, 팔, 손이 지면에 닿아 있어야 한다.
  4. 머리는 운동하는 내내 지면에 닿아 있어야 한다.

어깨 안정성 훈련

I자 올리기

• 목적 : 어깨 근력과 안정성을 발달시킨다.

• 시작 자세 : 머리를 살짝 들어 올린 상태로 엎드리고, 척추는 곧게 유지한다. 다리는 함께 모으고 발가락은 뒤쪽을 향한다. 양팔은 몸과 90도를 이루도록 옆으로 뻗어 'T'자 모양을 형성하도록 지면에 내려놓는다. 손은 손가락과 엄지를 펴서 모은 상태로 중립적인 자세(지면과 수직)를 한다.

• 구분동작(왼쪽과 오른쪽 각각 5회 반복)

1. 두 팔을 지면으로부터 7~15cm 들어올린다.
2. 시작 자세로 돌아온다.
3. 구분동작 1을 반복한다.
4. 시작 자세로 돌아온다.

• 체크 포인트

1. 시작 자세에서 몸을 안정화시키기 위해 복부를 단단하게 한다. 머리는 살며시 들어올려 척추와 일직선을 유지한다.
2. 구분동작 1과 3에 허리는 대체적으로 들어올려 머리와 직선을 유지한다.
3. 운동하는 내내, 팔은 완전히 펴져 있어야 하고 몸과 다리는 일직선을 유지해야 한다.

* 부상 예방책 : 운동하는 내내 머리는 살며시 들어올린 상태를 유지해서 구분동작 1과 3에 몸을 갑작스레 들어 올리지 않도록 한다.

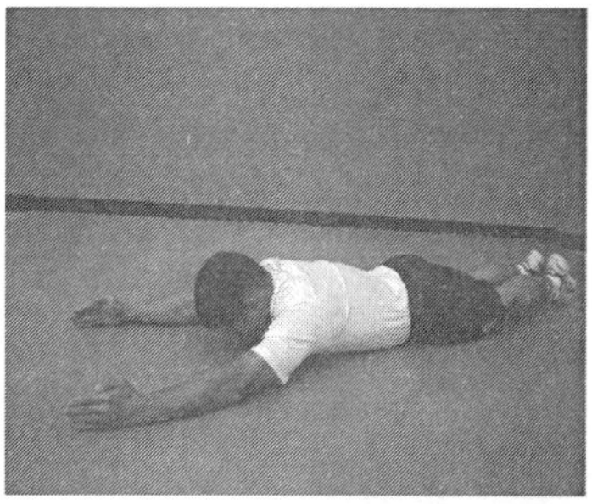

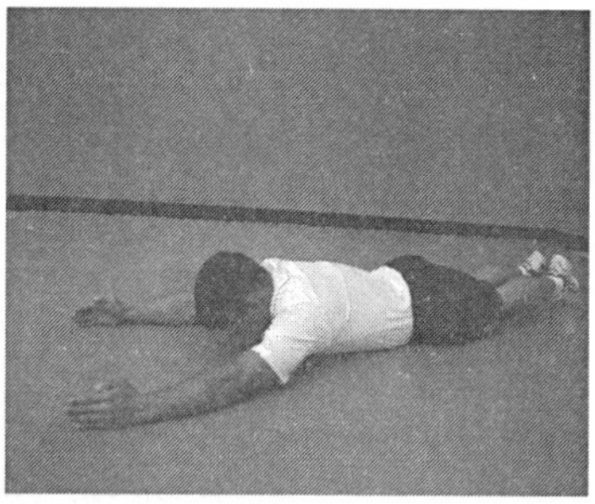

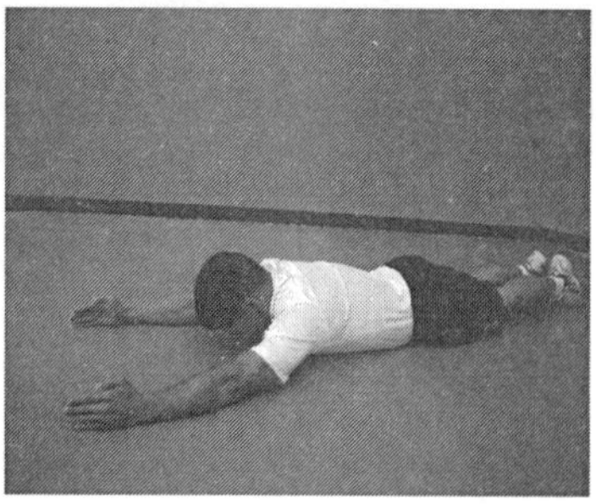

T자 올리기

• 목적 : 어깨 근력과 안정성을 발달시킨다.

• 시작 자세 : 머리를 살짝 들어 올린 상태로 엎드리고, 척추는 곧게 유지한다. 다리는 함께 모으고 발가락은 뒤쪽을 향한다. 팔은 머리 위로 곧게 뻗은 상태로 내려놓는다. 몸을 곧게 유지하여 'T'자 모양을 만든다. 손은 손가락과 엄지를 펴서 모은 상태로 중립적인 자세(지면과 수직)를 취한다.

• 구분동작(왼쪽과 오른쪽 각각 5회 반복)

1. 두 팔을 지면으로부터 7~15cm 들어올린다.
2. 시작 자세로 돌아온다.
3. 구분동작 1을 반복한다.
4. 시작 자세로 돌아온다.

• 체크 포인트

1. 시작 자세에서 몸을 안정화시키기 위해 복부를 단단하게 한다. 머리는 살며시 들어올려 척추와 일직선을 유지한다.
2. 구분동작 1과 3에 허리는 대체적으로 들어올려 머리와 직선을 유지한다.
3. 운동하는 내내, 팔은 완전히 펴져 있어야 하고 몸과 다리는 일직선을 유지해야 한다.

* 부상 예방책 : 운동하는 내내 머리는 살며시 들어올린 상태를 유지해서 구분동작 1과 3에 몸을 갑작스레 들어 올리지 않도록 한다.

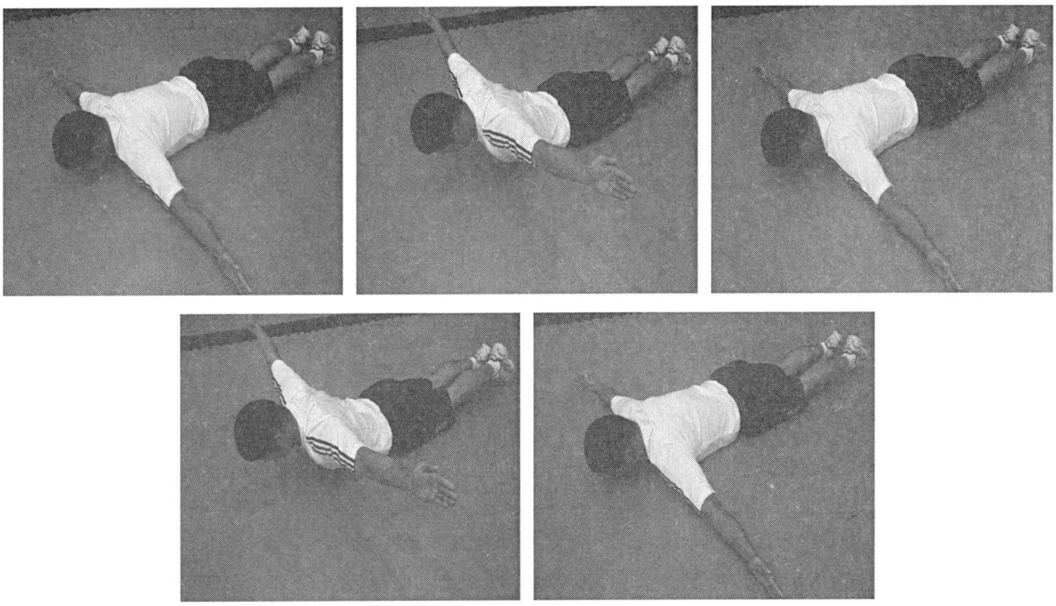

Y자 올리기

• 목적 : 어깨 근력과 안정성을 발달시킨다.

• 시작 자세 : 머리를 살짝 들어 올린 상태로 엎드리고, 척추는 곧게 유지한다. 다리는 함께 모으고 발가락은 뒤쪽을 향한다. 양팔은 몸과 45도를 이루도록 머리위로 뻗어 'Y'자 모양을 형성하도록 지면에 내려놓는다. 손은 손가락과 엄지를 펴서 모은 상태로 중립적인 자세(지면과 수직)를 취한다.

• 구분동작(왼쪽과 오른쪽 각각 5회 반복)

1. 두 팔을 지면으로부터 7~15cm 들어올린다.
2. 시작 자세로 돌아온다.
3. 구분동작 1을 반복한다.
4. 시작 자세로 돌아온다.

• 체크 포인트

1. 시작 자세에서 몸을 안정화시키기 위해 복부를 단단하게 한다. 머리는 살며시 들어올려 척추와 일직선을 유지한다.
2. 구분동작 1과 3에 허리는 대체적으로 들어올려 머리와 직선을 유지한다.
3. 운동하는 내내, 팔은 완전히 펴져 있어야 하고 몸과 다리는 일직선을 유지해야 한다.

* 부상 예방책 : 운동하는 내내 머리는 살며시 들어올린 상태를 유지해서 구분동작 1과 3에 몸을 갑작스레 들어 올리지 않도록 한다.

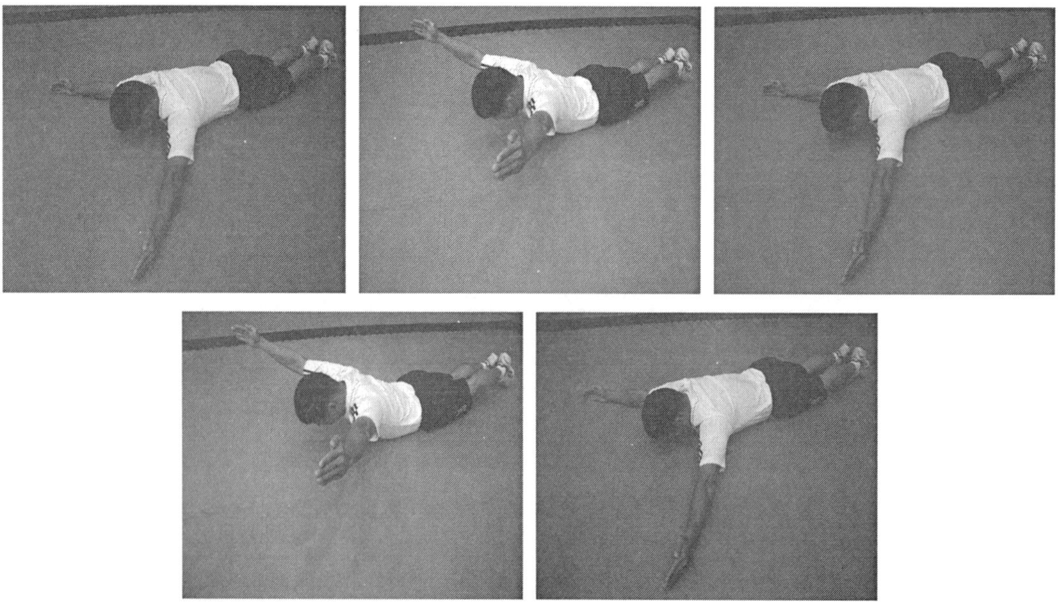

L자 올리기

• 목적 : 어깨 근력과 안정성을 발달시킨다.

• 시작 자세 : 머리를 살짝 들어 올린 상태로 엎드리고, 척추는 곧게 유지한다. 다리는 모으고 발가락은 뒤쪽을 향한다. 팔은 양옆으로 뻗고 팔꿈치는 90도 구부려 'L'자 모양을 형성하도록 지면에 내려놓는다. 손은 손가락과 엄지를 펴서 모은 상태로 중립적인 자세(지면과 수직)를 한다.

• 구분동작(왼쪽과 오른쪽 각각 5회 반복)

1. 두 팔을 지면으로부터 7∼15cm 들어올린다.
2. 시작 자세로 돌아온다.
3. 구분동작 1을 반복한다.
4. 시작 자세로 돌아온다.

• 체크 포인트

1. 시작 자세에서 몸을 안정화시키기 위해 복부를 단단하게 한다. 머리는 살며시 들어올려 척추와 일직선을 유지한다.
2. 구분동작 1과 3에 허리는 대체적으로 들어올려 머리와 직선을 유지한다.
3. 운동하는 내내, 팔은 완전히 펴져 있어야 하고 몸과 다리는 일직선을 유지해야 한다.

* 부상 예방책 : 운동하는 내내 머리는 살며시 들어올린 상태를 유지해서 구분동작 1과 3에 몸을 갑작스레 들어 올리지 않도록 한다.

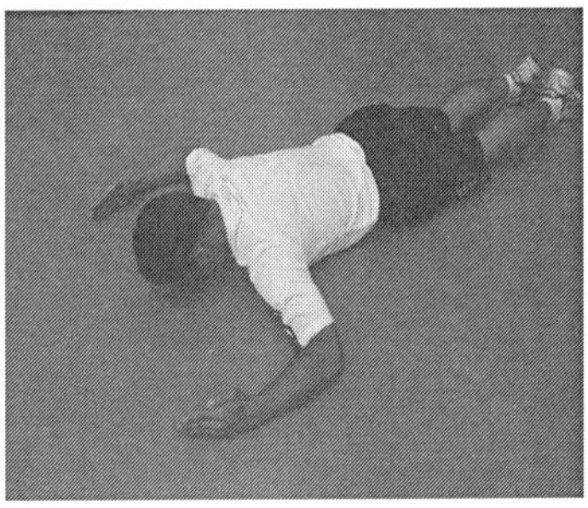

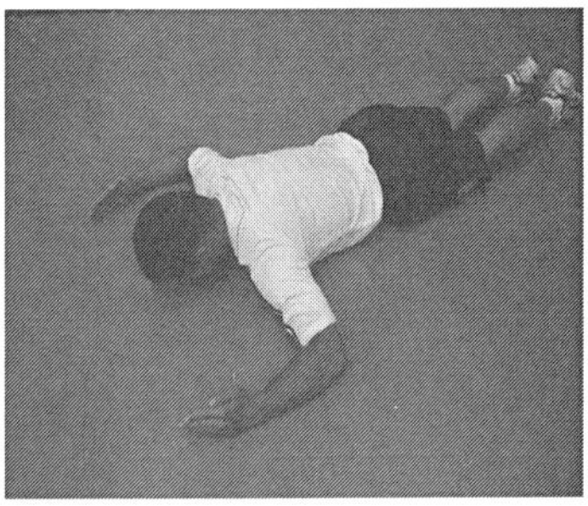

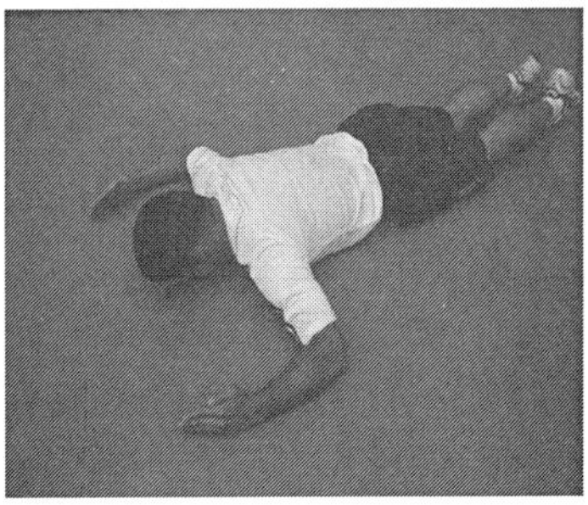

W자 올리기

- 목적 : 어깨 근력과 안정성을 발달시킨다.
- 시작 자세 : 머리를 살짝 들어 올린 상태로 엎드리고, 척추는 곧게 유지한다. 다리는 모으고 발가락은 뒤쪽을 향한다. 팔은 몸과 45도를 이루도록 아래로 뻗고 팔꿈치 또한 45도로 구부려 'W' 자 모양을 형성하도록 지면에 내려놓는다. 손은 손가락과 엄지를 펴서 모은 상태로 중립적인 자세(지면과 수직)를 한다.
- 구분동작(왼쪽과 오른쪽 각각 5회 반복)
  1. 두 팔을 지면으로부터 7~15cm 들어올린다.
  2. 시작 자세로 돌아온다.
  3. 구분동작 1을 반복한다.
  4. 시작 자세로 돌아온다.
- 체크 포인트
  1. 시작 자세에서 몸을 안정화시키기 위해 복부를 단단하게 한다. 머리는 살며시 들어올려 척추와 일직선을 유지한다.
  2. 구분동작 1과 3에 허리는 대체적으로 들어올려 머리와 직선을 유지한다.
  3. 운동하는 내내, 팔은 완전히 펴져 있어야 하고 몸과 다리는 일직선을 유지해야 한다.

* 부상 예방책 : 운동하는 내내 머리는 살며시 들어올린 상태를 유지해서 구분동작 1과 3에 몸을 갑작스레 들어 올리지 않도록 한다.

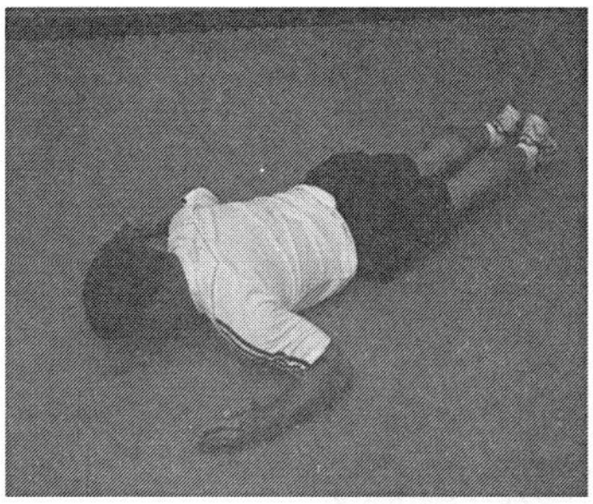

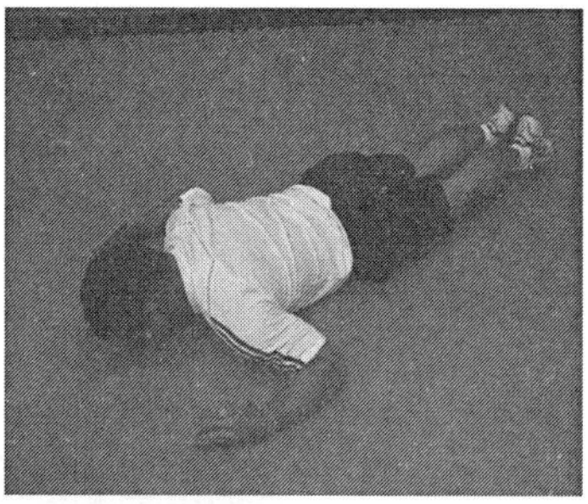

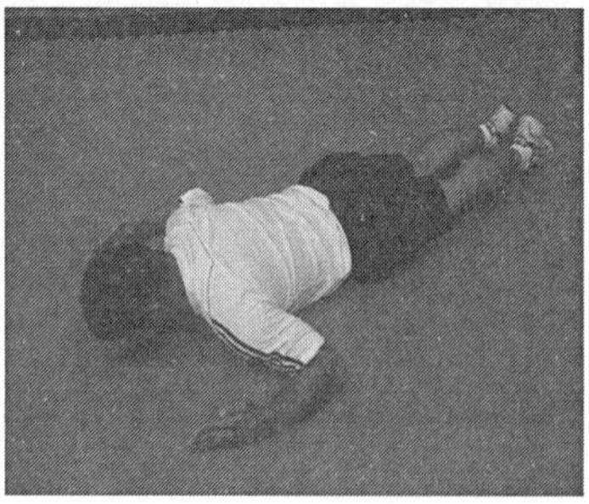

5 훈련 프로그램 작성

재조절 훈련 프로그램 리더는 부상을 당한 군인에게 어떤 운동이 제한이 되고, 어떤 운동을 수행해야 하는지 간결하게 지시해야 한다. 대상인원 또한 훈련 머신의 사용에 대해 간결하게 지시받아야 한다. 향상되거나 회복이 되어 이동 기준이 충족되었을 때 수준 Ⅱ 재조절 훈련 프로그램으로 이동한다. 만약 이동 기준을 충족하지 못하면 군의관에게 재평가를 받도록 지시해야 한다. 각 지구력 훈련 머신, 근력 훈련 머신을 사용할 때 최적의 자세와 기법을 유지한다. 다음 <표 13-4>와 <표 13-5>는 수준 Ⅰ과 수준 Ⅱ의 주단위 훈련 프로그램 예를 보여준다.

〈표 13-4〉 수준 Ⅰ에 대한 주단위 훈련 프로그램(1~12주)

구분	준비 훈련	본 훈련	회복 훈련
월요일		지구력 머신 훈련(20~30분) 코어 훈련(종목별 5회) 엉덩이 안정성 훈련(종목별 5회) 어깨 안정성 훈련(종목별 5회)	
화요일		전통적 웨이트 훈련(머신) (부위별 1~2종목, 15~20회, 3세트) 코어 훈련(종목별 5회) 엉덩이 안정성 훈련(종목별 5회) 어깨 안정성 훈련(종목별 5회)	
수요일	정적 스트레칭 (종목별 20~30초)	지구력 머신 훈련(20~30분) 코어 훈련(종목별 5회) 엉덩이 안정성 훈련(종목별 5회) 어깨 안정성 훈련(종목별 5회)	정적 스트레칭 (종목별 20~30초)
목요일		전통적 웨이트 훈련(머신) (부위별 1~2종목, 15~20회, 3세트) 코어 훈련(종목별 5회) 엉덩이 안정성 훈련(종목별 5회) 어깨 안정성 훈련(종목별 5회)	
금요일		지구력 머신 훈련(20~30분) 코어 훈련(종목별 5회) 엉덩이 안정성 훈련(종목별 5회) 어깨 안정성 훈련(종목별 5회)	
일요일	휴식(정적 스트레칭)		

〈표 13-5〉 수준 II에 대한 주단위 훈련 프로그램(1~12주)

<table>
<tr><th>구분</th><th>준비 훈련</th><th>본 훈련</th><th>회복 훈련</th></tr>
<tr><td>월요일</td><td rowspan="5">정적/동적 스트레칭
(종목별 20~30초/5회)</td><td>장거리 달리기(20~30분)
코어 훈련(종목별 8회)
엉덩이 안정성 훈련(종목별 8회)</td><td rowspan="5">정적/동적 스트레칭
(종목별 20~30초/5회)</td></tr>
<tr><td>화요일</td><td>본인 체중 이용 훈련 1(종목별 5회)
코어 훈련(종목별 8회)
엉덩이 안정성 훈련(종목별 8회)</td></tr>
<tr><td>수요일</td><td>페이스 달리기(20~30분)
코어 훈련(종목별 8회)
엉덩이 안정성 훈련(종목별 8회)</td></tr>
<tr><td>목요일</td><td>전통적 웨이트 훈련(머신)
(부위별 1~2종목, 10회, 3세트)
코어 훈련(종목별 8회)
엉덩이 안정성 훈련(종목별 8회)</td></tr>
<tr><td>금요일</td><td>장거리 달리기(20~30분)
코어훈련(종목별 8회)
엉덩이 안정성 훈련(종목별 8회)</td></tr>
<tr><td>일요일</td><td colspan="3">휴식(정적 스트레칭)</td></tr>
</table>

제14장

특별임무 훈련 프로그램

1. 신병 훈련 프로그램
2. 행군 능력 향상을 위한 훈련 프로그램
3. 유격 장애물 극복 향상을 위한 훈련 프로그램

1 신병 훈련 프로그램

1) 체력평가 및 분류

신병 교육 특성상 신병들의 체력평가는 현재 군에서 실시하는 군체력검정 종목인 3km 달리기, 윗몸 일으키기, 팔굽혀 펴기로 평가 및 분류하는 것이 바람직하다. 현재 체력수준을 고려하지 않고 모든 인원에게 동일한 강도의 훈련 프로그램을 진행하는 것은 바람직하지 않다. 첫 주에 수준별로 분류 후 훈련 중간에 재평가하여 수준별로 재분류한다. 신병 훈련 간 체력수준을 너무 높게 설정하여 부상자가 속출하고, 실제 자대 배치 후 정상적인 전투력 발휘를 하지 못하게 해서는 안 된다. 입시 위주의 고등학교 교과과정에 익숙한 체력이 저조한 신병들에게 훈련 간 체력훈련은 기초체력에 중점을 두고, 수준별로 진행하는 것이 자대 보직 후 최상의 전투력을 보존하는 길임을 명심해야 한다.

2) 훈련 프로그램 선택

훈련 프로그램 또한 심폐 지구력 및 근력(근지구력)과 같은 기초체력향상에 초점을 둔 프로그램을 구성하는 것이 바람직하며, 부대여건상 장비소요가 최소화된 종목을 선택하는 것이 현실적이다.

〈표 14-1〉 훈련 프로그램 선택 예

구분		초급	중급	상급
준비 훈련	정적 스트레칭 훈련	◎	◎	◎
	동적 스트레칭 훈련	◎	◎	◎
근력 훈련	전통적 웨이트 훈련	×	×	×
	웨이트 서킷 훈련	×	×	×
	캐틀벨 서킷 훈련	×	×	×
	체중 이용 훈련 1	◎	×	×
	체중 이용 훈련 2	×	◎	×
	체중 이용 훈련 3	×	×	◎
지구력 훈련	장거리 달리기 훈련	◎	◎	◎
	인터벌 달리기 훈련	×	×	×

		페이스 달리기 훈련	◎	◎	◎
		반복 달리기 훈련	×	×	×
		파트렉 달리기 훈련	×	×	×
		300야드 셔틀런 훈련	×	×	×
기동성 훈련	순발력 훈련	순발력 기술 훈련 1	×	×	×
		순발력 기술 훈련 2	×	×	×
		순발력 기술 훈련 3	×	×	×
	민첩성 훈련	민첩성 기술 훈련 1	×	×	×
		민첩성 기술 훈련 2	×	×	×
		민첩성 기술 훈련 3	×	×	×
	스피드 훈련	스피드 기술 훈련 1	×	×	×
		스피드 기술 훈련 2	×	×	×
		스피드 기술 훈련 3	×	×	×
회복훈련		정적 스트레칭	◎	◎	◎
		동적 스트레칭	◎	◎	◎
재조절 훈련		코어 훈련	×	×	×
		엉덩이 안정성 훈련	◎	◎	◎
		어깨 안정성 훈련	◎	◎	◎

3) 수준별 훈련 프로그램 작성

부대여건 등을 고려하여 수준별로 종목은 유사하나 강도(거리, 횟수, 시간)를 조절하여 프로그램을 구성하되 훈련중간에 재평가 후 재분류한다. <표 14-2>는 신병교육 훈련 6주를 기준으로 수준별 주단위 훈련 프로그램 예를 보여준다.

〈표 14-2〉 수준별 주단위 훈련 프로그램 예

구분	준비/회복 훈련	본 훈련	
		1~3주	4~6주
월요일	동적/정적 스트레칭 (종목별 10회/10초)	초급 : 본인 체중 이용 훈련 1 (종목별 5회) 중급 : 본인 체중 이용 훈련 2 (종목별 7회) 상급 : 본인 체중 이용 훈련 3 (종목별 10회)	초급 : 본인 체중 이용 훈련 1 (종목별 10회) 중급 : 본인 체중 이용 훈련 2 (종목별 10회) 상급 : 본인 체중 이용 훈련 3 (종목별 10회)

화요일		초급 : 장거리 달리기(1∼2km) 중급 : 장거리 달리기(2∼3km) 상급 : 장거리 달리기(3∼4km)	초급 : 장거리 달리기(2∼3km) 중급 : 장거리 달리기(3∼4km) 상급 : 장거리 달리기(4∼5km)
수요일		코어 훈련(종목별 10회) 엉덩이 안정성 훈련(종목별 10회) 어깨 안정성 훈련(종목별 10회)	
목요일		초급 : 본인 체중 이용 훈련 1 (종목별 5회) 중급 : 본인 체중 이용 훈련 2 (종목별 7회) 상급 : 본인 체중 이용 훈련 3 (종목별 10회)	초급 : 본인 체중 이용 훈련 1 (종목별 10회) 중급 : 본인 체중 이용 훈련 2 (종목별 10회) 상급 : 본인 체중 이용 훈련 3 (종목별 10회)
금요일		페이스 달리기(3∼5km) (초·중·상급 그룹으로 나눠 실시)	

2 행군 능력 향상을 위한 훈련 프로그램

1) 행군 능력에 영향을 주는 요인

미교범 「FM 21－18 Foot Marches」는 행군을 운송수단이 제한될 때 주로 개인의 발을 이용하여 장비 및 부대를 이동하는 것으로 정의하고 있으며, 한국군 야전교범 「1－20 보병대대」에서는 부대 이동 방법 중 이동 거리가 짧거나 가용수단이 없을 때 또는 상황과 지형이 수송수단의 효과적인 사용이 제한될 때에 실시하는 도보 이동 방법으로 정상행군과 강행군으로 구분하고 있다. 부대에 의한 장비 및 물자 등 무거운 부하(loads)를 운반하는 것은 군 작전측면에서 매우 중요하다. 기본군장에 추가적인 부하(탄, 장비, 식량, 화생방 보호의 등)를 운반하는 것은 과도한 피로를 유발하고 행군 후 전투능력에 부정적인 영향을 미친다. 성공적인 행군은 부대가 정해진 시간에, 원하는 목적지에 도착하여 차후 임무를 수행할 수 있는 신체적 능력을 가지고 있을 때이다. 따라서 무장행군은 많은 국가에서 기본적인 전투임무로 분류하여 평상시 행군 능력 향상을 위한 훈련을 실시하고 있다. 현재 야전에서 실시하는 행군은 전투하중의 군장무게(전투에 필요한 최소 결속품목)인 약 20kg 내외로 완주에 의미를 두고 있는 실정이며, 행군거리가 증가할수록 군장무게는 더 줄어든다. 그러나 실제 전투상황을 고려해 볼 때, 군인은 생존하중의 군장무게(텐트, 탄, 식량 등)인 약 35∼40kg 이상의

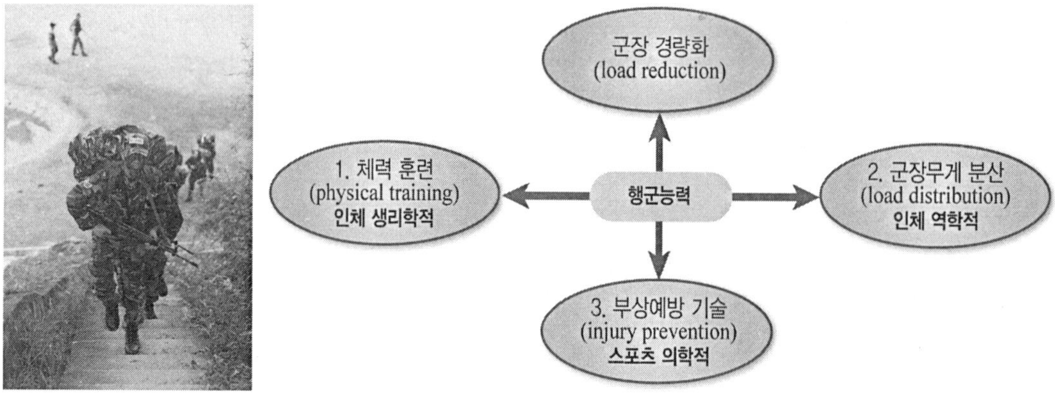

〈그림 14-1〉 행군 능력에 영향을 미치는 요인

부하로 정해진 시간과 목적지에 도착하여 최적의 전투임무를 수행할 수 있는 신체적 능력을 유지해야 한다. 2003년 미군의 아프칸 작전 시 소총수의 전투하중은 29kg, 생존하중은 58kg 이었다. 실제 군장무게보다 가벼운 무게로 행군을 완주함으로써 얻는 가치도 중요하지만 행군 후 전투임무 수행을 위해 피로를 최소화하는 방안을 찾아 즉각적인 임무 수행을 할 수 있는 상태를 유지하는 것은 더 중요하다. 현재까지 야전부대에서 행군임무 수행 시 능력 향상을 위한 접근은 대부분 부상예방측면, 특히 물집예방측면의 노력만 시도해 온 것이 사실이다. 그러나 행군 능력 향상을 위한 대부분의 선행연구들은 군장 및 장비를 경량화하려는 재료공학적 측면, 행군 능력과 관련 있는 체력요소를 식별하고 관련 체력요소를 단련시키려는 생리학적 측면, 행군 간 군장의 무게를 분산시켜 군장무게에 대한 특정 부위의 피로를 줄이려는 인체역학적 측면 그리고 물집, 중족골 통증, 무릎 및 허리 통증 등 행군으로 인한 부상을 최소화하려는 의학적 측면 등 다차원적인 접근을 시도해왔다. 이 장에서는 관련 체력요소와 그 체력요소를 향상시키는 생리학적 측면만 다룬다.

2) 행군 능력과 관련된 체력요인

군 전투임무와 체력과의 관련성을 분석한 연구 중 행군과 관련된 체력요인은 근력 및 근지구력, 심폐 지구력, 그리고 체구성(체지방, 근육량 등)이다. 행군과 관련된 근력은 몸통근력 및 악력, 대퇴근력, 비복근 등이 행군 수행력과 관련이 높고, 근지구력은 대퇴근 지구력이 가장 관련이 높았다. 행군 수행력이 지구력적인 특성이 있다는 점을 고려해 볼 때 근력이 근지구력보다 더 우수한 예측인자라는 것은 놀라운 사실이다. 따라서 근력훈련은 행군 능력 향상을 위해 필수적이다.

심폐 지구력이 행군 능력과 관련있다는 연구 중에서 Frykman과 Harman은 최대산소섭취량

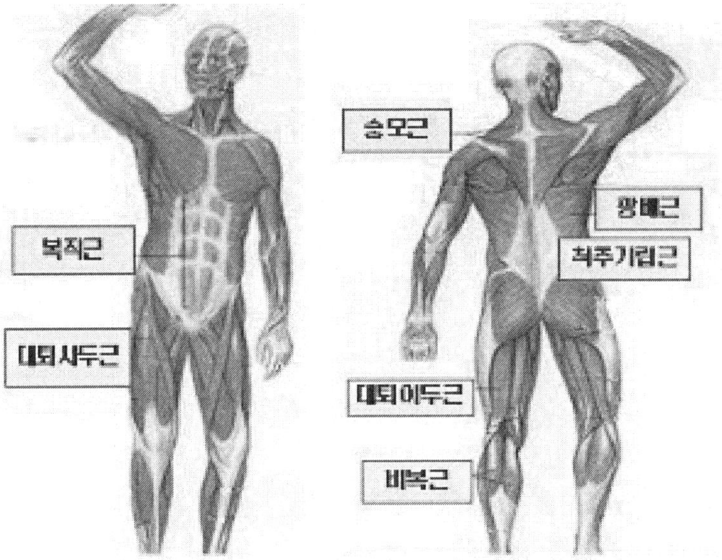

〈그림 14-2〉 행군 능력과 관련된 근육 부위

(심폐 지구력을 나타내는 지표)이 행군과 가장 높은 상관관계(r=0.84)가 있다고 보고했고, Rayson 등은 행군 능력을 예측하는 모델에서 최대산소섭취량, 비복근, 나이, 그리고 체지방이 예측인자(결정계수 0.71)라고 보고했다. 또한 Williams와 Rayson은 84명의 영국군을 대상으로 15kg과 25kg 무게로 3.2km를 행군하는 시간을 예측하는 모델(R2=0.6~0.80)에서 심폐 지구력을 가장 우수한 예측인자로 제시하였다. 영국군의 선발 기준 설정을 위한 정보를 제공하기 위한 Rayson 등의 연구는 최대산소섭취량, 어깨 및 등근력, 상완이두근력, 체지방, 체중 그리고 성별이 예측인자(결정계수 0.61~0.87)라고 보고했다. Pandorf 등은 절대 최대산소섭취량과 3.2kg 비무장 달리기 능력이 행군 능력(14kg, 27kg, 41kg 무게)을 예측하는 인자로 보고했다. 체격과 행군 능력과의 관계를 분석한 연구에서는 어깨 직경과 신장이 관련이 있었고, 체구성 연구에서는 체지방량과 제지방량(근육양)이 행군 능력과 관련이 있다고 보고했다.

요약하면 체지방량은 심폐 지구력과 관련이 있고, 제지방량은 근력 및 근지구력과 관련이 있기 때문에 가장 이상적인 행군 능력과 관련된 체력요인은 근력 및 근지구력과 심폐 지구력이라고 볼 수 있다. 그렇기 때문에 이런 체력요소를 향상시킬 수 있는 체력 훈련 프로그램을 계획하고 훈련하는 것이 바람직하다.

3) 훈련 프로그램 선택 및 작성

최적의 체력 훈련은 행군 능력을 향상시킬 수 있다. 규칙적으로 오랜 시간 등에 무거운 짐을 지고 걷는 훈련은 행군 시 에너지 소비를 감소시키고 심폐 지구력을 향상시킨다. 심폐 지구력과 근력 훈련을 포함한 12주 훈련은 46kg 무게의 군장으로 3.2km 행군(남자)과 19kg 무게의 군장으로 5km 행군(여자)에서 향상을 보였다. 흥미로운 것은 심폐 지구력이나 근력 훈련 하나만으로는 행군 능력을 향상시키지 못한다는 것이다. 이것은 앞에 언급한 행군 능력과 관련된 체력요인이 심폐 지구력과 근력 및 근지구력이라는 연구와 일치한다. 따라서 심폐 지구력과 근력 훈련이 병행된 훈련 프로그램을 실시해야만 행군 능력을 향상시킬 수 있다. 추가적으로 심폐 지구력과 근력 훈련에 규칙적인 무장행군 훈련(월 최소 2회)이 포함되면 더 효과적이다<표 14-3>. 이런 세 가지 훈련을 조합한 프로그램을 통해 무장행군과 같이 무거운 부하를 운반하는 수행력이 향상되었다는 연구는 일반 여성에서도 찾을 수 있다. 행군 능력 향상을 위한 체력 훈련 프로그램은 근력, 심폐 지구력, 무장행군 훈련을 종합적으로 구성해야 한다. 앞에 제시된 수준별 훈련 프로그램을 정상적으로 진행한다면 행군을 위한 추가적인 훈련은 무장행군뿐일 것이다. 무장행군 훈련은 실제 군장무게보다 무겁게 하여 짧은 거리를 빠르게 이동하는 급속행군과 무장 뜀걸음이 있으나, 무장 뜀걸음은 부상의 위험이 높기 때문에 적용하기 어렵다. 수준별 훈련 프로그램을 실시하고 월 2회 정도 급속행군을 포함시키면 된다. 급속행군은 짧은 거리를 무게와 속도를 증가시키며 훈련하는 것이다. 실제 군장무게보다 무거운 군장을 지고 짧은 거리를 빠르게 행군함으로써 무게 적응력과 발바닥 적응력을 높일 수 있다.

〈표 14-3〉 행군 능력 향상을 위한 주단위 훈련 프로그램 예

구분	준비/회복 훈련	본 훈련		
		근력 훈련	심폐 지구력 훈련	무장행군
월요일	동적 / 정적 스트레칭 (종목별 10회/10초)	전통적 웨이트 훈련 (상체 부위별 1~2종목, 8~12회, 3세트)	페이스 달리기 (3~5km)	
화요일		전통적 웨이트 훈련 (하체 부위별 1~2종목, 8~12회, 3세트)	파트렉 달리기 (1~2km)	
수요일		전통적 웨이트 훈련 (상체 부위별 1~2종목, 8~12회, 3세트)	페이스 달리기 (3~5km)	
목요일		전통적 웨이트 훈련 (하체 부위별 1~2종목, 8~12회, 3세트)	파트렉 달리기 (1~2km)	
금요일				급속행군 (10~15km/25~35kg) (미실시 주 : 장거리 달리기)

3 유격 장애물 극복 향상을 위한 훈련 프로그램

유격 훈련의 목표는 강인한 체력과 정신력을 배양하고 전장상황하에서 직면하게 될 장애물 극복 능력과 지휘관을 중심으로 한 부대 단결력을 배양하며, 강한 정신력과 체력을 바탕로 소부대 전투지휘가 가능하도록 하는 데 있다. 유격훈련 과정은 체력 단련, 장애물 극복, 종합유격으로 구성되며 입소 전후 60km의 행군을 실시한다. 유격훈련 중 장애물 극복은 자신이 체중을 자유롭게 조절할 수 있는 능력, 즉 근력 및 근지구력·협응력·균형성·평형성이 요구되고, 종합유격 및 입소 전후 행군은 무거운 군장을 메고 장거리를 걷는 능력이 요구되기 때문에 14장 행군 능력 향상 프로그램을 참고한다. 여기서는 제2과정인 장애물 극복기술의 기초장애물, 산악장애물, 수중담력, 그리고 헬기 이탈훈련에 대해 빠르게 극복하는 데 초점을 두고 기술한다.

〈표 14-4〉 유격 과정별 주요 훈련 내용

제1과정 (체력단련)	제2과정 (장애물 극복기술)	제3과정 (종합유격)
유격체조(14개 동작) 참호격투 뜀걸음 (산악 및 평지, 2~5km)	기초 장애물 극복 훈련(18개) 산악 장애물 극복 훈련(11개) *등반 및 하강 7, 횡단 및 이동 4 수중담력 훈련(2개) *하향 횡단, 수직낙하 헬기 이탈훈련(4개) *전, 측, 후면 레펠, 급속하강 로프 매기법(10개)	적지종심작전의 전술적 운용 능력 배향

1) 장애물별 관련 근력

유격 장애물은 대부분 상체의 근력 및 근지구력을 이용하여 오르고 내리는 형태이지만, 전신을 이용해야 하기 때문에 하체의 근력 및 근지구력 또한 중요하다. 그리고 일부 장애물에서는 신체 협응력, 균형성, 유연성이 요구된다.

〈표 14-5〉 장애물별 관련 근력

구분	장애물	관련 근육부위								
		이두	삼두	전완	어깨	가슴	등/허리	복부	엉덩이/허벅지	종아리
기초 장애물	뒤에서 계단 오르기	◎	◎	◎	◎	◎	◎	◎	◎	◎
	타잔 나무타기	◎	◎	◎	◎	◎	×	◎	×	×
	외줄타고 분대이동	◎	◎	◎	◎	◎	◎	◎	◎	◎
	철교건너기	×	×	×	×	×	◎	◎	◎	◎
	외나무다리 건너기	×	×	×	×	×	◎	◎	◎	◎
	앵카이용 도하	◎	◎	◎	◎	◎	◎	◎	×	×
	엮어가기	◎	◎	◎	◎	◎	◎	◎	◎	◎
	종합 장애물	◎	◎	◎	◎	◎	◎	◎	◎	◎
	전우와 담장넘기	◎	◎	◎	◎	◎	×	◎	◎	◎
	트러스트 폴	◎	◎	◎	◎	◎	×	×	×	×
	하수관(타이어) 통과	◎	◎	◎	◎	×	×	◎	◎	◎
	난간 뛰어오르기	◎	◎	◎	◎	◎	◎	◎	◎	◎
	5단봉 뛰어넘기	◎	◎	◎	◎	◎	◎	◎	◎	◎
	마법의 다리	×	×	×	×	×	◎	◎	◎	◎
	브릿지 컨스트럭션	×	×	×	×	×	◎	◎	◎	◎
	고층 사다리 오르기	◎	◎	◎	◎	◎	◎	◎	◎	◎
	인공암벽 오르기	◎	◎	◎	◎	◎	◎	◎	◎	◎
	경사판 오르내리기	◎	◎	◎	◎	◎	◎	◎	◎	◎
산악 장애물	외줄등반	◎	◎	◎	◎	◎	◎	◎	◎	◎
	앵카등반	◎	◎	◎	◎	◎	◎	◎	◎	◎
	맨손등반	◎	◎	◎	◎	◎	◎	◎	◎	◎
	엉덩이 부착 하강	◎	◎	◎	◎	◎	◎	◎	◎	◎
	전면하강	◎	◎	◎	◎	◎	◎	◎	◎	◎
	급조하강	◎	◎	◎	◎	◎	◎	◎	◎	◎
	몸 두르기 하강	◎	◎	◎	◎	◎	◎	◎	◎	◎
	외줄다리	◎	◎	◎	◎	◎	◎	◎	◎	◎
	두줄다리	◎	◎	◎	◎	◎	◎	◎	◎	◎
	세줄다리	◎	◎	◎	◎	◎	◎	◎	◎	◎
	수평이동	◎	◎	◎	◎	◎	◎	◎	◎	◎

헬기 이탈강하	전면 레펠	◎	◎	◎	◎	◎	◎	◎	◎	◎
	후면 레펠	◎	◎	◎	◎	◎	◎	◎	◎	◎
	측면 레펠	◎	◎	◎	◎	◎	◎	◎	◎	◎
	급속 하강	◎	◎	◎	◎	◎	◎	◎	◎	◎

2) 훈련 프로그램 선택 및 작성

유격 장애물 극복과 관련된 근력 및 근지구력은 미는 것보다는 당기는 근력 및 근지구력이 많이 요구되고, 실제 장애물 극복 동작과 유사한 근력 훈련 종목을 선택하는 것이 효과적이다. 세부적인 근력 훈련 방법은 근력 훈련 부분을 참고하길 바란다.

〈표 14-6〉 유격 장애물 극복 향상을 위한 주단위 훈련 프로그램 예

구분	준비/회복 훈련	본 훈련		
		근력 훈련	심폐 지구력 훈련	무장행군
월요일	동적 /정적 스트레칭 (종목별 10회/10초)	전통적 웨이트 훈련 (상체 부위별 1~2종목, 8~12회, 3세트) *당기는 운동종목 다수 포함	페이스 달리기 (3~5km)	
화요일		전통적 웨이트 훈련 (하체 부위별 1~2종목, 8~12회, 3세트)	파트렉 달리기 (1~2km)	
수요일		전통적 웨이트 훈련 (상체 부위별 1~2종목, 8~12회,, 3세트) *당기는 운동 종목 다수 포함	페이스 달리기 (3~5km)	
목요일		전통적 웨이트 훈련 (하체 부위별 1~2종목, 8~12회, 3세트)	파트렉 달리기 (1~2km)	
금요일				급속행군 (10~15km/25~35kg) (미실시 주 : 장거리 달리기)

제15장

부상관리 및 응급처치

1. 근골격계 손상 위험인자
2. 근골격계 손상의 종류와 특성
3. 손상의 예방
4. 근골격계 손상 시 응급조치
5. 재활 운동
6. 부위별 손상 예방 및 재활
7. 응급상황 조치

군인들에게는 훈련이나 체력단련 등의 강도 높은 신체활동이 필수적으로 요구된다. 강도 높은 신체활동은 강인한 체력과 불굴의 정신력 배양, 실전과 같은 훈련을 통하여 군 본연의 임무를 수행하는 밑받침이 되지만 적절한 예방조치와 점진적인 신체단련 등의 체계적인 방법이 사용되지 않는다면 과사용으로 인한 근골격계 손상이나 급성 손상의 발생 빈도를 높이게 될 것이다.

일일 체력단련 및 주간 전투체육활동 등 거의 매일 강도 높은 신체활동을 하면서도 상당수의 지휘자는 근골격계 손상에 대한 기전이나 예방, 조치 등에 대해서는 지식이 부족하거나 일부분의 경험에 의존하여 자칫 부상을 확대하는 상황에 직면하기도 한다. 이 장에서는 근골격계 손상 및 관리, 응급처치에 대하여 기본적인 내용을 살펴보도록 한다.

1 근골격계 손상 위험인자

1) 과부하 및 과사용

근골격계 손상 중 반복적인 미세 손상으로부터 조직의 구조적인 손상에 이르게 되는 원인은 과사용이다. 비정상적이고 반복적인 스트레스와 미세 외상이 뼈, 관절, 연부조직 등에 발생한 결과로 기인되며, 가장 빈번하게 발생되는 종목으로는 달리기를 손꼽는다. 일반인들의 경우에도 규칙적으로 달리기를 하는 사람들의 약 30~60% 정도가 손상의 경험을 가지고 있고, 근골격계 손상은 증가된 훈련의 빈도와 양과 정적인 상관을 나타낸다고 한다. 또한 훈련방법상의 문제로 훈련 시간이나 강도의 초과, 신체 적응 정도보다 빠른 훈련 강도 증가, 그리고 과도한 오르막 경사길 달리기가 주된 원인으로 알려져 있다.

2) 유연성의 감소

유연성이 감소된 사람들은 특히 근육의 좌상과 근골격계 손상의 위험이 높아지는데, 군인의 경우에는 일반적인 체력단련과 신체활동에서도 손상 위험이 높지만, 유연성이 더욱 요구되는 장애물 극복과 같은 훈련 시에도 부상의 위험에 노출되게 된다. 지속적인 스트레칭을 통한 유연성의 증가는 근육과 건(힘줄)을 이완하고 관절 가동범위를 증가시켜 주기 때문에 근골격계 손상 유병률이 감소되고 운동수행능력은 향상된다.

3) 준비 운동 부족

준비 운동으로 근육의 온도와 혈액공급을 충분히 향상시켜 놓지 않은 경우 근육의 손상 위험이 증가된다. 준비 운동은 근육 간 결합조직의 신장성을 증가시키고, 근세포의 전위 정도와 수축속도를 증가시킨다. 또한 결합조직에 대한 탄성 증가로 더 많이 신전되고 신전에 저항하는 힘이 더욱 증가되어 근육의 손상위험을 감소시킨다.

4) 비만과 낮은 신체활동

과거에 신체활동을 많이 하지 않은 경우 관절 및 근육조직의 저항성이 떨어져 있어 동일한 강도의 훈련을 수행하더라도 부상의 위험에 더욱 노출되게 된다. 더욱이 체중이 많이 나가는 경우 체중을 지지하는 각 관절에 미치는 부하가 상당히 높아지게 되므로 급성 손상 및 과사용 손상뿐만 아니라 체중을 지지하는 관절의 골관절염을 유발시킬 수 있다.

5) 자세 변위

한쪽 근육과 연부조직의 비대칭이나 뼈의 비대칭으로 인하여 잘못된 자세를 유지하는 경우 종종 손상이 유발된다. 신체의 구조적인 비대칭뿐만 아니라 테니스, 야구, 골프의 스윙 동작이나 축구의 킥을 한쪽 방향으로만 집중적인 훈련을 하는 경우 관련된 근육의 비대칭적 발달로 인하여 신체 발달의 비대칭을 가져오게 된다. 그런 경우 신체는 무게중심 유지를 위하여 자세의 변위가 일어나게 된다.

〈표 15-1〉 근골격계 손상 위험인자

내재적 위험인자	외재적 위험인자
• 인체구조의 비대칭 • 근력 저하와 불균형 • 제한된 관절 가동범위와 유연성 • 비만 • 과거 낮은 신체활동 정도 • 준비운동 미실시 및 불충분	• 부적절한 훈련 부하 (운동강도, 시간, 빈도) • 환경 요인 (고온 및 저온, 높은 습도, 지면 상태) • 훈련 프로그램 (훈련 강도 증가 속도, 부적절한 기술, 단조로움) • 부적절한 장비(신발, 피복)

2 근골격계 손상의 종류와 특성

1) 근육과 건의 손상

근육은 우리 몸의 움직임을 만들어 내는 조직으로, 움직임은 전도성과 탄력성이라는 특성을 가지는 근섬유의 수축을 통하여 발생한다. 근섬유로 구성된 근육은 근막에 둘러싸여 있으며 건을 통하여 뼈와 연결되어 있기에 근육건 단위(musculotendinous unit)로 불리기도 한다. 건과 건막은 스트레스에 저항하는 힘이 강하여 강한 부하가 걸릴 때 건막과 힘줄의 손상 없이 연결된 뼈조직을 골절되게 하기도 하고, 근육이 찢어지게 되는 경우도 종종 발생된다.

(1) 근육 좌상

근육은 앞서 설명한 바와 같이 근섬유로 구성되어 있다. 상당히 큰 장력(강한 수축 또는 과신전)에 의해 근 섬유가 분리되거나 찢어지는 경우가 발생하는데 이를 근육 좌상(musde strain)이라 한다. 근육 좌상은 신체 어느 근육에서도 발생할 수 있으며, 대개 근육군 간의 비협응적인 활동에서 발생된다. 근육 좌상은 정도에 따라 다음의 3단계로 구분한다.

- 1도 좌상 : 약간의 근섬유가 신전 또는 분리. 활동 간 통증 수반. 동작 수행 가능
- 2도 좌상 : 많은 근섬유 분리. 근 수축 간 상당한 고통 및 동작 수행 제한. 분리된 부위 함몰 측정 가능
- 3도 좌상 : 근육의 완전 파열. 현저한 손상. 움직임 극히 제한

근육 좌상을 입게 되면 근육의 수축 기능이 급격히 제한되고 인대 염좌보다 종종 재활에 소요되는 시간이 길어진다. 상체를 지지하면서 하지의 큰 힘이 발생되는 허벅지 뒷근육군(대퇴이두근)과 앞근육군(대퇴사두근)에서 빈번하게 발생한다.

(2) 근육 경련

근육이 본인의 의지와 상관없이 매우 강하게 수축되어 고통이 동반되는 불수의적 근육수축을 근육 경련(muscle cramps)이라 말하며, 모든 근육에서 발생하지만 종아리, 복부, 허벅지 앞·뒤 근육군에서 빈번히 발생한다. 근수축에 필수적인 전해질과 이온 요소, 수분의 손실이 관련 있는 것으로 보인다.

(3) 근육 경직

근육 경직(spasticity)은 근골격계의 외상에 의해 발생된 반사반응이다. 연속적으로 빠르게 불수의적으로 수축과 이완이 일어나는 간대성과 일정 기간 동안 지속적으로 수축이 발생되는 강직성으로 나뉘어지며, 강한 근육 경직은 근육 좌상을 유발할 수 있다.

(4) 근육 통증

근육 통증(soreness)은 운동 중과 운동 직후에 나타나는 급성 근통증과 운동 종료 12시간 이후에 나타나는 지연된 근통증(DOMS : delayed-onset muscle soreness)으로 구분되며 지연된 근통증은 신장성 수축에서 더 많이 발생된다. 근육 통증은 충분한 준비 운동과 운동 강도를 점진적으로 증가시킴으로써 예방할 수 있다.

(5) 건 손상

힘줄은 평행하지 않은 교원질 섬유로 구성되어 있으며 다른 조직과의 마찰을 감소시키기 위하여 젤 형태의 물질로 둘러싸여 있다. 건은 장력에 저항하는 힘이 매우 높은데(근육의 약 두 배) 장력을 받게 되면 교원질 섬유는 힘의 방향으로 배열되었다가 장력이 사라지면 원래 형태로 되돌아가게 된다. 이때 탄성 한계를 벗어난 힘을 받은 교원질 섬유는 파열되게 된다. 하지만 이러한 반복적인 미세 외상은 교원질 섬유의 탄성을 약화시켜 만성적인 좌상으로 진행되게 한다.

(6) 건염

건염(tendinitis)은 건에 염증이 발생하는 것으로 근육의 수축활동 간 근육과 뼈를 연결하는 역할을 하는 건은 근육과 함께 움직이면서 주변 구조물들과 마찰이 발생된다. 이러한 행동이 반복적으로 수행되게 되면 염증이 발생하게 되고 통증, 부종, 열을 동반한다.

건염은 염증을 유발하는 행동을 제거하고 관련 부위의 상당 기간 활동정지 및 휴식으로 치료가 가능하다. 만약 지속적인 과사용으로 염증상태가 유지된다면 그 힘줄은 퇴화하기 시작한다. 일정 기간 휴식을 통해 염증이 사라지면 해당 건을 강화시키는 운동을 통하여 건을 신전시키고 조직을 강화하도록 한다.

(7) 타박상

외부로부터 받은 가격으로 연부조직이 단단한 뼈와 외부의 힘 사이에 짧은 시간에 강한 압력을 받게 되고, 이때 외부의 힘이 강하면 모세혈관이 파열되고 조직 속으로 혈액이 유출되어 피부가 옅은 자주색으로 변하게 되는데 이를 타박상(contusion)이라 한다. 타박상은 활동적인 움직임이나 접촉 간 통증을 동반하는데 대부분 며칠 내 사라진다. 하지만 동일한 부위에 반복된 타박상은 조직 내 칼슘 침전물이 모여 화골성 근염이라는 움직임을 제한하는 손상을 유발할 수도 있다.

2) 활액 관절 손상

뼈와 뼈가 연결되거나 만나는 부위를 관절이라고 한다. 관절은 매우 얇고 부드러운 연골성 덮개가 있으며, 뼈와 뼈 사이의 마찰을 최소화하고 충격 흡수와 영양공급을 위하여 활액과 활액막, 그리고 이러한 구조물을 덮고 있는 관절낭으로 구성되어 있다. 또한 활액막과 연골에 신경이 분포되어 관절의 상대적 위치에 관한 정보를 제공하게 된다.

관절의 구조적인 지지와 안정성은 뼈와 뼈를 연결하는 결합 조직인 인대에 의해 제공된다. 인대는 농도 짙은 결체 조직으로 이루어져 힘줄과 구조적인 면에서 매우 비슷하지만 건보다 다소 평평하고 콜라겐 섬유가 좀 더 압축된 형태를 갖고 있다. 또한 인대의 위치에 따라 관절이 만들어 낼 수 있는 움직임의 방향과 정도가 결정된다.

(1) 인대 염좌

다른 조직의 손상과 마찬가지로 인대 손상(ligament sprain)은 스트레스가 저항 한계를 벗어나는 정도로 강하고 가동방향을 벗어나는 쪽으로 발생되는 경우 인대 조직의 탄성한계 이상의 신장 또는 조직의 분리가 발생할 것이다. 염좌 시 관절강으로의 혈액과 활액 유출은 관절 부종, 피부 반상출혈을 동반하기도 한다. 근육 좌상과 같이 3단계로 분류한다.

- 1도 염좌 : 인대 섬유의 늘어남과 약간의 분리, 관절 불안정성 미약, 통증 및 국부적 팽창
- 2도 염좌 : 인대 섬유의 부분 분리, 심한 통증과 팽창, 관절 불안정성 및 경직성 증가
- 3도 염좌 : 인대 섬유의 완전 분리, 매우 심한 통증 및 부종, 관절 불안정성 및 경직성 매우 증가

현저한 불안정성을 보이는 3도 염좌의 경우 외과적 수술이 필요하기도 하고 장기적인 재활이 요구된다. 손상받은 인대의 경우 탄력이 없는 흉터 조직을 형성하게 되어 원래 장력의 회복이 구조적으로 어려워지게 된다. 그러므로 재활 간 관절의 안정성 회복을 위해서는 관절 주변의 근육과 건을 강화하여 근육 장력으로 관절의 안정성을 보장받을 수 있도록 하는 것이 중요하다.

(2) 탈구와 아탈구

탈구(dislocation)와 아탈구(subluxation)는 두 관절의 뼈가 분리되는 현상을 말하는데, 아탈구는 하나의 뼈가 부분적으로 정상 관절에서 벗어나지만 곧 원래의 위치로 돌아가는 것에서 탈구와 차이가 있으며 어깨 관절에서 흔하게 발생한다. 탈구는 외형적인 변형으로 쉽게 식별될 수 있지만 근육에 감싸여 식별되기 어려운 경우도 있다. 하지만 손상되지 않은 부위와 비교해 봄으로써 비대칭이 발생하거나 촉진에서 차이가 발생되는 경우 탈구를 의심할 수 있다. 탈구 또는 아탈구가 발생되는 상황에서 강한 외적 힘에 의하여 관절 주변의 인대와 관절 조직 파괴가 종종 동반된다.

(3) 골관절염

관절은 활액낭과 활액 등으로부터 움직임 간 윤활 작용의 도움을 받지만 지속적인 마모에 의한 손상을 피할 수 없다. 지속적인 마찰의 결과로 연골의 부식, 연마로 퇴화가 발생하게 되는 것이며 이를 골관절염이라 한다. 골관절염은 체중을 지지하는 관절에서 빈번하게 발생되는데 무릎, 고관절, 요추 등에서 발생한다. 골관절염의 증상은 통증인데 관절의 움직임 간 발생하는 마찰이 원인이고 휴식으로 감소된다. 하지만 휴식 간에도 관절의 경직이 발생하며 특히 기상 시 경직현상이 강하게 나타난다.

(4) 활액낭염

앞에서 관절의 구조상 마찰을 줄이기 위하여 뼈와 건, 근육들 사이에 활액낭염이 존재한다고 설명하였다. 적정한 마찰 강도에서는 이러한 활액낭이 구조들 사이에서 그리스와 같이 구조들 간의 매끄러운 움직임을 만들어 준다. 그러나 지나친 움직임이나 과부하, 급성 외상이 활액낭 주변에 발생되면 염증이 발생하고 염증 반응으로 많은 양의 활액이 생성된다. 그로 인해 압력이 증가되어 통증을 유발하며, 심한 경우 관절의 움직임에 제한을 초래할 수도 있다.

3) 뼈 손상

뼈는 조밀한 결체 조직의 특수한 형태로 바깥 표면은 압축된 조직으로 구성되고, 안쪽 면은 망상 조직으로 구성되어 있으며 뼈 전체에 혈관과 림프관을 포함하는 수많은 관들이 있어 혈액 순환이 이루어진다. 조골세포(osteoblasts)는 뼈의 형성에 관여하고 파골세포(osteoclasts)는 뼈 조직의 파괴 또는 흡수 역할을 담당하는데 빈약한 영양 섭취나 에스트로겐 호르몬의 감소 등으로 뼈 흡수가 생성을 초과하는 경우 뼈의 강도는 약화된다.

(1) 뼈 골절

골절은 뼈 조직이 두 개 이상으로 분리되는 현상으로, 부러진 뼈가 피부나 주변 조직으로의 이동이 동반되지 않은 폐쇄 골절과 부러진 뼈의 끝부분이 주변 조직이나 피부 밖으로 돌출되는 개방 골절로 나뉘어진다. 개방 골절은 감염의 위험에 심각하게 노출되기 쉽다.

골절은 직접적인 외부의 힘 또는 격렬한 근수축과 같이 내부에서 발생되는 강력한 힘 또는 반복적인 스트레스로 인해 유발된다. 골절은 외형적인 변형, 심한 통증, 부종, 움직임에서의 제한으로 그 증상이 식별되는데, 최초 골절된 상황에서 날카로운 절단면으로 인해 주변 조직의 추가적인 손상 및 상태 악화를 방지하기 위하여 골절 부위의 안정성을 확보한 상태로 신속히 전문가의 진단과 치료를 받아야 한다. 특히 개방 골절의 경우 노출된 조직의 감염을 예방하기 위하여 환부를 깨끗한 거즈로 보호하고 의료진을 기다리거나 이동하여야 한다.

(2) 스트레스 골절

스트레스 골절은 피로 골절로도 잘 알려져 있으며 정확한 원인이 밝혀지지 않았지만, 역치 수준 이하의 장시간 반복된 자극으로 뼈의 저항 능력을 초과하게 되고 점차 미세한 균열이 확대되어 골절로 발전하는 것으로 판단된다.

스트레스 골절은 트레이닝의 초기 단계에서 종종 발생하는데 체중을 지지하는 뼈들의 흡수가 뼈 형성의 비율보다 상대적으로 빠르게 진행되는 동안 외부 표면도 약화되어 빠르게 증가된 근력이 골절을 더욱 쉽게 발생하도록 만든다. 스트레스 골절의 전형적인 원인으로는 과트레이닝, 트레이닝 간 상대적으로 빠른 점진적 운동 강도 증가, 운동 습관 및 지면 환경 변화 등이 있다.

스트레스 골절은 초기 감지가 어려우며 X-ray 검사나 뼈 스캔 검사로 확인이 가능하다. 증상으로는 부종과 통증이 있는데 활동 시에 통증을 호소하고 지속되며 밤에 더욱 심해진다. 골절 주위의 뼈에 가벼운 충격을 가해도 골절 부위에서 통증을 느끼게 된다.

3 손상의 예방

체력을 증진하고 강한 훈련을 수행하고자 할 때에는 손상을 예방하기 위한 조치가 선행되어야 한다. 다수의 부대원들이 참여하는 훈련의 강도나 기간이 증가하거나 개개인이 높은 체력 등급 달성을 위해 체력 단련의 양을 높이는 것에 따라 손상의 유병률이 잠재적으로 높아지게 된다.

1) 기초 체력과 훈련

적절한 훈련 프로그램은 준비 운동과 정리 운동, 유연성, 근력, 심폐 지구력 훈련을 포함하고 있다. 입대 전 낮은 신체 활동력과 체력을 가지고 있었던 인원들에게는 더욱 운동의 특이성, 과부하, 점증성의 원칙을 고려하여 단계별로 체력을 향상시키는 프로그램을 통하여 기초 체력의 향상을 도모하여야 한다. 신병의 경우 부대원들과 동일한 체력 단련 프로그램에 참여하기보다는 수준에 맞는 체력 단련으로 과도한 체력적 스트레스가 작용(과훈련)하지 않도록 하는 것이 중요하다. 체력요인별 측정을 통하여 수준별로 그룹화하거나 주기적인 측정으로 자신의 수준을 확인하고 체력 향상 동기로 활용하는 것이 바람직하다.

2) 준비 운동과 정리 운동

격렬한 신체활동에 앞서 적절한 준비 운동으로 급작스런 신체의 변화에 대처하는 준비가 필요하다. 준비 운동은 심장 및 각 말단의 근육에 혈류량 및 온도를 증가시키고 관절의 가동범위를 늘려주어 신체활동에 효율적이고 부상을 예방하는 데 도움을 준다. 이때 본 신체활동의 강도에 따라 가벼운 운동부터 점진적으로 강도를 증가시키도록 하는 것이 중요하다. 일반적으로 훈련에 앞서 준비 운동은 5~10분 정도가 적당하고, 훈련이나 신체활동이 특정 동작이나 높은 유연성을 요구하는 경우에는 그 동작을 준비 운동에 포함하는 것이 손상을 예방하는 데 더욱 도움이 된다.

정리 운동은 심장박동수를 서서히 낮추어 주도록 점진적으로 강도를 낮추는 운동을 실시하고 유연성 향상을 위한 스트레칭을 포함하는 것이 바람직하다.

3) 유연성 훈련

유연성은 관절의 가동범위를 늘리는 것으로 적절한 유연성은 최적의 자세를 갖추고 유지하는데 필수적이다. 또한 근육 좌상과 요통 예방 효과가 있고, 일상생활 및 운동 간 수행력을 향상시켜준다. 그러나 과도한 스트레칭은 오히려 부상을 유발할 수도 있으므로 적절한 범위 내에서 스트레칭을 실시하는 것이 부상을 예방하는 데 효과적이다.

유연성 훈련은 잘 계획되고 규칙적으로 하는 것이 중요한데 가능하면 매일 꾸준히 스트레칭을 하는 것이 바람직하다. 운동 및 훈련 시에는 본 운동에서의 수행력 향상과 손상 예방을 위하여 준비 운동의 후반부에(신체 내부온도를 증가시킨 상태에서) 스트레칭을 실시하고, 운동의 마무리 단계에서 유연성 향상을 위하여 정리 운동에 포함하여 실시하도록 한다.

4) 저항성 훈련

저항성 훈련은 근육의 컨디셔닝과 근력을 향상시키기 위하여 실시하여야 하며, 훈련을 통해 근육과 다른 결합조직들은 운동 중 역학적인 스트레스를 흡수하고 저항하는 능력이 증가된다. 저항성 훈련은 그 목적에 따라 운동의 순서, 반복 횟수, 세트의 수, 세트 간 휴식시간 등을 고려하여 프로그램되어야 하며 단계별 주기화 프로그램으로 과훈련을 예방하면서 원하는 목적을 이룰 수 있다.

4 근골격계 손상 시 응급조치

근골격계 손상은 군사훈련이나 체력 단련, 스포츠 활동 등에서 흔히 발생한다. 기본적인 근골격계 손상의 초기치료에는 손상 후 2~3일 기간이 해당된다. 적절한 초기치료는 손상으로부터 발생하는 부종과 염증을 감소시키며 2차성 저산소증 손상을 최소화하는 목표를 향해 이루어져야 한다. 초기에 적절한 처치는 손상의 확대를 막고 재활에 소요되는 시간을 상당히 줄일 수 있다. 응급처치에는 휴식, 얼음찜질, 압박, 올림(거상)(RICE : rest, ice, compression, elevation)이 반드시 포함되어야 한다.

1) 일반적 응급조치

(1) 휴식

외상을 조절하고 부가적인 조직의 손상을 방지하기 위하여 완전 또는 제한된 활동으로 휴식을 취하는 것이 초기 단계에서 매우 중요하다. 신체에 손상이 발생하면 즉각적인 치유가 시작되는데 손상입은 부위의 안정을 유지하지 못하고 외부적인 스트레스와 자극을 받는다면 치유에 상당한 제한을 초래하게 된다. 안정에 필요한 시간은 손상 정도에 따라 차이가 있으며 고정 또는 목발과 같은 보조장비에 의존할 수 있다. 손상부위의 활동은 출혈을 증가시키고 손상 정도를 더 크게 하여 재활을 상당히 지연시킨다. 일반적으로 약 72시간의 휴식을 기본으로 하며 통증을 유발하는 활동은 피해야 한다.

(2) 얼음찜질

얼음찜질은 반드시 얼음으로만 처치하는 것이 아니라 조직의 온도를 낮출 수 있는 가능한 재료를 활용하여 실시할 수 있다. 급성 손상의 초기에 손상된 부위와 주변 조직의 온도를 떨어뜨리는 처치는 세포의 대사를 낮추어 대사적 요구량을 감소시키고 손상을 입지 않은 주변 조직들이 혈액공급의 제한으로 괴사되는 이차성 저산소증 손상과 부종의 형성을 줄어들게 한다. 또한 얼음찜질로 신경전달 속도를 느리게 하여 통증 감각이 감소되는 효과와 근경련을 줄이는 효과를 기대할 수 있다.

피하지방은 차가운 온도를 서서히 전도하는 기능을 하기 때문에 얼음찜질을 하는 시간은 적어도 20분 정도가 필요하나 과도하게 오래 얼음찜질을 하는 것은 조직의 손상을 유발할 수 있다. 얼음찜질은 하루 매 2시간마다 20~30분간 하는 것이 좋고, 경미한 염좌는 1회로도 효과를 볼 수 있다. 반면 무릎이나 발목을 심하게 삔 경우 3일 이상 지속하는 것이 필요할 수도 있다.

(3) 압박

손상 부위에 염증 반응으로 부종이 형성되는데 외부에서 인위적인 압력을 가하여 부기가 쌓일 수 있는 공간을 감소시켜 체액이 간질공간으로 누출되는 것을 막고 재흡수를 촉진하도록 점차적인 압박을 통해 부종을 조절한다. 부종의 조절과 함께 손상 부위를 지지하는 역할로 움직임의 제한과 통증을 감소시켜 준다.

일반적으로 탄력 붕대와 랩을 이용하여 압박을 실시하는데, 압박하기 어려운 신체부위는 패드나 형태를 변형시킬 수 있는 재료를 이용하여 불규칙한 부위에 균형적인 압력이 가해지도록 감싸준다. 한 지점에 너무 오랫동안 압박을 하면 통증을 유발할 수 있으나, 얼음찜질과 같이 간헐적 조치가 아닌 지속적으로 압박상태를 유지하는 것이 중요하다. 일반적으로 얼음찜질보다 더 긴 시간이 요구되고 적어도 72시간은 유지하는 것이 필요하다.

(4) 올림

압박은 외부적인 압력으로 부종을 조절하는데, 올림은 손상된 부위를 높이 올려서 부상부위에 피가 몰리는 울혈을 예방하고 혈액과 기타 체액을 손상 부위로부터 중추순환계로 돌리는 역할을 한다. 부상 부위를 높이 올릴수록 부종을 낮추는 데 더욱 효과적이다. 얼음찜질과 압박, 올림을 함께 처치함으로써 효과적으로 부종을 조절할 수 있다.

2) 부목 사용 및 환자 이송

야전에서 훈련 시나 체력 단련 간 군의관이나 의료지원을 근거리에서 즉각적으로 받을 수 없는 경우가 종종 있다. 이럴 경우 앰뷸런스나 적절한 후송장비를 사용할 수 있는 곳까지 환자를 이송해야 하는데 손상 상태에 따라 적절치 못한 이송은 심각한 결과를 초래할 수도 있다.

(1) 응급 부목

골절 및 염좌를 입은 환자는 움직이기 전에 부목을 대어서 추가적인 조직의 손상, 출혈, 쇼크를 예방하여야 한다. 의료용 부목이나 자재를 이용하는 것이 가장 좋으나 야지에서 이러한 것들을 사용하기에 제한적인 경우가 많다. 어떠한 재료를 이용하건 간에 중요한 것은 손상 부위 위쪽의 관절부터 손상 아래쪽 관절까지 부목을 대는 것과 부목을 댈 때 환자를 움직이지 않도록 자세를 유지하며 손상 부위를 고정하는 것이다. <표 15-2>는 적절한 부목 지침을 보여준다.

〈표 15-2〉 적절한 부목 지침

- 부목을 대기전에 개방된 상처에 드레싱을 댄다(환부의 감염 주의).
- 손상 부위 위쪽과 아래쪽 관절을 고정하여 부목을 댄다.
- 부목은 손상 부위를 단단히 고정시킬 수 있어야 한다.
- 부목을 한 손상 부위에 냉찜질을 한다.
- 손상 부위 말단 피부 색깔을 지속적으로 체크하여 순환이 부적절한지 확인한다.

팔목 부위 부목 이용 고정	무릎 부위 부목 이용 고정
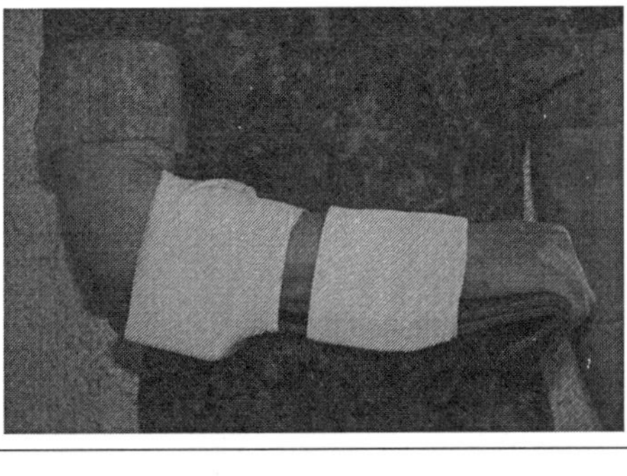	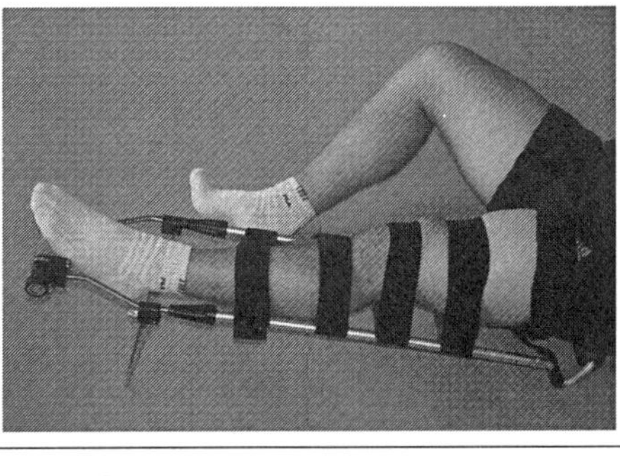

〈그림 15-1〉 부목의 이용

(2) 환자 이송

응급처치 후 신속히 환자가 적절한 의료조치를 받을 수 있도록 이송해야 하는데 부적절한 이송방법은 부가적인 손상을 일으킬 수 있으므로 주의가 필요하다. 의식이 없는 환자의 경우는 본 장의 후반부의 내용을 적용하고 여기서는 의식이 있는 환자의 경우에 대하여 다루며, 특히 중추신경 손상이 의심되는 경우 특별히 주의가 필요하다. 척추나 경추의 손상이 의심되는 경우, 즉 다리나 팔 등의 감각이 없는 환자의 경우 섣불리 환자를 움직이게 하는 것은 추가적으로 신경을 손상시키는 중대한 과오를 범하게 될 수 있기에 최대한 현장에서 손상 시 자세를 유지하며 전문적인 의료진을 기다리는 것이 바람직하다. 하지만 의료진의 도착까지 지체할 시간이 없거나 의료진의 접근이 제한되는 경우도 발생할 수 있다. 이럴 때는 환자의 신장보다 긴 보드(들것)가 필요하게 되는데 중요한 것은 환자의 자세를 바꾸거나 들것에 올릴 때, 들것에 올려 이동하는 동안에 환자의 움직임을 극도로 제한하도록 하는 것이다. 들것의 길이가 제한 시 최소한 환자의 무릎부터 머리까지의 길이는 지지할 수 있는 것이 필요하다.

우선 환자가 정상적인 호흡을 유지하도록 돕고 만약 출혈이 있을 경우 지혈과 환자를 심

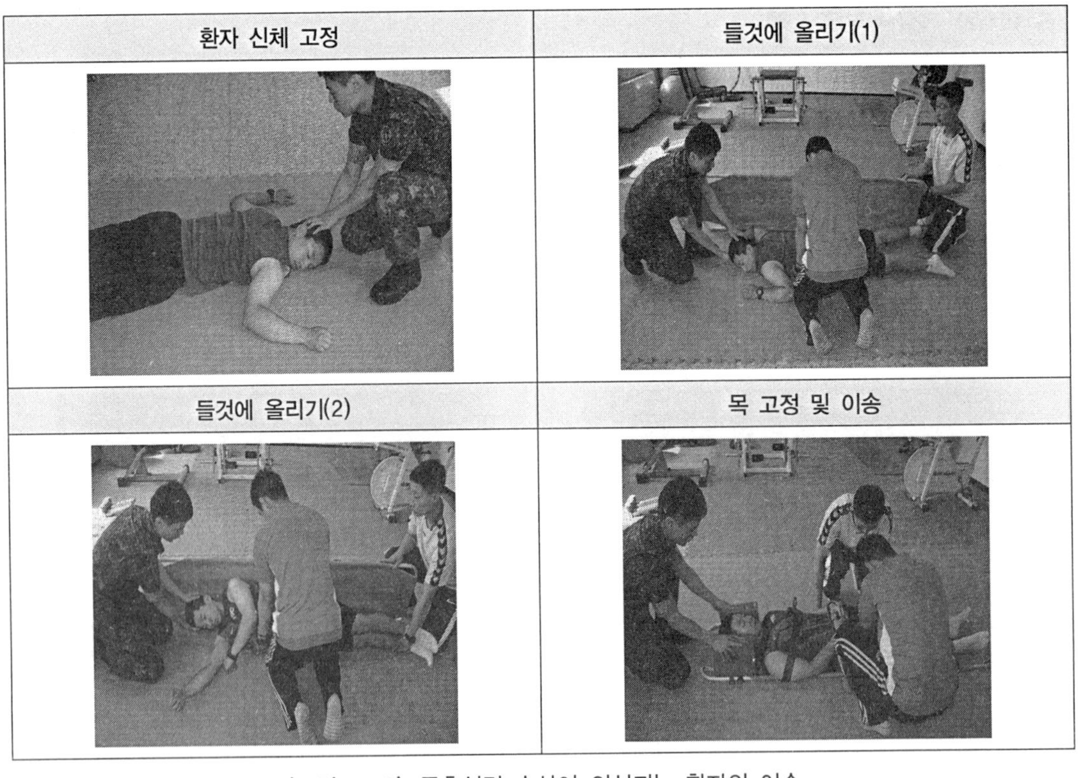

〈그림 5-2〉 중추신경 손상이 의심되는 환자의 이송

리적으로 안정시켜 쇼크가 발생하지 않도록 한다. 그런 다음 적절한 이송용 들것을 제작하여 환자의 옆에 길이방향으로 배치한다. 환자의 머리와 목, 척추가 일직선이 되도록 여러 사람이 각각 머리와 어깨, 골반, 다리를 잡고 천천히 움직여 들것에 올리는데 가장 중요한 원칙은 신체가 긴축방향으로 최대한 일직선을 유지하도록 노력해야 한다. 들것에 올린 다음에는 환자가 들것 위에서 흔들리지 않도록 머리, 어깨, 허리, 골반, 허벅지, 발목 등을 견고하게 감아 고정한다. 들것을 수평으로 유지하며 천천히 환자를 이송하는데, 이때 머리가 좌우로 흔들리거나 뒤로 젖혀지지 않도록 하기 위해 한 사람은 환자의 머리나 목 부위를 잡아 고정을 유지하면서 이동한다.

(3) 보행 보조

하지에 손상을 입었으나 제한적으로 보행이 가능한 경우에 보조자의 지지나 보조로 환자를 이송하는 방법이다. 손상된 부위에 부목이나 테이핑으로 지지를 한 뒤 환자와 유사한 신장의 보조자 두 명이 양쪽에서 환자의 어깨 밑으로 보조자의 어깨를 받치고 손으로 허리를 감싸 체중을 지지하며 이동한다. 환자는 다치지 않은 다리로 체중을 지지하며 보행한다. 이때 심각한 손상이 의심되거나 환자가 손상 부위의 불안정성과 통증을 호소하면 이동을 중지하여야 한다.

보행 보조	수동 운반
	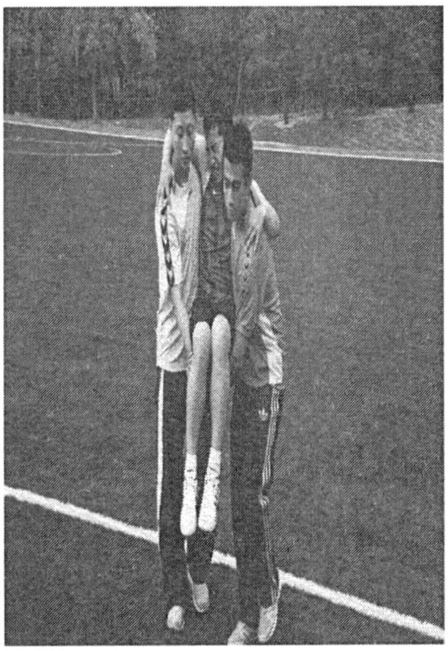

〈그림 15-3〉 하지 손상 환자의 보행 보조 및 수동 운반

(4) 수동 운반

보행 보조보다 먼거리를 이송하거나 조금 더 안전한 이송방법으로 활용된다. 보조자 두명이 환자의 어깨 밑으로 팔을 넣어 허리를 감싸고 다른 팔로 허벅지 아래로 하여 다른 보조자의 손을 잡아 환자가 의자에 앉는 자세로 흔들림 없이 이송하는 방법이다. 이때 실제 의자를 활용하여 환자를 이송할 수도 있다.

5 재활 운동

손상 입은 환자는 재활 과정을 통하여 효과적으로 빠른 시간에 손상된 부위의 회복을 도모해야 한다. 단지 휴식과 고정만으로는 손상 이전의 상태로 회복하는데 상당한 시간이 소요되고 오히려 기능적 측면에서 감소되는 경우가 발생할 수도 있다. 손상을 입게 되면 일차적으로 부위의 고정 및 부동화 조치를 처치받게 된다. 그 이후로 상당수의 환자는 의료적 치료가 완료될 때까지 손상 부위의 움직임을 최소화하려고 노력하는데, 특히 하지 손상의 경우 몸의 활동 자체를 극도로 제한하는 경우가 많다. 하지만 이러한 신체 비활동 및 손상 부위의 부동화는 우리 신체에 악영향을 미치게 되며 손상 이전 체력수준이 높았던 경우에 그 부적 영향은 더 높게 나타난다.

신체 비활동화 및 고정으로 발생되는 악영향으로는 첫 번째, 급격한 체력 감소를 보이게 된다. 근력 및 근지구력, 심폐 지구력과 협응력의 감소를 보이게 되며 비활동의 기간이 길어질수록 체지방의 변화도 나타나게 된다. 두 번째로 근육, 관절, 인대, 뼈 등의 조직에 미치는 부정적인 영향이다. 일상생활을 통해서도 근육과 관절에 대한 움직임과 부하가 항상 주어지게 된다. 하지만 부동화를 통한 신체적 자극의 극단적인 감소는 근위축을 발생시키며 특히 지근섬유의 감소가 두드러지게 나타난다. 더욱이 근 길이를 감소시킨 자세로 부동화하는 것은 근수축 기능의 손실이 더욱 커지게 될 것이다.

관절의 경우 정상적인 상태에서는 관절 내 종·횡적인 압력과 자극으로 윤활액 분비 및 순환이 이루어지는데 고정화는 이러한 자극의 부재로 자극에 따른 순환이 이루어지지 않아 영양공급의 제한과 퇴화를 가져오게 된다. 인대와 뼈의 경우도 마찬가지로 감소된 외부 스트레스에 의하여 조직이 약화되게 된다. 마지막으로 심폐계에도 부정적인 영향으로 휴식 시 심박수는 증가하고, 반대로 최대산소섭취량(VO2max)과 폐활량은 감소하게 될 것이다.

재활을 위한 프로그램으로는 심부근육의 안정화 및 강화, 근력 및 근지구력의 강화, 신경근 조절의 회복, 심폐 체력 유지 등이 있으며 치유 단계와 상황에 따라 그 강도와 프로그램을 다르게 적용하여야 안전하면서도 효과적인 재활에 성공할 수 있다.

재활 프로그램은 상당히 지루하면서도 오랜 노력이 필요한 과정이다. 조급한 마음에 프로그램의 진행을 앞당기거나 강도를 과도하게 높이는 행동은 손상 부위의 치료를 더디게 하고 오히려 부상을 재발시킬 위험이 있으니 주의가 요망된다.

1) 심부근육 강화

심부근육 강화 프로그램은 허리-골반-엉덩이 관절의 자세조절 능력과 근육 간 균형을 맞추어 기능적 동작 시 역동적인 안정감을 주고, 관절의 움직임을 향상시키는 데 중점을 두어야 한다. 신체중심은 신체활동이 일어날 때 중력 중심점에 위치하며 상당히 많은 근육과 뼈, 관절들이 유기적인 활동과 조절을 통하여 움직임을 이루어낸다.

일차적으로 관련 근육들의 근력을 발달시키고 신경근 조절과 근지구력을 향상시켜야 하는데, 만약 대퇴나 허벅지 뒷근육이 강하고 신체 중심부의 심부근육이 약한 경우 신체 전반적인 움직임에서 충분한 힘이 만들어지지 않게 되고, 완전치 않은 움직임으로 손상의 원인이 되기도 한다. 심부안정화 훈련은 제13장 재조절 훈련을 참조한다.

2) 근력 및 근지구력, 파워 강화

근력은 손상 이전의 상태로 기능을 회복시키는 데 매우 중요한 요소이나 통증이 유발되지 않는 범위 내에서 운동이 이루어져야 한다. 재활의 초기에는 등척성 운동으로 관절의 움직임 없이 정적 근력을 증가시키는 방법이 효과적이며 손상 초기의 부종과 근위축을 감소시키는 데 유익한 영향을 가져다 준다.

손상 부위의 고정이 제거되면 등장성 저항 운동을 실시할 수 있는데 과거에는 단축성 운동 위주로 실시하였으나 최근에는 신장성 운동의 중요성이 강조되고 있다. 재활 과정에서는 손상 부위에 과도한 스트레스를 주지 않는 방법의 사용이 중요한 고려사항이며 또한 기능적 측면에서 강화시키고자 하는 부위의 가동 범위와 각도가 중요하다. 그러한 이유로 웨이트 기구를 이용한 저항 운동보다는 고무튜브나 탄력 밴드를 이용하여 다양한 각도와 저항을 적용한 운동방법이 권장된다.

3) 신경근 조절

고유수용성은 움직임에서 근육과 관절의 수용기를 통하여 관절의 위치를 결정하는 능력이고, 운동감각은 움직임을 감지하는 능력이다. 신경근 조절은 피부, 눈, 귀 등 외부로부터의 정보와 근골격계 말단에 위치한 신경이 관절과 근육의 위치, 길이변화 등을 감지하여 전달된 신호를 바탕으로 통합하여 특정 움직임을 의식적 또는 무의식적으로 조절하고 진행시키는 능력을 말한다.

부동화 기간이 길어질수록 전달된 정보를 처리하여 적절한 움직임을 만들어내는 능력이 점점 더 무뎌지게 된다. 신경근 조절의 유지 또는 회복은 한발로 중심을 잡는 단순한 동작에서부터 몸의 중심을 다양한 방향으로 이동시키며 중심을 유지하는 복잡한 움직임으로 단계적인 진전과 반복을 통하여 향상시켜 나가는 것이 바람직하다. 일반적으로 하체의 경우 트렘폴린이나 균형성 유지 기구 등을 이용하여 실시한다.

4) 심폐 체력 유지

재활의 목적은 손상 이전의 상태로 복귀하는 것인데 신체 일부의 부동화 및 신체 비활동간 심폐 체력의 저하는 피할 수 없는 현상으로 보인다. 하지만 심폐 체력의 저하를 간과하고 있다가 회복 이후에 다시 향상시키기 위해서는 상당한 노력과 시간이 필요하게 된다. 부상 이전에 강인한 체력을 유지하고 있던 사람에게서는 체력의 감소가 더욱 커지기 때문에 재활 프로그램에서 심폐 체력을 소홀히 한 군인의 경우 부상에서 복귀 후 각종 훈련이나 전투체육 등 요구되는 임무를 동료 전우들과 함께 수행하는 데 상당한 어려움을 느끼게 된다.

상체 부상인 경우 계단오르기나 고정된 자전거 타기 등으로 심폐 체력을 유지할 수 있고, 하지에 부상을 입은 경우 팔을 이용한 에르고메타나 수중운동으로 체중의 지지 없이 심폐 체력을 유지하기 위한 운동을 지속할 수 있다.

6 부위별 손상 예방 및 재활

1) 발

다리 손상은 상당수가 달리는 동작에서 발생된다. 그 중 발은 수많은 뼈와 인대, 근육들로 복잡한 구조를 가지고 있으며 체중을 지지하며 움직임을 만들어 내는 일차적인 구조물로서 반복적인 스트레스와 좌상은 급성외상과 과사용 손상 등을 유발하게 된다.

(1) 예방

발 손상의 예방으로는 우선 적절한 신발을 착용하는 것이 중요하다. 너무 작거나 크지 않고 발볼의 너비에 맞는 신발을 선택하는 것이 좋다. 장시간 달리거나 행군 시 발의 아치에 지속적인 스트레스가 가해지고 그로 인하여 아치가 유지되지 않게 되면 발 전체의 구조에 다양한 문제를 야기시킬 수 있으므로 이질감이 느껴지지 않는 수준의 아치보강 구조물이 있는 신발 밑창으로 교체하는 것도 한 가지 방법이다. 또한 발의 과다한 엎침(회내, pronation)이 많은 문제를 야기하는데 산악행군이나 굴곡이 심한 지형을 걸을 때 발생되는 과다 엎침을 줄여주기 위해서는 안정성과 견고함을 갖춘 전투화를 선택하는 것이 손상 예방에 유리하다.

발근육 및 인대조직, 그리고 족저근막 등은 스트레칭으로 유연성을 확보하고 발가락을 오므리거나 벌리는 동작, 엎침(pronation)과 뒤침(supination) 동작 등을 통해서 관련 근육들을 강화시키는 것이 부상을 예방하는 데 효과적이다. 또한 발톱을 다듬고 굳은살을 제거하며 발을 청결하게 유지하는 것이 잠재적인 수많은 문제들을 예방하는 데 도움이 된다.

(2) 재활

발은 발목, 무릎, 엉덩이 관절과 함께 체중을 지지하는 신체의 구조물로 이들 중 어느 하나라도 기능에 이상이 있거나 통증을 유발하는 경우 다른 측면에 체중의 과부하가 실려 결국 손상에 이르게 될 수 있다. 그러므로 부상 후 재활이 이루어지는 동안에는 가능한 한 한쪽으로 체중이 실리지 않고 균등하게 분배가 되도록 자세를 유지하는 것이 추가적인 손상을 유발하지 않는 방법이다.

하지만 일반적으로 발의 재활 초기에는 비체중 지지가 필요하다. 다리를 절뚝거리지 않고 보행이 불가할 경우 휠체어 등을 이용하여 이동 간 체중 지지를 하지 않거나, 목발을 이용하여 제한된 체중 지지를 하여야 한다.

① 유연성

완전한 움직임이 회복되도록 가능한 모든 발 관절의 유연성을 증가시켜야 한다. 발 관절의 상당부분은 무릎이나 어깨와 같이 가동범위가 넓은 관절이 아닌 제한된 활주만 가능한 형태로 구성되어 있다. 이러한 관절의 개별 또는 복합적인 스트레칭으로 유연성을 확보하는 것이 회복 및 재활에 중요하다. 또한 족저근막과 장딴지 근육, 인대의 스트레칭 역시 발 손상의 재활 과정에 포함되어야 한다.

② 근력

발 움직임을 유발하는 다양한 방법으로 근육을 강화하는데 발가락 끝으로 허공에 알파벳이나 한글의 자음 쓰기, 구슬이나 볼펜 등을 발가락으로 집어 옮기기, 발바닥 모았다 펴

스트레칭	근력운동
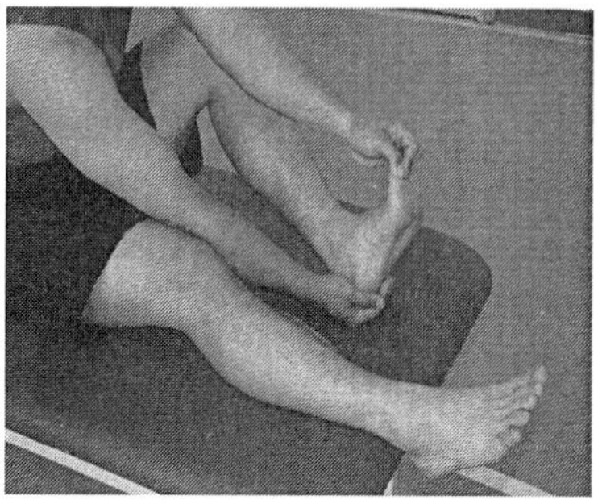	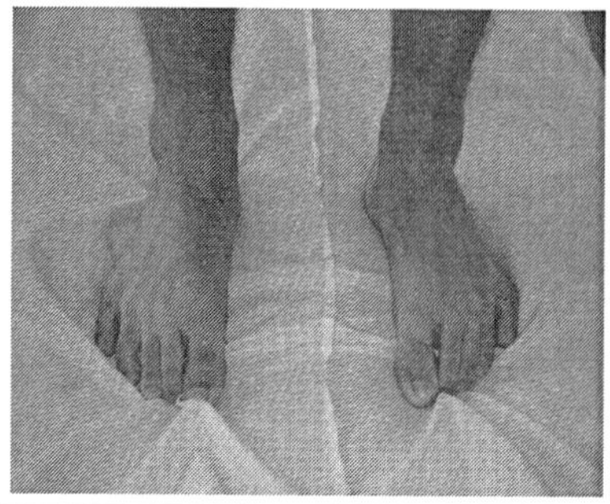
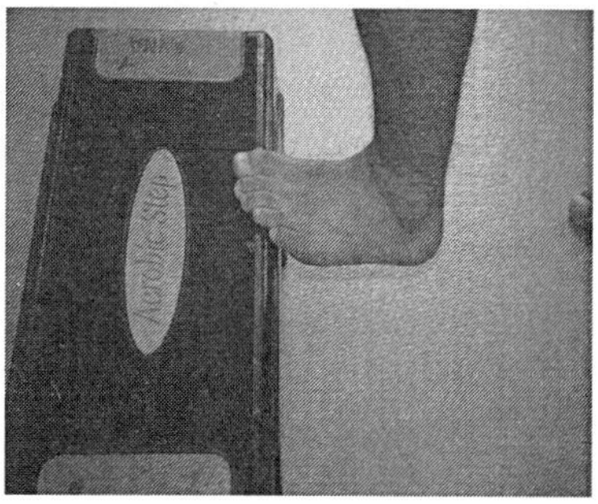	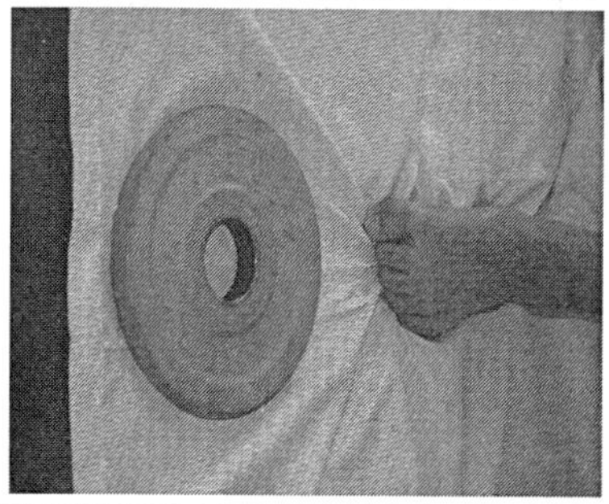

〈그림 15-4〉 발관절 스트레칭과 근력운동

기, 바닥에 수건을 놓고 발가락을 오므려 수건 모아오기 등 다양한 방법으로 근육 강화 운동을 한다.

③ 근신경 조절

체중을 지지하고 중심을 유지하는 데 있어서 발은 중요한 역할을 담당한다. 고유수용 감각 결여와 유연성 부족은 평형성을 감소시키게 되는데, 간단한 중심잡기부터 점진적으로 복

한 발로 중심잡기	밸런스 보드 사용
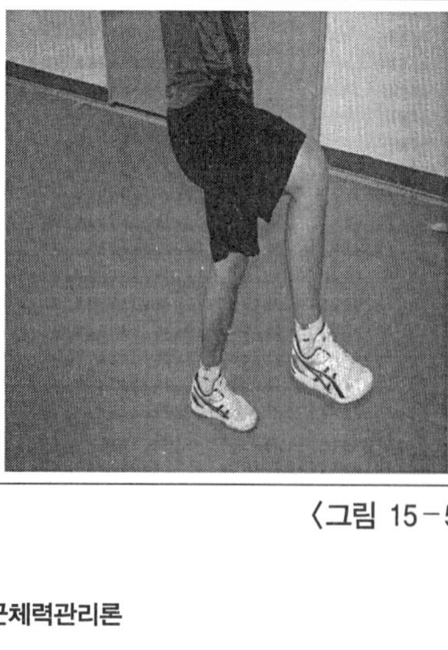	

〈그림 15-5〉 발 관절 근신경조절 운동

잡한 이동 및 움직임 간 중심을 유지하는 훈련을 통하여 근신경조절을 회복하도록 하여야 한다.

근신경조절 훈련 방법으로는 제자리에서 한발로 중심 유지하기, 한발로 천천히 앉았다 일어서기, 위의 동작을 팔을 모으거나 눈감고 실시하기, 한 발로 뛰기, 징검다리 건너기 등을 사용할 수 있고 가용하다면 밸런스 보드를 사용하여 근신경 조절 훈련을 하는 것이 효과적이다.

2) 발목

아마도 스포츠 활동이나 군사훈련 간 가장 빈번히 발생하는 것이 발목 염좌일 것이다. 발목의 염좌는 적절한 신발 착용, 아킬레스건 스트레칭, 근육 강화, 신경근 조절 훈련, 테이핑 등으로 손상 예방 효과를 기대할 수 있다.

(1) 예방

발목 역시 발과 마찬가지로 적절한 신발의 선택이 중요한데, 앞으로 달리는 데 필요한 기능 위주로 제작된 런닝화를 순간적 방향 전환이 요구되는 테니스나 농구와 같은 종목에서 착용하게 되면 방향 전환 시 발목을 지지하는 역할을 수행하지 못할 것이다. 또한 농구는 피벗이나 중심이동 시 바닥의 미끌림을 제한하여야 하는 재질이 요구되는 반면, 테니스는 적정한 미끌림이 요구되는 종목이므로 종목의 요구에 맞는 신발을 착용하는 것이 발목 손상의 예방에 중요하다.

발목을 굽히거나 펴는 움직임에 아킬레스건의 역할이 중요한데 특히 보폭을 길게 하여 걷거나 뛸 때 뒷발의 발등굽힘이 제대로 이루어지지 않으면 기능적 제한과 손상의 위험을 내포하게 된다. 아킬레스건은 가자미근과 비복근 모두에 연결되어 있는 건으로, 아킬레스건 스트레칭은 무릎을 편 상태에서 발을 뒤로 뻗어 발목을 굽혀 뒷꿈치가 지면에 접촉한 상태로 유지하여 실시하고 이후에 무릎을 15~30° 구부린 상태로 실시하는 것이 효과적이다.

발목의 정적, 동적 안정성을 확보하기 위하여 발목 주변의 근육과 건 강화가 필요하다. 이는 웨이트 운동 간 카프 레이즈(종아리 근육 운동) 동작 또는 서서 뒷꿈치를 높이 들었다 내리는 동작을 서서히 반복함으로써 발목을 굽히고 젖히는 과정에서 힘이 발휘되는 근육과 인대의 강화를 도모할 수 있다.

테이핑으로도 부상을 예방하는 데 도움을 줄 수 있다. 하지만 연부조직의 움직임을 제한하거나 정상적인 기능을 방해하여 오히려 손상을 줄 수 있어 전문가의 도움을 받아 정확한 테이핑을 실시하는 것이 바람직하다.

(2) 재활

발 손상의 경우와 같이 초기 단계에서는 체중 부하가 가지 않도록 목발이나 휠체어를 이용하는 것이 필요하다. 앞에서 설명한 바와 같이 재활 간 적정한 역학적 스트레스는 콜라겐 재배열에 중요한 역할을 하기 때문에 염증반응이 없어지면 부분적인 체중 지지라도 보행을 하는 것이 근력 및 기능손실의 감소와 손상 조직 치유에 도움이 된다.

① 유연성

재활 초기에 통증이 없는 범위에서 발목을 굽히거나 젖히는 동작을 지속 반복하는 것부터 시작한다. 체중의 지지가 없는 상태에서 수건이나 탄력밴드를 사용하여 스트레칭을 하고 점차 서서 무릎을 굽히거나 발목을 젖혀 무릎을 꿇는 동작 등으로 가동 범위를 늘려간다. 발의 근력 향상 시 사용하는 방법과 같은 방법으로 발로 알파벳을 쓰거나 탄력밴드를 이용하여 발의 엎침과 뒤침 동작을 하면서 유연성을 점차 증가시켜 나간다.

② 근력과 근신경 조절

다른 부위의 손상 시와 마찬가지로 재활의 초기 단계에서는 관절의 움직임 없이 등척성 운동을 통하여 발목 주변 근육의 근력을 강화시켜 나갈 수 있다. 탄력밴드 및 수건을 이용한 유연성 훈련과 동일한 자세에서 당기는 힘에 저항하여 근력 훈련을 할 수 있으며, 신경근 조절 운동의 방법에서 사용하는 한 다리로 서서 중심잡기, 앉았다 일어서기, 밸런스 보드를 이용하며 운동으로 근력과 근신경 조절 훈련을 동시에 실시할 수 있다.

탄력밴드 이용	체중 지지 유연성 운동
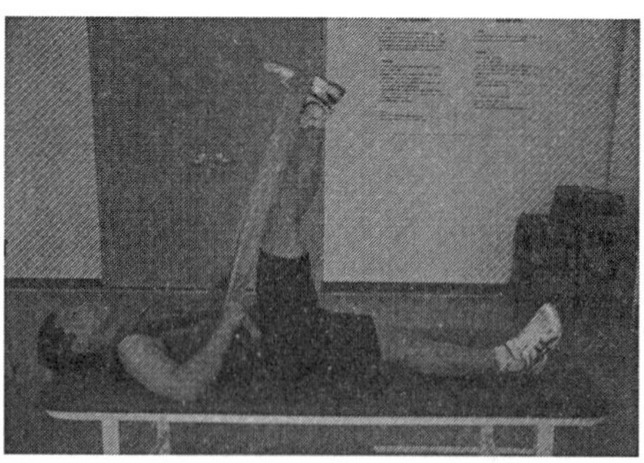	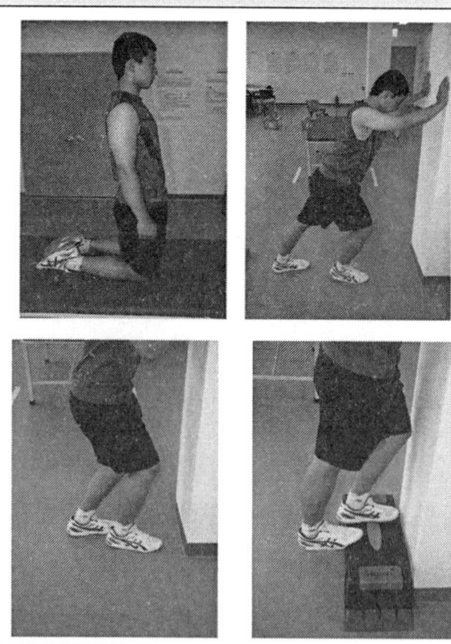

〈그림 15-6〉 발목 유연성 운동

하지만 재활 단계 및 통증 정도에 따라 적용 방법과 부하 강도는 조절되어야 하며 상대적으로 저강도에서 많은 빈도를 실시하는 것이 바람직하다.

달리기는 정상적인 보행 간 통증이 없으면 가능하다. 하지만 제자리에서 한 발 뛰기, 한 발로 앞으로 뛰기, 한 발로 뛰면서 방향 전환하기 등의 기능적인 점검을 통하여 통증의 유무 및 지속적인 달리기가 가능한지 여부를 먼저 알아보고 재활 운동의 진행 및 현장으로의 복귀를 결정하는 것이 중요하다. 달리기가 가능해지면 제자리 점프, 8자 달리기, 점프 후 착지와 동시에 옆으로 뛰기 등 발목의 기능적인 향상을 위한 훈련이 병행되는 것이 좋다.

3) 무릎

무릎은 활주와 회전 운동을 하는 경첩 관절이며 외상이 많이 발생하는 관절 중 하나이다. 무릎의 손상은 내측과 외측 관절낭, 내측 인대, 전방 십자 인대, 반월판 연골 등에서 발생한다. 무릎 관절과 주변 조직은 발과 발목에 이어 체중을 지지하고 신체 중심을 이동하는데 관여하는 부위로 관련 부위의 근육은 강하고 유연해야 한다.

(1) 예방

지면에 발바닥이 고정된 상태에서 중심이 실린 무릎의 회전이나 외측에서의 압력은 무릎 관절의 심각한 손상을 초래하게 된다. 스포츠 활동 간 특히 축구와 같이 스터드가 달린 경기화 착용 시 스터드의 길이가 짧고 조밀하게 배치된 신발의 착용은 상기 상황에서의 부상 위험을 감소시켜 준다.

급작스런 중심이동 상황에서 급성손상이 많이 발생하는데, 발란스 보드 훈련을 통한 전방 십자인대 강화 프로그램으로 손상 예방 효과를 기대할 수 있다. 또한 대퇴의 외측광근이 내측광근보다 너무 강하면 대퇴사두근 수축 시 슬개골이 외측으로 밀리는 현상으로 인해 부상의 위험을 높이게 되며, 약화된 대퇴사두근은 슬개-대퇴 기능을 감소시켜 슬관전 전방 통증 증후군 유발을 증대시킨다. 그러므로 대퇴 근육군의 균형적인 근력발달이 중요하다. 대퇴사두근은 계단을 오르거나 낮은 자세에서 일어서는 경우와 같이 무릎을 펴는 동작에 주된 역할을 담당하는데, 이 부위의 근력 강화는 무릎 관련 부상을 예방하는 데 매우 중요하다. 하지만 강화 운동 간 스쿼드 자세나 런지 동작 등에서 무릎을 90° 이상 굽히는 동작은 슬개골에 과도한 압력이 작용되므로 주의를 요한다.

(2) 재활

무릎은 손상의 형태에 따라 재활 방법이 달라진다. 과사용으로 인한 손상의 경우 조기 재활 운동이 도움이 되지만 급성 손상의 경우 재활 운동의 조기에 시작하기보다는 안정성의 확보에 우선을 두고 접근해야 한다. 발바닥이 지면에 밀착한 폐쇄사슬 운동으로 복합적 효과를 도모할 수 있으나, 관절의 가동범위에 제한이 필요하므로 주의하여 운동하여야 한다.

① 유연성

무릎의 정상적인 관절 가동범위를 유지하는 것이 매우 중요하다. 하지만 무릎은 관절의 각도에 따라 회전과 활주가 동시에 발생하는 특이성과 연골의 마모, 슬개골의 구조 등으로 인하여 손상의 유형에 따라 가동범위의 제한이 발생할 수밖에 없는 상황이 나타나기도 한다. 기본적으로 수동적인 움직임이라도 재활의 초기 단계부터 전 가동범위를 확보하도록 가벼운 스트레칭을 하고, 능동적으로 정상적인 움직임이 가능해지면 좀 더 적극적인 스트레칭으로 무릎 관련 근육군의 유연성을 유지하고 증진시키도록 노력해야 한다.

골관절염이나 류마티즘 관절염의 경우 관절의 움직임에서 통증이 유발되는 지점이 있는데 그로 인한 활동의 제한으로 근력과 인대의 약화를 초래하며 경직되는 현상이 나타나기도 한다. 수동적 스트레칭을 통하여 관련 인대와 연부 조직의 유연성을 증진시키는 노력이 지속적으로 요구된다. 하지만 전방십자인대 재건술을 포함한 인대 관련 접합수술 환자는 접합부위의 안정화를 위하여 3~4주까지는 유연성 훈련을 제한하는 것이 바람직하고 수동적 스트레칭부터 점진적으로 가동범위를 확보하도록 저강도로 스트레칭을 자주 하는 것이 좋다.

② 근력

재활 초기 단계에서는 관절면의 마찰과 인대의 안정성 등을 고려하여 관절을 고정한 상태에서 근수축을 하는 등척성 운동을 실시하다가 점차 등속성 운동으로 전환하는 것이 바람직하다. 다른 관절부위보다 주동근(움직임의 방향을 만들어 내는 근육, 예 무릎신전 시 대퇴사두근)과 길항근(움직임의 방향을 제한하는 근육, 예 무릎신전 시 대퇴이두근)의 동시 수축을 작용하며 근육의 밸런스 향상에 도움이 되는 폐쇄사슬 운동을 하는 것이 좋다. 또한 폐쇄사슬 운동은 슬관절 앞·뒤 근육이 동시에 수축하여 무릎의 안정성을 유지하면서 운동하는 데 도움이 된다.

신체 중 큰 근육들인 대퇴사두근과 허벅지 뒷근육근의 근력 비율은 무릎의 안정성을 위해서 약 6대 4의 비율을 유지하는 것을 목표로 운동하는 것이 좋다. 하지만 무릎을 90° 이상 굽혀서 폐쇄사슬 운동을 하는 경우 슬개골과 대퇴골 사이의 압력을 증가시키기 때문에 상당한 주의가 필요하며, 전방십자인대 재건술 환자는 레그 익스텐션 운동 간 무릎이 펴지는 마지막 단계에서 전방접자언해에 큰 부하가 작용되므로 무릎을 완전히 펴지 않는 정도로 운동을 하여야 한다.

반면에 연골의 손상, 경화현상, 신생골 증식 등이 원인이 되는 퇴행성 질환인 관절염 환자의 경우, 기계적 자극으로 인해 미세골절의 시발점이 되는 만큼 관절에 부하가 적은 수중걷기나 자전거 타기 등의 운동 형태가 손상 부위의 악화 없이 근력을 향상시키는 데 도움이 된다. 레그 익스텐션과 같은 개방사슬 운동은 슬개대퇴 압박이 적은 무릎관절의 0~30°, 45~90° 정도의 범위 내에서는 제한적인 운동이 가능하다.

③ 근신경 조절

고유수용 감각 조절을 위한 노력은 재활 조기부터 실시되는 것이 좋다. 손상 후 부기와 통증, 그리고 부동화로 인하여 고유수용 감각의 저하가 발생되므로 통증으로 인한 제한이 없는 정도에서 목발로 지지하면서 걷기, 서서 중심을 옮겨가며 제자리 유지하기, 밸런스 보드 위에서 균형 유지하기 등의 운동이 평형성 증진과 고유수용 감각 향상에 도움이 된다.

4) 어깨

어깨 관절은 움직임이 복잡하고, 타 관절에 비해 가동 범위가 큰 대신에 그만큼 안정성에서 문제가 발생할 가능성도 높다. 특히 팔을 머리 위로 올리는 동작에서 어깨의 불안정성과 관련된 손상이 발생하며, 수영이나 야구, 테니스의 서브 등과 같이 머리 뒤에서 앞으로 팔을 돌리는 운동에서 과사용으로 인한 손상이 종종 발생된다.

어깨 관절 손상 후 관절의 가동범위 증가와 유연성, 근력 운동이 가능한 빨리 시작되어야 한다. 폐쇄사슬 운동은 길항근의 동시 수축이 이루어져 근육의 신경근 조절과 어깨 관절의 안정성을 높이는 데 매우 효과적이다.

(1) 예방

어깨 관절 부상의 주요 원인으로는 근육의 불균형, 잘못된 자세, 머리 위로 팔을 돌리는 동작의 과도한 반복, 유연성 부족 등이 있다. 회전근개(극하근, 소원근, 견갑하근, 극상근)와 능형근, 하부 승모근 등은 어깨관절의 안정성을 보장해주고 동적인 활동에서 회전을 조절하는 역할을 하는 근육들이다. 이러한 근육들의 근력과 유연성을 향상시키는 것이 우선적으로 손상을 예방하는 데 중요한 접근방법이 될 것이다.

운동 및 신체활동 전에 스트레칭을 하고, 만약 중심을 잃게 되는 경우에 팔을 뻗어 체중을 지탱하지 않고 어깨로 넘어 구르는 낙법의 형태로 체중의 지지를 분산하여 충격을 흡수하는 습관이 중요하다. 또한 머리 위로 팔을 돌리는 형태의 운동 종목에서는 적절한 동작을 익힘으로서 구조적으로 과도한 스트레스가 작용되지 않도록 하는 것이 중요하다.

(2) 재활

어깨 관절은 타 관절에 비하여 가동범위가 넓고 다양한 방향으로의 움직임이 가능한 대신 상대적으로 주변 근육 및 인대 조직의 강화로 안정성 및 움직임의 범위를 보장받을 수 있다.

① 유연성

손상 부위 및 정도에 따라 최초 고정화가 중요한 경우도 있지만, 어깨 관절의 재활 중에 통증 없이 자유로운 가동범위를 확보하는 것이 가장 중요하다. 따라서 골절이나 인대접합 수술과 같이 극단의 고정화가 필요하지 않은 경우에는 재활의 초기 단계부터 천천히 앞뒤로 움직이는 동작과 팔로 조그만 원을 그리는 형태의 가동범위 확보를 위한 유연성 운동이 시행되는 것이 바람직하다.

점차 어깨를 앞뒤로 흔들거나 원을 돌리는 동작을 크게 하면서 가동범위의 확장을 시도하는데 중요한 것은 통증이 없는 범위에서 실시하며 부하를 적게 하여 많은 횟수와 빈도로 실시하는 것이다. 봉을 잡거나 벽에 손을 집고 수동적인 스트레칭을 하며 유연성을 늘려가는 방법도 권장되며, 이때 손가락으로 벽을 타고 올라가듯이 팔을 올려 통증이 느껴지기 전까지의 높이를 표시하여 반복하면서 점차 높이를 올려가는 것도 바람직한 방법이다.

② 근력

어깨 근력 강화는 다양한 방향의 등척성 운동에서부터 실시하여 등속성 운동과 플라이오메트릭(반동) 운동으로 점차 강도를 높여간다. 관절을 고정하고 있는 상황이나 손상 초기에는 등척성 운동으로 근력의 상실을 예방하고, 유연성 훈련과 함께 가동범위가 확보되면서 부터는 등속성 운동을 실시한다. 이때 가벼운 부하에서 점차 빈도와 부하를 증가시켜가며 운동을 실시한다.

톱질하기	벽 오르기
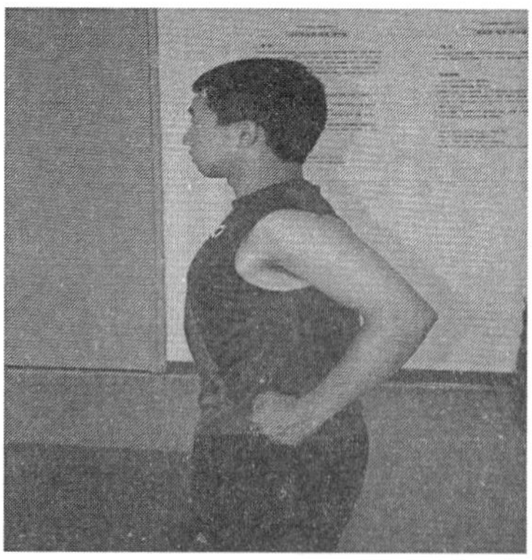	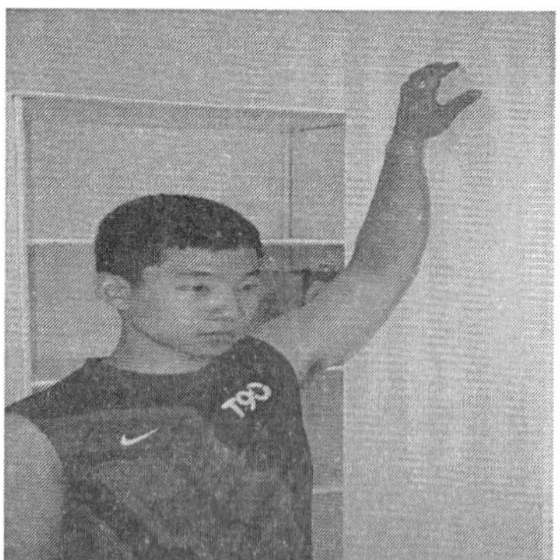

〈그림 15-7〉 어깨 유연성 운동

어깨 관절은 관련 근육들의 근력 강화 및 균형으로 안정성이 보장될 수 있으므로 다양한 각도와 방향에서 운동을 실시한다. 즉 선 자세에서 아령이나 탄력밴드를 이용하여 팔을 편 상태로 정면과 측면, 후면 방향으로 팔을 드는 동작과 누운 자세에서 팔을 옆으로 벌려 안으로 모으는 버터플라이 동작의 응용 동작, 엎드린 자세에서 팔을 옆으로 벌려 버티는 동작 등 전 운동 각도와 방향에서의 운동이 병행되어야 한다.

회전근개의 근지구력 향상을 일차목표로 하여 초기에는 90° 미만의 범위에서 어깨를 좌우로 연결하는 선보다 앞에서 실시하는 것이 통증 예방에 도움이 된다. 또한 능형근과 하부 승모근 강화를 위한 운동으로는 어깨 아랫부위의 운동인 디클라인 벤치 프레스와 가슴 앞쪽으로 바를 끌어당기는 프론트 랫풀다운이 권장된다.

③ 근신경 조절

하지 부상 후 재활에서는 발바닥이 지면에 닿은 상태로 운동하는 폐쇄사슬 운동을 통하여 근신경 조절을 실시하는데 어깨의 경우도 마찬가지로 폐쇄사슬 운동이 권장된다. 운동 방법은 손바닥을 지면에 닿게 하여 엎드린 자세에서 체중을 전후좌우로 천천히 이동하면서 중심을 유지하는 방법부터 시작하여 바닥에 있는 볼을 손으로 잡고 엎드린 상태에서 중심 이동 및 유지나 팔굽혀 펴기를 실시하는 형태로 난이도와 강도를 높여가며 운동을 실시한다.

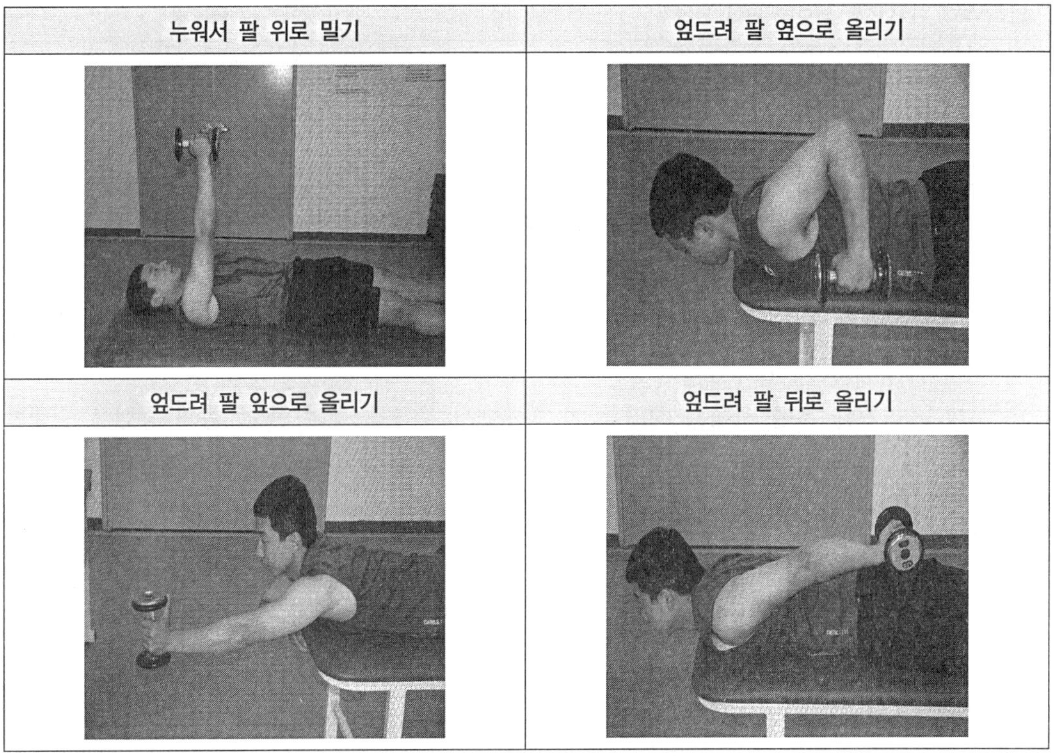

〈그림 15-8〉 어깨 근력 강화 운동

5) 척추

요통은 많은 사람들에게서 발생하는 질환 중 하나로 특히 무거운 장비를 메고 다니는 군인들 사이에서 고통을 호소하는 경우를 종종 보게 된다. 요추는 5개의 척추로 되어있고, 추간판과 후관절, 그리고 척추 전후로 길게 이어진 종인대로 구성되어 있다. 추간판은 척추 대부분의 움직임과 척추에 주어지는 충격을 흡수하는 역할을 담당한다.

척추 손상은 일시적인 충격에 의해 발생하는 경우는 드물고 대부분 반복적인 과부하와 근육 및 인대조직의 기능 저하에 따른 내성이 감소함으로써 발생한다. 특히 추간판 탈출은 척추의 과굴곡 또는 측면으로의 굴곡 간 굽히는 부위의 반대로 압력이 강하게 발생되는데 이러한 동작을 반복적으로 과하게 하면 발생되는 것으로 알려져 있다. 가장 대표적인 예는 의자에 앉을 때 엉덩이를 앞으로 내어 앉아 허리를 둥그렇게 말아 뒤로 기대는 자세를 오래 유지하는 경우 종종 추간판 탈출증이 나타나게 된다.

반면 척추 골부전과 인대손상은 급작스런 과부하에 의한 외상으로 종종 발생된다. 무거운 물건을 들어 올릴 때 허리를 구부린 상태로 힘을 쓰거나, 낙상과 같이 직접적인 충격이 동반된 상태에서 주로 발생하는 것으로 알려져 있다.

(1) 예방

요통은 척추에 부하되는 압력을 골고루 분산시키는 바른 자세와 요추 부위 근육 강화로 예방할 수 있다. 척추 손상의 상당수가 관절 가동범위의 마지막 각도에서 발생되는 것을 고려할 때 척주의 올바른 곡선을 유지하는 자세로 중립적 위치를 벗어나지 않도록 하는 것이 중요하다. 서있는 자세에서는 똑바로 서서 허리를 곧게 펴고 한쪽 다리로 서는 위치를 종종 바꾸거나 한쪽 발을 발판 등에 올려놓는 것이 압력이 집중되는 것을 방지한다.

앉는 자세에서는 오랫동안 같은 자세로 앉아있거나, 몸을 뒤로 둥글게 말아 허리가 등받이에서 떨어지는 자세를 피하고 의자에 허리를 붙여 앉는 자세를 유지하는 것이 중요하다. 물건을 들어 올리거나 운반 시에는 허리를 편 상태에서 무릎을 굽혀 들고, 몸의 중심에 최대한 가깝게 물건을 들고 운반하는 습관을 들이는 것이 급성손상을 예방하는 데 도움이 된다.

또한 척추 관절의 스트레칭으로 유연성을 증가시키고, 척추 기립근과 복부 근육들의 근력을 강화하여 척추 관절을 지지하고 가해지는 부하를 분산시키는 것 역시 내성을 강화하여 부상의 위험을 감소시켜 준다.

(2) 재활

허리 통증 특히 급성손상의 초기에는 심한 통증과 움직임의 제한을 경험하게 된다. 허리는 몸을 움직이는 데 있어서 몸의 중심에 위치하고 있기 때문에 사지 말단의 제한된 움직임 이외의 거의 모든 움직임에 직·간접적으로 관여한다. 그러므로 치유 단계에서는 움직임을 제한하고 통증이나 불편감이 적은 상태에서 재활 운동을 시작해야 한다. 수핵이 돌출된 경우 견인치료로 추간판 내의 압력을 감소 또는 음압을 발생시켜 돌출된 부위를 안으로 넣는 치료가 병행될 필요가 있다.

① 유연성

다른 손상 부위와 다르게 척추의 경우 유연성 향상에 많은 비중을 두지 않는다. 오히려 무리한 척추 관절 가동범위 운동으로 문제를 악화시키는 경우가 발생할 수 있기 때문에 가벼운 정도의 스트레칭이나 굴곡, 신전 운동을 권장한다. 손상 후 재활 단계에서 척추 부위의 근력과 근지구력이 향상되고 척추의 안정화가 이루어질 때까지 유연성 향상을 위한 프로그램은 권장되지 않는다.

척추는 서서히 부드럽게 부하가 높지 않은 정도에서 굴곡과 신전을 반복하는 형태로 유연성 운동이 실시되어야 한다. 무릎을 땅에 대고 엎드린 자세에서 서서히 등을 하늘 방향으로 말아 올리는 동작을 반복하여 척추관절에 부하를 줄이면서 척추의 가동성을 높이는 방법이 효과적이라고 알려져 있다.

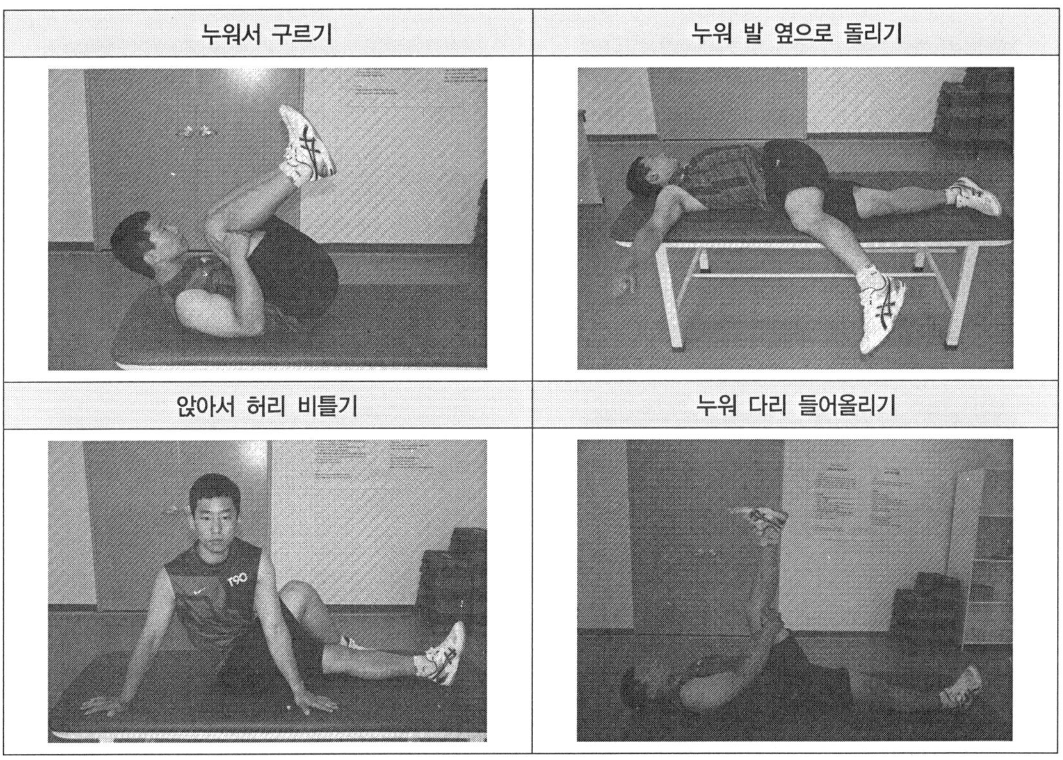

〈그림 15-9〉 척추 유연성 운동

또한 허리부위 통증은 척추의 유연성뿐만 아니라 하지 근육들과도 관련이 있어 엉덩이 굽힘근이나 허벅지 뒷근육들의 유연성 향상이 중요하다. 이러한 근육들의 유연성 향상을 위해서는 골반의 굴곡과 신전을 통하여 향상시킬 수 있는데 런지 동작을 서서히 하는 것과 다리를 펴고 허리를 굽히는 체전굴 동작을 통하여 향상을 도모할 수 있다. 이때 반드시 주의해야 할 사항은 허리를 곧게 펴서 척추관절의 중립적 위치를 유지하는 것으로 이러한 자세를 통해서 손상을 예방하고 원하는 부위의 유연성을 향상시킬 수 있다.

② 근력과 근지구력

허리의 근력과 근지구력 부족이 허리부상과 관련이 높은 것으로 알려져 있으며 그 중 근지구력이 더욱 높은 연관성을 가진 것으로 보인다. 근지구력을 향상시키기 위해서는 높은 부하에서 낮은 빈도로 시행하기보다는 낮은 부하에서 반복 횟수를 많이 해야 하며, 부상 초기에는 움직임을 고정한 등척성 운동이 권장된다.

척추의 전면에 있는 복근과 후면에 있는 척추 신전근 모두의 근지구력과 근력을 향상시켜 안정성을 강화하여야 한다. 걷기는 허리 근육에 매우 낮은 부하를 부드럽게 지속적으로 작용하기 때문에 요통 환자에게 권장되는 운동이다. 윗몸 일으키기는 대표적인 복근 운동으로 허

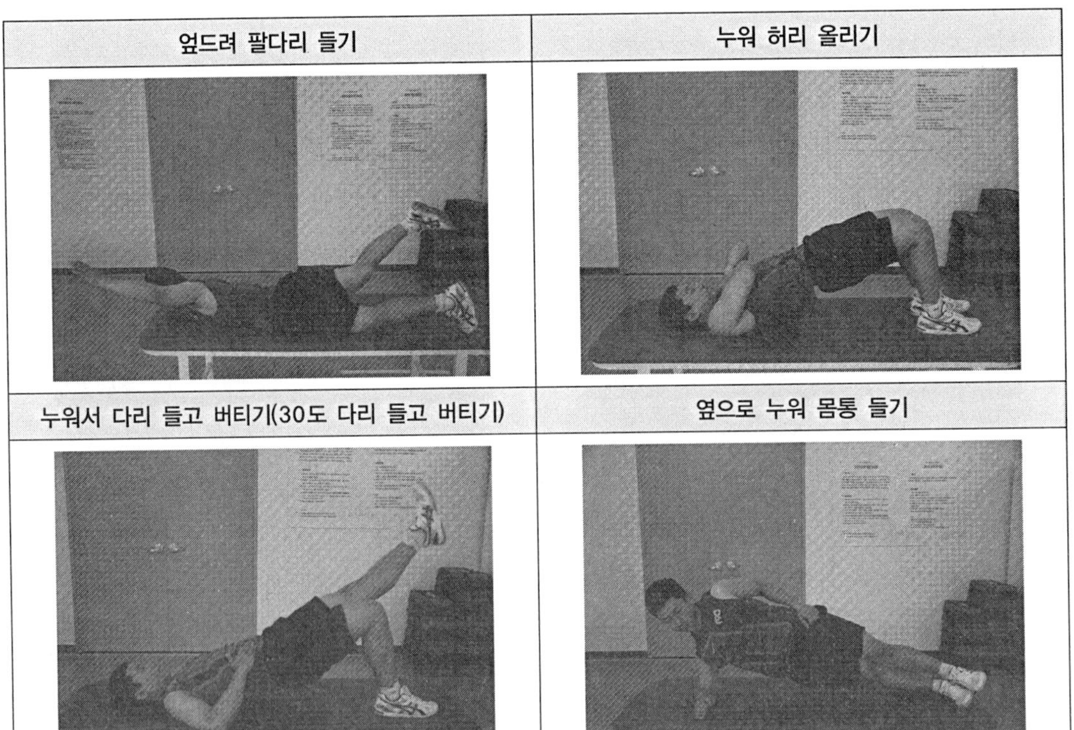

〈그림 15-10〉 척추 근력 및 근지구력 강화 운동

리를 과하게 굴곡시키는 동작이기 때문에 척추에 가해지는 압력을 증가시킬 수 있으므로 허리 밑에 손을 받쳐 척추의 위치를 중립적으로 유지하면서 최대 굴곡 이전 각도까지만 실시하거나, 한쪽 다리를 구부린 상태에서 실시함으로써 중립적 요추곡선 유지 및 골반을 고정하여 운동할 수 있다. 누워서 다리 들어올리기 운동은 보다 큰 요근의 수축력을 요구하는데 다리를 90° 이상 들어올리기보다는 15° 정도 수준에서 자세 유지로 등척성 운동을 실시하고, 점차 반복적으로 들어올리는 형태로 발전해 나가는 것이 바람직하다.

단순히 척추 굴곡방향의 운동만으로는 요근과 복근 외에 복사근에 영향을 미치지 못하는데, 척추에 영향을 미치는 근육군 모두를 고르게 발달시키는 것이 중요하다. 복사근을 강화시키는 방법으로는 옆으로 곧게 누워 손바닥이나 팔의 하박으로 몸을 지면에서 띄운 상태로 체중을 지지하는 방법이 있는데 척추에 부여되는 부하를 줄이면서 근지구력을 향상시킬 수 있다.

척추 신전근을 향상시키는 방법으로는 엎드려 누운 자세에서 팔과 다리를 뻗어 벌리고 지면에서 사지를 띄운 채 자세를 유지하는 등척성 운동이나 무릎 꿇고 엎드려 한쪽 발을 지면과 수평으로 들어올리는 동작을 번갈아하는 것으로 신전근의 근지구력과 근력을 강화시킬 수 있는데, 좀 더 강한 부하를 주기 위하여 다리를 들 때 반대편 손을 함께 들어올리며 운동을 실시할 수 있다. 하지만 이러한 동작은 근력 증가에 용이하지만 척추에 압력이 증가되기에 방법을 선택하는 데 있어서 주의가 요구된다.

7 응급상황 조치

응급상황은 즉시적인 의료적 조치를 요구하는 상황으로 생명과 직결되는 위험한 상태를 말하며 빠른 시간에 정확한 판단과 처치가 요구되는 급박한 상황이다. 응급처치의 우선적 요구사항은 심혈관계 기능의 유지 및 재생이며 다음으로는 중추신경계 기능 유지이다.

야지에서 훈련 간 의료지원을 즉시적으로 받을 수 없는 상황에서 이러한 응급상황이 발생할 수 있으며, 지휘관은 적절한 처치 방법에 대한 이해로 부하들의 귀중한 생명을 구할 수 있도록 신속하고 정확한 판단과 처치가 요구된다.

생명 또는 영구적 장애를 초래할 수 있는 이러한 응급상황은 악조건하에서 훈련을 주기적으로 실시하는 군인들에게서도 쉽게 접할 수 있는 상황은 아니기에 독단적인 판단과 처치에 앞서 신속히 전문 의료인의 판단과 도움을 받는 것이 오판으로 인한 심각한 사태를 예방할 수 있는 방법이다. 응급상황이라 판단 시 의료진에게 제공하여야 하는 정보는 ① 응급상황의 유형, ② 의심되는 손상의 유형, ③ 환자의 현재 상태, ④ 심폐소생술 등 현재 수행 중인 응급처치, ⑤ 발생 현장 및 접근 방법 등이며 이러한 조치는 응급처치와 동시에 병행되어야 한다.

1) 응급상황 진단 단계

응급상황에 대한 체계적인 진단은 손상의 본질을 확인하고 적절한 조치의 방향을 제공해 준다. 생명의 위협을 줄 수 있는 상황판단부터 자칫 영구손상에 이를 수 있는 손상의 처치, 그리고 손상 정도에 영향을 미치는 상황의 판단까지 우선순위에 입각하여 절차대로 진단 및 판단이 이루어져야 한다.

진단은 생명을 위협할 수 있는 중대한 상태인 심폐기능의 유지, 출혈, 쇼크, 기도막힘 등의 상태 확인을 일차적으로 실시하고 상기 사항에 대한 문제 확인 시 지체 없이 문제 해결을 위한 노력을 기울여야 한다. 이후 통증, 움직임, 눈의 동공, 심박수, 의식수준, 체온, 호흡수 등의 생체 징후를 점검하여 이차적인 손상의 예방과 적절한 처치가 이루어질 수 있도록 하여야 한다.

일반적으로 무의식은 자각적 의식의 부족을 나타내는 상태를 말하며, 머리나 복부의 심한 충격이나 뇌로 가는 혈류의 부족으로 인해 발생할 수 있다. 그러므로 의식이 없는 환자를

〈표 15-3〉 무의식 환자 유형별 조치

구분	실 신	열사병	쇼크	간질
발병원인	뇌로 혈액순환 장애	심부온도 증가로 체온 조절 기능 상실	과다 출혈, 혈액공급 제한	뇌조직 기능적 장애
증상	실신 전 현기증, 안색 창백, 구토 호소	현기증, 두통, 구토, 경련, 시력 장애 등	초기에 오한, 갈증, 시각 손상, 불안 두려움 등	구강 내 거품, 혀를 깨묾, 경직, 경련, 대소변 실금
의식수준	완전한 무의식	점진적으로 의식 소멸	점진적으로 의식소멸	무의식
맥박	빠르고 약함	빠르고 약함	빠르고 약함	빠름
호흡	빠르고 얕음	깊게 쉬다가 점차 빠르고 얕아짐	빠르고 얕음	요란하고, 후에는 깊고 느림
피부	창백, 차가움, 끈적끈적해짐	고열, 건조, 홍조	창백, 차가움, 끈적끈적해짐	점진적으로 창백해짐
조치사항	옷을 풀어주고 눕혀서 다리를 높여 뇌로 혈액공급 유도	기도확보, 체온 낮추기	지혈(출혈 시), 옷을 풀어주고 눕혀서 다리를 높이 올리고 뇌로 혈액공급 유도	옷을 풀어주고 기도확보(분비물 제거 및 혀고정)

발견하면 호흡과 맥박을 우선적으로 확인해야 하는데, 누워있는 자세에서는 환자의 코에 귀를 대고 가슴을 쳐다보면서 호흡유무를 확인하고 맥박은 경동맥이나 요골동맥을 촉진하여 상태를 확인한다. 환자가 엎드린 자세라면 성급히 몸을 돌리지 말고 발견한 자세에서 등의 움직임으로 호흡을 확인하고, 맥박은 경동맥과 요골동맥에서 확인하도록 한다. 환자가 의식이 없는 상태에서는 기본적으로 목과 척추 손상의 가능성을 배제하여서는 안 되기 때문에 함부로 방탄 헬멧을 제거하거나 자세를 바꾸려는 시도를 해서는 안 되고 전문 의료진에 연락하고 의식이 돌아올 때까지 상태를 확인하며 지켜봐야 한다.

환자의 의식을 확인하는 과정은 구두 질문 또는 피부를 꼬집어서 확인하여야 한다. 이는 환자가 경추나 척추 등에 손상을 입었을 경우 머리나 몸통을 흔들게 되면 추가적인 중추신경계 손상이 발생하게 되어 손상 정도를 더욱 심하게 만드는 결과를 초래하기 때문이다.

2) 심폐소생술

의식이 없는 환자의 호흡과 맥박이 확인되지 않는다면, 즉각적으로 심폐소생술을 실시하여야 한다. 우선적으로 심폐소생술 실시를 위하여 평평한 바닥에 환자를 똑바로 눕혀야 하는데 엎드린 자세로 있는 환자는 머리, 어깨, 골반이 비틀리지 않도록 직선을 유지하면서 서서히 돌려 눕힌다.

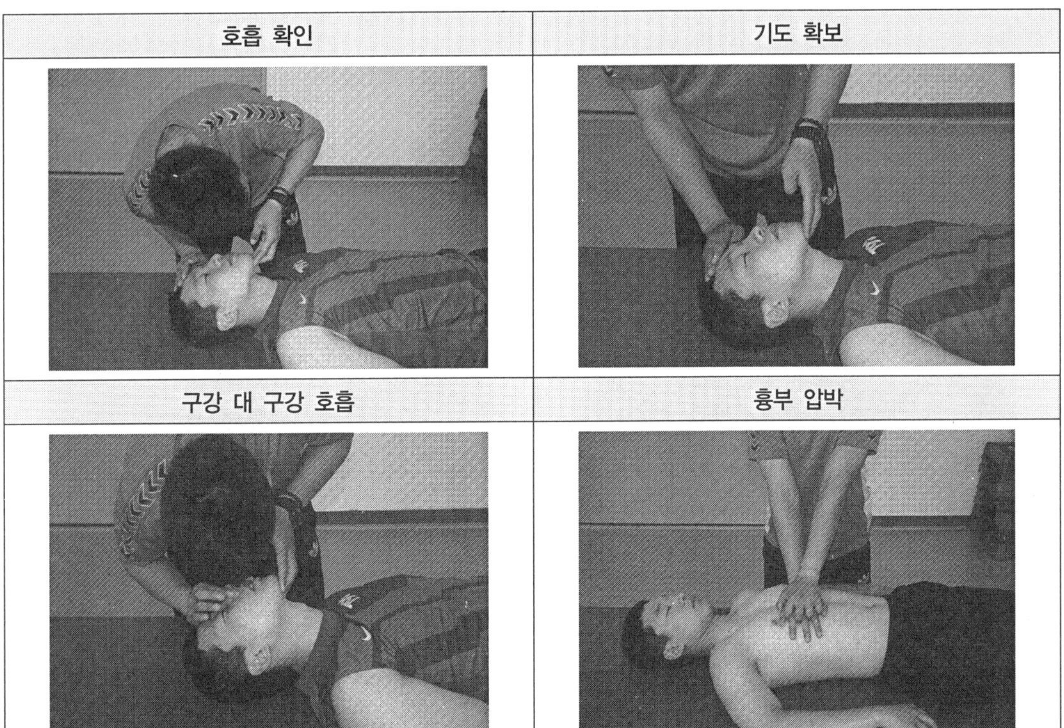

〈그림 15-11〉 심폐소생술

심폐소생술의 첫 단계로는 환자의 기도를 확보하여야 한다. 머리를 뒤로 젖히고 턱을 위로 들어 올려 혀가 목구멍 후면을 막지 못하도록 구강부터 기관지까지 통로를 확보한 뒤, 한 손으로 환자의 이마를 누르고 다른 손으로 턱 아래를 받쳐 위로 들어 올린다.

이마를 짚은 손으로 머리를 누르면서 엄지와 검지로 환자의 코를 막고 환자의 입에 숨을 천천히 깊게 두 번 내쉰다. 호흡을 내쉬는 동안 코나 입으로 공기가 새는 소리를 확인하여 공기가 새는 경우에는 자세를 바꾸거나 복부밀기와 구강 내 이물질 제거로 기도를 확보해야 한다. 내쉬는 호흡은 초당 1회의 비율로 하고, 환자의 가슴이 올라오는 것을 눈으로 확인하며 실시한다.

2회의 호흡 후 환자의 가슴 옆에 무릎을 꿇고 앉아 환자의 흉골 아랫부분에 두손을 겹쳐 힘주어 아래로 내리누른다. 흉골 아래에 있는 심장을 눌러 수동적으로 혈액의 순환이 이루어지도록 하는 것으로 가슴이 4~5cm 아래로 눌릴 정도로 누르는 동작을 분당 80회 비율로 30회 반복하고 다시 호흡을 2회 불어 넣는다. 이러한 동작의 반복을 환자의 호흡과 맥박이 돌아올 때까지 지속적으로 실시한다.

3) 기도 차단 응급처치

의식이 있는 상태에서 기도가 차단된 경우 환자는 말이나 호흡을 할 수는 없지만, 호흡이 막힌 것을 몸으로 표현할 수는 있다. 기도가 막혀 호흡이 제한된 경우 신체에 나타나는 증

의식이 있는 경우	의식이 없는 경우
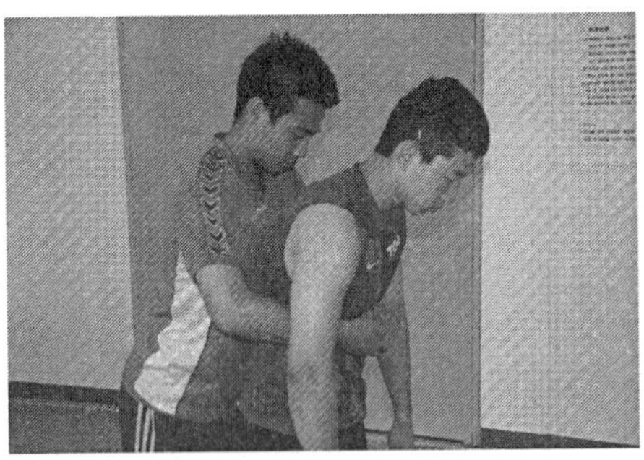	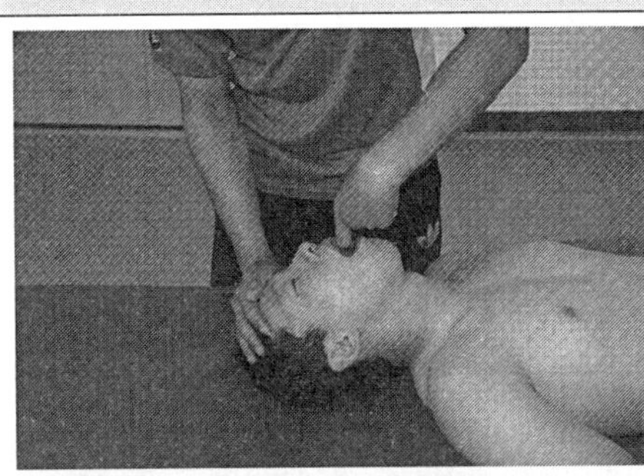 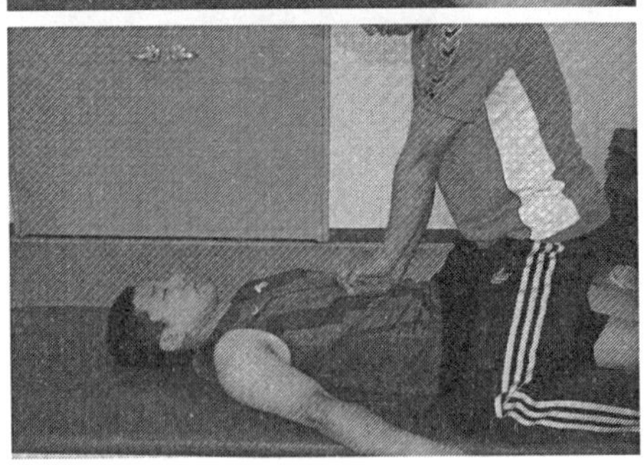

〈그림 15-12〉 복부 밀치기

상으로는 머리가 뒤로 젖혀지고, 얼굴이 홍조를 띄다가 청색증으로 변해간다.

의식이 있을 때에는 복부 밀기를 실시하는데 환자의 뒤에서 감아 안아 한 손은 주먹을 쥐어 엄지 손가락 끝 마디가 환자의 명치에 오도록 위치시키고 다른 손으로는 주먹 쥔 손을 감싸 주먹을 복부 후상방으로 강하고 빠르게 압박을 가한다. 이러한 동작은 환자의 횡경막에 압력을 가해 폐에 남아있는 공기가 기도를 차단하고 있는 물질을 바깥으로 밀어내도록 하기 위하여 시도되는 것으로, 복부를 미는 동작에서 환자가 상체를 앞으로 숙여 흉곽 내의 체적이 줄어들도록 하는 것이 폐에 압력을 증가시키는 데 도움이 된다.

의식이 없는 경우 환자를 바르게 눕혀놓고 먼저 입안에 이물질이 있는지 손가락으로 확인한다. 만약 이물질이 손가락에 걸리게 되면 이물질이 밀려서 더 안으로 들어가지 않도록 주의하며 이물질을 제거한 후 심폐소생술을 실시한다. 이물질을 손으로 제거할 수 없는 경우에는 환자의 허리 아래에 무릎 꿇고 앉아 두 손으로 명치 아랫부위를 복부 후상방으로 힘껏 누르는 방법으로 이물질의 제거를 시도한다.

4) 출혈의 억제

출혈은 피부의 외부 또는 신체 내부에서도 발생할 수 있다. 피부 외부로의 출혈을 외출혈이라 하고 베이거나 피부가 찢어진 경우 등과 같은 상황에서 발생한다. 억제 방법으로는 직접 압박, 거상, 압박점 압박 등이 실시되는데 외부 상처가 오염된 물질과 접촉하지 않도록 주의하여 압박을 실시한다.

직접 압박은 살균된 거즈나 헝겊 등을 이용하여 출혈이 발생한 부위에 대고 압박을 가하는 것으로 피가 밖으로 새어나오지 못하도록 강하게 압박한다. 압박과 함께 손상된 부위를 높게 들어 올리면 손상 부위의 혈관 압력이 감소되어 출혈을 줄이는 데 효과적이다.

직접 압박과 거상으로도 출혈이 감소하지 않는 경우 출혈 부위로 연결된 동맥을 압박하여 출혈을 감소시키는 방법이 사용되어야 한다. 오금, 상완동맥, 대퇴동맥 등이 사지출혈 시 주로 사용되는 압박점이며 손으로 해당 부위를 촉진하여 혈관의 맥박이 느껴지는 부위를 강하게 압박하여 손상 부위로 공급되는 혈액을 제한하도록 한다.

내출혈의 경우 겉으로 확인하는 것이 매우 어렵다. 머리나 가슴, 복부와 같은 신체 내부에서 발생한 내출혈은 생명과 직결될 수 있고 해당 부위의 지혈에 어려움이 많기 때문에 내출혈이 의심되는 경우에는 환자를 안정시키고 체온을 유지하도록 노력하면서 신속히 의료진의 진단과 처치가 이루어질 수 있도록 조치하여야 한다.

5) 쇼크 처치

쇼크는 혈액공급이 충분히 이루어지지 않을 경우 발생한다. 특히 신체 조직 중 신경계는 근육 조직에 비하여 혈액공급 제한에 따른 산소공급 감소에 민감하기 때문에 근조직에 비해 빠르게 괴사가 발생되어 신체를 정상적으로 유지 및 조절하는 능력을 상실하게 된다. 과로, 탈수, 더위 등은 쇼크의 위험에 노출되게 만든다.

쇼크의 증상으로는 식은 땀, 끈적한 피부, 빈맥, 느린 호흡, 혈압 저하 등이 있으며 심리적으로 불안정하고 흥분한 상태를 보이기도 한다. 쇼크 증상을 보이면 환자의 체온을 정상 범위로 유지하도록 하고, 출혈이 발생한 손상 부위를 올리는 응급조치를 취한다. 의식이 있는 환자의 경우 자신의 손상이 심각하다는 인식으로 공포감과 쇼크가 발생될 수 있다. 환자를 안심시키고 편안한 느낌을 갖도록 대화를 유도하며 환자가 손상 부위를 보지 못하도록 보호하여야 한다.

제16장

환경적 고려사항

1. 체온조절
2. 고온환경에서의 훈련
3. 저온환경에서의 훈련
4. 고지대에서의 훈련

고온 또는 저온, 고지대 등의 자연적인 외부 환경은 인체에 스트레스로 작용되어 신체활동의 수행력을 떨어뜨리고 때로는 심각한 건강상 위협이 되기도 한다. 군인은 자연적인 모든 악조건하에서도 주어진 임무를 수행하여야 하기 때문에 평시에도 혹한기와 혹서기 훈련을 통하여 악기상에서의 작전수행능력을 향상시키고 있다. 인간의 한계를 시험하는 혹독한 환경 중에서도 특히 고온이나 저온 등의 온도변화는 인체에 체온조절이란 추가적인 부담으로 신체기능에 위협을 가한다. 더위와 관련된 상해는 종종 덥고 습한 환경에서 발생하지만, 서늘한 날씨에도 탈수 상태에서 훈련하는 경우가 발생할 수 있으며 전투복과 방탄조끼 등 각종 장비를 착용하여 땀을 통한 열 발산이 제한되는 경우에도 나타날 수 있다. 비록 신체는 그러한 환경에 지속적으로 노출이 되면 적응할 수 있으나 환경변화에 따른 신체의 변화와 반응에 대하여 이해하는 것은 보다 안전하고 효과적인 훈련에 상당한 도움이 된다.

1 체온조절

우리 신체는 거의 일생동안 일정한 온도를 유지한다. 우리가 일상생활 또는 과도하지 않은 신체활동 간 체온은 36.1~37.8℃의 범위를 벗어나지 않는다. 매우 복잡하고 정교한 체내 온도조절 장치에 의하여 일정한 온도를 유지하고 있으나, 극한의 환경에서 이러한 온도조절 능력을 상실하게 되면 인체는 위험한 상태에 놓이게 된다. 인체는 체온이 떨어질 경우 열을 발생시키고 일정 범위보다 높아지면 외부로 열을 방출하여 정상범위를 유지한다. 즉 신체 대사와 외부 환경으로부터 발생된 열을 외부로 방출함으로써 균형을 유지하는 능력이 중요하다.

인체의 정상 체온 유지를 위한 노력은 뇌의 시상하부라는 체온조절센터에서 조절된다. 시상하부는 두뇌를 순환하는 혈액의 온도변화를 감지하여 체열을 높이거나 낮추기 위한 인체의 생리적 변화를 지시한다. 즉 혈액온도가 높아지면 시상하부는 피부로 공급되는 동맥을 확장하도록 하여 피부로 흐르는 혈액의 양을 증가시켜 인체 내부의 열을 피부로 이동시킨다. 그리고 땀샘에서 수분을 방출하도록 하여 피부 표면에서 증발을 통한 열손실이 발생하도록 한다. 반대로 체온이 낮아진 경우에 시상하부는 대사를 증가시키기 위하여 갑상선으로부터 타이록신이라는 호르몬을 분배하도록 자극하여 대사율을 높임으로써 대사로 인한 체온의 증가를 유도한다. 또한 근육의 긴장상태를 조정하여 근육의 빠르고 반복적인 수축과 이완활동, 즉 떨림을 유발시켜 근육의 활동으로 열을 발생시키도록 한다.

체내 열생산의 가장 중요한 원천은 에너지 대사에 의한 열발생이다. 대사에 의한 에너지 소비의 약 25%는 기계적인 일로 전환되어 움직임을 만드는데 사용되고, 나머지 75% 정도가 열로 발산된다. 대사는 항상 체온을 올리게 되고 이는 신체활동의 강도에 따라 대사량이 많을수록 더욱 많은 열이 발생된다.

신체에서 열을 발산하는 방법으로는 전도, 대류, 복사, 증발 등 4가지에 의하여 발생된다. 다른 물체와의 직접적인 접촉으로 열손실과 획득이 발생하는데 이러한 직접적 접촉을 통하여 한 물질에서 다른 물질로 열이 이동되는 것을 전도라 한다. 신체 내에서 인접한 조직 간에, 신체 외부와는 피부와 피복 또는 외부 공기와의 접촉으로 전도를 통한 열교환이 발생된다. 기체나 액체의 순환에 의하여 대류가 발생되는데 이때 더워진 또는 차가워진 매개물질이 이동하며 열교환이 이루어진다.

열은 적외선 형태로 방출되기도 하는데 이를 복사열이라 하고 휴식 중에 체온을 낮추는 일차적인 방식이다. 휴식 간 실내에서 신체 열손실의 약 60%를 복사열에 의존한다. 하지만 운동 간에는 대류와 복사에 의한 열 손실은 전체 손실량의 약 20% 이하로 다른 열 손실 수단이 필요하다.

신체활동이나 운동으로 대사적 요구가 증가되는 상황에서 흘리는 땀의 증발은 운동 간 열 발산을 위한 일차적인 수단이다. 휴식 간 증발에 의한 열손실은 약 20% 정도이지만 운동 간에는 전체 열손실의 약 80% 정도를 증발에 의존한다. 신체는 체온상승에 대한 자극으로 피부표면에 땀샘을 통하여 수분을 분비한다. 물은 피부의 열을 흡수하고 액체에서 기체 상태인 수증기로 변하여 주변 공기로 확산되는데 기화를 통하여 상당한 열의 손실이 이루어진다. 충분한 양의 땀이 분출되어 증발에 제한이 없다면 고온 환경에서도 체온은 비교적 정상범위를 유지할 것이다. 생리적 한계의 땀 생산 능력은 개인의 적응 정도, 유산소성 체력, 유전적 요인 등에 영향을 받는다. 하지만 땀 분출 자체로는 열손실의 중대한 요인이 되지 않는다. 땀이 피부표면에서 증발을 해야 열손실이 이루어질 수 있다. 증발은 외부 환경의 습도와 밀접한 관계에 있다. 대기 중의 수증기 함유량이 높은 환경에서는 습도차이가 적어 땀이 기화되는데 제한이 있으며 그로 인하여 열손실은 매우 적은 수준만 이루어질 것이다. 온도가 낮은 경우에도 대기 수분이 포화상태라면 증발은 발생되지 않는다. 고온 다습한 상황에서 강도 높은 신체활동을 오래 지속하는 경우 체내에서 발생된 열을 모두 제거하지 못하는 상태에 이를 수 있으며 이는 신체 기능 저하와 건강의 위협을 의미하게 된다.

2 고온환경에서의 훈련

1) 고온환경에서의 생리적 변화

고온환경에서 신체활동이나 훈련은 체온을 정상범위로 유지하기 위하여 열손실을 최대화하도록 강요한다. 이러한 열스트레스에 적절히 대처하기 위하여 인체는 다양한 생리적 변화가 필요하다. 신체활동은 근육으로 필요한 에너지와 산소를 공급하기 위하여 순환계의 활발한 활동을 요구한다. 그 요구에 부응하기 위하여 심박출량의 증가가 이루어지게 되는데, 고온 환경에서는 순환계에 추가적으로 체온 조절을 위하여 많은 양의 혈액이 피부로 보내지도록 요구된다. 하지만 우리 인체 내 혈액은 일정량으로 제한되기 때문에 근육과 피부로 보내지는 요구에서 상호 경쟁이 발생되게 된다. 결국 체온의 상승에 따라 근육에 제공될 혈액양이 제한되게 되어 신체수행력과 지구력의 감소가 발생된다. 근육과 피부로 다량의 혈액이 분배됨으로 인하여 심장으로 되돌아오는 혈액양이 감소되어 결국 한 번에 심장에서 뿜어낼 수 있는 혈액량을 감소시키게 된다. 이러한 1회 박출량의 감소에도 불구하고 한동안 심박출량은 심박수의 추가적인 증가로 일정하게 유지된다. 하지만 신체의 요구수준이 계속 증가되면 결국 근육과 피부 모두 충분한 혈류를 공급받을 수 없게 되고 운동기능의 급격한 감소와 체온의 과도한 상승이라는 위험에 직면하게 된다.

고온환경에서의 운동은 심박수의 증가와 함께 땀분비와 호흡의 증가를 요구한다. 이러한 생리적 요구에 따라 더 많은 에너지의 생산이 필요하고, 그를 위해 산소섭취의 요구도 증가하게 된다. 이러한 과정 속에서도 근육으로 공급되어야 하는 혈액이 피부와의 경쟁으로 인하여 감소하게 되고 그러한 혈액공급 감소는 산화적 인산화 과정에 필요한 산소를 충분히 공급하지 못하게 된다. 그로 인하여 저온에서의 운동할 때보다 근육 글리코겐을 더욱 많이 사용하게 되고 더 많은 젖산을 축적하게 된다. 이러한 요인은 수행력 감소 및 피로를 유발하기에 고온에서의 신체활동은 피로와 탈진을 앞당기게 된다.

앞에서 언급한 바와 같이 고온환경에서 체온을 정상범위로 유지하기 위하여 땀샘을 통해 수분을 피부 밖으로 배출하게 되는데, 체온을 낮추어야 하는 요구 정도에 따라 수분배출 속도와 양이 달라진다. 혈장이 땀샘관을 지나면서 나트륨(Na^+)과 염화물(Cl^-)은 주변 조직으로 재흡수되어 다시 혈관으로 이동하는데 이 재흡수되는 비율은 땀샘관을 지나는 체액의 속도와 반비례의 관계를 보인다. 즉 땀 분비가 천천히 이루어지는 상황에서는 재흡수가 거의 완전히 이루어지지만 고온환경에서 신체활동은 다량의 땀을 단시간에 배출하도록 요구하기에 재흡수는 효과적으로 이루어지지 못하고 다량의 무기질을 피부 외로 배출하게 된다. 땀으로 배출되는 무기질의 양은 훈련 정도에 따라 달라진다. 신체적으로 고온환경에서 훈련이 이루어진 사람은 그렇지 못한 사람에 비하여 약 두 배의 나트륨과 염화물 재흡수 능력이 좋다.

다행스럽게도 다량의 땀배출로 인한 무기질과 수분의 상실을 완화하기 위하여 인체는 알도스테론과 항이뇨 호르몬을 분비한다. 혈액량 감소, 혈액 내 나트륨 감소 등의 자극으로 부신피질로부터 알도스테론 분비가 촉진되며, 알도스테론은 신장에서의 나트륨 배출을 제한하고, 혈액 내 나트륨 양의 유지는 인체 수분 보유량의 증가를 가져온다. 체내 수분 손실은 또한 뇌하수체로부터 항이뇨 호르몬의 분비를 유도하는 자극으로 작용된다. 항이뇨 호르몬은 신장에서 수분의 재흡수를 촉진하여 소변으로 배출되는 수분을 감소시켜 체내 수분 보유량을 유지하려는 노력을 한다.

이러한 노력에도 불구하고 70kg의 성인 남자가 고온환경에서 강도 높은 신체활동을 할 때, 시간당 약 2리터의 땀을 흘린다. 이러한 급속한 수분손실은 혈액량을 감소시키고 근육과 열손실에 요구되는 혈액량을 제한하게 되어 추가적인 발한 작용을 제한하고 열 관련 질병에 걸릴 위험을 증가시킨다.

2) 열 관련 질병

열스트레스에 의하여 신체는 심박수의 증가, 땀 배출에 따른 체온 감소 노력 등의 반응으로 대처한다. 하지만 대사의 증가로 인한 열 발생을 효과적으로 제거하지 못하는 상황이나 한계를 넘어서는 경우 열실신, 열경련, 열사병, 일사병과 같은 열 관련 질병이 발생할 수 있다.

(1) 열실신

열에 과다하게 노출되었을 때 빠르게 나타나는 육체적 피로를 열실신 또는 열허탈이라 말한다. 이는 고온환경에서 너무 오래 서있거나 고온환경에 적응이 되지 않은 사람이 훈련을 하다가 발생된다. 피부의 말초혈관이 이완되거나 저혈압 또는 혈액이 말단 부위에 몰려 중추신경에 충분한 혈액공급이 이루어지지 않아 발생된다. 증상으로는 어지러움과 실신 또는 메스꺼움을 동반하게 된다. 열실신은 시원한 곳에 눕혀 수분을 보충해줌으로써 빠르게 회복된다.

(2) 열경련

열경련은 골격근의 통증이 심한 근경직 현상이다. 훈련 중 가장 심하게 사용된 근육에서 발생되는데 주로 종아리와 복부에 발생된다. 수분과 무기질의 과다한 손실과 관련이 있는데 특히 근수축과 관련이 깊은 나트륨, 칼륨, 염화물, 마그네슘, 칼슘의 손실이 과다하게 발생될 때 나타난다. 이러한 무기질들은 앞에서 언급한 바와 같이 빠르게 땀이 발생하여 땀샘관에서 무기질의 재흡수가 제한될 경우 손실이 더 커져, 체내 전해질 불균형이 초래되고 통증과 근경직이 발생한다.

열경련은 적정한 나트륨, 포타시움, 클로라이드, 마그네슘, 칼슘 등의 무기질과 수분 보충으로 예방이 가능하다. 정제소금을 섭취하는 것도 효과적이지만 섭취하는 음식에 소금을 약간만 추가하는 것으로 충분하다. 열경련은 환자를 서늘한 곳으로 옮기고 음료수나 식염수를 공급함으로써 치료되며 가벼운 스트레칭과 경련 부위에 냉찜질을 하는 것이 도움이 된다.

(3) 일사병

일사병은 고온환경에 대처하기 위한 신체 요구사항에 적절히 대응할 수 없는 심장혈관계의 불능으로 유발된다. 고온에서 운동 간 근육과 피부에서 요구하는 혈액량을 충족하지 못하여 발생하는데, 체온조절 시스템은 작동되고 있지만 체온을 낮추기 위하여 충분한 양의 혈액을 피부까지 보내지 못하여 열발산에 제한을 받아 문제가 발생된다. 체력이 약하거나 더위에 적응되지 못한 경우 일사병에 걸리기 쉽다. 극심한 피로, 현기증, 구토, 창백한 피부, 저혈압, 약하고 빠른 맥박, 호흡수 증가 등과 같은 증상을 나타낸다. 쇼크를 예방하기 위하여 환자를 서늘한 장소로 옮기고 발을 높여 심장의 부담을 줄여준다. 체온을 낮추기 위하여 피복을 벗기고 바람을 쐬도록 하며 환자가 의식이 있는 경우에는 소량의 소금을 포함한 음료를 섭취시키는 것이 좋으나 의식이 없는 경우 구강을 통한 섭취는 기도폐쇄의 위험이 있으므로 정맥으로의 생리식염수 주입이 필요하다.

(4) 열사병

열사병은 체내 심부온도의 상승(40℃ 이상), 발한 작용 중지, 건조한 피부, 빈맥, 가쁜 호흡, 혼수상태 또는 무의식 등의 증상을 나타내며 생명을 위협하는 상태로 즉각적인 대처가 필요하다. 이 상태는 궁극적으로 고온환경에서 정상 체온유지를 위한 온도조절기능을 상실한 상태로 신속히 환자의 체온을 낮추어야 한다. 환자를 차가운 물에 담그거나 얼음으로 마사지를 하는 것이 좋으나, 가용하지 않을 경우 옷이나 부채 등으로 바람을 일으켜 환자의 체온을 신속히 낮추는 노력이 요구된다. 적절한 응급조치가 신속히 이루어지지 않는다면 중추신경계통의 손상이나 사망까지 이를 수 있다. 여름 고온 환경에서 훈련 시 얼음을 준비하는 것은 식수 및 응급처치를 위해서도 유익하다.

신체활동에 의한 체열 생산은 대사량과 직접적인 상관이 있다. 대사량은 운동 강도와 체력에 영향을 받는데 동일한 운동 강도라도 상대적으로 체력이 약한 사람은 더 높은 강도로 활동하는 것이 되고, 체중이 무겁거나 체격이 큰 사람도 대사량의 증가로 인하여 가볍거나 체력이 좋은 사람에 비하여 열질환에 더 위험하게 된다.

3) 열 관련 질환의 예방

외부의 기온과 습도 등의 환경적인 조건은 인위적으로 변화시킬 수 없다. 더욱이 군인에게 적정한 환경에서만 작전을 수행하도록 하는 것은 생각할 수도 없는 일이며 오히려 악조건하에서 작전수행능력을 향상시키는 것이 강한 군대를 양성하는 조건이다. 이를 위해서 일차적으로 더운 환경에 적응하기 위한 조치가 필요하다.

혹서기 이전부터 더위에 적응하도록 점차적으로 고온환경에서 훈련시간을 늘려가야 한다. 이때 신체적으로 단련되지 않은 부대원은 강도를 낮추거나, 상대적으로 기온이 낮은 시간대에 운동을 하도록 하여 급격한 신체적 스트레스가 부하되지 않도록 한다. 훈련이나 신체활동 간 음료수는 항상 휴대 및 쉽게 접근할 수 있도록 하여야 하며 갈증을 느끼기 이전에 수시로 물을 섭취하도록 독려하여야 한다. 순수한 물이 손상된 수분을 보충하는데 가장 좋은 음료이다. 탄산음료나 당이 함유된 비율이 높은 음료는 위에서 흡수가 늦기에 부대원들의 수행력을 유지하는 데 적절하지 않을 수 있다<표 16-1>.

운동 간 열손상을 예방하기 위하여 지휘관은 온도와 습도를 고려하여 운동강도를 조절하여야 한다. 체중 변화는 수분의 변화를 측정하는 중요한 수단이다. 급격한 체중 감소가 발생한다면 탈수증을 의심해봐야 한다. 또한 심박수는 열스트레스로 인한 신체의 생리적 변화를 알려주는 지표이다. 신체활동이나 훈련 중 휴식을 1분간 부여하고 1분 후에 측정한 회복 심박수가 분당 110회를 넘는다면 강도를 낮추거나 열스트레스를 피하는 방법을 강구하여야 할 것이다.

복장은 피부에서 열교환이 이루어지는데 제한 요소로 작용할 수 있다. 특히 땀배출이 제한되는 조끼나 방탄 헬멧, 군장류를 착용하고 훈련하는 것은 피부와 피복, 장비 간에 차단된 공간을 만들어 공간 내에 온도와 습도의 증가로 인해 증발에 의한 열교환이 이루어지지 않아 급격한 체온상승의 원인이 된다. 가능한 한 피복을 헐겁게 입고 수시로 환기가 되도록 하여 최대한 많은 양의 열을 발산할 수 있도록 하는 것이 필요하다.

열스트레스에 대한 개인차 역시 매우 중요하다. 평상시 강한 체력을 보유하고 있는 사람도 그날의 컨디션에 따라 다른 신체적 반응을 보일 수 있다. 훈련 간 어지러움, 두통, 기력

〈표 16-1〉 열손상을 예방하기 위한 수분 섭취 지침

- 음료 종류 : 찬물(7~13℃)
- 활동 전 수분 섭취 : 30분 이전에 370~570ml 섭취
- 활동 간 수분 섭취 : 15~30분 간격으로 약 90~180ml 섭취
- 활동 후 수분 섭취 : 갈증이 해소될 정도보다 약간 더 섭취

상실, 메스꺼움 등의 증상을 느끼는 경우 즉각적으로 주변 사람들에게 자신의 상태를 표현하고 지휘자나 지휘관에게 보고되도록 평상시 교육이 되어있어야 한다. 지휘자(관)는 그러한 증상을 인지하면 즉각적으로 해당 인원의 증상을 확인하고 적절한 조치를 취하여 열 관련 질환의 발생을 적극적으로 예방하여야 한다.

4) 열 적응

고온환경에서 지구성 신체활동이나 훈련을 여러날 실시하면 신체의 열발산 능력에 점진적인 적응이 일어나 일사병이나 열사병과 같은 열 관련 질환의 발병 가능성을 감소시킨다. 이렇듯 다른 환경조건에 신체적으로 적응하는 것을 순응라고 한다.

신체활동을 시작할 때, 순응된 사람은 보다 빨리 발한 작용을 시작하고 더 낮은 피부온도를 유지한다. 상대적으로 낮은 피부온도는 심부온도 그리고 주위 환경과의 온도차이를 높게 하여 열손실을 보다 용이하게 만들어 낸다. 열손실이 쉽게 이루어지기 때문에 피부로 보내야 할 혈액량을 감소시킬 수 있으며, 절약된 혈액은 근육이 사용할 수 있도록 재분배하여 글리코겐 소모량을 감소시켜 운동기능을 더욱 장시간 유지할 수 있도록 한다. 또한 고온에서 흘리는 땀으로 인해 손실되는 무기질의 양이 줄어들어 체내 혈장의 항상성 유지에 유리하다.

덥고 습한 지역에 새로 배치된 군인 중 다소 활동적인 경우에 현지의 기후에 순응되는 데 약 8~14일이 소요되고, 좌식 위주의 활동을 할 경우 그 이상의 기간이 필요하다. 현지 기후에 순응되지 않은 군인들은 열손상의 위험에 높게 노출되게 된다. 군인들이 덥고 습한 환경에서 임무를 효과적으로 수행하는 능력은 환경에 순응된 정도와 체력수준에 달려있다. 열 스트레스 정도는 상대적인 작업부하와 상관이 높다.

고온환경에서 두 명의 병사가 동일한 임무를 수행하고 있을 때 체력수준이 높은 병사가 열 스트레스를 덜 받고 더 높은 신체수행력을 나타낼 것이다. 그러므로 강한 체력을 유지하는 것은 매우 중요하다.

높아진 온도와 습도는 심박수를 증가시킨다. 결과적으로 신체활동 간 일정 강도에서도 평상시보다 높은 심박수를 나타내게 되는데, 이러한 현상은 달리기나 기타 훈련 간 객관적인 동일강도에도 상대적으로 높은 강도(높아진 심박수)의 반응을 나타내기 때문에 훈련 중간에 심박수 점검 등의 신체반응을 확인할 필요가 있다.

군인들이 고온환경에서도 전투력을 유지할 수 있도록 하기 위해서는 실제 고온환경에서 신체활동이나 훈련을 통하여 열순응이 이루어져야 한다. 단지 사우나와 같이 고온 다습한 환경에 장시간 노출되어 있는 것만으로는 실제 신체활동으로 인한 대사량 증가에 따른 대비가 이루어지지 않는다.

또한 고온환경에 순응되면 그보다 낮은 기온에서의 신체활동의 기능은 더욱 향상된 결과를 보이게 되는 점을 고려해 볼 때 혹서기 환경에서의 훈련은 강한 군대를 만드는 매우 효과적인 훈련 방법으로 보인다. 고온환경에서의 적응만을 고려하면 하루 중 가장 더운 시간에 훈련이 이루어져야 한다. 하지만 지나친 열스트레스를 피하기 위하여 처음 며칠 동안은 훈련 강도를 60% 수준으로 낮추어 실시하면서 부대원들의 적응 수준을 고려하여 점차 강도와 훈련 지속시간을 늘려가야 한다.

고온기후에 순응하여 나타나는 주된 변화로는 낮은 체온에서도 땀을 배출하기 시작하고, 땀 배출양이 증가되며 혈액량이 증가되고 체온의 상승을 보다 효율적으로 감소시키는 기능이 향상되게 된다.

3 저온환경에서의 훈련

추운 겨울이라도 체력 단련 및 스포츠 활동을 위하여 운동을 게을리 할 수 없으며, 직업적 특성에 따라 저온의 환경에서 지속적인 활동을 유지하여야 하는 경우도 있다. 군인은 고온환경에서의 훈련 및 신체활동과 마찬가지로 저온환경에서도 불가피하게 작전수행 능력을 향상 및 유지하여 유사시에 대비하여야 한다.

저온환경에서 신체활동이나 훈련은 고온환경에서의 경우와 같이 인체의 생리적 변화 및 적응을 요구하는데, 손실에 따른 열생산이 부족하여 부적 열균형을 이루게 되는 경우에 문제가 된다. 저온 스트레스는 기온 및 바람, 습도 등의 외부 환경과 대사량, 피복 등의 영향이 복합적으로 작용되며 인체의 체온유지 항상성을 위협할 정도로 체열손실을 유발시키는 환경적 상태를 말한다.

1) 저온환경에서의 체온조절

고온환경에서 대사증가로 발생한 열을 효과적으로 제거하여 열스트레스를 감소시키는데 사용되었던 방법(전도, 대류, 복사, 증발)들은 반대로 저온환경에서는 과다한 열손실로 열균형에 문제를 야기할 수 있다. 극한의 추위는 체온조절 능력의 한계를 넘어서도록 강요될 수 있으며 한계를 지나면 과다한 열손실로 신체는 위험한 상황에 놓이게 된다.

체온은 시상하부라는 체온조절센터에서 통합조절한다고 앞에서 설명하였다. 고온환경과 달리 저온환경에 노출되면 체온의 감소가 수반되게 되는데, 피부나 혈액 온도의 감소는 시상하부로부터 체열을 유지하고 열발생을 증가하는데 필요한 조치를 하도록 자극한다. 고온환경에서는 피부로 향하는 동맥을 확장시켜 혈류량을 증가시키는데 반하여 저온환경에서는 체온유지를 위하여 피부 동맥을 수축하게 된다. 이를 통하여 심부온도가 외부로 발산되는 양을 감소시키고, 피부의 온도가 낮아지면서 피부세포의 대사율도 낮아지게 되어 혈액 공급량 감소를 감당할 수 있게 된다. 또한 갑상선으로부터 타이록신이라는 호르몬을 분배하도록 자극하여 대사율을 높임으로써 대사로 인한 체온의 증가를 유도한다. 근육의 빠르고 반복적인 수축과 이완활동, 즉 떨림을 유발시켜 근육의 활동으로 열을 발생시키도록 하는데 이러한 떨림으로 휴식 대비 약 4배의 열생성을 증가시킬 수 있다.

신체에서 생산된 열의 약 65%는 방사에 의해 방출된다. 피복을 착용한 상태에서도 외부로 노출되고 혈관이 지나가는 목과 머리와 같은 부위에서 주로 방출이 발생하며, 이러한 부위를 통한 손실은 전체 열손실의 약 50%까지 이르기도 한다. 전체 열손실의 약 20%는 피부와 호흡을 통하여 발생된다.

동일한 환경에서도 사람마다 체감하는 온도와 열손실의 정도는 차이를 보인다. 일차적으로 지방이 신체구성에서 차지하는 정도가 중요한 요인으로 작용된다. 지방은 열 전도율이 낮기 때문에 신체내부 조직과 피하의 열을 외부로 전도하는 데 방해요인으로 작용한다. 고온환경에서는 이러한 특성으로 체열손실을 더 어렵게 하지만, 저온환경에서는 체온을 유지하는 데 도움이 된다.

여자가 남자에 비하여 신체조성에 있어서 지방의 비율이 더 높다. 그렇기 때문에 일반적으로 여자가 남자보다 추위에 저항하는 능력이 더 높다. 하지만 동일한 체구성을 가진 남녀간의 성별에 따른 저온환경에서의 체온 조절 능력에는 차이가 없다.

고온환경에서 체격이 열균형에 있어서 차이를 보였는데 저온환경에서도 체격은 열손실의 차이를 보이는 요인으로 작용된다. 상대적으로 체표면적이 넓은 경우, 즉 체중에 비해 신체의 표면적이 넓은 마른체형의 체격을 가진 사람은 넓은 표면적으로 열손실이 높아져 체온유지에 불리하다. 반대로 신장에 비하여 체중이 많이 나가는 사람은 상대적으로 체표면적이 적어 체열을 유지하는 데 유리하다.

신체로부터 열손실에 영향을 미치는 외부환경적 요인으로는 기온, 바람, 습도 등을 들 수 있다. 당연한 말이겠지만, 피부와 외부 기온과의 온도차이가 클수록 열손실은 커진다. 하지만 우리는 바람이 없는 날 −5℃의 야외보다 바람이 심한 0℃의 야외가 훨씬 더 춥게 느껴진다는 것을 알고 있다. 단지 기온의 차이만으로 열손실 정도를 예상하는 것은 매우 위험한 판단이다. 바람은 대류와 전도를 통해 열손실 정도를 증가시키며, 습도 역시 열손실 정도에 매우 큰 영향을 미치는 요인이다.

아래의 <표 16−2>는 바람 속도에 따른 실제 체감온도의 차이를 보여준다.

〈표 16-2〉 풍속냉각지표

	공기 온도(°C)											
바람 속도 (km/h)	5	0	-5	-10	-15	-20	-25	-30	-35	-40	-45	-50
5	4	-2	-7	-13	-19	-24	-30	-36	-41	-47	-53	-58
10	3	-3	-9	-15	-21	-27	-33	-39	-45	-51	-57	-63
15	2	-4	-11	-17	-23	-29	-35	-41	-48	-54	-60	-66
20	1	-5	-12	-18	-24	-30	-37	-43	-49	-56	-62	-68
25	1	-6	-12	-19	-25	-32	-38	-44	-51	-57	-64	-70
30	0	-6	-13	-20	-26	-33	-39	-46	-52	-59	-65	-72
35	0	-7	-14	-20	-27	-33	-40	-47	-53	-60	-66	-73
40	-1	-7	-14	-21	-27	-34	-41	-48	-54	-61	-68	-74
45	-1	-8	-15	-21	-28	-35	-42	-48	-55	-62	-69	-75
50	-1	-8	-15	-22	-29	-35	-42	-49	-56	-63	-69	-76
55	-2	-8	-15	-22	-29	-36	-43	-50	-57	-63	-70	-77
60	-2	-9	-16	-23	-30	-36	-43	-50	-57	-64	-71	-78
65	-2	-9	-16	-23	-30	-37	-44	-51	-58	-65	-72	-79
70	-2	-9	-16	-23	-30	-37	-44	-51	-58	-65	-72	-80
75	-3	-10	-17	-24	-31	-38	-45	-52	-59	-66	-73	-80
80	-3	-10	-17	-24	-31	-38	-45	-52	-60	-67	-74	-81

Castellani(2006) 등으로부터 인용(Castellani, John W.: Young, Andrew J.: Ducharme, Michel B.: Giesbrecht, Gordon G.: Glickman, Ellen: Sallis, Robert E. (2006) Prevention of cold injuries during exercise. Medicine & Science in Sports & Exercise: 38(11): 2012-2029).

추운 날 지상에서 열손실은 주로 방사와 증발로 일어나지만, 물속에서는 전도가 열손실의 대부분을 차지한다. 물은 공기에 비해 약 26배 높은 열전도율을 가지고 있다. 게다가 흐르는 물속에서는 대류도 증가되기 때문에 열손실은 훨씬 더 높게 진행된다. 동일한 온도의 대기와 수중에 신체가 노출되어 있을 때 수중환경은 대기에서보다 약 4배 이상 빠르게 신체의 열을 빼앗아 갈 수 있다. 수온이 낮을수록 체온감소 효과는 더욱 커져서 차가운 물속에 몸을 노출한 경우 극도의 체온저하로 생명의 위협에 직면하게 된다.

15℃의 물속에서 사람은 시간당 약 2.1℃의 심부온도가 낮아지게 되는데 수온이 4℃로 낮아지면 심부온도는 시간당 3.2℃ 정도 낮아질 수 있다. 차가운 물에서 작전수행을 하는 경우 반드시 보온 및 구조대책이 강구되어야 한다. 겨울철 바다에 조난된 경우 조난자가 의식을 유지할 수 있는 시간은 그리 길지 않다.

2) 저온환경에서의 생리적 변화

저온 스트레스에 대한 정상적인 생리적 반응은 열보존을 위한 말초 혈류량 감소와 열생산을 위한 대사량의 증가를 들 수 있다. 체온을 정상범위 내로 유지할 수 있는 수준에서는 생리적인 변화 역시 그리 중요하지 않게 느낄 수 있다. 하지만 우리의 관심은 극한의 환경에서 장시간 신체활동이나 훈련을 지속하는 데 나타나는 생리적 변화와 영향이다.

신체의 심부온도가 낮아지면 각 조직 및 세포의 대사반응이 느려지고 졸음이 오며 혼수상태에 이를 수 있다. 심부체온이 34.5℃ 이하로 내려가면 인체의 체온조절센터인 시상하부는 체온조절 능력을 상실하기 시작하고 약 29.5℃ 이하에서는 조절할 수 없는 상태에 놓이게 된다. 비록 많은 연구자료가 축적되지는 않았지만 심부체온이 23~25℃ 이하로 내려가는 경우 사망에 다다르는 치명적인 결과를 나타내고 있다.

저온환경에서의 장시간 노출은 근육의 온도를 낮춘다. 근육의 온도가 저하되면 근육 수축 속도와 파워가 감소한다. 근육의 온도가 감소되어있는 상태라면 정상 근육온도에서 발휘하는 운동기능과 동일하게 수행하기 위해서 더욱 많은 에너지의 사용과 운동강도의 증가가 필요하다. 그러한 강도의 지속은 동일한 운동량을 수행할 때 정상 근육 온도에서의 수행보다 피로를 더욱 빨리 느끼게 하고 때론 목표한 운동 수행량을 달성하지 못하도록 할 수도 있다. 즉 부여된 작업이나 임무를 수행하는데 있어서 이동속도나 운동 강도를 줄이는 것을 고려해야 한다. 체온을 유지하는데 어려움이 없는 상황에서 운동 능력은 손상되지 않는다. 하지만 장시간의 신체활동 지속이나 고강도의 훈련 등으로 피로가 시작되면 근육이 약화되고 활동이 둔화되며, 이는 곧 대사량의 감소로 이어져 열생산이 점점 줄어들게 된다. 행군과 같이 장시간 이동하는 경우 에너지(글리코겐) 저장량이 감소되는 시기부터 피로와 근력저하 그리고 이어지는 체온 저하는 더욱 피로를 가중시키며 점차 열생산이 줄어들어 신체를 위험한 상황으로 이끌게 된다.

저온환경에의 노출은 말초 동맥을 수축시켜 피부로 공급되는 혈액량을 감소시킨다. 이러한 상태에서는 피부조직 밑에 있는 피하지방으로의 혈액순환 역시 감소된다. 장시간 신체활동으로 신체는 지방 대사를 증진시키기 위하여 카테콜라민을 혈관으로 분비시키지만 피하지방으로 순환되는 혈액의 감소로 지방대사의 증가가 상온에서보다 감소하게 된다. 결국 이러한 지방대사의 감소는 글리코겐 사용 비중을 증가시키게 되어 추위에 노출된 시간이 길어질수록 글리코겐의 고갈이 더욱 빨라지게 된다. 저혈당은 근육의 떨림을 억제하고 심부온도를 저하시킨다.

심장은 특수한 형태의 근육이 수축을 일으켜 폐와 체내로 혈액을 공급하는 중요한 역할을 한다. 일생동안 끊임없이 심장 박동이 유지되어야만 생명을 이어갈 수 있으며 이러한 심장 박동은 동방결절(sinoatrial node)에 의해 조절된다. 체온저하는 동방결절에 영향을 미치는데 체온이 낮아질수록 심박수의 감소가 진행되고 결국 박동의 중지가 발생된다.

호흡계는 외부대기와 개방되어있는 구조를 가지고 있어 차가운 공기의 흡입으로 호흡기관에 손상을 가져올 가능성이 있다. 하지만 다행스럽게도 우리 신체는 코와 비강의 구조적인 특성으로 −25℃의 차가운 공기를 흡입하더라도 매우 빠르게 온도를 상승시켜 기관지와 폐에 손상을 미치지 않는다.

3) 저온환경과 관련된 질환

(1) 저체온증

체내 심부온도가 정상수준 이하(약 35℃)로 떨어지게 되면 점차적으로 체온을 조절하는 능력이 손상되거나 완전히 손실될 수 있다. 이러한 상태를 저체온증이라 부르는데 신체는 손실되는 온도보다 열생산 능력이 감소되기 때문에 체온은 점점 더 낮아지게 되어 죽음에 이르게 된다. 추운 환경에 노출된 군인들에게 주된 위협은 저체온 상태에 빠지게 되는 것이다.

저체온증의 증상으로는 오한(근육과 치아의 떨림), 발음의 부정확, 어지러움증, 판단력과 시력 저하, 졸음, 근육약화 등이 있다. 체온의 감소가 더욱 악화되면 의식을 잃고 부정맥이 나타나며 사망에 이를 수 있다.

저온에서 운동하는 동안 정상 체온을 유지하기 위하여 지속적으로 충분한 열을 생산해내야 한다. 그러나 피로가 축적되면 행동이 느려지게 되고 열생산이 점차 줄어들게 된다. 또한 저온환경에서 많은 옷을 입고 운동을 하는 경우가 종종 있는데 이는 땀을 유발하고 이 땀으로 인하여 피복이 젖어 더욱 외부의 차가운 기온으로부터 체온을 더욱 빨리 빼앗기도록 만든다. 이렇듯 열생산의 감소와 열손실의 증가는 급속하게 저체온증을 유발하는 원인이 될 수 있다.

저체온증이 발생한 환자는 신속히 체온을 높이기 위한 노력을 해야 한다. 추위를 피할 수 있거나 따뜻한 곳으로 옮기고 젖은 옷은 마른 옷으로 갈아입히며 전신 마사지를 해준다. 가능하다면 따뜻한 음료를 섭취하는 것이 좋다. 상태가 심한 경우 급격한 체온 변화는 신체적응에 오히려 무리를 줄 수 있으므로 몸을 천천히 녹일 수 있도록 하여야 한다.

(2) 동상

동상은 신체조직이 얼어붙는 것을 말하는데, 피부의 혈액순환 감소로 산소와 영양소 공급이 제한되어 조직이 괴사되는 상태에 이를 수 있다. 이는 일반적으로 심부로부터 먼 신체부위에서 발생하거나 코, 귀, 손, 피부와 같이 저온환경에 직접적으로 노출된 부위에서 발생된다. 동상이 심각한 경우에는 절단수술이 요구될 수도 있다. 신체조직은 −2℃이하에서 얼기 시작하고 세포 내 얼음 결정이 생겨 손상된다. 체액과 단백질이 손상된 혈관으로 나와 부종과 수포가 발생할 수도 있다.

동상의 증상으로는 피부가 하얘지고 단단해지며 간지러움을 느끼거나 감각이 없어진다. 치료를 위해서는 손상 부위의 온도를 천천히 높이기 위하여 39~42℃ 정도의 물에 담그는 것이 좋다. 피부가 말랑해지고 홍조가 나타날 때까지 유지하는데 환자는 상당한 통증을 호소하게 된다. 동상은 세포 내 수분이 결빙된 상태로 온도를 높이기 위해 환부를 문지르거나 마사지를 하는 등의 자극적인 행위는 세포의 손상을 더욱 악화시키게 되므로 절대로 해서는 안된다.

동상이 유발되는 요인으로는 낮은 기온에 바람이 동반된 환경을 들 수 있다. 바람은 신체의 열을 신속하게 외부로 대류시켜 체온을 빼앗아간다. 일정온도에서 풍속이 빠를수록 체온을 낮추는 효과는 더욱 커진다.

바람을 가르며 이동하는 경우 동일한 풍속에 노출된 것과 유사한 효과를 보인다. 예를 들어 시속 25km의 속도로 자전거를 타는 경우 25km의 바람 속에 서있는 것과 같은데 만약 자전거의 진행방향에서 5km의 바람이 불고 있다면 그 효과는 30km 풍속에 노출된 것과 동일하다. 그러므로 저온환경에서 신체활동을 하는 군인들은 동상이 발생하지 않도록 주의를 기울어야 한다. 노출된 신체 부위를 덮어 감싸는 것으로도 상당한 예방효과가 있다.

4) 저온환경과 관련된 질환의 예방

고온환경과 마찬가지로 저온환경의 외부적 요인을 조절할 수 있는 방법은 없다. 체온저하를 막기 위한 방법으로는 체온유지에 효과적인 방법을 선택하는 것이 저온환경에서 신체의 위험을 예방하는 방법이다. 적절한 피복의 선택과 착용법으로 저온환경에서의 질환을 예방할 수 있다.

피복은 신체활동을 제한하지 않고 최대한 활동의 자유가 보장되어야 한다. 가벼우면서 체열과 발한으로 발생한 수분의 환기가 잘 이루어질 수 있는 재질이 좋다. 단열이 잘되는 두꺼운 피복보다는 오히려 헐렁한 얇은 옷을 여러벌 입는 것이 온도의 상승이나 하강에 따라 벗거나 추가로 겹쳐 입을 수 있어 땀의 발생으로 옷이 젖는 것을 예방할 수 있다. 겹쳐진 옷으로 생긴 공간이 더운 공기를 유지함으로 단열효과도 좋다. 과다한 발한작용으로 옷이 젖었을 경우 반드시 마른 옷으로 갈아입어야 한다. 젖은 옷을 입고 있는 것은 저온환경에서 전도로 인한 열손실을 높여 저체온증을 유발하는 주요 원인으로 작용된다. 신발은 특히 젖기 쉬운 부위이므로 방수가 되는 재질을 선택하고 양말 또한 마른 상태를 유지하도록 하여야 한다. 만약 신발이나 양말이 젖을 경우 신속히 갈아 신어 동상의 위험을 예방해야 한다.

머리와 손, 목 등은 상당히 열손실이 많이 일어나는 부위이다. 최대한 신체 부위가 추위에 노출되지 않도록 모자, 장갑, 목도리 등의 착용은 필수다. 바람은 급격하게 체감온도를 낮추므로 영하의 온도에서 활동하는 경우 풍속이 8km/h 증가할 때마다 한 겹의 옷을 더 입어야 한다. 활동 중간에 휴식을 취하거나 운동 강도가 낮아진 경우 대사량의 감소로 인하여 열생산도 감소되기 때문에 체온유지를 위하여 추가적인 피복을 착용하여야 한다.

탈수증은 손실되는 체수분량이 보충되는 수분량보다 빠르게 증가되어 발생된다. 탈수는 체내 혈액량의 감소를 나타내고 이는 몸 조직을 따뜻하게 유지하는 데 필요한 체액이 부족해진다는 것을 의미한다. 저온환경은 대부분 건조하고 물을 구하는 것이 제한된다. 결과적으로 그러한 환경에 노출되어 있는 시간이 오래 지속된다면 탈수상태가 될 수 있다. 극심한 추위 속에서 작전수행을 할 경우 지휘관은 부대원의 체온을 규칙적으로 점검하고 가능할 때마다 수분 섭취를 하도록 독려하여야 한다.

4 고지대에서의 훈련

고지대로 올라갈수록 기압은 감소한다. 평지에 비하여 상대적으로 기압이 낮아진 상태를 저기압 환경이라 하는데, 이러한 환경에서는 산소분압이 떨어져 체내 산소 공급에 제한을 주게 된다. 안데스나 히말라야의 고지대에 적응하여 살아가는 사람들은 폐의 흉적이 커지고 더 많은 폐포를 보유하며 모세혈관과 적혈구 수의 증가가 나타나 산소 교환이 더욱 효과적으로 이루어지도록 발달된 신체를 가지고 있다. 고지환경에 적응되지 않은 사람이 고지대의 낮은 기압과 낮아진 산소분압하에서 신체활동을 할 때 신체 조직으로 산소 공급이 감소되어 저산소증이 유발될 수 있다.

해발 1,500m 이하의 고도에서는 건강한 사람의 경우에는 인지될 만한 영향을 거의 받지 않는다. 그러나 고지에서 대기압이 감소되고 신체조직은 산소의 공급에 제한을 받게 된다. 이는 평지(해수면 수준)에서 만큼 신체활동이나 운동에서 기능을 발휘할 수 없다는 것을 의미한다. 고지에서 능력이 제한되는 경우는 주로 체력이 낮거나 나이가 많은 사람에게서 주로 나타난다.

1) 고지대(저기압) 환경

고지대 또는 고지환경은 일반적으로 해발 1.500m 이상의 지대를 말한다. 기압은 평상시 해수면 수준의 평지 생활 속에서 우리의 생활이나 신체활동에 영향을 미치지 않는다. 공기도 무게를 가지고 있다. 수중에 깊이 들어갈수록 수압이 커지듯이 해수면을 기준으로 고도가 상승될수록 공기의 압력은 낮아지게 된다<표 16-3>.

〈표 16-3〉 고도에 따른 기압과 산소분압 및 온도의 변화

고도(해발, m)	기압(mmHg)	산소분압(mmHg)	기온(℃)
0(해수면)	760	159	15.0
1,000	674	141	8.5
1,500	634	133	5.0
2,000	596	125	2.0
4,000	462	97	−10.9
9,000	231	48	−43.4

공기는 가스의 혼합체이며 각 가스는 혼합가스 내의 가스농도에 비례하여 압력을 나타낸다. 공기의 각 가스가 차지하는 압력을 가스분압이라 하며 각 가스분압을 합하면 혼합공기의 총 압력과 같아진다(Dalton의 법칙). 공기의 79.04%는 질소가 차지하고, 산소 20.93%, 이산화탄소 0.03%로 이루어져 있다. 이러한 법칙을 적용하면 해수면의 평균 기압은 760mmHg 이며, 산소의 분압은 약 159mmHg(760mmHg×20.93=159.068mmHg) 이다. 대기 압력이 변하더라도 인체가 호흡하는 대기중의 가스비율은 일정하기 때문에 전체기압의 변화에 따른 분압만 변하게 된다. 해발 2,000m 에서의 산소분압은 125mmHg로 감소하는데 이러한 산소분압의 감소는 폐포에서의 산소교환시 혈액 산소분압과의 차이를 감소시켜 효율을 감소시키게 된다.

기온은 고도가 150m 상승할 때마다 약 1℃ 정도씩 떨어진다. 고지대는 저지대에 비하여 상대적으로 낮은 온도를 보이며 절대습도도 낮아진다. 그러므로 찬공기는 낮은 습도를 보이게 되는데 이러한 환경은 호흡과 피부의 발한으로 인한 증발을 증가시키게 된다. 더욱이 희박해진 공기로 인하여 호흡 빈도가 증가되는데, 이로 인한 호흡은 수분의 손실을 촉진하여 탈수현상을 초래하게 된다.

2) 고지환경에서의 생리적 반응

고지환경에서의 생리적인 가장 큰 요인은 산소분압의 감소로 신체가 섭취하는 산소량이 감소하게 되는 것이다. 급성적으로 나타나는 생리적 보상 반응으로 안정 시와 운동 시에 호흡 증가에 따른 폐환기의 증가 또는 저산소 환기반응이다. 앞에서 언급한 바와 같이 고도가 높아질수록 산소분압은 낮아진다. 즉 대기량 속에 포함된 산소 분자의 수가 줄어들기 때문에 평지에서 호흡으로 충당되는 산소량을 공급하기 위해서는 더 많은 공기를 마셔야 한다. 더 많은 공기를 흡입하려면 호흡 수가 증가되어야 한다.

호흡 증가는 공기 중 산소를 더 많이 체내에 공급하도록 하지만 체내의 이산화탄소를 과

하게 빼내는 역할도 하게 된다. 폐로 돌아오는 혈액은 근육 및 조직으로 산소를 공급하고 조직 내 축적되었던 이산화탄소를 받아들여 산소의 포화도는 낮아지고 이산화탄소의 포화도는 높아진 상태다. 잦은 호흡으로 인하여 폐의 이산화탄소가 수준 이하로 감소되면 혈액의 pH가 상승되는 호흡성 알칼리증이 유발된다. 이 알칼리증은 조직으로의 산소전달을 감소시켜 동맥산소 포화도가 높아지는 결과를 가져온다. 하지만 신체는 알칼리증을 감소시키기 위하여 중탄산염 이온을 더 많이 신체로부터 배출하여 더 많은 산성물질이 혈액속에 남도록 하여 알칼리화를 감소시킨다.

고지환경에서 대기 산소분압의 감소는 폐와 폐포에서의 산소분압 역시 감소시킨다. 이는 폐포와 폐모세혈관 혈액 간 산소분압차가 낮아지는 것을 의미한다. 고지로 올라가더라도 신체 내 조직의 산소분압은 비교적 일정하게 유지된다. 하지만 폐에서 교환되는 산소의 양이 줄어들게 되어 폐동맥의 산소분압은 평지보다 낮아지게 된다. 해발 2,500m 수준에서 폐동맥과 조직간의 산소분압 차이는 평지에 비하여 약 50% 감소하게 된다. 기체교환은 확산압력 차이에 따라 차이가 발생하기 때문에 낮아진 산소분압차는 조직에 산소공급의 절대량이 감소시키는 주요 원인이 된다. 또한 낮아진 산소분압은 헤모글로빈의 산소 결합율을 떨어뜨리게 된다. 해발 2,500m 높이에서 헤모글로빈 결합율은 약 92% 수준으로 감소되어 감소된 동맥산소분압과 함께 유산소성 지구력을 떨어뜨리는 주요 요인으로 작용된다.

혈액 내 산소포화도의 감소로 근육과 신체조직에 필요한 산소공급이 감소하게 된다. 이를 보상하기 위하여 더 많은 혈액을 근육과 신체조직으로 공급하기 위한 노력이 필요하게 되며 결국 심박출량의 증가로 필요한 산소를 공급하게 된다. 심박출량은 심박수와 일회박출양의 곱으로 산출된다. 고지환경에서는 혈장량이 감소하게 되므로 일회박출량 역시 감소하게 되어 심박출량을 증가시키기 위해서는 심박수의 증가가 더욱 요구된다. 심박수의 증가는 총 혈액의 박출량을 증가시킬 수 있는 수준으로 올라가지만 이러한 심장의 활동은 장기적인 부담을 초래하게 되어 추가적인 보상이 필요하다. 다행스럽게도 높은 고도에서 지속적인 노출은 낮아진 혈장량을 다시 높이고 적혈구의 생산을 증가시키며 근육이 산소를 흡수하는 능력의 증가를 가져와 심장의 부담을 줄여주게 된다.

3) 고지환경에서의 질병

높은 고도를 올라가면서 낮아진 공기압, 추위, 바람 등으로 인하여 저지대에서는 경험하지 못한 질병과 맞닥뜨리게 된다. 고지에 오르는 속도와 고도 수준이 고산병을 발생시키는 주된 요인이다. 일반적으로 고산병은 두통, 메스꺼움, 호흡곤란, 불면증 등의 증상이 나타나며 치료는 낮은 고도로 이동하거나 추가적인 산소공급으로 증상의 완화를 기대할 수 있다.

(1) 급성고산병

급성고산병(AMS : acute mountain sickness)은 고지에 도착한 후 약 6~12시간 후에 나타나며 2~3일째 상태가 심해지고, 약 4~5일이 지나면 사라진다. 보통 2,500m 이상에서 발생하나 고지로 올라가는 속도와 고도 정도에 따라 차이를 보인다. 급성고산병의 발병 비율은 남자가 약 6.5%, 여자가 약 22.2%로 성별 차이를 보인다.

증상으로는 두통, 구토 및 메스꺼움, 불면, 호흡곤란 등이 나타나며 약 3일간 지속된다. 이러한 증세는 뇌 조직 이상 때문에 발생하는 것으로 알려져 있으며, 나트륨과 칼륨의 균형에 이상이 생겨 세포 내 과다수분 함유로 인한 비정상적인 압력 변화가 원인인 것으로 보인다.

급성고산병의 예방과 치료는 고지로 올라가는 속도를 천천히 하여 점진적으로 신체가 환경에 적응하도록 하는 방법이 있다. 일반적으로 3,000m 이상에서는 300m마다 24시간의 순응이 필요하다. 가벼운 증상은 고지대에 3일 정도 머무는 것으로 완화되거나 추가적인 산소의 공급으로 해결되지만 증상이 심한 경우에는 낮은 고도로 신속히 이동하여야 한다.

(2) 고지폐수종

고지폐수종(HAPE : high-altitude pulmonary edema)은 급성고산병이 더욱 진행된 상태로 폐에 수종이 생기는 것이다. 호흡곤란, 피로, 가슴통증, 빈맥, 기침, 청색증 등의 증상을 보이고 악화되면서 기침에 거품이나 혈담을 보이기도 한다. 궁극적으로 폐에 물이 차 공기의 이동과 교환을 방해하고 의식불명을 초래하게 되어 생명을 위협하는 상황에 다다르게 된다. 어른에 비하여 어린이나 청소년들에서 흔하게 발병되고 신속한 치료가 이루어지지 않으면 치명적인 결과를 낳게 된다. 치료를 위해 충분한 산소를 공급하며 신속히 낮은 고도로 내려와야 한다.

(3) 고지뇌부종

고지뇌부종(high-altitude cerebral edema)은 급격하게 고도를 높여 올라가는 경우 발생하지만 발생률은 약 1% 정도로 매우 낮은 편이다. 대부분 4,000m 이상의 고도에서 발생되었으나 뚜렷한 원인은 밝혀지지 않았다. 하지만 뇌의 두개강에 물이 차는 상황으로 정신적 혼동과 혼수상태로 진행되어 생명을 위협하게 하는 질병이다. 고지뇌부종의 경우도 즉각적으로 산소공급과 낮은 고도로 이동하여야 한다.

4) 고지환경에의 순응

고지환경에 오래 머무를수록 환경에 순응하여 신체수행력이 나아지게 된다. 그러나 일반적으로 순응되었다 하더라도 평지에서의 기능만큼 수행할 수는 없을 것이다. 고지환경에 순응하는 데 필요한 시간은 고도에 비례한다.

고지환경에서 산소공급 부족 현상은 적혈구 생성을 촉진하도록 자극한다. 2주 동안의 적혈구 증가는 헤모글로빈을 약 10% 수준까지 증가시키는데, 적혈구 생산의 증가는 신장에서 분비되는 조혈 촉진호르몬인 에리트로포이에틴의 증가에 따른 결과이다. 고지환경에 노출된 지 수일 이내에 에리트로포이에틴의 수치는 최대를 기록한 뒤 점차 감소하다가 한 달 정도 후에는 평지에서의 수준으로 돌아온다.

고지환경에 노출된 초기에 수분손실로 인하여 혈장량의 감소가 나타난다. 하지만 적혈구 생성 증가에 따른 적혈구용적율 증가와 탈수현상의 완화는 혈액량을 증가시켜 총량의 약 10% 까지 증가하도록 한다. 이러한 적혈구와 헤모글로빈, 혈장의 증가는 혈액의 산소 운반 능력을 향상시킨다.

골격근에서는 모세혈관 밀도, 미토콘드리아 수와 근육 내 마이오글로빈 농도가 증가하는 변화를 보인다. 이러한 근육 내 변화는 만성적인 산소공급 부족의 보상작용으로 산소섭취와 이용을 증가시키기 위한 적응의 결과이다. 산소를 이용한 에너지 생산조건이 향상되면서 유리지방산의 이용이 증가되고 근육 글리코겐을 절약하여 지구력 향상에 기여하게 된다.

고지환경에 대한 순응으로 나타나는 이러한 생리적 변화는 산소가 희박한 상황에서도 신체 수행능력과 지구력의 향상을 가져다준다. 고도에 따라 다르지만 일반적으로 고지환경에 순응하는데 약 2~3주의 기간이 필요하다. 하지만 한번 1,500m 이상의 고지환경에 순응된 사람이라도 저지대에서 14일 이상 생활하면 고지 적응력이 감소된다.

제17장

군체력관리에서의 간부의 책임과 역할, 자질

1. 개요
2. 간부의 책임과 역할
3. 간부의 자질

1 개요

군체력관리 훈련 프로그램의 성패여부는 간부의 리더십에 달려있다. 리더십은 목적, 방향 그리고 동기를 제공함으로써 부하에게 영향을 주는 과정이다. 최선의 결과는 부하들 스스로 완전히 열정적으로 신체적 활동에 몰입하고, 이 지침서에서 제시된 정확한 동작으로 모든 운동을 수행할 때 나타난다. 오직 최선의 리더십만이 부하들이 군체력관리 프로그램에 적극적이고 자발적으로 참여할 수 있는 영감을 줄 수 있다. 이러한 이유로 부대에서 투철한 군인정신과 책임감으로 무장된 최고의 자격과 능력을 갖춘 간부가 군체력관리 훈련을 이끌어야 한다.

2 간부의 책임과 역할

1) 간부의 책임

군체력관리의 목적은 어떠한 작전 환경에서도 생존하고 승리할 수 있도록 군인들 개개인의 신체적 능력을 향상시키고 유지하는 것이다. 군체력관리는 신체적 수행의 모든 면을 포함하고, 육군 체력검정을 위한 단순한 준비 이상으로 잘 훈련하는 것을 요구한다. 6·25, 무장공비 침투, 국지도발 등의 사례를 볼 때 유사시 부대가 동원되는 동안에 적절한 군체력관리와 신체적 즉응력 수준을 향상시키기 위한 시간적 여유가 없다는 것을 익히 알고 있다. 간부는 책임감을 가지고 그들의 부하가 작전에 적응하고 준비할 수 있도록 훈련시키고 개발시켜야 한다. 지휘관들은 다양한 상황들에서 실전과 같은 훈련을 매우 강조한다. 이러한 훈련을 수행하는 동안 요구되는 활동에는 신체적 활동과 신진대사적 활동 등이 있다. 예를 들어 돌출된 부분을 타고 넘고, 계단을 오르고, 은폐·엄폐된 곳 사이를 전력질주하고, 사상자를 옮기는 것은 계속 변화하는 신체적 요구에 직면하게 한다. 따라서 간부는 부하들의 임무수행에 필요한 신체적 요구를 준비하기 위해서 군체력관리 훈련 체계를 반드시 근력, 지구력, 기동성, 몸의 신진대사 경로 발달에 초점을 맞춰 계획해야 한다. 군인들이 직면하는 변화무쌍한 신체적 요구를 과도한 피로 또는 부상의 위험 없이 충족시키기 위한 신체적 능력개발은 전적으로 간부의 책임이다. 따라서 간부의 효과적인 리더십은 군체력관리 훈련의 성공에 있어서 매우 중요하다. 군체력관리 훈련을 계획하고 감독해야 하는 책임이 있는 간부는 다음과 같은 규칙을 준수해야 한다.

- 계급, 나이, 성별과 상관없이 모든 군체력관리 훈련 시간에 다수의 참가가 가능하도록 한다.
- 개인의 체력 수준을 고려한 맞춤형 군체력관리 훈련을 계획해야 한다.
- 해당 부대에서 가용한 군체력관리 훈련 형태를 사용한다.
- 계획된 활동을 위한 적절한 속도를 유지한다.
- 부하들과 함께 체력단련을 하고, 적절한 수준의 강도를 결정 또는 조정해야 한다.
- 모든 군체력관리 훈련 활동의 시행을 감독하고, 올바른 자세로 훈련할 수 있도록 지도한다.
- 군체력관리 훈련을 다른 어떤 훈련 활동만큼 중요하게 여긴다.
- 군체력관리 훈련에 충분한 시간(60분~90분)을 보장한다.
- 계획된 군체력관리 훈련을 하는 동안 다른 훈련이나 업무를 실시하는 것을 피한다.
- 군체력관리 훈련은 이른 아침이나 근무시간이 끝날 무렵 또는 끝나고 실시한다.
- 할당된 군체력관리 훈련 시간을 남용하는 것을 방지한다.

2) 간부의 역할

(1) 군체력관리의 책임자

지휘관은 조직(부대)의 주요 훈련 관리자이며, 훈련 책임자이다. 모든 단위 부대의 군체력관리 리더는 지휘관이 훈련 책임을 충족하는 것을 보좌해야 한다. 군체력관리 리더는 보통 그 부대에서 가장 경험 있는 체력관리 훈련 능력을 보유하고 있으므로, 그들은 성공적인 군체력관리 훈련을 위한 필수적 요소이다. 간부는 반드시 군체력관리 훈련의 이점과 목적을 명확하게 설명함으로써 군체력관리 훈련의 가치를 강조해야 한다. 또한 군체력 관리 훈련을 위

- 군체력관리 훈련의 계획, 준비, 실행, 그리고 평가에 대한 감독 책임을 준수한다.
- 최적의 훈련은 최대한 작전 환경과 유사하게 실시해야 한다.
- 군체력관리 훈련에 적절한 강도와 지속시간을 처방해야 한다.
- 몸의 주요 관절 전반에 걸쳐 외부 부하를 적절하게 분산시킨다.
- 근력, 지구력, 그리고 기동성의 요소를 통합하고 균형적으로 발달시키도록 한다.
- 적절한 휴식과, 회복, 그리고 영양을 제공한다.
- 군체력관리 훈련은 모든 영역의 작전에서 요구되는 부대의 핵심 및 규정된 임무 수행력 향상에 중점을 둔다.
- 본 훈련 지침서를 활용하여 체계적이고 과학적으로 계획, 준비, 실행, 평가한다.
- 군체력관리 훈련에 요구되는 시설 및 장비를 적극적으로 제공한다.
- 안전과 내포된 위험 관리를 위한 노력을 경주한다.
- 확실한 훈련은 실제적이고 행동 지향적으로 계획하고 실시한다.

한 지정된 시간을 반드시 효과적으로 사용하여야 한다. 각각의 군체력관리 훈련 계획 및 실행은 해당 부대의 핵심 임무와 규정된 임무를 달성하기 위해 요구되는 신체적 능력을 향상시킬 수 있는 구체적인 과업, 상황, 그리고 기준을 포함해야 한다. 그 부대의 최고 훈련 관리자로서의 간부들은 반드시 신체적 적응력 훈련의 효과를 극대화하기 위해서 앞의 내용들을 준수하여야 한다.

(2) 군체력관리의 조력자

간부들은 신병, 분대, 팀 그리고 반 규모의 인원에 대한 주요한 훈련 조정자로서 임무를 수행해야 한다. 반드시 기준(규칙) 중심적이며, 행동 지향적이며, 임무 필수 과업 목록에 초점을 맞추어 군체력관리 훈련을 수행해야 한다. 군체력관리 리더로 임명된 간부는 군체력관리 훈련의 반복숙달, 활동 연습, 그리고 평가를 확인함으로써 젊은 리더를 훈련시키고 발전을 돕는다. 군체력관리 훈련 임무를 성공적으로 수행하기 위해 군체력관리 리더들은 다음과 같은 사항을 시행한다.

- 그 부대의 핵심 임무 필수 과업과 규정된 임무 필수 과업 목록에서 신체적 즉응력 훈련으로 향상시킬 수 있는 구체적인 과업을 확인해야 한다.
- 군체력관리 훈련을 준비하고, 예행연습하고 시행한다.
- 지휘관에게 피드백을 제공하기 위해 군체력관리 훈련을 평가하고 사후검토를 수행한다.

(3) 솔선수범

간부는 반드시 군체력관리 체계를 이해하고 실제 적용할 수 있어야 한다. 간부의 모범은 군체력관리 훈련의 중요성을 강조하고 부대의 핵심 훈련 요소로서의 중요성을 부하들에게 자연스럽게 인식 및 주입시킬 것이다. 군체력관리 훈련의 계획, 준비, 실시, 평가에서 지휘관의 입회와 참여는 부하들에게 긍정적인 영향을 준다.

(4) 무형적(분위기, 지휘권) 여건보장

간부는 반드시 군체력관리 훈련의 가치를 강조하고 지휘관은 반드시 각각의 군인들의 군체력관리 수준을 향상시키는 프로그램을 지원할 수 있는 자원을 제공해야 한다. 반복적으로 발생하는 정기적인 훈련을 방해하는 문제들을 해결하기 위해 특별한 노력을 해야 할 필요가 있다. 부대관리를 위해 많은 제한사항이 있겠지만, 간부는 부하들에게 강도 높은 훈련을 요구해야 한다. 높은 수준의 신체적 즉응력과 전투력 복원력은 단순히 움직임을 통해서 얻어질 수 없다. 똑똑하고 현실적이고 기준에 도전적인 훈련은 필수이다. 훈련에 잘 적응하고 적극적인 인원이 있는 반면, 소극적이고 성장이 더딘 부하도 있을 것이다. 처벌은 종종 이득보다 해를 더 발생시키기 때문에 간부는 기준 달성에 실패한 부하들을 처벌해서는 안 된다. 간부는 병사 개개인의 차이를 인식하고 군인들이 그들의 최선의 노력을 할 수 있도록 동기화시켜야 한다. 부상당한 부하나 과도하게 체력수준이 저조한 부하에게는 개인 특성에 적합한 맞춤형 체력관리를 실시하고, 또한 그들에게 언제라도 그들이 가능한 범위 안에서 부대와 같이 훈련하도록 여건을 보장해야 한다.

(5) 유형적(장소, 시설 및 장비) 여건보장

간부는 군체력관리 훈련 프로그램을 지원하는 시설과 자원을 제공해야 한다. 연습 훈련 활동은 평평한 녹지가 이상적이다. 심폐 지구력 훈련은 조명이 있는 달리기 코스, 트랙, 마킹이 되어있는 운동장이 최적의 조건이다. 또한 근력 및 근지구력의 발달을 위해서 실내용 웨이트 장비와 실외용 체력 단련 시설 및 장비 등이 요구된다. 간부는 이와 같은 훈련자원을 지원해야 한다.

3 간부의 자질

1) 군체력관리 훈련에 대한 전문성(능력)

모든 간부는 군체력관리 훈련 체계를 완전히 숙달하고, 모든 체력관리 방법들을 설명하고 시범을 보여줄 수 있어야 할 뿐 아니라, 그것들을 교육하고 행할 수 있는 최선의 방법을 알아야 한다. 군체력관리 훈련의 리더는 군체력관리 훈련의 숙달을 통해 전술적 그리고 기술적 능력을 보여주어야 한다. 숙달은 자신감, 확신, 평정심을 향상시키는 데 첫 번째 단계이다. 지식은 군체력관리 훈련 리더가 신체적 준비를 성취하는 데 필요한 정확성, 점진성, 통합성의 훈련 원칙들을 적용하도록 도와준다. 모든 군체력관리 훈련에서 모든 활동들을 시범을 통해 설명하고 리드하는 기술은 필수적인 교수 기법이며, 리더에게 값을 헤아릴 수 없을 정도로 중요하다. 덜 준비되어 있고 주저하는 간부는 거의 모든 부하의 신뢰와 존경을 잃게 된다. 반대로 잘 준비되고 자신감 있는 리더는 처음부터 모든 부하들의 존경과 신뢰를 얻게 된다.

2) 신체적 자격과 외모

군체력관리 훈련에서 간부의 외모와 신체적 모습은 훈련의 효과성에 굉장한 영향을 미친다. 간부는 그가 가르치고자 추구하는 것에 대한 좋은 예가 되어야 한다. 만약 간부가 그의 부하들에게 요구하는 것들을 모두 할 수 있고, 그 이상으로 한다면 그것이 최고의 리더십이다. 성공적인 군체력관리 훈련 리더십은 상당한 신체적 능력이 필수 선행조건이어서 많은 노력을 요구하기 때문에 리더는 반드시 신체적으로 건강하고 수행력이 우수해야 한다.

3) 부하의 개별적 특성에 대한 이해

간부는 부하 개인의 신체적·정신적 차이를 알고 배려해야 한다. 그는 반드시 그의 부하들을 개별적으로 알아야 하고 훈련에 대한 그들의 반응을 나타내는 신호를 기민하게 인지해야 한다. 이러한 것들이 군체력관리 훈련 시간에 부하들을 이해하고, 그들을 어떻게 이끌고 동기화하는지 알고, 그들이 어떻게 배우는지를 이해하는 중요한 배경 지식이 된다.

4) 신뢰받는 리더십

간부는 반드시 부하들에게 신뢰를 받아야 한다. 리더는 그의 성실함, 단결심, 결단력, 정의감, 힘(에너지), 자신감, 그리고 인격의 힘을 통해서 존경을 얻는다. 부하들의 칭찬과 존경을 받는 리더는 쉽게 부하들의 신뢰를 얻을 수 있다. 그러한 간부는 부하들을 배려로 대하고, 불합리한 신체적 요구를 그들에게 지우는 것을 피한다. 부하들이 너무 격렬하게 운동하게 된다면 그들은 뻐근함과 통증을 느끼게 되어 다음 군체력관리 훈련 시간을 걱정하게 된다. 이러한 상황이 발생할 때, 부하들은 간부와 프로그램에 적대적인 태도를 가지게 된다. 협조 대신 그들은 기회가 있을 때마다 꾀병을 부릴 것이다. 그러므로 무엇보다 부하들의 신뢰와 사랑을 받는 간부가 되는 것이 성공적인 군체력관리를 위해 중요하다.

5) 뜨거운 열정

성공적인 군체력관리 훈련 활동들은 반드시 연속적이고 활발한 방식으로 수행되어야 한다. 부하들은 군체력관리 훈련 간부의 태도를 반영한다. 만약 리더가 열정적이면, 그의 가르침을 받는 부하도 열정적일 것이다. 만약 무관심하면, 그의 가르침을 받는 부하도 무관심할 것이다. 열정적인 리더는 임무의 중요성에 대한 깨달음을 뛰어넘는다. 단순한 기술과 지식을 제공하는 것보다 몸과 마음으로 군체력관리 훈련에 임함으로써 부하들의 군체력관리 훈련 프로그램에 참여를 유도하는 것이 더욱 중요하고, 원기 왕성함을 얻기 위해 이보다 효과적인 방법은 없다.

6) 협동심을 함양시키는 능력

성공적인 군체력관리 훈련은 부대원 전체의 협동이 필수적 요소이다. 질서정연한 부대의 움직임은 정밀하고 일치된 노력이 필요하다. 모든 군인들이 그들이 맡은 역할을 최선을 다해 담당할 때 군인은 원활하게 운영되는 팀이 된다. 이러한 팀의 부하들은 그의 동료가 반드시 해야 할 것 뿐 아니라 명령에 대한 응답으로 무엇을 해야 할지 알고 있다. 팀에 대한 자부심과 소속감은 본인 스스로에게 갖는 확신만큼 그들의 동료에게 확신을 느낄 때까지 높아진다. 부하들은 그들 자신과 그들의 조직에 자부심을 느낄 때 최선을 다하며 이 자신감은 명령에 대한 완벽한 반응으로 표현된다. 따라서 간부에게는 군체력관리 훈련 간에 협동심을 함양시키는 능력이 반드시 필요하다.

7) 동기부여 능력

간부는 부하들이 적극적으로 군체력관리 훈련에 참여할 때 그들에게 최선의 보상을 제공함으로써 동기를 부여할 수 있다. 부하들이 군체력관리 훈련에서 스스로 규칙적으로 참여할 정도로 지휘관에 대한 믿음의 사슬을 느낄 때, 그들은 더욱 많은 노력을 배가하도록 동기부여된다. 동기부여를 통해 적극적으로 모든 부하들이 군체력관리 훈련에 참여할 때, 단체정신과 장교 및 부사관에 대한 존경심을 느낀다. 마지막으로 우수자를 조교로 활용하는 것 또한 동기부여가 된다. 부하들은 이러한 영애를 얻고자 열심히 임무를 수행하고, 조교로서의 책임에 긍정적으로 반응할 것이다.

참고문헌

- 강희성 등(2011). 운동과 스포츠 생리학(4판). 서울; 대한미디어
- 김기영(2011). 경기력 향상을 위한 트레이닝의 이론과 실제. 서울; 북코리아
- 김기진(2012). 과학적 트레이닝을 위한 인체해부학. 서울; 대한미디어
- 김재우(2010). 군 관련 신체수행력과 체력요인 간의 관련성 분석 : 육군 공통임무를 중심으로. 서울대학교 대학원. 박사학위 논문
- 대한운동사협회(2003). 운동검사 및 처방. 서울; 한미의학
- 대한운동사협회(2012). 운동손상학(13판). 서울; 대한미디어
- 박정태, 김청훈, 김건도(1999). 기능향상을 위한 스포츠재활 트레이닝. 서울; 형설출판사
- 손천택, 신원태, 이상욱(2011). 신체활동-운동과 건강. 서울; 대한미디어
- 이신언, 루시 박(2012). NEW 근육군동 가이드(3판). 서울; 삼호미디어
- 임완기 등(2011). 퍼스널 트레이닝의 정수(개정판). 서울; 대한미디어
- 임완기 등(2013). NSCA 체력관리의 정수(3판). 서울; 대한미디어
- 장경태(2001). 저항트레이닝 프로그램(2판). 서울; 대한미디어
- 장경태, 이정숙(2013). 스포츠 영양학. 서울; 대한미디어
- 장경태, 이정숙(2010). 웨이트 트레이닝(3판). 서울; 대한미디어
- 정일규(2009). 휴먼 퍼포먼스와 운동영양학. 서울; 대경북스
- 조성봉 등(2008). 젖산역치 트레이닝. 서울; 대한미디어
- 채윤원 등(2011). 뉴만 Kinesiology. 서울; 범문에듀케이션

- Aghazadeh F & Ayoub MM(1985). A comparison of dynamic- and static-strength models for prediction of lifting capacity. Ergonomics, 28(10); 1409−1417.
- Albensi RJ, Nyland J & Carborn DNM(1999). The relationship of body weight and clinical foot and ankle measurements to the heel forces of forward and backward walking, Journal of Athletic Training, 34(4): 328.
- Amato H & Wenos D(1993). Bioelectical impedance of hydration effects on muscular strength and endurance in college wrestlers, Journal of Athletic Training, 28(2): 170.

• American College of Sports Medicine position stand on the appropriate intervention strategies for weight loss and prevention of weight regain for adults(2001). Medicine and Science in Sports and Exercise, 33(12): 2145.
• American College of Sports Medicine(1987). Prevention of thermal injuries during distance running. Medicine and Science in Sports and Exercise, 19, 529－533.
• American College of Sports Medicine(2000). ACSM's Guidelines for Exercise Testing and Prescription. Philadelphia: Lippincott Williams & Wilkins.
• American College of Sports Medicine(ACSM)(2009). ACSM's guidelines for exercise testing and prescription(8th ed.). Philadelphia, PA; Lippincott Williams & Wilkins.
• American Heart Association(2005). 2005 American Heart Association Guidelines for Cadiopulmonary resuscitation and emergency cardiovascular care. Circulation, 112(24): 47.
• American Red Cross(2001). American Red Cross first aid/CPR/AED program instructors manual, Boston, American Red Cross.
• Anderson J, Stender M & Rodando P(1998). Nutrition and bone in physical activity and sport. Nutrition in exercise and sport, Boca Raton, CRC Press.
• Armstrong L(2002). Caffeine, body fluid-electrolyte balance, and exercise performance, Internal Journal of Sports Nutrition, 12(2): 189.
• Armstrong LE & Dziados JE(1986). Effects of heat exposure on the exercising adult. Sports physical therapy. New York: Churchill Livingstone.
• Armstrong LE & Maresh CM(1991). The induction and decay of heat acclimatization in trained athletes. Sports Medicine, 12, 302－312.
• Ayoub MM, Denardo JD, Smith JL, Bethea NJ, Lambert BA, Alley LR, & Duran BS(1982). Establishing physical criteria for assigning personnel to Air Force jobs(Final Report F49620－79－C－0006). Institute for Ergonomics Research, Texas Tech University, Air Force Office of Scientific Research.
• Baechle TR and Earle RW(2000). Essentials of Strength Training and Conditioning, 2nd ed.

Champaign, IL: Human Kinetics.

- Baker C & Brownwell KD(2000). Physical activity and maintenance of weight loss: Physiological and psychological mechanisms. Champaign, IL: Human Kinetics.
- Barak T, Rosen E & Sofer R(1990). Mobility: passive orthopedic manual therapy. Orthopedic and sports physical therapy, St Louis, Mosby.
- Beals K(2004). Disordered eating among athletes: a comprehensive guide for health professionals, Champaign, Ill, Human Kinetics.
- Bechett MB & Hodgdon JA(1987). Lifting and carrying capacities relative to physical fitness measures(Technical Report 87－26). San Diego, CA; Naval Health Research Center.
- Bellis F(2002). Acute mountain sickness: an unexpected management problem, British Journal of Sports Medicine, 36(2): 147.
- Below PR, Mora-Rodriguez J, Gonzales-Alonso & Coyle EF(1995). Fluid and carbohydrate ingestion independently improve performance during 1 h of intense exercise. Medicine and Science in Sports and Exercise, 27: 200－210.
- Bergeron MF(2002). Averting heat cramps, Physician Sports medicine, 30(11): 14.
- Bernard TE(1996). Risk management for preventing heat illness in athletes, Athletic Therapy Today, 1(4): 19.
- Biddington C, Popovich M & Kupczyk N(2005). Certified athletic trainers' management of emergencies, Journal of Sport Rehabilitation, 14(2): 185.
- Bilzon JL, Scarpello EG, Bilzon E, & Allsopp AJ(2002). Generic task-related occupational requirements for Royal Naval personnel. Occupational Medicine, 52(8);
- Binkley H, Beckett J & Casa D(2002). National Athletic Trainers' Association position statement: exertional heat illnesses, Journal of Athletic Training, 37(3): 329.
- Blavelt CT & Nelson FRT(1998). A manual of orthopaedic terminology, ed 6, Philadelphia, PA, Elsevier.
- Bodine KL(2000). Avoiding hypothermia: caution, forethought and preparation, Sports

Medicine Alert, 6(1): 6.
- Bompa TO(1999). Periodization ; Theory and methodology of training(4th ed.). Champaign, IL; Human Kinetics.
- Borsa P, Timmons M & Sauer E(2003). Scapular positioning patterns during humeral elevation in nonimpaired shoulders, Journal of Athletic Training, 38(1): 12.
- Bouchard C, Shephard RJ, & Stephens TS(1994). Physical activity, fitness, and health: International proceedings and consensus statement. Champaign, IL; Human Kinetics.
- Brandon R(1998). What science has to say about the performance benefits of flexibility training. Peak Performance, (September): 6-9.
- Brinker M(2001). Review of orthopaedic trauma, Philadelphia, WB Saunders.
- Brownell K & Fairbum C(2002). Eating disorders and obesity: a compregensive handbook, New York, Guilford Press.
- Brukner P(2002). Exercise in the cold. Clinical sports medicine, ed 2, Sydney, McGraw-Hill.
- Burke LM, Collier GR, Beasley SK. Davis PG, Fricker PA, Heeley P, Walder K & Hargreaves M(1995). Effect of coingestion of fat and protein with carbohydrate feedings on muscle glycogen storage. Journal of Applied Physiology, 78: 2187-2192.
- Casa DJ(1999). Exercise in the heat. II. Critical concepts in rehydration exertional heat illnesses, and maximizing athletic performance, Journal of Athletic Training, 34(3): 253.
- Casa DJ, Armstrong LE, Hillman S(2000). National Athletic Trainers' Association position statement: fluid replacement for athletes, Journal of Athletic Training, 35(2): 212.
- Childs J, Fritz J & Piva S(2003). Clinical decision making in the identification of patients likely to benefit from spinal manipulation: a traditional versus an evidence-based approach. Journal of Orthopedic & Sports Physical Therapy, 33(5): 259.
- Cholewicki J, Greene H & Galloway M(2002). Neuromuscular function in athletes following recovery from a recent acute low back injury, Journal of Orthopedic & Sports Physical Therapy, 32(11): 568.

• Clark M(2004). Core stabilization training in rehabilitation. Rehabilitation techniques in sports medicine and athletic training, St Louis, McGraw-Hill.
• Clarke HH(1967). Application of measurement to health and physical education(4th ed.). Englewood Cliffs, New Jersery; Prentice-Hall.
• Clarkson PM(1998). Nutritional supplements for weight gain, Sports Science Exchange, 11(1): 1.
• Cleary M, Kimura I & Sitler M(2002). Temporal pattern of the repeated bout effect of eccentric exercise on delayed-onset muscle soreness, Journal of Athletic Training, 37(1): 32.
• Collins N, Teys P & Vicenzino B(2004). The initial effects of a Mulligan's mobilization with movement technique on dorsiflexion and pain in subacute ankle sprains. Manual Therapy, 2(May 9): 77.
• Colston M, Taylor T & Minnick A(2005). Abdominal muscle training and core stabilization: the past, present and future, Athletic Therapy Today, 10(4): 6.
• Conley MS & Rozenek R(2001). National Strength and Conditioning Association position statement: Health aspects of resistance exercise and training. Strength and Conditioning Journal, 23 (6): 9−23.
• Corbin CB, Pangrazi RP, & Franks BD(2000). Definitions: Health, fitness, and physical activity. PCPFS Research Digest, 3(9); 1−9. Washington, DC; President's Council on Physical Fitness and Sports.
• Corbin CB, Welk GJ, Corbin WR, & Welk KA(2011). Concepts of Physical Fitness : Active Lifestyles for Wellness(16th ed.). New York; McGraw-Hill Companies.
• Cornelius WJ, and Hinson MM(1980). The relationship between isometric contractions of hip extensions and subsequent flexibility in males. Sports Medicine and Physical Fitness, 20: 75−80.
• Cornwell A, Nelson AG & Sideaway B(20020. Acute effects of stretching on the neuromuscular properties of the triceps surae muscle complex. European Journal of Applied

Physiology, 86 (5): 428－434.
• Costill DL(1988). Carbohydrates for exercise: Dietary demands for optimal performance. International Journal of Sports Medicine, 9, 1－18.
• Costill DL, Thomason H, & Roberts E(1973). Fractional utilization of the aerobic capacity during distance running. Medicine and Science in Sports, 5(4); 248－252.
• Cottingham JT & Maitland J(1997). A three-paradigm tretment model using soft-tissue mobilization and guided movement-awareness techniques for a patient with chronic low back pain, Journal of Orthopedic & Sports Physical Therapy, 26(3): 155.
• Coughlin MJ(1995). Forefoot disorders. The foot and ankle in sports, St. Louis, Mosby.
• Cox D(1993). Growth factors in wound healing, Journal of Wound Care, 2(6): 339.
• Cureton TK(1965). Physical fitness and dynamic health. New York; Dial Press.
• Davis KL, Kang M, Boswell BB, DuBose KD, Altman SR, & Binkley HM(2008). Validity and reliability of the medicine ball throw for kindergarten children. Journal of Strength and Conditioning Research, 22(6); 1958－1963.
• Davis P(1995). Rehabilitation strategies and protocols for the athlete. Rehabilitation of the foot and ankle, St. Louis, Mosby.
• Deakin JM, Pelot R, Smith J, & Weber C(2000). Development and validation of Canadian Forces Minimum Physical Fitness Standard(MPFS 2000). Ergonomic Research Group, Queen's University, Kingston, Ontario.
• Decoster L, Shirley C & Swartz E(2005). Football face-mask removal with a cordless screwdriver on helmets used for at least one season of play, Journal of Athletic Training, 40(3): 169.
• DeLorenzo A(2002). Comparison of different techniques to measure body composition in moderately active adolescents, British Journal of Sports Medicine, 32(3): 215, 1998.
• Despres JP & Lamarche B(2000). Physical activity and the metabolic complications of obesity. Champaign, IL: Human Kinetics.

- DiNubile N(1991). Scientific, medical, and pratical aspects of stretching. In: Clinics in Sports Medicine. Philadelphia: Saunders, pp. 63－86
- Disch J, Frankiewicz R, & Jackson A(1975). Construct validation of distance run tests. Research Quarterly, 46(2); 169－176.
- Donatelli R(2004). Physical therapy of the shoulder, ed.4 St. Louis, Churchill-Livingstone.
- Doubt TJ(1991). Physiology of exercise in the cold. Sports Medicine, 11, 367－381.
- Dueker JA, Ritchie SM, Knox TJ, & Rose SJ(1994). Isokinetic trunk testing and employment. Journal of Occupational Medicine, 36; 42－48.
- Dumke CL(2003). Muscle cramps are not all created equal. Athletic Therapy Today, 8(3): 42.
- Eichner R(2003). Acute mountain sickness: new research on causes, coping, Sports Medicine Digest, 25(11): 121.
- Ellenbecker TS & Mattalino AJ(1999). Glenohumeral joint range of motion and rotator cuff strength following arthroscopic anterior stabilization with thermal capsulorraphy, Journal of Orthopedic & Sports Physical Therapy, 29(3): 160.
- Faulkner JA, Claflin DR, & McCully KK(1987). Muscle function in the cold. Hypoxia and cold(pp. 429－437). New York: Praeger.
- Fawcett C(2006). Fluid-electrolyte replacement, Athletic Training, Supplement, 41(S): 59.
- Fink W, Costill DL, Van Handel P & Getchell L(1975). Leg muscle metabolism during exercise in the heat and cold. European Journal of Applied Physiology, 34, 183－190.
- Flegel M(2004). Secondary survey and first aid techniques, Sport first aid. ed 3, Champaign, Ill., Human Kinetics.
- Forster PJG(1985). Effect of different ascent profiles on performance at 4200 m elevation. Aviation, Space, and Environmental Medicine, 56, 785－764.
- Fox EL, Bowers RW & Foss ML(1993). The physiological basis for exercising and sport(5the ed.). Philadelphia: Saunders.

- Fulco CS & Cymerman A(1990). Human performance and acute hypoxia. Human performance physiology and environmental medicine at terrestrial extremes. Indianapolis: Benchmark Press.
- Gallin J, Snyderman R & Haynes B(1999). Inflammation: basic principles and clinical correlates, Baltimore, Lippincott Williams & Wilkins Publishers.
- Gelberman R, Goldberg V & An KN(1988). Soft tissue healing. Injury and repair of musculoskeletal soft tissues, Park Ridge, Ill, American Academy of Orthopaedic Surgeons.
- Genova JM & Gross MT(2000). Effect of foot orthotics on calcaneal eversion during standing and treadmill walking for subjects with abnormal pronation, Journal of Orthopedic & Sports Physical Therapy, 30(11): 664.
- George JD, Vehrs PR, Allsen PE, Fellingham GW, & Fisher AG(1993). VO2max estimation from a submaximal 1-mile track jog for fit college-age individuals. Medicine and Science in Sports and Exercise, 25(3); 401－406.
- Gesztesi B(1999). Stretching during exercise. Strength and Conditioning Journal, 21 (6): 44.
- Gisolfi CV & Wenger CB(1984). Temperature regulation during exercise: Old concepts, new ideas. Exercise and Sport Sciences Reviews, 12, 339－372.
- Gomez M(2000). Biomechanics of soft-tissue injury, Tuscon, Ariz, Lawyers & Judges Publishing Company.
- Gradisar IA(1990). Fracture stabilization and healing. Orthopaedic and sports physical medicine, St. Louis, Mosby.
- Green BN(2001). Important changes in the 2000 CPR guidelines, Journal of Sports Chiropractic & Rehabilitation, 15(2): 80.
- Grover RF, Weil JV & Reeves JT(1986). Cardiovascular adaptation to exercise at high altitude. Exercise and Sport Sciences Reviews, 14, 269－302.
- Hackett PH, Roach RC, Schoene RB, Harrison GI & Mills Jr WJ(1988). Abnormal control of ventilation in high-altitude pulmonary edema. Journal of Applied Physioology, 64, 1268－1272.

- Hardy L & Jones D(1986). Dynamic flexibility and proprioceptive neuromuscular facilitation. Research Quarterly for Exercise and Sport, 57 (2): 150－153.
- Harman EA, Gutekunst DJ, Frykman PN, Sharp MA, Nindl BC, Alemany JA, & Mello RP(2008). Prediction of simulated battlefield physical performance from field-expedient tasks. Military Medicine, 173(1); 36－41.
- Headquaters Department of the Army(1997). Field Manul 21－20 U.S. Army Physical Fitness. Washington, DC.
- Headquaters Department of the Army(2010). TC 3－22.20 Army Physical Readiness Training. Washington, DC.
- Heath D & Williams DR(1989). High-altitude medicine and pathology. London: Butterworths.
- Hedrick A(1992). Physiological responses to warm-up. NSCA Journal, 14 (5): 25－27.
- Hedrick A(1993). Flexibility and the conditioning program. NSCA Journal, 15 (4): 62－66.
- Hedrick A(2000). Dynamic flexibility training. Strength and Conditioning Journal, 22 (5): 33－38.
- Hertel J & Denegar C(1998). A rehabilitation paradigm for restoring neuromuscular control following athletic injury, Athletic Therapy Today, 3(5): 12.
- Hettinga DL(1990). Inflammatory response of synovial joint structures. Orthopaedic and sports physical therapy, St Louis, Mosby.
- Heywardy VH(2006). Advanced Fitness Assessment and Exercise Prescription(5th Eds). Human Kinetics
- Hooker D & Prentice W(2004). Back rehabilitation. In Prentice W: Rehabilitation techniques in sports medicine and athletic training, St. Louis, WCB/McGraw-Hill.
- Hoppernfield S, Murthy V & Taylor K(2000). Treatment and rehabilitation of fractures, Philadelphia, Lippincott Williams & Wilkins.
- Horswill CA(1998). Effective fluid replacement. International Journal of Sport Nutrition, 8: 175－195.

- Howley ET & Franks BD(1997). Health fitness instructor's handbook(3rd ed.). Human Kinetics
- Hui SS & Yuen PY(2000). Validity of the modified back-saver sit-and-reach test: A comparison with other protocols. Medicine and Science in Sports and Exercise, 32(9); 1655 −1659.
- Hunt T & Amato H(2003). Epiphyseal-plate fracture in and adolescent athlete, Athletic Therapy Today, 8(1): 34.
- Hunter S & Prentice W(2004). Rehabilitation of ankle injuries. Rehabilitation techniques in sports medicine and athletic training, ed 4, St. Louis, McGraw-Hill.
- Inter-Association Task Force on Exertional Heat Illnesses Consensus Statement(2003). NATA News, 6:24.
- Ivy JL, Lee MC, Brozinick Jr JT & Reed MJ(1988). Muscle glycogen storage after different amounts of carbohydrate ingestion. Journal of Applied Physiology, 65, 2018−2023.
- Jacobs KA & Sherman WM(1999). The efficacy of carbohydrate supplementation and chronic high-carbohydrate diets for improving endurance performance. International Journal of Sport Nutrition, 9: 92−115.
- Jung A, Bishop P & Barry D(2005). Influence of hydration and electrolyte supplementation on incidence and time to onset of exercise-associated muscle cramps, Journal of Athletic Training, 40(2): 71.
- Kanzanbach TL & Dexter WW(1999). Cold injuries: protecting your patients from the dangers of hypothermia and frostbite, Post Graduate Medicine, 105(1): 72.
- Karp JR(2000). Flexibility for fitness. Fitness Management, (April): 52−54.
- Karpovich PV(1959). Physiology of muscular activity. Philadelphia, WB; Saunders Company.
- Karren KJ & Hafen BQ(2003). First aid for colleges and universities, Boston, Benjamin Cummings.
- Kibler WB(1998). The role of the scapula in athletic shoulder function, American Journal of

Sports Medicine, 26(2): 325.

- King DS, Costill DL, Fink WJ, Hargreaves M & Fielding RA(1985). Muscle metabolism during exercise in the heat in unacclimatized and acclimatized humans. Journal of Applied Physiology, 59, 1350−1354.
- King M(2005). Core stability: creating a foundation for functional rehabilitation, Athletic Therapy Today, 10(5): 48.
- Kleiner SM(2002) Top-ten rules for healthy weight control. Athletic Therapy, 7(2): 38.
- Kleiner SM(2002). Protein power. Athletic Therapy Today, 7(1): 24.
- Kleiner, DM(2002). A new exertional heat illness scale. Athletic Therapy Today, 7(6): 65.
- Knapik JJ, Harper W, & Crowell HP(1999). Physiological factors in stretcher carriage performance. European Journal of Applied Physiology Occupation Physiology, 79(5); 409−413.
- Knudson DV, Magnusson P, & McHugh M(2000). Current issues in flexibility fitness. The President's Council on Physical Fitness and Sports Research Digest, 3(10); 1−8.
- Koerhuis C, van Montfoort M, Pronk M, & Delleman N(2004). Physically demanding tasks and physical tests for a Dutch combat soldier(TNO report TM−04−A055). The Netherlands.
- Kokkonen J, Nelson AG, & Cornwell A(1998). Acute muscle stretching inhibits maximal strength performance. Research Quarterly for Exercise and Sport, 69 (4): 411−415.
- Kozlowski S & Saltin B(1964). Effect of sweat loss on body fluids. Journal of Applied Physiology, 19, 1119−1124.
- Kraemer WJ, Nindl BC, Gotshalk LA, et al.(1998). Prediction of military relevant occupational tasks in women from physical performance components. In: Kumar S(ed.), Advances in occupational ergonomics and safety, pp 719−722. Washington, DC; IOS Press.
- Larson LA(1951). Measurement and evaluation in physical education, health and recreation. St. Louis, MO; C.V. Mosby Company.
- Lemon PWR & Proctor DN(1991). Protein intake and athletic performance. Sports Medicine, 12, 313−325.

- Levine B & Stray-Gundersen J(1995). Exercise at high altitudes. Current therapy in sports medicine, St Louis, Mosby.
- Litt A(2004). Tactics for gaining weight, In Litt, A. Fuel for young athletes, Champaign, Ill, Human Kinetics.
- Loudin J & Bell S(1996) The foot and ankle: an overview of arthrokinematics and selected joint techniques, Journal of Athletic Training, 31(2): 173.
- Madras D(2003). Rehabilitation for functional ankle instability, Journal of Sport Rehabilitaion, 12(2): 133.
- Magnusson P & McHugh M(1995). Current concepts on rehabilitation in sports medicine. The lower extremity and spine in sports medicine, St Louis, Mosby.
- Manske R(2006). Electromyographically assessed exercises for the scapular muscles, Athletic Therapy Today, 11(5): 19.
- Marsh HW(1992). The multidimensional structure of physical fitness: Invariance over gender and age. Washington, DC; U.S. Department of Education Manuscript.
- Martin R(1998). Skeletal tissue mechanics, New York, Springer-Verlag.
- Mattacola C, Perriin D & Gansneder B(2002). Strength, Functional outcome, and postural stability after anterior cruciate ligament reconstruction, Journal of Athletic Training, 37(3): 262.
- Maughan RJ, Leiper JB & Shirreffs SM(1996). Restoration of fluid balance after exercise-induced dehydration: Effects of food and fluid intake. European Journal of Applied Physiology, 73: 317−325.
- McArdle W, Katch F & Katch, V(2005). Sports and exercise nutrition, Philadelphia, Lippincott, Williams and Wilkins.
- Mead TP & Legg DL(1994). Exploratory versus confirmatory factor analysis of collegiate physical fitness(report). The annual meeting of the midwestern educational research association.

- Mello RP, Nindl BC, Sharp MA, Rice VJ, Bills RK, & Patton JF(1995). Predicting lift and carry performance from muscular strength, anaerobic power and body composition variables. Medicine and Science in Sports and Exercise, 27(suppl.); S152.
- Merrick M(2002). Secondary injury after musculoskeletal trauma: a review and update. Journal of Athletic Training, 37(2): 209.
- Mitchell JB, Costill DL, Houmard JA, Flink WJ, Pascoe DD & Pearson DR(1989). Influence of carbohydrate dosage on exercise performance and glycogen metabolism. Journal of Applied Physiology, 67, 1843–1949.
- Murray B(1996). Fluid replacement: the American College of Sports Medicine position stand. Sports Science Exchange, 9(4): 1.
- Murray R(1995). Practical advice for exercising in cold weather. Endurance training for performance, Barrington, Ill, Gatorade Sports Science Institute.
- Murray R(1996). Guidelines for fluid replacement during exercise. Australian Journal of Nutrition and Dietetics 53(4 suppl): S17.
- Myers DC, Gebhardt DL, Crump CE, & Fleishman EA(1984). Validation of the military entrance physical selection strength capacity test(USARIEM Technical Report 610). Natick, MA; USA.
- National Safery Council(2007). Standard 2005. First aid and CPR and AED St. Louis, McGraw-Hill.
- NCAA sports medicine handbook, 2005–2006(2005). Indianapolis, National Collegiate Athletic Association.
- Nevola VR, Coyles V, Puxley KP, & Collins SM(2003b). Development of operationally-related physical fitness standards for the Royal Air Force (Phase 2 report, QinetiQ Trechnical Report QinetiQ/K1/CHC/TR030169). Farnborough, UK.
- Nevola VR, Puxley KP, Messer P, Roberts A, & Collins SM(2003a). Development of operationally-related physical fitness standards for the Royal Air Force (Phase 1 report,

QinetiQ Technical Report QinetiQ/K1/CHC/TR030168). Farnborough, UK.

- Nielsen B, Sjogaard G, Ugelvig J, Knudsen B & Dohlmann B(1986). Fluid balance in exercise dehydration and rehydration with different glucose-electrolyte drinks. European Journal of Applied Physiology, 55, 318－325.
- Nimmo M(2004). Exercise in the cold, Journal of Sports Sciences, 22(10): 886.
- Nixon JE & Ann EJ(1969). An introduction to physical education(7th ed.). Philadelphia, WB; Saunders Company.
- Nottrodt JW & Celentano EJ(1987). Development of predictive selection and placement tests for personnel evaluation. Applied Ergonomics, 18(4); 279－288.
- Pandorf CE, Harman EA, Frykman PN, Patton JF, Mello RP, & Nindl BC(2002). Correlates of load carriage and obstacle course performance among women. Work, 18(2); 179－189.
- Payne W & Hahn D(2004). Focus on health, ed 8, St. Louis, McGraw-Hill.
- Pendergast DR, Horvath PJ, Leddy JJ & Venkatraman JT(1996). The role of dietary fat on persormance, metabolism, and health. American Journal of Sports Medicine, 24: S53－S58.
- Peterson, J(2002). 10 steps for preventing and treating foot problems, ACSM's Health and Fitness Journal, 6(2): 44.
- Phinney SD, Bistrian BR, Evans WJ, Gervino E & Blackburn GL(1983). The human metabolic response to chronic ketosis without caloric restriction: Preservation of submaximal exercise capability with reduced carbohydrate oxidation. Metabolism, 32: 769－776.
- Pigman EC(1991). Acute mountain sickness: Effects and implications for exercise at intermediate altitude. Sports Medicine, 12, 71－79.
- Ponthieux NA & Barker DG(1963). An analysis of the AAHPER youth fitness test. Research Quarterly, 34; 525－526.
- Prentice W & Onate J(2004). Rehabilitation of the knee. Rehabilitation techniques in sports medicine and athletic training, St. Louis, McGraw-Hill.
- Prentice W(2004). The healing process and pathophysiology of musculoskeletal injury.

Rehabilitation techniques in sports medicine and athletic training, St Louis, McGraw-Hill.

- Pytel JL & Kamon E(1981). Dynamic strength test as a predictor for maximal and acceptable lifting. Ergonomics, 24; 663-672.
- Rayson MP(1998). The development of physical selection procedures for the British Army: Phase 1. Job analysis and identification of criterion tasks. In: MA Hanson(ed.), Contemporary Ergonomics. London; Taylor & Francis.
- Rayson MP, Holliman D, & Belyavin A(2000). Development of physical selection procedures for the British Army: Phase 2. Relationship between physical performance tests and criterion tasks. Ergonomics, 43; 73-105.
- Rice VJ & Sharp MA(1994). Prediction of performance on two stretcher carry tasks. Work, 4; 201-210.
- Rodriguez N(1999). The role of nutrition in injury prevention and healing, Athletic Therapy Today, 4(6): 27.
- Rush S(2001). Winter exercise. ACSM's Health & Fitness Journal, 5(6): 23.
- Ryder S(1997). Prevention of ACL injuries, Journal of Sport Rehabilitaion, 6(2): 80.
- Sady SP, Wortman M, & Blanke D(1982). Flexibility training: Ballistic, static or proprioceptive neuromuscular facilitation? Archives of Physical Medicine and Rehabilitation, 63: 261-263.
- Sanborn CF, Horea M, Siemers BJ & Dieringer KI(2000). Disordered eating and the female athlete triad. Clinical Sports Medicine, 19(2): 199.
- Sharp DS, Wright JE, Vogel JA, Patton JF, Daniel WL, Knapik J, & Korval DM(1980). Screening for physical capacity in the US Army: An analysis of measures predictive of strength and stamina(Technical Report T8/80). Natick, MA; US Army Research Institute of Environmental Medicine.
- Sharp MA, Patton JF, & Vogel JA(1998). A database of physically demanding tasks performed by U.S. Army soldiers. Natick, MA; U.S. Army Research Institute of Environmental Medicine.

- Sheppard JM & Young WB(2006). Agility literature review: Classification, training and testing. Journal of Sports Sciences, 24(9); 919–932.
- Sherman WM(1992). Recovery from endurance exercise. Medicine and Science in Sports and Exercise, 24, S336–S339.
- Sherman WM, Doyle JA, Lamb DR & Strauss RH(1993). Dietary carbohydrate, muscle glycogen, and exercise performance during 7 d of training. American Journal of Clinical Nutrition, 57: 27–31.
- Singh M, Lee SW, Wheeler GD, Chahal P, Oseen M, & Couture R(1991). Report of forces mobile command army physical fitness evaluation and standards for field units. Faculty of Physical Education and Recreation, University of Alberta, Edmonton, Alberta, Canada.
- Smeenk B, Barbier R, Wilschut J, Fiamingo C, & Knijnenburg S(2004). Tactisch optreden van kleine eenheden in vredesoperaties(TNO Report FEL–030A228). TNO, The Netherlands.
- Smith NJ, & Worthington-Roberts B(1989). Food for sport. Palo Alto, CA: Bull Publishing.
- Sparling PB & Milford-Stafford M(1999). Keeping sports participants safe in hot weather, Physician Sportsmed 27(7): 27.
- Stevans J & Hall KG(1998). Motor skill acquisition strategies for rehabilitation of low back pain, Journal of Orthopedic & Sports Physical Therapy, 28(3): 165.
- Stevenson JM, Andrew GM, Bryant JT, & Thomson JM(1985). Development of minimum physical fitness standards for the Canadian Armed Forces. Phase 1. DSS Contract 8SE85–00017, Kingston, Ont.; Ergonomics Research Laboratory, Queen's University.
- Stevenson JM, Andrew GM, Bryant JT, & Thomson JM(1988). Development of minimum physical fitness standards for the Canadian Armed Forces. Phase 2. DSS/DND Contract W8477–7–SC02/01–ST, Kingston, Ont.; Ergonomics Research Laboratory, Queen's University.
- Stevenson JM, Bryant JT, Andrew GM, Smith JT, French SL, Thomson JM, & Deakin JM(1992). Development of minimum physical fitness standards for the Canadian Armed

Force's younger personnel. Canadian Journal of Applied Physiology, 17; 214–221.

- Stevenson JM, Bryant JT, Andrew GM, Smith JT, French SL, Thomson JM, & Deakin JM(1994). Development of minimum physical fitness standards for the Canadian Armed Force's older personnel. Canadian Journal of Applied Physiology, 19; 75–90.
- Stone JA(1999). Back stabilization exercises, Athletic Therapy Today, 4(3): 23.
- Stone MB(2003). Exercise-associated muscle cramps. Athletic Therapy Today, 8(3): 30.
- Stricker T, Malone T & Garrett WE(1990). The effects of passive warming on muscle injury. American Journal of Sports Medicine, 18 (2): 141–145.
- Sutton J & Lazarus L(1973). Mountain sickness in the Australian Alps. Medical Journal of Australia, 1, 545–546.
- Teves MA, Wright JE, & Vogel JA(1985). Performance on selected candidate screening(Technical Report T13/85). Natick, MA; US Army Research Institute of Environmental Medicine.
- Thnacker SB, Stroup DF & Branche CM(1999). The prevention of ankle sprains in sports: a systematic review of the literature, American Journal of Sports Medicine, 27(6): 753.
- Thomas M(2000). The functional warm-up. Strength and Conditioning Journal, 22 (2): 51–53.
- U.S. Air Force(1994). Air Force Manual 36–2108: Airman classification. Washington, DC; Government Printing Office.
- U.S. Department of Health and Human Services(USDHHS)(1996). Physical activity and health: A report of the U.S. Surgeon General. Atlanta, GA; U.S. Department of Health and Human Services, Centers for Disease Control and Prevention, National Center for Chronic Disease Prevention and Health Promotion.
- Valk P & Pasman W(2005). Physical demands, mental performance and food components in military settings(TNO Report DV3 2005–A65), TNO, The Netherlands.
- Vellerand A(1995). Exercise in the cold. Current therapy in sports medicine, St Louis, Mosby.

- Vinci, DM(2002). The training room: developing a spots-nutrition game plan, Athletic Therapy Today, 7(5): 52.
- Ward MP, Milledge JS & West JB(1989). High altitude medicine and physiology. Philadelphia: University of Pennsylvania Press.
- Wardlaw GM & Insel PM(2003). Perspectives in nutrition, ed 6, St Louis, Mosby.
- Wilk KE, Arrigo C & Andrews J(1999). Rehabilitation after anterior cruciate ligament reconstruction in the female athlete, Journal of Athletic Training, 34(2): 177.
- Wilkerson GB(1985). External compression for controlling traumatic edema, Physician Sportsmedicine, 13:96.
- Williams AG & Rayson MP(2006a). Can simple anthropometric and physical performance tests track training-induced changes in maximal box-lifting ability?. Ergonomics, 49(7); 661−670.
- Williams AG & Rayson MP(2006b). Can simple anthropometric and physical performance tests track training-induced changes in load-carriage ability?. Military Medicine, 171; 142−148.
- Williams M(2004). Nutrition for fitness and sports, Boston, McGraw-Hill.
- Young AJ(1990). Energy substrate utilization during exercise in extreme environments. Exercise and Sport Sciences Review: Vol. 18. Baltimore: Williams & Wilkins.
- Zuidema MA & Baumgartner TA(1974). Second factor analysis study of physical fitness tests. Research Quarterly, 45(3); 247−256.

저자 약력

서성혁
서울대학교 학사
국민대학교 대학원(석사)
연세대학교 대학원(박사)
현재 육군사관학교 체육학 교수

이상원
육군사관학교 학사
경희대학교 대학원(석사)
서울대학교 대학원(박사)
현재 육군사관학교 체육학 교수

김재우
육군사관학교 학사
연세대학교 대학원(석사)
서울대학교 대학원(박사)
현재 육군사관학교 체육학 교수

문준배
육군사관학교 학사
미 East Carolina University(석사)
Middle Tennessee State University(박사)
현재 육군사관학교 체육학 교수

군체력관리론

초판 1쇄 발행 / 2013년 11월 28일
초판 11쇄 발행 / 2025년 1월 31일

공저 서성혁 · 이상원 · 김재우 · 문준배
발행처 형설출판사
경기도 파주시 회동길 37-23 · 전화 (031) 955-2361~4 · 팩시밀리 (031) 955-2341
발행인 장진혁
등록 라-제9호 · 1962년 5월 1일
홈페이지 http://www.hyungseul.co.kr
e-mail hs@hyungseul.co.kr

정가 26,000원

ISBN 978-89-472-7430-2 93390

이 도서의 국립중앙도서관 출판시도서목록(CIP)은 서지정보유통지원시스템 홈페이지(http://seoji.nl.go.kr)와 국가자료공동목록시스템(http://www.nl.go.kr/kolisnet)에서 이용하실 수 있습니다.(CIP제어번호 : CIP2013021699)